电梯结构原理
及其控制

陈继文　张献忠　李　鑫　等编著

化学工业出版社

·北京·

图书在版编目（CIP）数据

电梯结构原理及其控制/陈继文等编著. —北京：化
学工业出版社，2017.6（2023.2重印）
ISBN 978-7-122-29975-8

Ⅰ.①电… Ⅱ.①陈… Ⅲ.①电梯-结构②电梯-电
气控制 Ⅳ.①TU857

中国版本图书馆 CIP 数据核字（2017）第 141344 号

责任编辑：张兴辉 项 潋

责任校对：王 静 装帧设计：刘丽华

出版发行：化学工业出版社（北京市东城区青年湖南街 13 号 邮政编码 100011）
印 装：北京建宏印刷有限公司
710mm×1000mm 1/16 印张 19¼ 字数 434 千字 2023 年 2 月北京第 1 版第 5 次印刷

购书咨询：010-64518888 售后服务：010-64518899
网 址：http://www.cip.com.cn
凡购买本书，如有缺损质量问题，本社销售中心负责调换。

定 价：69.80 元

前言

　　高层建筑中，电梯是不可缺少的垂直运输设备。电梯已经成为现代城市文明的一种标志，其生产情况与使用数量已成为衡量一个国家现代化程度的标志之一。目前，我国已成为全球最大的电梯市场，并形成了全球最强的电梯生产能力。

　　本书有利于读者熟悉和掌握电梯的结构原理及控制技术。全书共分十章，主要内容包括电梯的基础知识，电梯的基本结构，电梯的安全装置及保护系统，电梯的电力拖动控制系统，电梯的运行逻辑控制系统，电梯的选用与设置，电梯电气安装与调试，其他类型的电梯，电梯的使用和安全管理，绿色电梯技术等内容。

　　本书既注重知识的基础性和系统性，又兼顾知识面的拓展，内容新颖丰富。

　　本书可以作为高等院校工业自动化、机械电子工程专业以及相关专业的参考教材，也可以作为从事电梯工程产品设计与制造的研究人员、安全管理人员、安装与维修保养人员及相关技术人员的培训教材。

　　本书由陈继文、张献忠、李鑫、任炜、李丽、姬帅、赵彦华、逄波、李彦凤、李凡冰、刘辉、范文利、许向荣、姜洪奎、王日君、黄巍岭、崔嘉嘉、陈清鹏编著。感谢山东建筑大学电梯技术研究所、山东省特种设备协会、山东富春华电梯有限公司的大力支持。

　　由于水平有限，书中难免有不妥之处，恳切希望读者批评指正。

编著者

2017.5

目录

第1章 电梯的基础知识 …………………………………………… 1

1.1 电梯的发展 ……………………………………………………… 1

1.2 电梯的分类 ……………………………………………………… 11

1.3 电梯的主要参数和规格 ………………………………………… 14

1.4 电梯的性能要求 ………………………………………………… 15

1.5 整机性能 ………………………………………………………… 15

第2章 电梯的基本结构 ………………………………………… 18

2.1 曳引系统 ………………………………………………………… 19

2.2 轿厢和门系统 …………………………………………………… 45

2.3 重量平衡系统 …………………………………………………… 52

2.4 导向系统 ………………………………………………………… 54

2.5 电梯安全保护系统 ……………………………………………… 63

2.6 电力拖动系统 …………………………………………………… 65

2.7 运行逻辑控制系统 ……………………………………………… 65

第3章 电梯的安全装置及保护系统 …………………………… 67

3.1 超速及断绳保护装置 …………………………………………… 67

3.2 越程保护装置 …………………………………………………… 73

3.3 缓冲装置 ………………………………………………………… 74

3.4 防人员剪切和坠落保护装置 …………………………………… 77

3.5 超载保护装置 …………………………………………………… 79

3.6 其他安全装置 …………………………………………………… 81

第4章 电梯的电力拖动控制系统 ……………………………… 96

4.1 电梯供电与主电路的要求 ……………………………………… 96

4.2 电梯拖动系统 …………………………………………………… 98

4.3 电梯的速度曲线 ………………………………………………… 99

4.4 电梯运动系统的动力学 ………………………………………… 107

4.5 电梯用电动机及其调速 ………………………………………… 112

4.6 电梯变极调速系统 ……………………………………………… 117

4.7 交流调压调速电梯拖动系统 …………………………………… 121

4.8 变频调速电梯拖动系统 ………………………………………… 132

4.9　无机房电梯拖动系统 ·· 151

4.10　电梯控制系统设计计算 ······································ 157

第5章　电梯的运行逻辑控制系统 ························· 163

5.1　电梯电气控制主要器件 ·· 164

5.2　电梯门机控制系统 ·· 175

5.3　电梯的继电器逻辑控制系统 ··································· 181

5.4　电梯微机控制系统 ·· 192

5.5　电梯群控系统 ·· 203

第6章　电梯的选用与设置 ······························· 219

6.1　电梯的选用 ·· 219

6.2　电梯的设置 ·· 221

6.3　运用交通计算配置电梯 ·· 225

第7章　电梯电气安装与调试 ····························· 239

7.1　电梯的布置排列 ··· 239

7.2　电梯电气安装 ·· 240

7.3　电梯电气调试 ·· 242

第8章　其他类型的电梯 ··································· 253

8.1　液压电梯 ··· 253

8.2　防爆电梯 ··· 264

8.3　自动扶梯 ··· 265

第9章　电梯的使用和安全管理 ··························· 274

9.1　电梯使用管理的要求 ··· 274

9.2　电梯使用安全管理制度 ·· 275

9.3　电梯故障与排除 ··· 278

第10章　绿色电梯技术 ··································· 291

10.1　曳引机节能技术 ·· 291

10.2　能量回馈节能技术 ··· 292

10.3　四象限节能技术 ·· 295

10.4　其他节能方式 ·· 297

10.5　电梯节能技术展望 ··· 298

参考文献 ··· 301

第1章

电梯的基础知识

1.1 电梯的发展

随着大批高层建筑住宅楼群的涌现，电梯成为现代建筑中必备的垂直交通设备。在高层和一些多层的饭店、办公楼和住宅楼，电梯是不可缺少的垂直输送工具；在服务性和生产性部门，如医院、商场、仓库等场所也需要大量的病床电梯、自动扶梯和载货电梯。电梯已成为现代城市文明的一个标志，其生产情况与使用数量已成为衡量一个国家现代化程度的标志之一。

电梯是随着人类生产的发展和生产力的提高而出现和发展的。电梯驱动控制技术的发展经历了直流电动机驱动控制，交流单速电动机驱动控制，交流双速电动机驱动控制，直流有齿轮、无齿轮调速驱动控制，交流调压调速驱动控制，交流变压变频调速驱动控制，交流永磁同步电动机变频调速驱动控制等阶段。150 多年来，电梯样式由直式到斜式，不断发展；操纵控制技术更是不断创新——手柄开关操纵、按钮控制、信号控制、集选控制、人机对话等；多台电梯出现了并联控制，智能群控；双层轿厢、运行于同一井道的双子电梯等节省井道空间，提高运输能力；变速式自动人行道扶梯大大节省行人的时间；不同外形（扇形、三角形、半菱形、半圆形、整圆形）的观光电梯，则使身处其中的乘客的视线不再封闭。如今，世界各大电梯公司各展风姿，仍在研发新品电梯，不断完善维修和保养服务系统。调频门控型、智能远程监控型、主机节能型、控制柜低噪声耐用型、复合钢带环保型等集机械、电子、光学等领域最新科研成果的新型电梯相继问世，极大便利了人类的生活。

1.1.1 电梯技术的发展阶段

(1) 13 世纪前的卷扬机（绞车）阶段

人类利用升降工具运输货物和人员的历史悠久。早在公元前 2600 年，埃及人在建造金字塔时就使用了最原始的升降系统，其基本原理至今仍无变化，即一个平衡物下降的同时，负载平台上升。早期的升降工具基本以人力为动力。公元 1203 年，在法国边境的一个修道院里安装了一台以驴子为动力的提升设备，这结束了用人力来运送重物的历史。在中国，商朝时期的人们用桔槔来提升地下水。桔槔的原理及构成和1903 年美国奥的斯电梯公司率先改进的曳引式电梯有异曲同工之处。它们都巧妙地运用了重力做功与蓄能的特点，所不同的是：电梯采用了对重、曳引轮、导向滑轮、轿厢的组合，是靠曳引机带动曳引轮正反转来实现轿厢的升降，如图 1-1 所示；而桔槔是由重物、杠杆、所取物组成，是通过人的手提、手拉来完成汲水的。此后，在周朝时期，人们开始使用更省力的辘轳来提升重物。辘轳是由木制或竹制的支架、卷筒、杠杆和绳索组成，其构成及工作原理与 1889 年美国奥的斯电梯公司生产的鼓轮式电梯如出一辙，如图 1-2 所示。其区别是后者增加了几个改变施力位置的定滑轮。

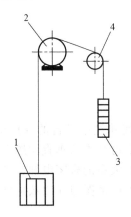

图 1-1　曳引式电梯传动示意图

1—轿厢；2—曳引轮（含电动机）；3—对重；4—导向轮

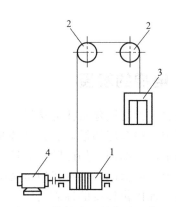

图 1-2　鼓轮式电梯传动示意图

1—鼓轮；2—定滑轮；3—轿厢；4—电动机

(2) 19 世纪前半叶的升降机阶段

这个时期，卷扬机被以蒸汽为动力的具有简单机械装置的升降机代替了。这个时期的升降机以液压或气压为动力，安全性和可靠性还无保障。公元 1765 年，英国人瓦特发明了蒸汽机。1835 年，英国一家工厂装用了一台蒸汽机拖动的升降机。1845 年，英国人汤姆逊制作了第一台水压式升降机，这是现代液压式升降机（液压电梯）的雏形。后来发展为采用液压泵和控制阀控制的液压梯。直到今天，液压梯仍在使用。

(3) 19 世纪后半叶的升降机阶段

1852 年，伊莱莎·格雷夫斯·奥的斯受雇主要求，制造一台货运升降梯来装运公司的产品。于是作为一名熟练工长，奥的斯在总结前人经验的基础上制成了世界上第一部以蒸汽机为动力、配有安全装置的载人升降机，这便是历史上第一部安全升降梯。1854 年，在纽约水晶宫博览会上做公开表演：绳子被割断后，升降机平台一动不动地停在原处。安全升降机的

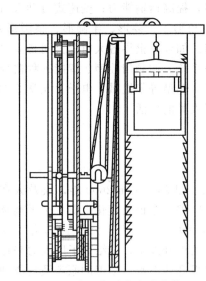

图 1-3　奥的斯的安全升降梯

安全装置原理是：连接绳索的弹簧平时被升降机平台的重量压弯，不和棘齿接触。一旦发生绳断事故时，因拉力解除而弹簧伸直，其两端与棘齿杆啮合，使升降机平台被牢牢地固定住而不坠落，其结构如图1-3所示。1857年3月，安全升降梯被纽约百汇和豪沃特公司订购，并用于55m高的大楼中作为载客电梯。当时，梯速只有0.20m/s。从此，电梯成为真正的商品。

（4）1889年电梯出现之后的阶段

1880年，德国最早出现了用电力拖动的升降机——电梯。到1889年，美国奥的斯电梯公司推出了世界上第一部以直流电动机为动力的升降机。在美国纽约的Demarest大楼中装用了第一批真正意义上的电梯。它由直流电动机与蜗杆转动直接连接，通过卷筒升降电梯轿厢，速度为0.5m/s，形成了现代电梯的基本传动构造。由于它是通过卷筒升降轿厢，因此也称为鼓轮式电梯。鼓轮式驱动，也称为强制式驱动，是将曳引绳缠卷在卷筒上来提升重物，一般提升高度不高于46m，使用的曳引绳条数受到限制，最多不超过3根，载重量不大，安全性差，驱动电动机主要克服轿厢自重、轿厢内人或货物重量、钢丝绳重量和传动机构的摩擦力等。

1900年交流感应电动机问世以后，电梯传动设备得到进一步简化，以后又发展到应用双速电动机，使电梯的速度得以提高，并改善了电梯平层的准确度和舒适感。与此同时，1900年第一台自动扶梯试制成功。在1903年，美国奥的斯电梯公司又将卷筒式（即鼓轮式）驱动方式改进为槽轮式驱动。槽轮式也称为曳引式驱动，是在曳引绳一端提升重物，另一端为平衡重，依靠曳引绳与曳引轮的绳槽之间的摩擦来驱动重物做垂直运动。因此，只要在曳引系统的容量和强度允许范围内，通过改变曳引绳长度就可适应不同的提升高度，而不再像卷筒式那样受卷筒长度限制。此外，当重物或平衡重碰底时，曳引绳与曳引槽会由于摩擦力减小而打滑，从而避免了像卷筒式那样，在失控时造成的曳引绳断裂等严重事故的发生。曳引式驱动可以使用多条曳引绳，钢丝绳根数不受限制，载重量大大增加，提升高度可达800m，为长行程并具有高度安全性的现代电梯奠定了基础。

在第二次世界大战以后，美国建筑业得以快速发展，促使电梯也进入了高速发展的时期，且新技术被广泛用于电梯。1946年，出现了群控电梯。1949年，首批4～6台群控电梯在纽约联合国大厦被使用。1953年，第一台自动人行道试制成功。1955年，出现了小型计算机（真空管）控制的电梯。1962年，在美国出现了8m/s的超高速电梯。1967年，晶闸管应用于电梯，进一步简化电梯拖动机构，提高性能。同年，美国奥的斯电梯公司在纽约世界贸易中心大楼安装了208台电梯和49台自动扶梯。1971年，集成电路被用于电梯。1972年，又出现了数控电梯。1975年，加拿大多伦多市的CN电视塔建成，它是当时世界上最高的独立式建筑物。这座总高度达553.34m的电视塔内安装了奥的斯电梯公司特制的4台玻璃围壁的观光电梯。

（5）现代电梯阶段

从1975年开始的现代电梯阶段，以计算机、群控和集成块为特征，配合超高层建筑的需要，向高速、双层轿厢、无机房等方面迅猛发展，电梯交通系统成为楼宇自动化的一个重要子系统。1976年，微机开始应用于电梯，使电梯电气控制进入了一个新的发展时期。之后，相继出现了交流调频、调压电梯，开拓了电梯电力拖动的新领域，结束了直流电梯独占高速电梯领域的局面。1977 年，日本三菱电动机株式会社开发出了 10m/s 的超高速电梯，电梯的控制技术有了很大的发展。20 世纪 80 年代，电梯控制技术出现了新的变化。由于固体功率器件的不断发展和完善以及微机技术的应用，出现了交流电动机驱动的变压变频调速拖动系统电梯（VVVF）。1984 年，在日本已将其用于 2m/s 以上的交流电梯。1985 年以后，又将其延伸到中、低速交流调速电梯。同年，日本三菱电动机公司研制出曲线运行的螺旋形自动扶梯，并成功投入生产。1989 年，美国奥的斯公司研制出了第一台直线电动机电梯。该电梯取消了电梯的机房，对电梯的传统技术作了较大的改进，使电梯技术进入了一个新的阶段。1992 年，美国奥的斯公司在日本东京附近的 Nariea 机场安装了水平穿梭人员运输系统。穿梭轿厢悬浮于气垫上，平滑无声地运行，速度可达 9.00m/s。1993 年，日本三菱电动机公司在日本横滨地区的 Landmrk 大厦安装了 12.5m/s 的超高速乘客电梯，这是当时世界上速度最快的乘客电梯。同年，日本日立制作所开发了可以乘运大型轮椅的自动扶梯，几个相邻梯级可以联动形成支持轮椅的平台。1996 年，芬兰通力电梯公司研制出永磁同步无齿轮曳引机驱动的无机房电梯。该电梯由具有碟式马达技术的扁平永磁同步电动机变压、变频驱动，电动机固定在机房顶部侧面的导轮上，由钢丝绳转动牵引轿厢。1997 年，迅达电梯公司推出目的楼层厅站登记系统。该系统操纵盘设置在各层站候梯厅，乘客只需在呼梯时登记目的楼层号码，就会知道去坐哪台电梯能最快到达目的楼层。待乘客进入轿厢后不再需要选层。1998 年，全球一些知名品牌电梯公司纷纷推出了电梯远程监控系统。如上海永大电梯公司研制开发的远程控制系统，由远程监控装置 RMD、中央监控装置 CMD、公共电话系统三个部分组成。这套系统有故障检出自动发报、轿厢内与监控中心直接对话、远程保养诊断、保养情况监督等功能。2000 年，美国奥的斯推出 Gen2 无机房电梯，打破了传统的钢丝绳曳引驱动方式，取而代之的是钢带驱动，称为第二代电梯产品。这是 150 多年来在电梯曳引技术上的首次重大突破，开创了绿色环保、节能电梯的新时代。

当前，随着新技术、新材料、新工艺、新产品的不断涌现，电梯技术尤其是电梯数字化技术得到迅速发展，其中，应用数字控制技术替代模拟控制技术；利用智能推理和模糊逻辑来选定电梯最佳运行状态；借助总线技术达到对电梯远程通信和远程控制。从而使得在如今的高层建筑物中，出现了双层轿厢电梯、单井道多轿厢系统；产生了将电梯的导轨、导靴制作成为电动机的定子和转子，使传统的旋转运动变为电梯轿厢通过导靴沿导轨直线运行；实现电梯无牵引绳的直线运行；且在轿厢外装有高性能永磁材料，有如磁浮列车一样，采用无线电波或光控技术控制，不用控制电缆；由一个计算机导航系统来控制电梯轿厢，既能做垂直方向运动，又能做水平方向运动，甚至从平台转到上升部位，把乘客从远处的停车场拉到建筑物的顶部等，这些都可以一次完成。2000 年 10 月，美国国家航空和宇宙航行局描述了建造空间电梯的概念。这种未来的太空电梯将从海平面的巨大平台沿着超高强度材料制成的特殊钢缆——碳纳米管攀升到距地球赤道 35400km 外太空的地球同步轨道卫星上。

对现代电梯性能的衡量，主要着重于可靠性、安全性和乘坐的舒适性。此外，对经济性、能耗、噪声等级和电磁干扰程度等方面也有相应要求。随着时代的发展，对人在与外界隔离封闭的电梯轿厢内心理上的压抑感和恐惧感也应有所考虑。因此，提倡对电梯进行豪华装修，比如，轿厢内用镜面不锈钢装潢、在观光电梯井道设置宇宙空间或深海景象；进而主张电梯、扶梯应与大自然相协调，在扶梯的周围种植花草；在轿厢壁和顶棚装饰某些图案，甚至是有变化的图案，并且在色彩调配上要令人赏心悦目；在轿厢内播放优美的音乐，用以减少烦躁；在轿厢内播放电视节目，乘客可收看天气预报、新闻等。

1.1.2　中国电梯业的发展

中国电梯行业经过了几十年的发展，已成为电梯制造大国和电梯使用大国。目前，电梯年生产保有量达到百万台。从 1900 年开始，电梯在中国的发展，大致经历了如下三个阶段。

(1) 第一阶段（1900～1949 年）：**洋货电梯，一统天下**

1900 年，美国奥的斯电梯公司获得在中国签约的第一份电梯合同，1907 年，在上海汇中饭店安装完成。1915 年，北京饭店也安装了三台奥的斯电梯公司生产的交流单速电梯。1924 年，天津顺德士饭店安装了一台奥的斯手柄开关操纵的乘客电梯。1935 年，在上海大新公司（现为上海第一百货商店）安装了两台奥的斯电梯公司生产的单人自动扶梯。该自动扶梯被记为是中国最早使用的自动扶梯。直至 1949 年，中国的电梯行业仍然是洋货一统天下。国内只有上海、天津、沈阳、北京有美国奥的斯电梯公司的维修服务站，只能修配电梯零件，不能制造电梯。当时，全国安装使用的电梯只有 1100 台左右。其中，美国生产的有 500 多台，瑞士生产的有 100 多台，其余分别为英国、日本、意大利、法国、德国、丹麦等国生产。这个阶段虽然没有国内的电梯工业，但通过对国外电梯的销售、安装、维保和使用，训练了一大批电梯工程技术人员，为我国的电梯工业起步准备了必要的人才。

(2) 第二阶段（1950～1979 年）：**国产电梯，缓慢发展**

这个阶段，我国先后建立了上海电梯厂、天津电梯厂、北京电梯厂等 14 家电梯厂，开始生产客梯、货梯、医用梯和杂物梯。1951 年天津电梯厂（前身为天津从庆生电动机厂）自行设计制造了中国第一台升降电梯，该电梯载重量为 1000kg，速度为 0.7m/s，交流单速，手动控制，被安装在北京天安门内。1959 年上海电梯厂与上海交通大学共同设计、生产了我国第一批双人自动扶梯，被用于北京火车站。1976 年，上海电梯厂生产了中国第一批 100m 长的自动人行道，被用于首都机场。同年，北京起重运输机械研究所和北京电梯厂联合设计，生产出中国第一台液压客梯、液压医用梯，用于北京市朝阳区结核病医院等。到 1972 年，我国定点生产电梯的厂家只有八家，即天津电梯厂、上海电梯厂、北京电梯厂、上海长城电梯厂、苏州电梯厂、广州电梯厂、沈阳电梯厂、西安电梯厂，这八家电梯厂的年产量总共有近 2000 台。1980 年，这八家电梯厂年产量为 2249 台。

(3) 第三阶段（1980 至今）：**品牌电梯，引领全球**

1979 年，我国全面拉开了经济建设和改革开放的序幕。1980 年 7 月 4 日，出当时中国建筑机械总公司与瑞士迅达电梯有限公司、香港怡和通信（远东）股份有限公司三方签署合资协议，组建成立中国迅达电梯有限公司。这不但是中国电梯行业，也是我国制造业第一家合资企业。

我国加入世界贸易组织（WTO）后，世界上的各著名电梯公司纷纷在我国建立制造基地、营销服务中心（见表 1-1）。这极大地推动了我国电梯企业的技术进步，大量的先进技术和管理理念在电梯企业中得到了推广和应用，我国电梯行业获得突飞猛进的发展，显现出以下几个方面的特点。

表 1-1 世界主流电梯品牌公司在我国组建合资、独资企业情况

企 业 名 称	年 份
中国迅达（SCHINDLE）	1980
天津奥的斯（OTIS）	1984
上海三菱（MITSUBISHI）	1987
沈阳东芝（TOSHIBA）	1995
华升富士达（FUJITEC）	1995
中山蒂森克虏伯（THYSSENKRUPP）	1995
大连星码（SIGMA）	1995
广州日立（HITACHT）	1996
通力中国（KONE）	1996
西子奥的斯（XIZIOTIS）	1997
苏州江南快速（EXPRFSS）	2003
巨人通力（GIANTKONE）	2005

① 发展速度十分惊人。在 1980~2005 年间，我国 GDP 平均增长速度在 9% 左右，而电梯产量平均每年增长 17.8%。1980 年中国大陆电梯产量为 2249 台，1986 年产量突破 1 万台，1998 年突破了 3 万台，2003 年突破了 8 万台，2007 年超过 21.6 万台，是全球当年总产量的一半。2007 年出口电梯 3 万多台，连续 6 年平均增长超过 35%。2008 年我国电梯年产量为 23 万多台。根据中国电梯协会的数据显示，2013 年我国电梯产销量约为 23 万台，相比 2012 年增长幅度约为 25%，全国电梯保有量达 200 万台左右。近年来我国电梯产销量以每年 20% 左右的速度增长，每年新增的电梯数量在 5 万台以上，占全球每年新增电梯总量的一半以上。其中，上海、北京等城市电梯保有量已超过 10 万台。近年来，我国电梯的出口年均增长率保持在 35% 以上，电梯行业也逐步成为国内比较重要的行业。中国电梯协会预测，未来五年内我国垂直电梯和扶梯市场国内市场和出口市场将分别占整个全球市场的 1/2 和 1/3，我国在今后相当长的时间内仍将是全球最大的电梯市场，年产值超千亿元，电梯市场可谓前景广阔。国务院发布的《特种设备安全监察条例》规定，特种设备的强制报废制度也为我国电梯改造市场带来了新的机遇。按国外电梯使用寿命惯例，一般日本系列电梯设计寿命为 15 年，欧美电梯设计寿命为 25 年，中国电梯的保有量已经超过 100 万台，专家预计今后每年大修改造以及已有建筑加装电梯的市场容量将保持在 12 万台以上。因此，中国已成为全球电梯制造中心和最大的电梯市场。

② 电梯技术紧跟世界潮流。改革开放 30 年来，我国已成为世界上最大的电梯制造国和最大的电梯市场。目前，世界电梯的顶尖技术在中国市场上一应俱全，令人目不暇接。例如，20 世纪 80 年代，日本三菱电动机株式会社在全球率先推出的变频变压即 VVVF 驱动系统，引起了电梯控制系统革命性的改变。1992 年，我国第一台通用变频变压 VVVF 电梯就在上海投入使用。1996 年，芬兰通力电梯公司成功地开发出永磁同步电动机技术并将其应用于电梯领域，实现了电梯无机房，这项创新技术不久便在我国电梯行业中推广应用。以上海三菱电梯有限公司为例，1987 年合资以来，公司在合资引进的基础上消化、吸收再创新，自主开发了近 30 台新产品项目，实现

了我国制造转向中国创造的宏伟目标。

③ 市场品牌集中度很高。目前电梯行业，国外知名品牌主要有美国奥的斯、瑞士迅达、德国蒂森克虏伯、芬兰通力、日本三菱和日本日立六大品牌，这些企业在国际上占有的份额最大，特别是高端市场，并且一直独占高速电梯市场。中国在 21 世纪成为世界电梯第一产销大国，但是中国国产电梯一直以供应国内低端市场为主，目前中国每 50 万台电梯中，六大国外品牌占国内市场的一半以上份额。在中国自从康力电梯在深交所上市后，目前已经有多家电梯整机制造企业上市，如苏州康力电梯、苏州江南嘉捷电梯、沈阳博林特电梯、广州广日股份等；电梯部件上市公司有长江润发、新时达以及汇川机电等。中国国内的四家上市公司在国内的电梯市场中，大概占有率为四分之一，约 15 万台的年产销量；国内其他接近 600 家电梯企业（含企业名称类似国外的电梯制造企业）分享剩余的 10 万~15 万台左右的电梯市场，平均 200 台的年销量，最大销量大概在 15000 台，最小的销量大概在 2014 年中销售 20 多台。

④ 产业集聚效应比较明显。改革开放以来，我国电梯企业已形成以整机制造企业为龙头，电梯配套件制造企业为基础，电梯安装、维保等相关企业为依托的相对完善的产业链。电梯整机及部件的制造业，基本集中在长江三角、珠江三角以及环渤海三大区域，如在长江三角区域有上海三菱、通力（中国）等；在珠江三角区域有日立中国、广日集团等；在环渤海区域有天津奥的斯、大连星玛等。

⑤ 不断提高电梯安全管理。从 2005 年开始，我国平均每年电梯事故在 40 起左右，死亡人数在 30 人左右，其原因，违章操作占 62.7%，设备缺陷占 22.7%，意外事故占 8.0%，非法使用设备占 6.6%。事故中受伤害人员，普通乘客 50%，维护保养人员 13%，安装工人 12%，电梯操作人员 4%，其他包括保安等未经培训的人员 21%。电梯作为一种机电合一的大型综合产品，能否得以安全可靠运行取决于电梯本身的制造质量、安装质量、维修保养质量以及用户的日常管理质量等诸多因素。传统的理念只注重产品本身的制造质量，而忽视了前期的电梯优化配比、后期的安装、维护保养质量等一系列影响电梯是否能处于最佳运行状态的要素。为有效解决电梯安全问题，国家正在推行相关政策，如电梯制造单位"终身负责"的工作机制，要求电梯制造单位对电梯质量以及安全运行涉及的质量问题终身负责；电梯安装、改造、维修结束后，电梯制造单位要按照要求对电梯进行校验和调试，并对校验和调试结果负责；电梯，投入使用盾，电梯制造单位要对其制造的电梯安全运行情况进行跟踪调查，并给予维保单位技术指导和备修件的支持。

1.1.3　电梯技术的发展趋势

经过 150 多年的发展，电梯技术已形成美国电梯技术、欧洲电梯技术和亚洲电梯技术三系列。美国电梯技术是以奥的斯为主的电梯技术。由于一些原因，美国电梯技术很少在其他国家使用。欧洲电梯技术是国际上应用最广的电梯技术。欧洲电梯技术可靠性高、经久耐用，一般电梯寿命为 25 年。由于欧洲电梯技术成为国际通用技术的先锋，所以国际电梯标准是以欧洲电梯标准为基础形成的。亚洲电梯技术是以日本的电梯技术为代表。日本电梯以舒适性好而闻名。但日本电梯的使用寿命一般只有欧洲电梯使用寿命的 60%，保证使用寿命一般只有 15 年。我国电梯技术吸取各家之长，已将上述三大系列电梯技术融合于一体，如先进的调频调压调速（VVVF）技术、电梯群控技术、永磁同步无齿轮曳引技术、串行通信技术、远程监控技术等，在我国生产的电梯中都得到了应用。同时，还涌现了很多革命性的产品。

随着新技术、新工艺、新材料、新产品的不断涌现，电梯技术也在不断推陈出新。在今后一段时间内，电梯技术发展趋势呈现以下特点。

(1) 安全与节能电梯需求旺盛

随着能源问题的日益突出，研制开发绿色节能电梯已成为未来的电梯发展方向。实现电梯节能主要有以下几个途径。

① 即改进机械传动和电力拖动系统，例如，将传统的蜗轮蜗杆减速器改为行星齿轮减速器或采用无齿轮传动，机械效率可提高 $15\%\sim25\%$；将交流双速拖动系统改为变频调压调速（VVVF）拖动系统，电能损耗可减少 20% 以上。

② 可以采取能量回馈技术，将电容中多余的电能转变为与电网同频率、同相位、同幅值的交流电能回馈给电网，可以提供给小区照明、空调等其他用电设备。从数据上看，能量回馈技术使用后节能效果显著。若以一幢 20 层左右的大楼为例，一台 1350kg、速度 2.5m/s 的传统电梯，一周实测耗电约 $800kW \cdot h$，而能量回馈型电梯仅为 $600kW \cdot h$，实际节约能耗 30% 左右。

③ 使用 LED 发光二极管更新电梯轿厢常规使用的白炽灯、日光灯等照明灯具，可节约照明用量 90% 左右，灯具寿命是常规灯具的 $30\sim50$ 倍。LED 灯具功率一般仅为 1W，无热量，而且能实现各种外形设计和光学效果，美观大方。

上海三菱电梯公司推出了节能混合电力电梯，该电梯采用三菱蓄电装置，可使正常运行时消耗的电力约减少 20%。康力、通力、永大等能源再生解决方案，可节省 $20\%\sim35\%$ 的电能。东芝电梯可调节的双层轿厢，将螺杆设计成正反向螺纹的形式，通过平衡上下轿厢的重量，减少了调节层间距所需的电力消耗。

2014 年永大电梯演示了电梯抱闸力侦测和溜梯自救功能，这两项技术的发明，可以从根本上避免由于抱闸失效导致的电梯安全事故或事故隐患。广日电梯展示的全新第二代 MIN 自动扶梯，驱动主机与主驱动采用高强度螺栓直接连接，实现无链条传动，完全规避了断链风险，安全可靠。同时，驱动主机减速箱全部齿轮采用高强度钛合金材料加工而成，持久耐磨。智能制动技术可根据不同的提升高度和乘客负载自动调节制动力矩，保证制动过程的制动距离和减速度稳定，规避乘客摔倒风险。

(2) 电梯设计更加人性化

在对电梯进行设计时，技术人员在实现载人或载物等基本功能的前提下，更加重视人机界面的美观，融入更好的美学、时尚元素。如西子奥的斯电梯有限公司就将原本成熟用于通信产业的 Wi-Fi 技术用于电梯上，工作人员可用专用手机实现无线呼梯和对乘客进行身份识别，而电梯里无任何按钮。又如日本富士达电梯公司采用无障碍和通用设计的理念，对轿厢操作进行了人性化设计，考虑了弱视者和色盲障碍者正确识别的需要；同时，开发出电梯多媒体信息系统，可为乘客提供丰富内容的电梯状态信息和客户所需的信息。又如东芝电梯（中国）有限公司和日立电梯（中国）有限公司都采用全新的振动、噪声控制技术，实现了低振动、低噪声，向乘客提供安静、舒适的运行状态。现在很多电梯轿厢内装饰也都美观大方，令乘客倍感舒适。

（3）电梯需求更加个性化

随着经济建设的发展，人们生活水平的提高，对电梯产品的需求更加个性化和多样化，因此，出现更多的细分市场，衍生出具有专业用途的特殊电梯。如富士达电梯有限公司开发的 Revita 无机房电梯，其轿厢内安装有正负离子群除菌装置、防夹手感应器装置，配备了 ENIS-11 三维主体式信息平台，将多媒体与电梯系统进行融合，向乘客提供丰富的信息，还配置了点阵显示及 256 色的彩色液晶显示器，按钮上的楼层指示数字采用超大字体，基准层按钮选用醒目的鲜绿色衬底，而且比其他选层按钮更凸出，便于识别操作，紧急呼叫按钮采用低位设计等。在电梯的专业用途方面，有苏州江南嘉捷电梯股份有限公司开发的防爆电梯、防静电电梯、防尘电梯等；有上海德圣米高电梯有限公司生产的舰船用电梯、海上石油平台电梯、港口登机电梯等；还有一些电梯制造厂生产的起重机用电梯、汽车升降电梯、家用电梯等。

（4）服务需求升级，维保人员需求增加

一系列电梯安全事故发生后，不仅电梯产品质量受到质疑，人们对维保服务更加不满。规范电梯维护保养行为，提升维护保养质量自然成为未来电梯企业工作的重头戏。随着用户对服务需求的日益提升，2012 年电梯行业的竞争逐步由单一的产品竞争向包含服务在内的多方面、全过程过渡。受"奥的斯事件"的刺激，全国各地加大了对电梯运行的监督检查，一些地方政府对电梯维修保养做出了新的规定。加大重视维保质量，对企业来说是一个挑战，也是一个机遇。在不久的将来，维保的利润可能会占据半壁江山，甚至会超过制造的利润。此外，在生产不断同质化的今天，2012 年会有越来越多的电梯生产企业认识到安装和维修保养的重要性。20 多年来一直以新装电梯为主导的中国电梯市场，将迎来新装与维保并重时代，因此具备相关资质的安装、维修人员的需求量也将增加。

（5）超高速电梯继续成为研究方向

目前世界电梯市场上的电梯技术特点，都以乘客电梯的技术为主。而乘客电梯技术以高速电梯技术的掌握来控制电梯高端市场的份额。目前世界上速度最高的电梯为 28.5m/s，相当于时速 102km；国产电梯目前成熟技术的最高速度为 7.0m/s，相当于时速 25km。未来我国可用于建筑的土地面积越来越少，这就要求建筑物越来越高，这也必然带来高速电梯的需求。超高速电梯的研究继续在采用超大容量电动机、高性能微处理器、减振技术、新式滚轮导靴和安全钳、永磁同步电动机、轿厢气压缓解和噪声抑制系统等方面推进。

（6）智能群控技术引领行业发展

在电梯产品日趋同质化时，智能群控技术将引领行业发展新潮流。虽然智能群控技术已经得到了应用，但应用的范围有限，主要集中在大型酒店宾馆以及高档写字楼内。电梯群控系统是指在一座大楼内安装多台电梯，并将这些电梯与一部计算机连接起来。该计算机可以采集到每个电梯的各种信号，经过调度算法的计算向每部电梯发出控制指令。电梯群控技术能够根据楼内交通量的变化，对每部电梯的运行状态进行调配，目的是达到梯群的最佳服务及合理的运行管理。传统的群控算法只有一个目标，即最小候梯时间。在现代高层建筑的一些特定交通模式下，不可能要求每一部电梯能够服务每一个楼层，所以电梯群控系统调度算法的研究有着重要的现实意义。智能群控技术代表了行业技术发展方向，也将给人们带来更多的便利。

(7) 电梯控制更加智能化

电梯控制系统大致经历了三个阶段，即继电器-接触器＋驱动系统、PLC＋驱动系统、微机＋驱动系统。前两种控制技术已淘汰或即将淘汰，只有微机＋驱动系统的技术，将随着计算机软件和高性能微处理器的提升而拥有更广泛的发展空间，并使得电梯控制更加智能化。例如，西子奥的斯推出的 REM-X 电梯远程控制系统，就是电梯控制技术更加智能化的最好例证。该系统使用嵌入式电梯远程检测系统，集中心检测、分公司检测、用户楼宇检测于一体，通过 Internet 网络传输介质、全面采集、分析各类电梯运行数据，可以远距离、全天候地检测网络内电梯运行情况，及时准确地确认问题（包括异常征兆），并依据客户需要提供便捷的在线服务。日本三菱电动机于 2003 年推出的电梯监视系统 ELE-FIRST，以及日立电梯（中国）开发的电梯维修保养系统 MUG 等，都是通过互联网实现对用户电梯的统一管理，全面提供让乘客安心、管理者省心、设备运行更称心的服务。在 2014 年国国际电梯中，为了让电梯运行更加高效，迅达、通力等电梯厂家展示了智能化客流解决方案。迅达展台展示的第三代目的楼层控制技术，即个性化智能服务终端（PORT）。据介绍，用户通过预授权的门卡被识别后，PORT 技术会计算出到达目的楼层的最快捷路线，最大程度缩减行程时间。通力智能客流量解决方案由门禁控制系统、目的选层系统、信息显示系统和电梯监控系统组成。门禁卡与电梯联网，乘客刷卡进入楼宇时，系统自动分配电梯，不需要人工选择目的层，实现快速乘梯。

(8) 电梯技术更加数字化

目前，数字技术在电梯产品中得到更加广泛的应用。电梯生产制造设备大都采用数控机床。电梯的变频器、控制系统、群控系统、交频门机、光幕、称量装置、语音报站、信息显示、故障自诊断、远程监控等均采用数字技术。如奥的斯电梯的模块化驱动控制系统就是采用以计算机为核心技术的数字系统。该数字系统对电梯所有信息进行数字化处理、数字化传输、数字化控制。在一些中高层建筑中的电梯设置采用一井双层轿厢电梯和单井多轿厢系统等，数字技术是实现这些系统的核心技术。上海东方明珠电视塔中就装有奥的斯 ELEVONIC411 型双层轿厢电梯，运行性能以及运输频率均令人十分满意。可见随着微处理器的具有高级派发能力的广泛应用，电梯技术更加数字化，电梯产品将成为真正意义上的数字电梯。

(9) 电梯新技术不断应用于电梯

① 楼层厅站登记系统。楼层厅站登记系统操纵盘设置在各层站候梯厅，操纵盘号码对应各楼层号码。乘客只需在呼梯时，登记目的楼层号码，就会知道应该去乘梯组中哪部电梯，从而提前去厅门等候。待乘客进入轿厢后不再需要选层，轿厢会在目的楼层停梯。由于该系统操作便利，结合强大的计算机群控技术，使得候梯和乘梯时间缩减。该系统的关键是处理好新召唤的候梯时间对原先已安排好的那些召唤服务时间的延误问题。

② 双层轿厢电梯。双层轿厢电梯有两层轿厢，一层在另一层之上，同时运行。乘客进入大楼 1 楼门厅，如果去单数楼层就进下面一层轿厢；如果去双数楼层则先乘 1 楼和 2 楼之间的自动扶梯，到达 2 楼后进入上面一层轿厢。下楼离开时可乘坐任一轿厢，而位于上层轿厢的乘客需停在 2 楼，然后乘自动扶梯去 1 楼离开大楼。双层轿

厢电梯增加了额定容量，节省了井道空间，提高了输送能力，特别适合超高层建筑往返空中大厅的高速直驶电梯。双层轿厢电梯要求相邻的层高相等，且存在上下层乘客出入轿厢所需时间取最大值的问题。

③ 集垂直运输与水平运输的复合运输系统。集垂直运输与水平运输的复合运输系统采用直线电动机驱动，在一个井道内设置多台轿厢。轿厢在计算机导航系统控制下，可以在轨道网络内交换各自运行路线。该系统节省了井道占用的空间，解决了超高层建筑电梯钢丝绳和电缆重量太大的问题，尤其适合于具有同一底楼的多塔形高层建筑群中前往空中大厅的穿梭直驶电梯。

④ 交流永磁同步无齿轮曳引机驱动的无机房电梯。无机房电梯由于曳引机和控制柜置于井道中，省去了独立机房，节约了建筑成本，增加了大楼的有效面积，提高了大楼建筑美学的设计自由度。而交流永磁同步无齿轮曳引机的特点是：结构简单紧凑，体积小，重量轻，形状可灵活多样；配以变频控制可以实现更大限度的节能；没有齿轮，因而，没有齿轮振动和噪声、齿轮效率、齿轮磨损及油润滑问题，减少了维护工作，降低了油污染；由于失电时旋转的电动机处于发电制动状态，增加了曳引系统的安全可靠性。

⑤ 彩色大屏幕液晶楼层显示器。彩色大屏幕液晶楼层显示器可以以高分辨率的彩色平面或三维图像显示电梯的楼层信息（如位置、运行方向），还可以显示实时的载荷、故障状态等。通过控制中心的设置还可以显示日期、时间、问候语、楼层指南、广告等，甚至还可以与远程计算机和寻呼系统连接发布天气预报、新闻等。有的显示器又增加了触摸查询功能。该装置缓解了陌生乘客在轿厢内面对面对视时的尴尬、无趣的局面，降低了乘客乘梯时心理上的焦虑感。

⑥ 电梯远程监控系统。电梯远程监控系统是将控制柜中的信号处理计算机获得的电梯运行和故障信息通过公共电话网络或专用网络（都需要使用调制解调器）传输到远程的能够提供可视界面的专业电梯服务中心的计算机，以便那里的服务人员掌握电梯运行情况，特别是故障情况。该系统具有显示故障、分析故障、故障统计与预测等功能，还有的可实现远程调试与操作，便于维修人员迅速进行维修应答和采取维修措施，从而缩短故障处理时间，简化人工故障检查的操作，保证大楼电梯安全高效地运行。

⑦ 安全技术方面。传统的电梯安全部件正在改用双向安全系统，另外，电梯使用的安全技术也在不断扩大，包括了IC卡电梯管理系统、指纹识别系统以及小区监控系统等。而直接进户的三门电梯也将成为一些高档社区的选择。

1.2　电梯的分类

(1) 按用途分类（见表1-2）

表1-2　按用途分类的电梯

序号	名称及代号	特征及用途
1	乘客电梯(TK)	为运送乘客而设计的电梯 具有完善舒适的设施和完全可靠的防护装置，用于运送人员和带有的手提物件，必要时也可运送允许的载重量和尺寸范围内的物件。适用于高层住宅、办公大楼、宾馆、酒店，要求安全舒适，装饰新颖美观，可以手动或自动控制操纵

序号	名称及代号	特征及用途
2	载货电梯(TH)	通常有人伴随,主要为运送货物而设计的电梯 结构牢固、载重量较大,有安全防护装置,为节约动力装置的投资和保证良好的平层精度,常取较低的额定速度
3	客货(两用)电梯(TL)	以运送乘客为主,也可运送货物的电梯 具有完善的设施和安全可靠的防护装置,轿厢内部装饰简单,运行速度较低
4	病床电梯(TB)	为运送病床(包括病人)及医疗设备而设计的电梯 轿厢窄而深,常要求前后贯通开门,对运行稳定性要求较高,运行中噪声应力要求减小,一般有专职操作人员操作
5	住宅电梯(TZ)	供住宅楼使用的电梯 主要运送乘客,也可运送家用物件或生活用品,多有专职操作人员操作
6	杂物电梯(TW)	供运送一些轻便的图书、文件、食品等物件的电梯 不允许人员进入轿厢,由门外按钮控制
7	船用电梯(TC)	船舶上使用的电梯 安装在大型船舶上,用于运送船员等,能在船舶的摇晃中正常工作
8	观光电梯(TG)	井道和轿厢壁至少有一侧透明,乘客可观看轿厢外景物的电梯
9	汽车用电梯(TQ)	用于运送车辆而设计的电梯 轿厢面积较大,要与所装用的车辆相匹配,其构造应足够牢固,有的是无轿顶的
10	特种电梯	用作专门用途的电梯,如冷库电梯、防爆电梯、矿井电梯、建筑工程电梯等

(2) 按速度分类 (见表 1-3)

表 1-3　按速度分类的电梯

序号	名　　称	额定速度范围
1	低速电梯	1m/s 及以下的电梯。通常用在 10 层以下的建筑物中使用的,或客货两用的电梯或货梯
2	快速电梯	>1m/s 而<2m/s 的电梯。通常用在 10 层以上的建筑物内
3	高速电梯	2～3m/s 的电梯,通常是用在 16 层以上的电梯
4	超高速电梯	>3m/s 的电梯,通常用于超高层建筑物内

(3) 按拖动方式分类 (见表 1-4)

表 1-4　按拖动方式分类的电梯

序号	名称及代号	驱动和使用特点
1	直流电梯(Z)	其曳引电动机为直流电动机,通常分为用可控硅励磁装置的直流发电机-电动机拖动系统和采用可控硅直接供电的可控硅-电动机拖动系统两种,目前主要使用的为后者。其特点为性能优良、梯速较快,通常用于高速电梯
2	交流电梯(J)	单速,常用于杂物电梯上 双速,曳引电动机为交流电动机,并有高、低两种速度,速度在 1m/s 以下 交流调压调速电梯,减速时采用闭环,启动采用开环,称为半闭环式,通常装有码盘 交流调压调速电梯,减速时采用闭环,启动时也采用闭环,称为全闭环式,通常装有码盘 交流调频调压电梯,俗称 VVVF 电梯,通常采用微机、塑变器、PWM 控制器以及速度电流等反馈系统。在调节定子频率的同时,调节定子中的电压,以保持磁通恒定,使电动机力矩不变,其性能优越、安全可靠
3	液压电梯(Y)	靠液压传动,根据柱塞安装位置有:直顶式,其液压缸柱塞直接支撑轿厢,使轿厢升降;间接顶升式,其液压缸柱塞设置在井道侧面,借助曳引绳通过滑轮组与轿厢连接,使轿厢升降。梯速在 1m/s 以下
4	直线电动机驱动电梯	用直线电动机作为动力源,是目前最新的驱动方式,在我国尚未使用

(4) 按控制核心分类（见表 1-5）

表 1-5　按控制核心分类的电梯

序号	名称	特征
1	继电器控制电梯	其控制电路以继电器为主的电梯
2	可编程序控制器控制电梯	信号登记、消除、定向、选层、平层、停车等控制电路以可编程序控制器为核心，用软件实现各种控制功能的电梯。其特点：电梯功能的变化可以通过改变程序来实现
3	微机控制电梯	以专用微机为核心实现交流调速、信号处理的电梯。其特点：用微机做信号处理，取代传统的选层器和继电器逻辑控制电路，用微机作为交流调速控制系统，承担调速各环节的功能，调速控制性能优越，便于舒适感调节

(5) 按有无机房分类（见表 1-6）

表 1-6　按有无机房分类的电梯

序号	名称	特征
1	有机房电梯	上置式电梯：机房位于井道上部的电梯 下置式电梯：机房位于井道下部的电梯
2	无机房电梯	上置式无机房电梯：电梯驱动主机位于井道顶部的电梯 下置式无机房电梯：电梯驱动主机位于底坑或底坑附近的电梯

(6) 按控制方式分类（见表 1-7）

表 1-7　按控制方式分类的电梯

序号	控制方式及代号	控制特点
1	手柄操纵控制电梯（SZ、SS）	电梯的工作状态，由电梯司机转动手柄位置（开断/闭合）来操纵电梯运行或停止。这种电梯有自动门（SZ）和手动门（SS）两种
2	按钮控制电梯（AZ、AS）	一种具备简单自动控制的电梯，有自动平层功能。有轿外按钮控制和轿内按钮控制两种形式。前一种是由安装在各楼层厅门口的按钮箱进行操纵，一般用于杂物电梯或层数少的货梯。后一种按钮箱在轿厢内，一般只接受轿厢内按钮的指令，层站的召唤按钮不能截停和操纵轿厢，一般多用于货梯。这种电梯有自动门（AZ）和手动门（AS）两种
3	信号控制电梯（XH）	把各层站呼梯信号集合起来，将与电梯运行方向一致的呼梯信号按先后顺序排列，电梯依次应答接运乘客。电梯运行取决于电梯操作人员的操作，而电梯在何层站停靠由轿厢操纵盘上的选层按钮和层站呼梯按钮控制。电梯往复运行一周可以应答所有呼梯信号
4	集选控制电梯（JX）	在信号控制的基础上把呼梯信号集合起来进行有选择地应答。电梯为无操作人员操纵。在电梯运行过程中可以应答同一方向所有层站呼梯信号并按照操纵盘上的选层按钮信号停靠。电梯运行一周后若无呼梯信号就停靠在基站待命。为适应这种控制特点，电梯在各层站停靠时间可以调整，轿门设有安全触板或其他防夹保护装置以及轿厢设有过载保护装置等
5	下集选控制电梯	集合电梯运行下方向的呼梯信号，如果乘客欲从较低的层站到较高的层站去，必须乘电梯到底层基站后再乘电梯到要去的高层站。一般下集选控制方式在住宅楼内用得较多
6	并联控制电梯（BL）	共用一套呼梯信号系统，把两台或三台规格相同的电梯并联起来控制。无乘客使用电梯时，经常有一台电梯停靠在基站待命称为基梯；另一台电梯则停靠在行程中间预先选定的层站，称为自由梯。当基站有乘客使用电梯并启动后，自由梯即刻启动前往基站充当基梯待命。当有除基站外其他层站呼梯时，自由梯就近先行应答，并在运行过程中应答与其运行方向相同的所有呼梯信号。如果自由梯运行时，出现与其运行方向相反的呼梯信号，则在其站待命的电梯启动前往应答。先完成应答任务的电梯就近返回基站或中间选下的层站待命
7	梯群程序控制电梯（QK）	群控是指用微机控制和统一调度多台并列的电梯，它使多台电梯集中排列，共用厅外召唤按钮，按规定程序集中调度和控制。其程序控制分为四程序和六程序两种

序号	控制方式及代号	控 制 特 点
8	梯群智能控制电梯	这是高级的梯群控制,有数据的采集、交换、存储功能,还能进行分析、筛选、报告的功能。控制系统可以显示出所有电梯的运行状态 由电脑根据客流情况和软件中的专家系统,自动选择最佳运行控制方式,其特点是分配电梯运行时间,省人、省电、省机器
9	微机控制电梯(W)	把微机用作信号处理,取代传统的选层器和绝大部分继电器逻辑电路

1.3 电梯的主要参数和规格

电梯是服务于规定楼层的固定式升降设备。它具有一个轿厢,运行在至少两列垂直的或倾斜角小于 15°的刚性导轨之间。轿厢尺寸与结构形式应便于乘客出入或装卸货物。

(1) 主要参数

电梯的主参数是指额定载重量和额定速度。

① 额定载重量 (kg)。额定载重量是指电梯设计所规定的轿内最大载荷。对于乘客电梯常用乘客人数（按 75kg/人）这一参数表示。乘客电梯、客货电梯、病床电梯通常采用 320kg、400kg、630kg、800kg、1000kg、1250kg、1600kg、2000kg、2500kg 等系列，载货电梯通常采用 630kg、1000kg、1600kg、2000kg、3000kg、5000kg 等系列，杂物电梯通常采用 40kg、100kg、250kg 等系列。

② 额定速度 (m/s)。额定速度是指电梯设计所规定的轿厢速度。标准推荐乘客电梯、客货电梯、病床电梯采用 0.63m/s、1.00m/s、1.60m/s、2.50m/s 等系列，载货电梯采用 0.25m/s、0.40m/s、0.63m/s、1.00m/s 等系列，杂物电梯采用 0.25m/s、0.40m/s 等系列。而实际使用上则还有 0.50m/s、1.50m/s、1.75m/s、2.00m/s、4.00m/s、6.00m/s 等系列。

(2) 电梯的基本规格及型号

① 电梯的用途。指客梯、货梯、病床梯等。

② 额定载重量。指制造和设计规定的电梯额定载重量 (kg)，可理解为制造厂保证正常运行时的允许载重量。对制造厂，额定载重量是设计和制造的主要依据，对用户则是选用和使用电梯的主要依据，是电梯的主参数。

③ 额定速度。指制造和设计规定的电梯运行速度 (m/s)。对于制造厂是设计制造电锑主要性能的依据，对于用户则是检测速度特性的主要依据，是电梯的主参数。

④ 拖动方式。指电梯采用的动力种类，可分为交流电力拖动、直流电力拖动和液力拖动等。

⑤ 控制方式。指对电梯的运行实施操纵的方式，即手控制、按钮控制、信号控制、集选控制、并联控制、梯群控制等。

⑥ 轿厢尺寸。指轿厢内部尺寸和外廓尺寸，以"宽×深×高"表示。内部尺寸由梯种和额定载重量决定，外廓尺寸关系到井道的设计。

⑦ 门的形式。指电梯门的结构形式，可分为中分式门、旁开式门、直分式门等。

通过上述七个参数基本可以确定一台电梯的服务对象、运送能力、工作性能以及对井道机房等的要求。

1.4　电梯的性能要求

(1) 电梯的安全性

安全运行是电梯必须保证的首要指标，是由电梯的使用要求所决定的，是在电梯制造、安装调试、日常管理维护及使用过程中，必须绝对保证的重要指标。为保证安全，对于涉及电梯运行安全的重要部件和系统，在设计制造时应留有较大的安全系数，设置一系列安全保护装置，使电梯成为各类运输设备中安全性最好的设备之一。

(2) 电梯的可靠性

可靠性是反映电梯技术的先进程度与电梯制造、安装维保及使用情况密切相关的一项重要指标。反映了在电梯日常使用中因故障导致电梯停用或维修的发生概率，故障率高说明电梯的可靠性较差。

一部电梯在运行中的可靠性如何，主要受该梯的设计制造质量和安装维护质量两方面影响，同时还与电梯的日常使用管理有极大关系。如果使用的是一部制造中存在问题和瑕疵，具有故障隐患的电梯，那么电梯的整体质量和可靠性是无法提高的；然而即使人们使用的是一部技术先进，制造精良的电梯，却在安装及维护保养方面存在问题，同样也会导致大量的故障出现，会影响电梯的可靠性。所以要提高可靠性必须从制造、安装维护和日常使用几个方面着手。

根据 GB/T 10058—2009《电梯技术条件》的规定，电梯的可靠性包括以下几个方面。

① 整机可靠性。整机可靠性检验为起制动运行 60000 次中失效（故障）次数不应超过 5 次。每次失效（故障）修复时间不应超过 1h。由于电梯本身原因造成的停机或不符合该标准规定的整机性能要求的非正常运行，均被认为是失效（故障）。

② 控制柜可靠性。控制柜可靠性检验为被其驱动与控制的电梯起制动运行 60000 次中，控制柜失效（故障）次数不应超过 2 次。由于控制柜本身原因造成的停机或不符合该标准规定的有关性能要求的非正常运行，均被认为是失效（故障）。与控制柜相关的整机性能项目包括：启动加速度与制动减速度；最大加、减速度和 A95 加、减速度；平层准确度。

③ 可靠性检验的负载条件。在整机可靠性检验及控制柜可靠性检验期间，轿厢载有额定载重量以额定速度上行不应少于 15000 次。

1.5　整机性能

根据 GB/T 10058—2009《电梯技术条件》的规定，电梯的整机性能要求如下。

(1) 当电源为额定频率和额定电压时，载有 50% 额定载重量的轿厢向下运行至行程中段（除去加速和减速段）时的速度，不得大于额定速度的 105%，宜不小于额定速度的 92%。

(2) 乘客电梯启动加速度和制动减速度最大值均不应大于 1.5m/s^2。

(3) 当乘客电梯额定速度为 $1.0\text{m/s}<v\leqslant2.0\text{m/s}$ 时，按 GB/T 24474—2009 测量，A95 加、减速度不应小于 0.50m/s^2；当乘客电梯额定速度为 $2.0\text{m/s}<v\leqslant6.0\text{m/s}$ 时，A95 加、减速度不应小于 0.70m/s^2。

(4) 乘客电梯的中分自动门和旁开自动门的开关门时间宜不大于表 1-8 规定的值。

表 1-8　乘客电梯的开关门时间　　　　　　　　　　　　　　　　　　　s

开门方式	开门宽度 B/mm			
	$B\leqslant800$	$800<B\leqslant1000$	$1000<B\leqslant1100$	$1100<B\leqslant1300$
中分自动门	3.2	4.0	4.3	4.9
旁开自动门	3.7	4.3	4.9	5.9

(5) 乘客电梯轿厢运行在恒加速度区域内的垂直（Z 轴）振动的最大峰峰值不应大于 0.30m/s^2，A95 峰峰值不应大于 0.20m/s^2。乘客电梯轿厢运行期间水平（X 轴和 Y 轴）振动的最大峰峰值不应大于 0.2m/s^2，A95 峰峰值不应大于 0.15m/s^2。

(6) 电梯的各机构和电气设备在工作时不应有异常振动或撞击声响。乘客电梯的噪声值应符合表 1-9 规定。

表 1-9　乘客电梯的噪声值

额定速度 v/(m/s)	$v\leqslant2.5$	$2.5<v\leqslant6.0$
额定速度运行时机房内平均噪声值/dB(A)	≤80	≤85
运行中轿厢内最大噪声值/dB(A)	≤55	≤60
开关门过程最大噪声值/dB(A)	≤65	

另外，由于接触器、控制系统、大功率元器件及电动机等引起的高频电磁辐射不应影响附近的收音机、电视机等无线电设备的正常工作，同时电梯控制系统也不应受周围的电磁辐射干扰而发生误动作现象。

(7) 电梯轿厢的平层准确度宜在 $\pm10\text{mm}$ 的范围内。平层保持精度宜在 $\pm20\text{mm}$ 的范围内。

(8) 曳引式电梯的平衡系数应在 0.4～0.5 范围内。

(9) 电梯应具有以下安全装置或保护功能，并应能正常工作。

① 供电系统断相、错相保护装置或保护功能。电梯运行与相序无关时，可不设置错相保护装置。

② 限速器-安全钳系统联动超速保护装置，监测限速器或安全钳动作电气安全装置以及监测限速器绳断裂或松弛的电气安全装置。

③ 终端缓冲装置（对于耗能型缓冲器还应包括检查复位的电气安全装置）。

④ 超越上下极限工作位置时的保护装置。

⑤ 层门门锁装置及电气联锁装置：

a. 电梯正常运行时，应不能打开层门；如果一个层门开着，电梯应不能启动或继续运行（在开锁区域的平层和再平层除外）；

b. 验证层门锁紧的电气安全装置；证实层门关闭状态的电气安全装置；紧急开锁与层门的自动关闭装置。

⑥ 动力操纵的自动门在关闭过程中，当人员通过入口被撞击或即将被撞击时，

应有一个自动使门重新开启的保护装置。

⑦ 轿厢上行超速保护装置。

⑧ 紧急操作装置。

⑨ 滑轮间、轿顶、底坑、检修控制装置、驱动主机和无机房电梯设置在井道外的紧急和测试操作装置上应设置双稳态的红色停止装置。如果距驱动主机 1m 以内或距无机房电梯设置在井道外的紧急和测试操作装置 1m 以内设有主开关或其他停止装置，则可不在驱动主机或紧急和测试操作装置上设置停止装置。

⑩ 不应设置两个以上的检修控制装置。若设置两个检修控制装置，则它们之间的互锁系统应保证：如果仅其中一个检修控制装置被置于"检修"位置，通过按压该检修控制装置上的按钮能使电梯运行；如果两个检修控制装置均置于"检修"位置，在两者中任一个检修控制装置上操作均不能使电梯运行；同时按压两个检修控制装置上相同功能的按钮才能使电梯运行。

⑪ 轿厢内以及在井道中工作的人员存在被困危险处应设置紧急报警装置。当电梯行程大于 30m 或轿厢内与紧急操作地点之间不能直接对话时，轿厢内与紧急操作地点之间也应设置紧急报警装置。

⑫ 对于 EN81-1：1998/A2：2004 中 6.4.3 工作区域在轿顶上（或轿厢内）或 EN81-1：1998/A2：2004 中 6.4.4 工作区域在底坑内或 EN8-1：1998/A2：2004 中 6.4.5 工作区域在平台上的无机房电梯，在维修或检查时，如果由于维护（或检查）可能导致轿厢的失控和意外移动或该工作需要移动轿厢可能对人员产生人身伤害的危险时，则应有分别符合 EN81-1：1998/A2：2004 中 6.4.3.1、6.4.4.1 和 6.4.5.2b 的机械装置；如果该操作不需要移动轿厢，EN81-1：1998/A2：2004 中 6.4.5 工作区域在平台上的无机房电梯应设置一个符合 EN81-1：1998/A2：2004 中 6.4.5.2b 规定的机械装置，防止轿厢任何危险的移动。

⑬ 停电时，应有慢速移动轿厢的措施。

⑭ 若采用减行程缓冲器，则应符合 GB 7588—2003 中 12.8 的要求。

第2章

电梯的基本结构

电梯是机电一体化的大型复杂产品，其中机械部分相当于人的躯体，电气部分相

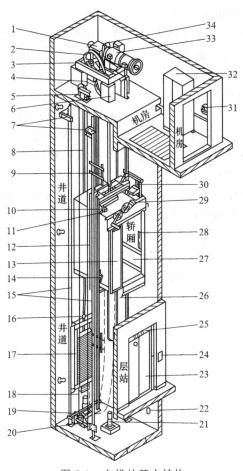

图 2-1　电梯的基本结构

1—减速箱；2—曳引轮；3—曳引机底座；4—导向轮；5—限速器；6—机座；7—导轨支架；8—曳引钢丝绳；
9—开关碰铁；10—紧急终端开关；11—导靴；12—轿架；13—轿门；14—安全钳；15—导轨；16—绳头组合；
17—对重；18—补偿链；19—补偿链导轮；20—张紧装置；21—缓冲器；22—急停开关；23—层门；24—呼
梯盒；25—层楼指示灯；26—随行电缆；27—轿厢；28—轿内操纵箱；29—开门机；30—井道传感器；
31—电源开关；32—控制柜；33—曳引电动机；34—制动器

当于人的神经，两者高度合一，使电梯成为现代科技的综合产品。

电梯的机械部分由曳引系统、轿厢和门系统、平衡系统、导向系统以及机械安全保护装置等部分组成；电气控制部分由电力拖动系统、运行逻辑功能控制系统和电气安全保护等系统组成。从空间上看，电梯总体的组成有机房、井道、轿厢和层站四个部分。机房部分，包括电源开关、曳引机、控制柜（屏）、选层器、导向轮、减速器、限速器、极限开关、制动抱闸装置、机座等；井道部分，包括导轨、导轨支架、对重装置、缓冲器、限速器张紧装置、补偿链、随行电缆、底坑和井道照明等；层站部分，包括层门（厅门）、呼梯装置（召唤盒）、门锁装置、层站开关门装置、层楼显示装置等；轿厢部分，包括轿厢、轿厢门、安全钳装置、平层装置、安全窗、导靴、开门机、轿内操纵箱、指层灯、通信及报警装置等。电梯的基本结构如图 2-1 所示。

2.1　曳引系统

电梯曳引系统的功能是输出动力和传递动力，驱动电梯运行，主要由曳引机、曳引钢丝绳、导向轮和反绳轮组成，是电梯运行的根本和核心部分之一，见图 2-2。

2.1.1　曳引机

曳引机为电梯的运行提供动力，一般由曳引电动机、制动器、曳引轮、盘车手轮等组成。根据电动机与曳引轮之间是否有减速箱，又可分为有齿轮曳引机和无齿轮曳引机。曳引机和驱动主机是电梯、自动扶梯、自动人行道的核心驱动部件，称为电梯的"心脏"，其性能直接影响电梯的速度、起制动、加减速度、平层和乘坐的舒适性、安全性，运行的可靠性等指标。曳引机是除了液压电梯外每台电梯必不可少的关键部件，液压电梯的数量仅占全球电梯总量的 3% 左右，由此可见，曳引机的需求量与电梯的需求量直接相关，且其相关度为 97% 左右。

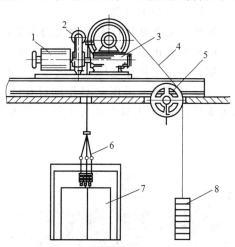

图 2-2　电梯曳引系统的组成结构
1—曳引电动机；2—制动器；3—减速器；4—曳引钢丝绳；5—导向轮；6—绳头组合；7—轿厢；8—对重

（1）有齿轮曳引机

有齿轮曳引机的电动机通过减速箱驱动曳引轮，降低了电动机的输出转速，提高了输出转矩。如果曳引机的曳引轮安装在主轴的伸出端，称单支承式（悬臂式）曳引机，其结构简单轻巧，起重量较小（额定起重量不大于 1t）。如果曳引轮两侧均有支承，则称为双支承式曳引机，其适用于大起重量的电梯。

曳引机额定速度系列：0.63m/s、1.00m/s、1.25m/s、1.60m/s、2.00m/s、2.50m/s 等；曳引机额定载重量系列：400kg、630kg、800kg、1000kg、1250kg、

1600kg、2000kg、2500kg 等；减速器中心距系列：125mm、160mm、（180mm）、200mm、（225mm）、250mm、（280mm）、315mm、（355mm）、400mm 等，不推荐使用括号中数值。

① 蜗杆减速器曳引机。蜗杆减速器曳引机为第一代曳引机。蜗轮蜗杆传动的传动比大、运行平稳、噪声低、体积小。在减速器中，蜗杆可以置于蜗轮的上面，称蜗杆上置式结构。这种曳引机整体重心低，减速箱密封性好，但蜗杆与蜗轮的啮合面间润滑变差，磨损相对严重。若蜗杆置于蜗轮下面，则称蜗杆下置式结构。这种结构的蜗杆可浸在减速箱体的润滑油中，使齿的啮合面得到充分润滑，但对蜗杆两端在蜗杆箱支撑处的密封要求较高，容易出现蜗杆两端漏油的故障，同时曳引轮位置较高，不便于降低曳引机重心。

表示减速箱减速能力的技术参数为传动比 i，即

$$i = \frac{Z_2}{Z_1} \tag{2-1}$$

式中　Z_2——蜗轮齿数；

　　　Z_1——蜗杆头数。

蜗杆头数就是蜗杆上螺旋线的条数，一般为 1～4 头。单头蜗杆能得到大的传动比，但螺旋升角小，传动效率低，一般用在低速电梯上。二头蜗杆最为常用。三头、四头蜗杆多用于快速电梯，以满足曳引机有较高输出速度的要求。

日立公司目前采用的蜗轮蜗杆曳引机有 TKL 和 TYS。TKL 主机为蜗杆上置、单边支撑，TYS 主机为蜗杆下置、双边支撑，如图 2-3 和图 2-4 所示。

图 2-3　TKL 曳引机

图 2-4　TYS 曳引机

② 齿轮减速器曳引机。齿轮减速器曳引机为第二代曳引机。它具有传动效率高的优点，齿面磨损寿命基本上是蜗杆减速器曳引机的 10 倍，但传动平稳性不如蜗轮蜗杆传动，抗冲击承载能力差。同时为了达到低噪声，要求加工精度很高，必须磨齿。由于齿面硬度高，不能通过磨合来补偿制造和装配的误差，钢的渗碳淬火质量不易保证。在传动比较大的情况下，需要采用多级齿轮传动。由于其成本较高，使用条件较严格，其推广使用受到限制。20 世纪 70 年代，在国外电梯产品上，已应用圆柱斜齿轮传动，使传动效率有了很大的提高。图 2-5 所示为日立公司 NPX 型电梯所采用的斜齿曳引机。

③ 行星齿轮减速器曳引机（包括谐波齿轮和摆线针轮）。行星齿轮减速器曳引机为第三代曳引机。它具有结构紧凑、减速比大、传动平稳性、抗冲击能力优于斜齿轮传动、噪声小等优点，在交流拖动占主导地位的中高速电梯上具有广阔的发展前景。但即使采用高的加工精度，由于难以采用斜齿轮啮合，噪声相对较大。此外谐波传动效率低，柔轮疲劳问题较难解决，而摆线针轮加工要有专用机床，且磨齿困难。图2-6 所示为行星齿轮减速器曳引机。

图 2-5 斜齿曳引机

图 2-6 行星齿轮减速器曳引机

(2) 无齿轮曳引机

无齿轮曳引机的电动机直接驱动曳引轮，没有机械减速装置，一般用于 2m/s 以上的高速电梯。无齿轮曳引机没有齿轮传动，机构简单，功率损耗，高效节能、驱动系统动态性能优良；低速直接驱动，故轴承噪声低，无风扇和齿轮传动噪声，噪声一般可降低 5～10dB（A），运转平稳可靠；无齿轮减速箱，没有齿轮润滑的问题，无励磁绕组，体积小、重量轻，可实现小机房或无机房配置，降低了建筑成本，减少了保养维护工作量；使用寿命长、安全可靠，维护保养简单。图 2-7 所示为无齿轮曳引机。

(a)

(b)

图 2-7 无齿轮曳引机

永磁同步无齿轮曳引机为第四代曳引机，具有许多优点：整体成本较低，适应无机房电梯，可降低建筑成本；节约能源，采用了永磁材料，无励磁线圈和励磁电流消耗，使功率因数提高，与传统有齿轮曳引机相比能源消耗可以降低40％左右；噪声低，无齿轮啮合噪声，无机械磨损，永磁同步无齿轮曳引机本身转速较低，噪声及振动小，整体噪声和振动得到明显改善；高性价比，无齿轮减速箱，结构简化，成本低，重量轻，传动效率高，运行成本低；安全可靠，该曳引机运行中若三相绕组短接，电动机可被反向拖动进入发电制动状态，从而可产生足够大的制动力矩；永磁同步电动机启动电流小，无相位差，使电梯启动、加速和制动过程更加平顺，舒适性好。其缺点：电动机的体积、重量、价格大大提高，且低速电动机的效率很低，低于普通异步电动机。另外，对于变频器和编码器的要求高，而且电动机一旦出故障，常需要拆下来送回工厂修理。

根据定子、转子相对位置，永磁同步电动机可分为外转子式和内转子式两种，见图2-8、图2-9。内转子式电动机受力合理，坚固稳定，结构简单，长径比大，容易散热。因此，内转子电动机是应用最广泛、最常见的电动机结构。外转子式电动机如果采用两端轴伸固定方式，具有受力合理、坚固稳定、结构简单、长径比大的明显优点。这种固定方式的外转子电动机主要应用于电动导辊等特种场合。如果采用单轴伸固定方式，因悬臂而受力不合理、结构复杂、长径比小，因此在大功率场合很少有应用，但在无机房电梯中，恰恰因为长径比小而得到广泛应用。外转子电动机不易散热。

图 2-8　永磁同步无齿轮曳引机（外转子）　　图 2-9　永磁同步无齿轮曳引机（内转子）

我国曳引机的发展经历了直流驱动有齿式、交流双速有齿式、交流调压有齿式、交流调频调压有齿式、永磁同步无齿式。由于永磁同步无齿曳引机具有结构紧凑、体积小、便于布置和效率高、节能效果显著、不需齿轮润滑油等突出的节能环保特点，短短几年间就已占了曳引机总产量的55％左右，还有加速发展的趋势。但有齿式曳引机和驱动主机目前在扶梯、自动人行道、旧梯改造和大功率电梯中仍有稳定的市场需求。高速曳引机在高层建筑、超高层建筑拉动下已成为行业竞争的焦点和热点。目前，我国生产曳引机的规模企业主要有苏州通润驱动设备股份有限公司、宁波欣达电梯配件有限公司、杭州西子孚信科技有限公司、沈阳蓝光、西继博玛等；规模生产曳引机的电梯企业有广州日立电梯有限公司、上海三菱电梯有限公司、通力电梯有限公司、奥的斯等。专业电梯曳引机厂家与电梯主机厂家的电梯曳引机产销量占比为1∶1。

（3）带传动曳引机

带传动曳引机为第五代曳引机，见图 2-10。它具有高的总机电效率、低的启动电流、小的体积和重量，可维护性好，可免维护调整，性能价格比好，带传动的寿命超过 25000h，目前几乎所有的指标均全面超越前四代。由于采用了自动正反馈张紧方式，不仅在使用过程中无需调整带张力，而且不论传递多大的转矩带均不会打滑。因此，传动失效主要是带破断，而带破断的安全系数达到 15，与悬挂钢丝绳相当，而且带也是多根独立的冗余系统，因此这一安全系数将远远高于齿轮的弯曲强度。第五代曳引机的可维修性好，所有零部件损坏均可以在现场以很低的成本予以修复，这点远远强于永磁同步系统。因为强磁吸力的缘故，永磁同步系统一旦发生故障，常须送回工厂用专用设备才能拆卸修理，也只有专用设备才能重新装配。

（4）曳引轮

曳引轮安装在曳引机的主轴上，起到增加钢丝绳和曳引轮间的静摩擦力的作用，从而增大电梯运行的牵引力，是曳引机的工作部分，在曳引轮缘上开有绳槽，如图 2-11 所示。

图 2-10　带传动曳引机

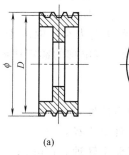

(a)　　　　　　　　(b)

图 2-11　曳引轮

曳引轮靠钢丝绳与绳槽之间的摩擦力来传递动力，当曳引轮两侧的钢丝绳有一定拉力差时，应保证曳引钢绳不打滑。为此，必须使绳槽具有一定形状。在电梯中常见的绳槽形状有半圆槽、带切口半圆槽和楔形槽三种，如图 2-12 所示。

① 半圆槽（U 形槽）。半圆绳槽与钢丝绳形状相似，与钢丝绳的接触面积最大，对钢丝绳挤压力较小，钢丝绳在绳槽中变形小、摩擦小，利于延长钢丝绳和曳引轮寿命，但其当量摩擦系数小，绳易打滑。为提高曳引能力，必须用复绕曳引绳的方法，以增大曳引绳在曳引轮上的包角。半圆槽还广泛用于导向轮、轿顶轮和对重轮。

② 带切口的半圆槽（凹形槽）。在半圆槽底部切制了一个楔形槽，使钢丝绳在沟槽处发生弹性变形，一部分楔入槽中，使当量摩擦系数大为增加，一般可为半圆槽的 1.5～2 倍。增大槽形中心角 α，可提高当量摩擦系数，α 最大限度为 120°，实际使用中常取 90°～110°。如果在使用中，因磨损而使槽形中心下移时，则中心角 α 大小基本不变，使摩擦力也基本保持不变。基于这一优点，这种槽形在电梯上应用最为

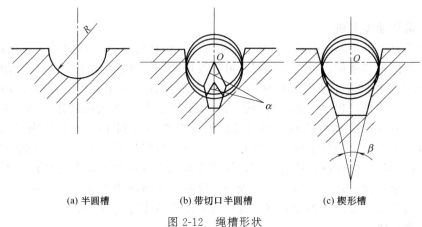

(a) 半圆槽　　　　(b) 带切口半圆槽　　　　(c) 楔形槽

图 2-12　绳槽形状

广泛。

③ 楔形槽（V形槽）。槽形与钢丝绳接触面积较小，槽形两侧对钢丝绳产生很大的挤压力，单位面积的压力较大，钢丝绳变形大，使其产生较大的当量摩擦系数，可以获得较大的摩擦力，但使绳槽与钢丝绳间的磨损比较严重，磨损后的曳引绳中心下移，楔形槽与带切口的半圆槽形状相近，传递能力下降，使用范围受到限制，一般只用在杂货梯等轻载低速电梯。

曳引轮计算直径 D 的大小，取决于电梯的额定速度、曳引机额定工作力矩和曳引钢丝绳的使用寿命。若电梯的额定速度为 v，则有

$$v = \frac{\pi D n}{60 i_1 i_2} \tag{2-2}$$

式中　v——电梯额定速度，m/s；

　　　D——曳引轮计算直径，m；

　　　n——电动机额定转速，r/min；

　　　i_1——减速箱速比；

　　　i_2——电梯曳引比。

可见，在其他条件一定的情况下，曳引轮计算直径 D 越大，电梯的速度越高。同时，曳引轮计算直径 D 的大小，决定了钢丝绳工作弯曲时的曲率半径。

曳引轮的材质对曳引钢绳和绳轮本身的使用寿命都有很大影响。曳引轮一般均用球墨铸铁制造，因为球状石墨结构能减少曳引钢丝绳的磨损，使绳槽耐磨。

(5) 制动器

制动器对主动转轴起制动作用，使工作中的电梯轿厢停止运行，还对轿箱与厅门地坎平衡时的准确度起着重要的作用。电梯采用的是机电摩擦型常闭式制动器，常闭式制功器是指机械不工作时制器制动，机械运转时松闸的制动器。制动器是电梯不可缺少的安全装置，使运行中的电梯在切断电源时自动把电梯轿厢掣停住。制动器的电磁铁在电路上与电动机并联，因此电梯运行时，电磁铁吸合，使制动器松闸；当电梯停止时，电磁铁释放，制动瓦在弹簧作用下抱紧制动轮，实现机械抱闸制动。

制动器都装在电动机和减速器之间，即装在高转速轴上，通过制动瓦对制动轮抱

合时产生的摩擦力来使电梯停止运动。因为高转速轴上所需的制动力矩小，可以减小制动器的结构尺寸。制动器的制动轮就是电动机和减速器之间的联轴器圆盘。制动轮装在蜗杆一侧，不能装在电动机一侧，以保证联轴器破裂时，电梯仍能被掣停。如果是无齿轮曳引机制动器则安装在电动机与曳引轮之间。

　　制动器是保证电梯安全运行的基本装置，对电梯制动器的要求是能产生足够的制动力矩，而制动力矩大小应与曳引机转向无关；制动时对曳引电动机的轴和减速箱的蜗杆轴不应产生附加载荷；当制动器松闸或合闸时，除了保证速度快之外，还要求平稳，而且能满足频繁启、制动的工作要求。制动器的零件应有足够的刚度和强度；制动带有较高的耐磨性和耐热性；结构简单、紧凑，易于调整；应有人工松闸装置；噪声小。另外，对制动器的功能有以下几点基本要求：当电梯动力源失电或控制电路电源失电时，制动器能自动进行制动；当轿厢载有125％额定载荷并以额定速度运行时，制动器应能使曳引机停止运转；当电梯正常运行时，制动器应在持续通电情况下保持松开状态；断开制动器的释放电路后，电梯应无附加延迟地被有效制动；切断制动器电流，至少应由两个独立的电气装置来实现；装有手动盘车手轮的电梯曳引机，应能用手松开制动器并需要一持续力去保持其松开状态。

　　制动器有多种形式，如双铁芯双弹簧（立式、卧式和蝶式）电磁制动器、双侧铁芯单弹簧制动器（下置式、上置式）电磁制动器、单铁芯双弹簧制动器和内膨胀式制动器。图2-13是一种常见双弹簧卧式电磁制动器，主要由电磁铁、制动臂、制动瓦和制动弹簧等组成。

　　制动器的工作原理是当电梯处于静止状态时，曳引电动机、电磁制动器的线圈中均无电流通过，这时因电磁铁芯间没有吸引力，制动瓦块在制动弹簧压力作用下将制动轮抱紧，保证电梯不工作。当曳引电动机通电旋转的瞬间，制动电磁铁线圈同时通上电流，电磁铁芯迅速磁化吸合，带动制动臂使其克服制动弹簧的作用力，制动瓦块张开，与制动轮完全脱离，电梯得以运行。当电梯轿厢到达所需停站时，曳引电动机失电、制动电磁铁线圈也同时失电，电磁铁芯中磁力迅速消失，电磁铁芯在制动弹簧力的作用下通过制动臂复位，使制动瓦块再次将制动轮抱住，电梯停止工作。

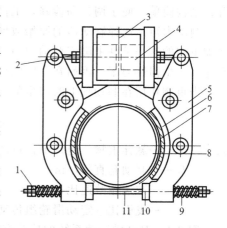

图 2-13　双弹簧卧式电磁制动器
1—制动弹簧调节螺母；2—倒顺螺母；3—制动电磁铁线圈；4—电磁铁芯；5—制动臂；6—制动瓦块；7—制动衬料；8—制动轮；9—制动弹簧；10—手动松闸凸轮；11—制动弹簧螺杆

　　① 电磁铁。根据制动器产生电磁力的线圈工作电流，分为交流电磁制动器和直流电磁制动器。由于直流电磁制动器制动平稳，体积小，工作可靠，电梯多采用直流电磁制动器。因此这种制动器的全称是常闭式直流电磁制动器。

　　直流电磁铁由绕制在铜质线圈套上的线圈和用软磁性材料制造的铁芯构成。电磁铁的作用是用来松开闸瓦。当闸瓦松开时，闸瓦与制动轮表面应有 0.5～0.7mm 的合理间隙。为此，铁芯在吸合时，必须保证足够的吸合行程。在吸合时，为防止两铁芯底部发生撞击，其间应留有适当间隙。吸合行程和两铁芯底部间隙都可以按需要调整。线圈工作温度一般控制在60℃以下，最高不大于105℃，线圈温度的高低与其工作电流有关。有关工作电流、吸合行程等参数在产品的铭牌上均有标注。

②制动臂。制动臂的作用是平稳地传递制动力和松闸力，一般用铸钢或锻钢制成，应具有足够的强度和刚度。

③制动瓦。制动瓦提供足够制动的摩擦力矩，是制动器的工作部分，由瓦块和制动带构成。瓦块由铸铁或钢板焊接而成；制动带常采用摩擦因数较大的石棉材料，用铆钉固定在瓦块上。为使制动瓦与制动轮保持最佳抱合，制动瓦与制动臂采用铰接，使制动瓦有一定的活动范围。

④制动弹簧。制动弹簧的作用是通过制动臂向制动瓦提供压力，使其在制动轮上产生制动力矩。通过调整弹簧的压缩量，可以调整制动器的制动力矩。

制动器的选择原则：能符合于已知工作条件的制动力矩，并有足够的储备，以保证一定的安全系数；所有的构件要有足够的强度；摩擦零件的磨损量要尽可能小，摩擦零件的发热不能超过允许的温度；上闸制动平稳，松闸灵活，两摩擦面可完全松开；结构简单，便于调整和检修，工作稳定；轮廓尺寸和安装位置尽可能小。

制动力矩是选择制动器的原始数据，通常是根据重物能可靠地悬吊在空中或考虑增加重物的这一条件来确定制动力矩。由于重物下降时，惯性产生下降力会作用于制动轮，产生惯性力矩，因而在考虑电梯制动器的安全系数时，不要忽略惯性力矩。

当重物作用在制动轴上时产生的力矩 M 为：

$$M = \frac{WD}{2i_1 i_2} g \tag{2-3}$$

式中　W——悬挂重物，包括最长钢丝绳、起重轿厢及最大起重量，kg；

　　　D——制动轮直径，m；

　　　i_1——减速箱减速比；

　　　i_2——曳引比（定动滑轮组传动倍率）。

例 2-1　对电梯制动系统的检验有哪些要求？

答：（1）制动系统应采用机电式制动器（常闭摩擦型），不应采用带式制动器。

（2）所有参与制动轮（盘）施加制动力的制动器机械件应至少分两组设置。

（3）电梯正常运行时，切断制动器电流应当至少用两个独立的电气装置来实现。当电梯停止时，如果其中一个接触的主触点未打开，最迟到下一次运行方向改变时，应防止电梯再运行。

（4）当轿厢载有125％额定速度向下运行时，操作制动器应能使曳引机停止运转。

（5）当一组制动器失效，另一组制动器的动作能使额定载荷的轿厢停止运行。

2.1.2　曳引钢丝绳

(1) 电梯曳引钢丝绳

曳引钢丝绳（简称曳引绳）由钢丝、绳股和绳芯组成，如图 2-14 所示。

钢丝是钢丝绳的基本强度单元，要求有很高的韧性和强度，通常由含碳量为

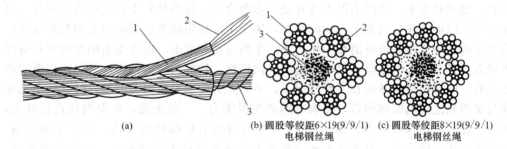

图 2-14　圆形股电梯用钢丝绳

1—绳股；2—钢丝；3—绳芯

0.5%～0.8%的优质碳钢制成。为防止脆性，在材料中硫、磷的含量不得大于0.5%。钢丝的质量根据韧性的高低，即耐弯次数的多少，分为特级、Ⅰ级、Ⅱ级。电梯用钢丝绳采用特级钢丝。我国电梯使用的曳引绳钢丝的强度有 $1274N/mm^2$（MPa）、$1372N/mm^2$ 和 $1519N/mm^2$ 三种。

绳股是用钢丝捻成的每一根小绳。按绳股的数目有 6 股绳、8 股绳和 18 股绳之分。对于直径和结构都相同的钢丝绳，股数多，其疲劳强度就高；外层股数多，钢丝绳与绳槽的接触状况就更好，有利于提高曳引绳的使用寿命。电梯一般采用 6 股和 8 股钢丝绳，但更趋于使用 8 股绳。

绳芯是被绳股缠绕的挠性芯棒，支承和固定着绳股，并储存润滑油。绳芯分纤维芯和金属芯两种。由于用剑麻等天然纤维和人造纤维制成的纤维芯具有较好的挠性，所以电梯曳引绳采用纤维芯。

按绳股的形状，分为圆形股和异形股钢丝绳。虽然后者与绳槽接触好，使用寿命相对较长，但由于其制造复杂，所以电梯中使用圆形股钢丝绳。

按绳股的构造可分为点接触、线接触和面接触钢丝绳。其中线接触钢丝绳接触面积大、接触应力小、有较高的挠性和抗拉强度而被电梯采用。对于线接触钢丝绳，根据其股中钢丝的配置，又可分为多种。其中一种叫西鲁式，又叫外粗式，代号为 X，其绳股是以一根粗钢丝为中心，周围布以细钢丝，在外层布以相同数量的粗钢丝。这种结构使钢丝绳挠性差些，从而对弯曲时的半径要求大些，但由于外层钢丝较粗，所以其耐磨性好。我国电梯使用的曳引钢丝绳为西鲁式结构。

电梯用曳引钢丝绳系按国家标准 GB/T 8903—2005《电梯用钢丝绳》生产的电梯专用钢丝绳。GB/T 8903—2005 中规定电梯用钢丝绳分为 8X19S 和 6X19S 两种。两种钢丝绳均有直径（mm）为 8、10、11、13、16、19、22 等规格，都是用纤维绳作芯。8X19S 表示这种钢丝绳有 8 股，每股有 3 层钢丝，最里层只有一根钢丝，外面两层都是 9 根钢丝，用（1+9+9）表示，6X19S 的意思与此相似。

按钢丝在股中或股在绳中的捻制螺旋方向，可分为左捻和右捻；按股捻制方向与绳捻制的相互搭配方法，又有交互捻和同向捻之分。交互捻法是绳与股的捻向相反，使绳与股的扭转趋势也相反，互相抵消，在使用中没有扭转打结的趋势，所以电梯必须使用交互捻绳，一般为右交互捻，即绳的捻向为右，股的捻向为左。

曳引钢丝绳是电梯中的重要构件。在电梯运行时弯曲频繁，并且由于电梯经常处在启、制动状态下，所以不但承受着交变弯曲应力，还承受着不容忽视的动载荷。由于使用情况的特殊性及安全方面的要求，决定了电梯用的曳引钢丝绳必须具有较高的安全系数，并能很好地抵消在工作时所产生的振动和冲击。电梯曳引钢丝绳应具备以下特点：具有较大的强度，具有较高的径向韧性，较好的耐磨性能，能很好地抵消冲击负荷。电梯曳引钢丝绳在一般情况下，不需要另外润滑，因为润滑以后会减小钢丝绳与曳引轮之间的摩擦因数，影响电梯的曳引能力。一般来说，在曳引轮直径较大，温度干燥的使用场所，钢丝绳使用 3～5 年自身仍有足够的润滑油，不必添加新油。但不管使用时间多长，只要在电梯钢丝绳上发现生锈或干燥迹象时，必须加润滑油。曳引钢丝绳应符合表 2-1 的规定。

表 2-1 曳引钢丝绳规格和强度

钢丝绳规格	公称直径>8mm	
钢丝绳抗拉强度 /(N/mm²)	单强度	1570
	双强度	1370/1770

电梯的曳引钢丝绳是连接轿厢和对重装置的机件，承载着轿厢、对重装置、额定载重量等的重量为确保人身和电梯设备的安全，各类电梯的曳引钢丝绳根数以及安全系数必须符合表 2-2 的规定。

表 2-2 曳引钢丝绳根数与安全系数

电梯类型	曳引钢丝绳根数	安全系数
客梯、货梯、医梯	≥4	≥12
杂物梯	≥2	≥10

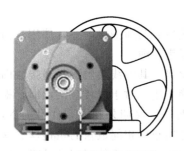

图 2-15 新型的复合钢带

为配合小机房电梯或者无机房电梯曳引系统的应用，出现一种与传统的电梯用钢丝绳不同的新型复合钢带（见图 2-15）。它是将柔韧的聚氨酯外套包在钢丝外面而形成的扁平钢带，一般尺寸 30mm 宽，仅3mm 厚，与传统的钢丝绳相比更加灵活耐用，且重量轻 20%，寿命延长 2～3 倍，每条带所含的钢丝比传统的钢丝绳所含的要多，能承受 3600kg 的重物。由于这种钢带具有良好的柔韧性，能围绕直径更小的驱动轮弯曲，使得主机所占空间只有传统齿轮机的30%，这使得小型电梯系统容易实现。由于钢带的聚氨酯外层具有比传统钢丝绳更好的牵引力，因此，能更有效地传送动力，同时，扁平钢带接触面积大，也就减少了驱动轮的磨损。

(2) 曳引钢丝绳直径及根数的选择

在电梯中，曳引钢丝绳终日悬挂重物，承受着电梯全部悬挂重量，并绕着曳引轮、导向轮和反绳轮反复弯曲，对于工作繁忙的电梯曳引钢丝绳，每天要在同一个地方弯曲几百次乃至上千次，绳在曳引轮绳槽中承受很高的比压，还要频繁承受电梯启动和制动的冲击。因此，弯曲疲劳破坏和表面磨损是造成曳引钢丝绳报废的主要原因。为了延长钢丝绳的使用寿命，通常规定 $D/d \geqslant 40$，曳引钢丝绳的直径不应小于 8mm。曳引钢丝绳的直径不应小于直径 D 与曳引绳直径 d 的比，一般应符合表2-3规定。

表 2-3　电梯速度与曳引绳轮直径和曳引绳直径比值表

电梯额定速度/(m/s)	D/d
$v \geqslant 2$	$\geqslant 45$
$v < 2$	$\geqslant 40$
$v \leqslant 0.5$(杂物梯)	$\geqslant 30$

曳引钢丝绳的静载安全系数按式（2-4）计算：

$$K_j = \frac{pn}{T} \tag{2-4}$$

式中　K_j——曳引钢丝绳静载安全系数（未计入弯曲及动载荷影响）；

　　　p——单根曳引钢丝绳的破断拉力，N；

　　　n——曳引钢丝绳根数；

　　　T——作用在轿厢侧曳引钢丝绳上的最大静载荷，包括：轿厢自重、额定载重和轿厢侧钢丝绳的最大自重，N。

K_j 是标准值，它不代表电梯工作过程中钢丝绳真正的安全系数，只表明在静载状态下单根钢丝绳的破断拉力与单根钢丝绳实际受力之比。在 GB 7588《电梯制造与安装安全规范》中对 K_j 有以下规定：对于采用三根或三根以上曳引钢丝绳的曳引式电梯，$K_j = 12$；对于采用两根曳引钢丝绳的曳引式电梯，$K_j = 16$。

确定曳引钢丝绳根数的主要依据有：实际安全系数要大于规定值；曳引轮绳槽承受的比压要小于规定值；钢丝绳的弹性伸长要小于规定值（有微动平层装置的系统中可不考虑）。上述三个方面对曳引钢丝绳根数的要求是不同的，需要计算的是同时满足上面三个要求的钢丝绳的根数，也就是电梯所需要的曳引钢丝绳的根数。

① 从确保规定的安全系数方面考虑，确定曳引钢丝绳的根数 n_1

$$n_1 = \frac{(G+Qg)K_j}{K_u(S_0 - P_1 K_j)} \tag{2-5}$$

式中　G——轿厢重力，N；

　　　Q——额定载重量，kg；

　　　g——重力加速度；

　　　K_j——曳引钢丝绳静载安全系数；

　　　K_u——与曳引系数有关的系数，曳引比为 1：1 时，$K_u = 1$；曳引比为 2：1 时，$K_u = 2$；

　　　S_0——单根钢丝绳的破断拉力，N；

　　　P_1——轿厢在最底层位置时，提升高度内单根曳引钢丝的重力，N。

② 从曳引轮绳槽允许比压方面考虑，确定曳引钢丝绳的根数 n_2

$$n_2 = \frac{\omega(G+Qg)}{K_u(dDP - P_1\omega)} \tag{2-6}$$

式中　ω——挤压系数；

　　　P——曳引轮材料许用挤压应力，MPa；

　　　D——曳引轮绳槽节圆直径，mm；

　　　d——曳引钢丝绳直径，mm。

对于半圆形槽：$\omega = \dfrac{8}{\pi} = 2.55$（rad/s）

对于半圆形带缺口槽：$\omega = \dfrac{8\cos(\beta/2)}{\phi + \sin\phi - \beta - \sin\beta}$

当 $\phi = \pi$ 时，$\omega = \dfrac{8\cos(\beta/2)}{\pi - \beta - \sin\beta}$

对 V 形槽：

当楔角 $\gamma = 35°$ 时，$\omega = 12$ rad/s

当楔角 $\gamma < 35°$ 时，$\omega = \dfrac{4.5}{\sin(\gamma/2)}$

③ 从限制曳引钢丝绳弹性伸长方面考虑，确定曳引钢丝绳根数 n_3。对曳引机布置在上方的情况，有：

$$n_3 = \frac{124900QgH}{d^2 K_u E L_y K_z} \tag{2-7}$$

式中　H——电梯提升高度，m；

E——钢丝绳弹性模量，$E = 80000$ MPa；

L_y——曳引钢丝绳允许伸长量，当电梯停在底层站时，在静止状态下，轿内由空载到满载时，曳引绳的伸长量不超过 20mm；

K_z——钢丝绳填充系数。

从式（2-7）中可以看出，提升高度越高，所需钢丝绳根数越多，这样才能保证电梯在启、制动时不会有较大的弹性跳动和较高的平层准确度波动。计算出 n_1、n_2、n_3 后，选择其中较大值为电梯所需要的曳引钢丝绳根数。

(3) 曳引钢丝绳伸长量

① 曳引钢丝绳弹性伸长量。轿厢载荷的加入和移出会使曳引钢丝绳长度产生弹性变化，这对于大起升高度电梯特别需要关注。曳引钢丝绳在拉力作用下的伸长量可由式（2-8）计算：

$$S = \frac{LgH}{Ea} \tag{2-8}$$

式中　S——钢丝绳伸长量，mm；

L——施加的载荷，kgf❶；

H——钢丝绳长度，mm；

E——钢丝绳弹性模量，kgf/mm²❷，E 值可由钢丝绳制造商提供，不能得到时可取 7000kgf/mm²；

a——钢丝绳横截面积，mm²。

例 2-2　某电梯额定载重量为 2500kg，起升高度 70m，钢丝绳直径为 13mm，7根。求轿厢在额定载荷时相对于空载时的钢丝绳伸长量。

---

❶　1kgf＝9.80665N。

❷　1kgf/mm²＝9.80665MPa。

解：$a=(13/2)^2\times\pi\times6=796\ \text{mm}^2$；制造商提供此钢丝绳 $E=6800\text{kgf/mm}^2$；$H=70\text{m}=70000\text{mm}$，则钢丝伸长量 S 为

$$S=\frac{2500\times70000}{6800\times796}=32.33\ (\text{mm})$$

② 曳引钢丝绳塑性伸长量。电梯在长期使用过程中，由于载荷、零部件磨损等会造成曳引钢丝绳永久性的结构伸长，即"塑性伸长"。其值为：轻载荷钢丝绳约为长度的 0.25%；中等载荷钢丝绳约为长度的 0.50%；重载荷钢丝绳约为长度的 1.00%。

(4) 曳引钢丝绳均衡受力装置

电梯使用中，需要均衡各根曳引钢丝绳的受力，否则曳引轮上各绳槽的磨损将是不均匀的，对电梯的使用带来不利的影响。曳引绳均衡受力装置有两种，一种是均衡杠杆式，一种是弹簧式。在均衡受力方面，弹簧式均衡装置虽然不如杠杆式的好，但在钢丝绳根数比较多的情况下，用弹簧式均衡装置比用均衡杠杆式均衡装置更方便可行。目前电梯制造厂家都采用弹簧式均衡受力装置。

① 弹簧式均衡受力装置。曳引钢丝绳的绳头经组合后才能与有关的构件相连接，固定钢丝绳端部的装置叫弹簧式均衡受力装置（或称端接装置、绳头组合）。常用的绳头组合有绳夹固定法、自锁楔形绳套固定法和合金固定法（巴氏合金填充的锥形套筒法）。

绳夹固定法如图 2-16 所示，绳夹固定绳头非常方便，但必须注意绳夹规格与钢丝绳直径的匹配及夹紧的程度。固定时必须使用三个以上的绳夹，且 U 形螺栓应卡在钢丝绳的短头。

自锁楔形绳套固定法如图 2-17 所示。曳引钢丝绳绕过楔块套入绳套再将楔块拉紧，靠楔块与绳套内孔斜面的配合而自锁，并在曳引钢丝绳的拉力作用下拉紧。楔块下方设有开口锁孔，插入开口销以防止楔块松脱。

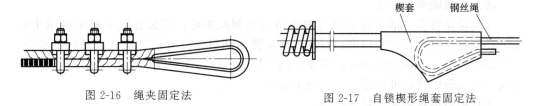

图 2-16　绳夹固定法　　　　　　　　图 2-17　自锁楔形绳套固定法

合金固定法如图 2-18 所示，曳引钢丝绳的两端分别和特别的锥套用浇巴氏合金法（或顶锥法）连接。绳头弹簧插入锥套杆内并座于垫圈和螺母上，用于钢丝绳张力调整。当螺母拧紧时，弹簧受压，曳引钢丝绳的拉力随之增大，曳引钢丝绳被拉紧。反之，当螺母放松时，弹簧伸长，曳引钢丝绳受力减小，曳引钢丝绳就变得松弛。由此可见，通过收紧和放松螺母改变弹簧受力的办法，可以达到均衡各根曳引钢丝绳受力的目的。电梯在新安装时，应将曳引钢丝绳的张力调整一致，要求每根绳张力差小于 5%，在电梯使用一段时间后，张力会发生一些变化，必须再按照上述方式进行调整。绳头弹簧通常排成两排平行于曳引轮轴线的序列，相互之间的距离应尽可能小，以保证曳引钢丝绳最大斜行牵引度不超过规定值。弹簧式均衡受力装置中的压缩弹

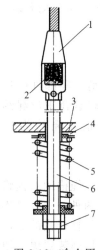

图 2-18 合金固
定示意图

1—曳引绳锥套；2—巴
氏合金；3—绳头板；
4—弹簧垫；5—弹簧；
6—拉杆；7—螺母

簧，不宜选得太软或太硬。太软，当电梯启、制动时轿厢跳动幅度较大，使乘客感到不舒适；太硬，乘客同样也会感到不舒适。

曳引绳锥套按用途可分为用于直径 13mm 曳引钢丝绳和用于直径 16mm 曳引钢丝绳两种。如按结构形式又可分为组合式和非组合式两种。组合式的曳引绳锥套其锥套和拉杆是两个独立的零件，它们之间用铆钉铆合在一起；非组合式的曳引绳锥套，其锥套和拉杆是锻成一体的。曳引绳锥套与曳引钢丝绳之间的连接处，其抗拉强度应不低于钢丝绳的抗拉强度。因此，曳引绳头需预先做成类似大蒜头的形状，穿进锥套后再用巴氏合金浇注。

② 松绳开关。在电梯安装时，通过钢丝绳的均衡受力装置将各根曳引钢丝绳的受力大小调到基本一致。但在电梯使用一段时间后，各根钢丝绳的受力有可能出现变化，如有的拉力变大，有的则拉力变小，这就需要电梯维护人员经常注意调节钢丝绳受力，以保证电梯在良好的曳引状态下工作。

为防止电梯维护人员工作疏忽，有些电梯制造厂在钢丝绳固定位置处设有松绳开关。一旦某根曳引钢丝绳松弛到一定程度，松绳开关就动作，使电梯停止运行。待钢丝绳受力重新调整后，电梯方可恢复使用。

采用其他类型悬挂装置的，悬挂装置的磨损、变形等应当不超过制造单位设定的报废指标。随着技术的发展，曳引钢丝绳的结构和形式也出现了变化。现在美国奥的斯公司研制成功了扁平钢带传动，将 12 根具备很强张力的 2mm 钢丝绳嵌在聚亚胺酯套管内，它比传统的曳引钢丝绳强度大、磨损小、安装方便而且噪声更小。

(5) 导向轮和反绳轮

导向轮是将曳引钢丝绳引向对重或轿厢的钢丝绳轮，安装在曳引机架或承重梁上。反绳轮是设置在轿厢顶部和对重顶部位置的动滑轮以及设置在机房里的定滑轮。根据需要，将曳引钢丝绳绕过反绳轮，用以构成不同的曳引绳传动比。根据传动比的不同，反绳轮的数量可以是一个、两个或更多。

(6) 曳引钢丝绳安全系数校核

安全系数是指装有额定载荷的轿厢停靠在最低层站时，一根钢丝绳的最小破断负荷（N）与这根钢丝绳所受的最大力（N）之间的比值。

① 安全要求

a. 曳引钢丝绳安全系数实际值 S 大于等于按 GB 7588—2003 的附录 N 得到的曳引钢丝绳许用安全系数计算值 S_f。

b. 曳引钢丝绳安全系数实际值 S 大于等于按 GB 7588—2003 的 9.2.2 条款规定的曳引钢丝绳许用安全系数最小值 S_m：对于用三根或三根以上钢丝绳的曳引驱动电梯为 12；对于用两根钢丝绳的曳引驱动电梯为 16；对于卷筒驱动电梯为 12。

② 校核步骤。GB 7588—2003 对曳引系统悬挂绳安全系数校核可分以下几步

完成。

a. 求出给定曳引系统悬挂绳安全系数实际值 S

$$S = \frac{Tnm}{(P+Q+Hnmq)g} \tag{2-9}$$

式中　T——钢丝绳最小破断载荷，N；

　　　n——曳引绳根数；

　　　m——曳引比；

　　　P——轿厢自身质量，kg；

　　　Q——额定载重量，kg；

　　　H——轿厢至曳引轮悬挂绳长度（约等于电梯起升高度），m；

　　　q——单根钢丝绳质量，kg/m；

　　　g——重力加速度。

b. 按 GB 7588—2003 的附录 N 计算出给定曳引系统钢丝绳许用安全系数计算值 S_f。

S_f 是考虑了曳引轮绳槽形状、滑轮数量与弯曲情况所得到的给定曳引系统钢丝绳许用安全系数计算值，按以下方法求得。

求出考虑了曳引轮绳槽形状、滑轮数量与弯曲情况，折合成等效的滑轮数量 N_{equiv}：

$$N_{equiv} = N_{equiv(t)} + N_{equiv(p)} \tag{2-10}$$

式中　$N_{equiv(t)}$——曳引轮的等效数量，见表 2-4；

　　　$N_{equiv(p)}$——导向轮的等效数量，

$$N_{equiv(p)} = K_p(N_{ps} + 4N_{pr}) \tag{2-11}$$

　　　N_{ps}——引起简单弯折的滑轮数量；

　　　N_{pr}——引起反向弯折的滑轮数量，反向弯折仅在下述情况时考虑，即钢丝绳与两个连续的静滑轮的接触点之间的距离不超过绳直径的 200 倍；

　　　K_p——跟曳引轮和滑轮直径有关的系数，

$$K_p = \left(\frac{D_t}{D_p}\right)^4 \tag{2-12}$$

　　　D_t——曳引轮的直径，mm；

　　　D_p——除曳引轮外的所有滑轮的平均直径，mm。

表 2-4　$N_{equiv(t)}$ 的数值表

V 形槽	V 形槽的角度值 γ	—	35°	36°	38°	40°	42°	45°
	$N_{equiv(t)}$	—	18.5	15.2	10.5	7.1	5.6	4.0
U 形/V 形带切口槽	下部切口角度值 β	75°	80°	85°	90°	95°	100°	105°
	$N_{equit(t)}$	2.5	3.0	3.8	5.0	6.7	10.0	15.2
不带切口的 U 形槽	$N_{equiv(t)}$	1						

根据曳引轮直径与悬挂绳直径的 D_t/d_r 比值、等效的滑轮数量 N_{equiv}，从图2-19 中查得许用安全系数计算值 S_f。

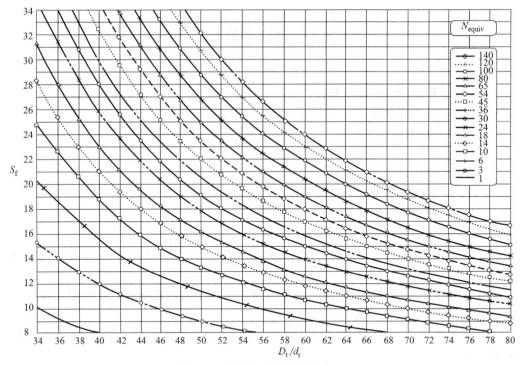

图 2-19　许用安全系数计算值 S_f

　　图中的 16 条曲线分别对应 N_{equiv} 值为 1、3、6、18…140 时随 D_t/d_r 值变动的许用安全系数 S_f 数值曲线，根据计算得到的 N_{equiv} 值选取向上的最近线。如果需要精确可用插入法求取 S_f 值。

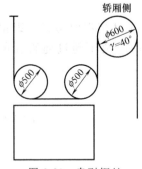

图 2-20　曳引钢丝
绳曳引结构

　　曳引钢丝绳安全系数校核：$S \geqslant S_f$，且 $S \geqslant S_m$，曳引钢丝绳安全系数校核通过。

　　例 2-3　设电梯额定载重量 Q 为 1250kg；轿厢自身质量 P 为 1350kg；$H=50m$；采用 3 根曳引钢丝绳，其直径为 13mm，最小破断载荷 T 为 74300N；单根钢丝绳质量 q 为 58.6kg/100m。曳引结构如图 2-20 所示，U 型形切口曳引绳槽，下部切口角度值 β 为 90°，曳引轮的直径 D_t 为 600mm；除曳引轮外的所有滑轮的平均直径 D_p 为 500mm。请校核曳引钢丝绳安全系数。

　　解：（1）求出给定曳引系统悬挂绳安全系数实际值 S。

$$S = \frac{Tnm}{(P+Q+Hnmq)g} = \frac{74300 \times 3 \times 2}{(1350+1250+50 \times 3 \times 2 \times 58.6/100) \times 9.81} = 16.4$$

式中　T——钢丝绳最小破断载荷，$T=74300N$；

　　　　n——曳引绳根数，$n=3$；

　　　　m——曳引比，$m=2$；

　　　　P——轿厢自身质量，$P=1350kg$；

Q——额定载重量，$Q = 1250$kg；

H——轿厢至曳引轮悬挂绳长度，约等于电梯起升高度 50m；

q——单根钢丝绳质量，$q = 58.6$kg/100m；

g——重力加速度。

(2) 按 GB 7588—2003 的附录 N 计算出给定曳引系统钢丝绳许用安全系数计算值 S_f。

① 求出考虑了曳引轮绳槽形状、滑轮数量与弯曲情况，折合成等效的滑轮数量 N_{equiv}

$$N_{equiv} = N_{equiv(t)} + N_{equiv(p)}$$

$N_{equiv(t)}$ 的数值从表 2-4 查得，U 形带切口曳引绳槽，$\beta = 90°$时，$N_{equiv(t)} = 5$。

$$N_{equiv(p)} = K_p(N_{ps} + 4N_{pr})$$

N_{ps} 为引起简单弯折的滑轮数量，本系统设置了两个动滑轮，即 $N_{ps} = 2$。N_{pr} 为引起反向弯折的滑轮数量，根据反向弯折仅在钢丝绳与两个连续的静滑轮的接触点之间的距离不超过绳直径的 200 倍时才考虑的规定，本系统没有反向弯曲，即 $N_{pr} = 0$。K_p 为与曳引轮和滑轮直径有关的系数。

$$K_p = \left(\frac{D_t}{D_p}\right)^4 = \left(\frac{600}{500}\right)^4 = 2.07$$

因此　　　　　　　$N_{equiv(p)} = K_p(N_{ps} + 4N_{pr}) = 2.07 \times (2 + 4 \times 0) = 4.1$

则　　　　　　　　$N_{equiv} = N_{equiv(t)} + N_{equiv(p)} = 5 + 4.1 = 9.1$

曳引轮直径与悬挂绳直径的比值 $D_t/d_r = 600/13 = 46$，$N_{equiv} = 9.1$，查图 2-19，得 $S_f = 15$（$N_{equiv} = 9.1$ 选取向上的最近线 $N_{equiv} = 10$ 曲线与横坐标 $D_t/d_r = 46$ 交汇点，对应纵坐标 S_f 值）。

② 根据曳引轮直径与悬挂绳直径的 D_t/d_r 比值、等效的滑轮数量 N_{equiv}，从图 2-19 查得许用安全系数计算值 S_f：曳引轮的直径 $D_t = 600$mm；悬挂绳直径 $d_r = 13$mm，$D_t/d_r = 600/13 = 46$，$N_{equiv} = 9.1$ 选取向上的最近线 $N_{equiv} = 10$。横坐标 $D_t/d_r = 46$ 与 $N_{equiv} = 10$ 的曲线交汇点为 15，即 $S_f = 15$。

(3) 校核：本系统曳引绳根 $n = 3$，按 GB 7588—2003 的 9.2.2 条款规定，曳引钢丝绳许用安全系数最小值 $S_m = 12$；已查得许用安全系数计算值 $S_f = 15$；已求出安全系数实际值 $S = 16.4$，即 $S > S_f$，$S > S_m$，曳引钢丝绳安全系数校核通过。

2.1.3　曳引传动形式

根据电梯的使用要求和建筑物的具体情况，电梯曳引绳传动比、曳引绳在曳引轮上的缠绕方式以及曳引机的安装位置都有所不同。

(1) 曳引绳传动比

曳引绳传动比就是曳引绳线速度与轿厢运行速度的比值。具体有以下几种形式。

① 1:1 传动形式。该种形式是在轿顶和对重顶部均没有反绳轮，曳引钢丝绳两端分别固定在轿厢和对重顶部，直接驱动轿厢和对重，如图 2-21 所示。如令曳引绳线速度为 v_1，轿厢的升、降速度为 v_2，轿厢侧曳引绳张力为 T_1，轿厢总质量为 T_2，则有如下关系：$v_1 = v_2$，$T_1 = T_2$。这种传动形式一般用于客梯。

② 2 : 1 传动形式。该种形式是在轿厢和对重顶部均设有反绳轮，如图 2-22 所示。其速度与受力关系为：$v_1 = 2v_2$，$T_1 = \dfrac{1}{2}T_2$。这种形式曳引绳要加长，且要反复曲折。

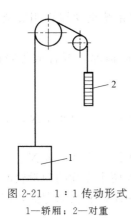

图 2-21　1 : 1 传动形式
1—轿厢；2—对重

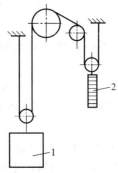

图 2-22　2 : 1 传动形式
1—轿厢；2—对重

③ 3 : 1 传动形式。该种形式不但在轿厢和对重顶部设有反绳轮，而且要在机房设置导向定滑轮，如图 2-23 所示。此时 $v_1 = 3v_2$，$T_1 = \dfrac{1}{3}T_2$。

这种传动形式曳引绳加长很多，曲折次数更多。此外，还有 4 : 1、6 : 1 等传动方式。大的传动比适用于大吨位电梯，一般货梯的传动比比客梯大。

(2) 轿架轮轴的强度计算

① 轿架反绳轮轴的强度计算。电梯轿架共有 1 套反绳轮组装，其中反绳轮轮轴应用材料为 45 钢，所受拉力（图 2-24）为 $T = (P + Q + M_{Comp}/2)g$（$M_{Comp}$ 为补偿装置质量），而当电梯正常运行时两根轮轴所受合力为 T。

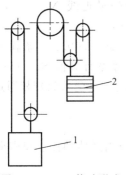

图 2-23　3 : 1 传动形式
1—轿厢；2—对重

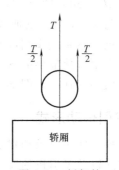

图 2-24　轿架轮
轴受力分析

设轿厢自身质量 $P = 1800\text{kg}$，额定载重量 $Q = 1600\text{kg}$，补偿装置质量 $M_{Comp} = 650\text{kg}$，轿架轮轴直径 $D = 60\text{mm}$，横截面积

$$A = \pi D^2/4 = 3.14 \times 60^2/4 = 2826 \text{（mm}^2\text{）}$$

反绳轮轮轴截面所受实际应力为

$$\sigma = T/A = (P+Q+M_{\text{Comp}}/2)g/A$$
$$= (1800+1600+650/2) \times 9.81/2826$$
$$= 12.9 \ (\text{MPa})$$

查得 45 钢许用应力为 $[\sigma]=355\text{MPa}$，反绳轮轮轴截面所受实际应力远小于其许用应力，所以轿架轮轴是安全可靠的，满足电梯使用条件。

② 轿架反绳轮组装连接轴的强度计算。轿厢反绳轮组装与轿架上梁之间的连接轴应用材料为 45 钢，直径 $D=42\text{mm}$，截面积

$$A = \pi D^2/4 = 3.14 \times 42^2/4 = 1384.7 \ (\text{mm}^2)$$

连接轴截面所受实际应力为

$$\sigma = T/A = (P+Q+M_{\text{Comp}}/2)g/A$$
$$= (1800+1600+650/2) \times 9.81/1384.7$$
$$= 26.4 \ (\text{MPa})$$

查得 45 钢许用应力为 $[\sigma]=355\text{MPa}$，连接轴截面所受实际应力远小于其许用应力，所以轿架轮轴是安全可靠的，满足电梯使用条件。

(3) 电梯的传动形式选择

反绳轮及定滑轮使曳引机只承受电梯的几分之一悬挂载荷，降低对曳引机的动力输出要求；但增加了曳引绳的曲折次数，降低了曳引绳的使用寿命，同时在传输中增加了摩擦损失，故大多用在货梯上。一般，客梯采用 1∶1 半绕传动，速度高，载重量小；货梯采用 2∶1 半绕传动速度低，载重量大；高速梯采用 1∶1 全绕传动，速度高，载重量小。

(4) 曳引绳缠绕方式

如果曳引绳在曳引轮上的最大包角不超过 $180°$，则称为半绕式传

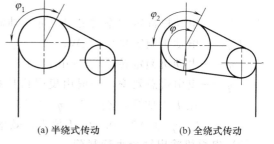

(a) 半绕式传动　　　　(b) 全绕式传动

图 2-25　曳引绳缠绕方式

动，如图 2-25（a）所示。若为了提高摩擦力，将曳引绳绕曳引轮和导向轮一周后再引向轿厢和对重，称为全绕式传动，如图 2-25（b）所示，一般用于高速无齿轮电梯。

(5) 曳引机位置

当曳引机安装在井道上部时，称为上置式传动，此时，机房承受重力大。如果在井道顶部无法设置机房时，也可以将曳引机置于井道底部，这时，必须将曳引绳引向井道顶部，再经导向轮引向轿厢和对重，使得曳引绳绕法较为复杂，而且要求井道要有足够的宽度。

2.1.4　曳引机计算

(1) 曳引电动机容量

电梯曳引电动机以断续周期性方式工作。由于电梯运行时受力情况比较复杂，所以电梯曳引电动机一般按经验公式计算选择。常用的一种经验公式为

$$P_n = \frac{(1-K)Qv}{102\eta_{机}} \qquad (2\text{-}13)$$

式中　P_n——电动机额定功率，kW；

　　　K——平衡系数；

　　　Q——电梯额定载重量，kg；

　　　v——电梯额定速度，m/s；

　　　$\eta_{机}$——曳引传动总机械效率，对使用蜗杆副曳引机的电梯 $\eta_{机}=0.5\sim0.65$（可根据曳引机传动比估算，传动比越大效率越低），对无齿轮曳引机电梯 $\eta_{机}=0.8\sim0.85$。

　　例 2-4　电梯额定载重量为 1000kg，额定速度为 1m/s，平衡系数为 0.45，蜗杆副曳引机减速比为 32，求曳引电动机功率 P_n。

　　解：对减速比为 32 的蜗杆副曳引机，总机械效率取较小值，$\eta \approx 0.55$，则

$$P_n = \frac{(1-K)Qv}{102\eta} = \frac{(1-0.45)\times1000\times1}{102\times0.55} = 9.8 \text{ (kW)}$$

(2) 曳引机输出转矩

曳引机输出转矩计算公式：

$$T = \frac{9500P_n\eta}{n} \qquad (2\text{-}14)$$

式中　T——电动机额定功率时曳引机低速轴输出的转矩，N·m；

　　　P_n——电动机额定功率，kW；

　　　n——电动机额定转速，r/min；

　　　η——曳引机总效率，一般由曳引机厂提供；或根据蜗杆头数 Z_1 及减速箱速比 I 来估算，$Z_1=1$，$\eta=0.75\sim0.70$；$Z_1=2$，$\eta=0.82\sim0.75$；$Z_1=3$，$\eta=0.87\sim0.82$；I 值大，效率取较小值。

(3) 曳引机输出轴最大静载荷

曳引机输出轴最大静载荷计算公式：

$$Q_{max} = \frac{P+1.25Q}{r} + n_1q_1H + \frac{1}{r}\sin(\alpha-90°)(P+KQ+n_2q_2H) \qquad (2\text{-}15)$$

式中　Q_{max}——曳引机输出轴最大静载荷（以 125% 额定载荷，轿厢在最低层站工况计算），kg：

　　　P——轿厢自身质量，kg；

　　　Q——电梯额定载重量，kg；

　　　n_1——曳引绳根数；

　　　q_1——钢丝绳单位长度质量，kg/m；

　　　H——提升高度，m；

　　　α——钢丝绳在曳引轮的包角。

　　　n_2——平衡链根数；

　　　K——平衡系数；

　　　q_2——平衡链单位长度质量，kg/m。

(4) 曳引机的盘车力

电梯用曳引电动机往往备有两个轴伸端。其一端为传动端，与减速器耦合；另一端为非传动端，通常装有飞轮，用以根据需要增加运动系统的转动惯量，并兼作盘车手轮。标准规定手动盘车所需力应不大于 400N。曳引机的盘车力计算公式：

$$F = \frac{(1-K)QD_1 g}{2ri\eta_机 D_2} \tag{2-16}$$

式中　F——提升有额定载荷的轿厢曳引机盘车手轮所需的操作力，N；

K——平衡系数；

Q——电梯额定载重量，kg；

D_1——曳引轮直径，mm；

D_2——盘车轮直径，mm；

r——曳引钢丝绳的倍率；

i——曳引机减速比；

$\eta_机$——曳引传动总机械效率；

g——重力加速度。

(5) 轿厢运行速度

轿厢运行速度计算公式：

$$v_j = \frac{D_1 \pi n}{60ri \times 1000} \tag{2-17}$$

式中　v_j——轿厢运行速度，m/s；

D_1——曳引轮直径，mm；

n——电动机转速，r/min；

r——曳引钢丝绳的倍率；

i——曳引机减速比。

例 2-5　某电梯额定运行速度为 2.0m/s，额定载重量为 1000kg，轿厢内装 500kg 的砝码，向下运行至行程中段测得电动机转速为 1450r/min。减速器减速比为 46∶2，曳引钢丝绳的倍率为 1，曳引轮直径为 630mm，平衡系数为 0.5。问轿厢运行速度是多少？是否符合规定？

解：轿厢运行速度为

$$v_j = \frac{630 \times 3.14 \times 1450}{60 \times 1 \times 46/2 \times 1000} = 2.078$$

速度偏差为

$$\Delta v = (v_j - v)/v = (2.078 - 2)/2 = 0.039 = 3.9\%$$

标准规定电梯轿厢在 50％ 额定载重量时，向下运行至中段时的速度不大于 105％，不小于 92％，该梯速度偏差为 3.9％，符合要求。

(6) 曳引力

曳引力是指依赖于曳引轮和钢丝绳之间的摩擦力来实现、保障电梯功能的一种能力。钢丝绳曳引力应满足以下三个条件：轿厢装载至 125％ 额定载荷的情况下应保持平层状态不打滑；必须保证在任何紧急制动的状态下，不管轿厢内是空载还是满载，其减速度的值不能超过缓冲器（包括减行程的缓冲器）作用时减速度的值；当对重压在缓冲器上而曳引机按电梯上行方向旋转时，应不可能提升空载轿厢。GB 7588—2003 附录 M 提示曳引力计算采用下面的公式：

轿厢装载和紧急制动工况：

$$\frac{T_1}{T_2} \leqslant e^{f\alpha} \tag{2-18}$$

轿厢滞留工况（对于重压在缓冲器上，曳引机向上方向旋转）：

$$\frac{T_1}{T_2} \geqslant e^{f\alpha} \tag{2-19}$$

式中　f——当量摩擦系数；

　　　α——钢丝绳在绳轮上的包角，rad；

T_1，T_2——曳引轮两侧曳引绳中的拉力；

　　　e——自然对数的底，$e \approx 2.718$。

校核步骤如下。

① 求出当量摩擦系数 f

a. 当曳引轮为半圆槽和带切口半圆槽时：

$$f = \mu \frac{4\left(\cos\dfrac{\gamma}{2} - \sin\dfrac{\beta}{2}\right)}{\pi - \beta - \gamma - \sin\beta + \sin\gamma} \tag{2-20}$$

式中　μ——摩擦因数。

　　　β——下部切口角度（见图 2-26），rad；

　　　γ——槽的角度（见图 2-26），rad。

式中的 $\dfrac{4\left(\cos\dfrac{\gamma}{2} - \sin\dfrac{\beta}{2}\right)}{\pi - \beta - \gamma - \sin\beta + \sin\gamma}$ 的数值可由绳槽的 β、γ（见图 2-26）数值代入经计算得出；也可以从图 2-27 直接查得。

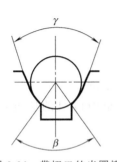

图 2-26　带切口的半圆槽

β—下部切口角度；

γ—槽的角度

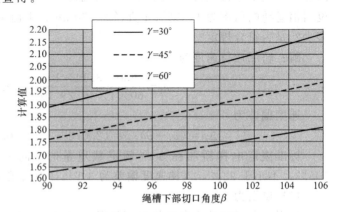

图 2-27　绳槽的 β、γ 数值

b. 当曳引轮为 V 形槽（见图 2-28）时：

ⓐ 轿厢装载和紧急制停的工况：当绳槽未经过硬化处理时，

$$f = \mu \frac{4\left(1-\sin\dfrac{\beta}{2}\right)}{\pi-\beta-\sin\beta} \qquad (2\text{-}21)$$

当绳槽经过硬化处理时，

$$f = \mu \frac{1}{\sin\dfrac{\gamma}{2}} \qquad (2\text{-}22)$$

ⓑ 轿厢滞留的工况：当槽硬化和未硬化处理时，

$$f = \mu \frac{1}{\sin\dfrac{\gamma}{2}} \qquad (2\text{-}23)$$

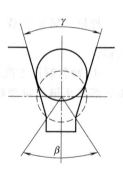

图 2-28　V 形槽
β—下部切口角度；
γ—槽的角度

c. 计算不同工况下 f 值。摩擦因数 μ 的数值：装载工况 $\mu_1 = 0.1$；轿厢滞留工况 $\mu_2 = 0.2$；紧急制停工况 $\mu_3 = \dfrac{0.1}{1+v_s/10}$（$v_s$ 为轿厢额定速度下对应的绳速，m/s）。

② 计算 $e^{f\alpha}$。分别计算出装载工况、轿厢滞留工况、紧急制停工况的 $e_1^{f\alpha}$、$e_2^{f\alpha}$、$e_3^{f\alpha}$ 数值。

③ 轿厢装载工况的曳引力校核。按 125％额定载荷轿厢在最低层站计算，轿底平衡链与对重顶部曳引绳质量忽略不计。

$$T_1 = \frac{P+1.25Q+W_1}{r}g \qquad (2\text{-}24)$$

$$T_2 = \frac{P+KQ+W_2}{r}g \qquad (2\text{-}25)$$

式中　T_1，T_2——曳引轮两侧曳引绳中的拉力，N；

　　　　P——轿厢自身质量，kg；

　　　　Q——额定载重量，kg；

　　　　K——平衡系数；

　　　　W_1——曳引钢丝绳质量，kg，$W_1 \approx Hn_1q_1r$；

　　　　W_2——补偿链悬挂质量，kg，$W_2 \approx Hn_2q_2$；

　　　　H——电梯提升高度，m；

　　　　n_1——钢丝绳根数；

　　　　q_1——钢丝绳单位长度质量，kg/m；

　　　　r——曳引钢丝绳的倍率；

　　　　n_2——采用补偿链根数；

　　　　q_2——补偿链单位长度质量，kg/m；

　　　　g——重力加速度，$g \approx 9.81\,\text{m/s}^2$。

校核：轿厢装载工况条件下应能满足 $\dfrac{T_1}{T_2} \geqslant e_1^{f\alpha}$，即曳引钢丝绳在曳引轮上不滑移。

④ 紧急制停工况的曳引力校核。按空轿厢在顶层工况计算，且轿顶曳引绳与对重底部平衡链质量忽略不计，滑动轮惯量折算值与导轨摩擦因数值小，忽略不计。

$$T_1 = \frac{(P+kQ)(g+a)}{r} + \frac{W_1}{r}(g+ar) \tag{2-26}$$

$$T_2 = \frac{(P+W_2+W_3)(g-a)}{r} \tag{2-27}$$

式中　a——轿厢制动减速度（绝对值），$\mathrm{m/s^2}$，正常情况 a 为 $0.5\mathrm{m/s^2}$，对于使用了减行程缓冲器的情况，a 为 $0.8\mathrm{m/s^2}$；

　　　W_3——随行电缆的悬挂质量，kg，$W_3 = (H/2)n_3 q_3$；

　　　n_3——随行电缆根数；

　　　q_3——随行电缆单位长度质量，kg/m。

曳引力校核：紧急制停工况条件下，当空载的轿厢位于最高层站时应能满足 $\dfrac{T_1}{T_1} \leqslant e_3^{f\alpha}$，即曳引钢丝绳在曳引轮上不滑移。

⑤ 轿厢滞留工况的曳引力校核。以轿厢空载，对重压在缓冲器上的工况计算

$$T_1 = \frac{P+W_2+W_3}{r}g \tag{2-28}$$

$$T_2 = \frac{W_1}{r}g \tag{2-29}$$

曳引力校核：在轿厢滞留工况，当轿厢空载，对重压在缓冲器上时，在轿厢滞留工况条件下，应能满足 $\dfrac{T_1}{T_2} \geqslant e_2^{f\alpha}$，即曳引钢丝绳可以在曳引轮上滑移。

例 2-6　设曳引系统主要参数：电梯轿厢自身质量 P 为 1550kg，电梯额定速度 v 为 2.50m/s，电梯额定载重量 Q 为 1250kg，平衡系数 K 为 48%，电梯提升高度 H 为 96.8m，曳引钢丝绳的倍率 r 为 2，采用钢丝绳根数 n 为 7，采用钢丝绳单位长度质量 q_1 为 0.347kg/m，补偿链（平衡链）根数 n_2 为 2，补偿链单位长度质量 q_2 为 2.23kg/m，随行电缆根数 n_3 为 1，随行电缆单位长度质量 q_3 为 1.118kg/m，钢丝绳在曳引轮上的包角 α 为 2.775rad（159°），曳引轮半圆槽开口角 γ 为 0.524rad（30°），曳引轮半圆槽下部切口角 β 为 1.833rad（105°），计算曳引力。

解：

① 求出当量摩擦系数 f。

曳引轮为带切口半圆槽，根据公式（2-20）：

$$f = \mu\,\frac{4\left(\cos\dfrac{\gamma}{2} - \sin\dfrac{\beta}{2}\right)}{\pi - \beta - \gamma - \sin\beta + \sin\gamma}$$

$\beta = 105°$，$\gamma = 30°$，则

$$\frac{4\left(\cos\dfrac{\gamma}{2}-\sin\dfrac{\beta}{2}\right)}{\pi-\beta-\gamma-\sin\beta+\sin\gamma}=2.16$$

装载工况，$\mu_1=0.1$，则

$$f_1=\mu_1\frac{4\left(\cos\dfrac{\gamma}{2}-\sin\dfrac{\beta}{2}\right)}{\pi-\beta-\gamma-\sin\beta+\sin\gamma}=0.1\times2.16=0.216$$

轿厢滞留工况，$\mu_2=0.2$，则

$$f_2=\mu_2\frac{4\left(\cos\dfrac{\gamma}{2}-\sin\dfrac{\beta}{2}\right)}{\pi-\beta-\gamma-\sin\beta+\sin\gamma}=0.2\times2.16=0.432$$

紧急制停工况，$\mu_3=\dfrac{0.1}{1+v_s/10}=\dfrac{0.1}{1+2.5\times2/10}=0.067$（$v_s$ 为轿厢额定速度下对应的绳速，$v_s=vr$），则

$$f_3=\mu_3\frac{4\left(\cos\dfrac{\gamma}{2}-\sin\dfrac{\beta}{2}\right)}{\pi-\beta-\gamma-\sin\beta+\sin\gamma}=0.067\times2.16=0.144$$

② 计算 $e^{f\alpha}$。

装载工况：

$$e_1^{f\alpha}=e^{0.216\times2.775}=1.82$$

轿厢滞留工况：

$$e_2^{f\alpha}=e^{0.432\times2.775}=3.33$$

紧急制停工况：

$$e_3^{f\alpha}=e^{0.144\times2.775}=1.49$$

③ 轿厢装载工况曳引力校核

$$W_1=Hn_1q_1r=98.8\times7\times0.347\times2=470\ (\text{kg})$$
$$W_2=n_2q_2H=2\times2.23\times96.8=432\ (\text{kg})$$
$$T_1=\frac{P+1.25Q+W_1}{r}g=\frac{1550+1.25\times1250+470}{2}\times9.81=17572.16\ (\text{N})$$
$$T_2=\frac{P+KQ+W_2}{r}g=\frac{1550+0.48\times1250+432}{2}\times9.81=12664.71\ (\text{N})$$
$$\frac{T_1}{T_2}=\frac{17572.16}{12664.71}=1.39<e_1^{f\alpha}=1.82$$

因此，在轿厢装载工况条件下，当载有 125% 额定载荷的轿厢位于最低层站时，曳引钢丝绳不会在曳引轮上滑移，即不会打滑。

④ 在紧急制停工况曳引力校核：

$$T_1=\frac{(P+KQ)(g+a)}{r}+\frac{W_1}{r}(g+ar)$$
$$=\frac{(1550+0.48\times1250)\times(9.81+0.5)}{2}+\frac{470}{2}\times(9.81+0.5\times2)$$
$$=13623.6\ (\text{N})$$

$$W_3 = n_3 q_3 \frac{H}{2} = 1 \times 1.118 \times 96.8/2 = 54 \text{ （kg）}$$

$$T_2 = \frac{(P + W_2 + W_3)(g - a)}{r} = \frac{(1550 + 432 + 54) \times (9.81 - 0.5)}{2} = 9477 \text{ （N）}$$

$$\frac{T_1}{T_2} = \frac{13623.6}{9477} = 1.40 < e_3^{f\alpha} = 1.49$$

因此，在紧急制停工况条件下（轿厢制动减速度 a 为 0.5m/s²），当空载的轿厢位于最高层站时，曳引钢丝绳在曳引轮上不滑移。

⑤ 轿厢滞留工况的曳引力校核：

$$T_1 = \frac{P + W_2 + W_3}{r} g = \frac{1550 + 432 + 54}{2} \times 9.81 = 9986 \text{ （N）}$$

$$T_2 = \frac{W_1}{r} g = \frac{470}{2} \times 9.81 = 2305 \text{ （N）}$$

$$\frac{T_1}{T_2} = \frac{9986}{2305} = 4.33 > e_2^{f\alpha} = 3.33$$

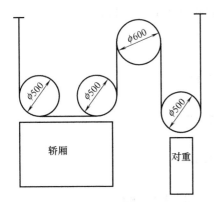

图 2-29 某曳引电梯的传动结构

因此，当轿厢空载且对重装置支撑在对重缓冲器上时，在轿厢滞留工况条件下，曳引钢丝绳可以在曳引轮上滑移，即当对重压在缓冲器上而曳引机按电梯上行方向旋转时，应不可能提升空载轿厢。

结论：该电梯曳引力按 GB 7588—2003 附录 M 校核，符合要求。

例 2-7 某曳引电梯的传动结构见图 2-29。

其额定载重量 $Q = 1000\text{kg}$，电梯额定速度 $v = 1.0\text{m/s}$，轿厢自身质量 $P = 1500\text{kg}$，平衡系数 $K = 48\%$，提升高度 $H = 20\text{m}$，使用 7 根曳引绳，钢丝绳单位长度质量为 0.347kg，曳引绳在曳引轮上的包角 $\alpha = 159°$，曳引轮为钢质材料。曳引轮绳槽类型为带切口的半圆槽。现已计算出：

$$\frac{4\left(\cos\dfrac{\gamma}{2} - \sin\dfrac{\beta}{2}\right)}{\pi - \beta - \gamma - \sin\beta + \sin\gamma} = 2.149$$

试根据 GB 7588—2003《电梯制造与安装安全规范》附录 M，校核该电梯在装载工况下，曳引力是否满足要求。

解： ① 当量摩擦系数 f 计算。装载工况，$\mu_1 = 0.1$，有

$$f = \mu_1 \frac{4\left(\cos\dfrac{\gamma}{2} - \sin\dfrac{\beta}{2}\right)}{\pi - \beta - \gamma - \sin\beta + \sin\gamma} = 0.1 \times 2.16 = 0.216$$

② 计算 $e_1^{f\alpha}$：曳引绳在曳引轮上的包角 $\alpha = 159° = 2.775\text{rad}$，装载工况下，

$$e_1^{f\alpha} = e^{0.216 \times 2.775} = 1.82$$

③ 当轿厢位于最底层站，轿厢侧钢丝绳质量为

$$R = 7 \times 0.347 \times 20 \times 2 = 97 \ (\text{kg})$$

对重总质量

$$W = P + KQ = 1500 + 0.48 \times 1000 = 1980 \ (\text{kg})$$

则

$$T_1 = P + 1.25Q + R = 1500 + 1250 + 97 = 2847 \ (\text{kg})$$

$$T_2 = W = 1980 \ (\text{kg})$$

$$T_1/T_2 = 2847/1980 = 1.44$$

$$e_1^{f\alpha} = 1.82, \quad T_1/T_2 < e_1^{f\alpha}$$

所以，在轿厢装载工况条件下，当载有 125％额定载荷的轿厢位于最低层站时，曳引钢丝绳不会在曳引轮上滑移，即曳引力满足要求。

2.2 轿厢和门系统

轿厢由轿门、厅门、开门机、门锁装置等组成，是电梯的一个重要部位，与乘客安全关系极大。轿门由门、门导轨架和轿厢地坎等组成。厅门由门、门导轨架、层门门地坎和层门联动机构等组成。轿门的开启由操作者或自动门机控制。自动门机设置在轿厢门口上方，其功能是减轻操作者的劳动强度，保证运行绝对安全并提高运行效率。

2.2.1 轿厢

(1) 轿厢的结构

轿厢主要由轿厢体和轿厢架构成。轿厢架是固定和悬吊轿厢的框架，是由底梁、立柱、上梁以及立柱与轿厢底的侧向拉条所组成的承重构架，如图 2-30（a）所示。上梁和下梁各用两根 $16^{\#} \sim 30^{\#}$ 槽钢制成，可用 $3 \sim 8\text{mm}$ 厚的钢板压制成。立梁用槽钢、角钢或 $3 \sim 6\text{mm}$ 的钢板压制而成。拉条作用是增强轿厢架的刚度，防止轿底负载偏心后地板倾斜。拉点设在轿底架适当位置时，可承受轿厢地板上 3/8 左右的负载。负载重量小、轿厢较浅的电梯，可以不设拉条；轿底面积较大的电梯，就特别需要拉条；一些大轿厢结构还需设双拉条。

轿厢体由轿厢底、轿厢壁和轿厢顶构成。在门处轿底前沿设有轿门地坎。为了出入安全，在轿门地坎下面设有安全防护板。对于不同用途的电梯，虽然轿厢基本结构是相同的，但在具体结构要求上却有所不同。

① 客梯轿厢。轿厢壁常用 1.5mm 金属薄钢板压制成，每个面壁由多块折边钢板拼装成，每块轿壁之间可以嵌有镶条，起装饰和减震作用。轿厢壁应有一定的强度，当一个 300N 的力从轿厢内向外垂直作用于轿厢壁的任何位置，并均匀分布于面积为 5cm^2 的圆形或方形面积上时，轿厢壁应无永久变形或弹性变形不大于 15mm。在轿厢壁板的背面，有薄板压成槽钢状的加强筋，以提高壁板机械强度。在轿壁上贴花纹防火板或不锈钢薄板，或在壁上镶玻璃（此时应在壁上设置护手栏）。客梯轿厢内部的装饰要显得豪华，越是在豪华场所，内部装修就越讲究。

轿厢底为薄钢板，中间为厚夹层，表面铺设花纹塑胶板或地毯等材料，使人步入时，无金属碰撞声，并使人感到可靠踏实。在轿厢体与轿架之间，要加防振橡胶块，

在轿壁背面敷设阻隔井道噪声的沥青泥、油灰等隔声材料。

轿厢顶与轿厢壁一样，也用薄钢板制成，并开有供人紧急出入的安全窗。安全窗开启时，只能由内向外开启，并配有安全控制开关，切断电梯控制电路，使电梯不能启动，以确保安全。轿顶也必须有足够强度，以便在安装、检修和营救时，允许在轿厢顶一定范围内站有一定数量的人。轿顶应能支持两个人的重量，即在轿顶的任何位置上，至少能承受 2000N 的垂直力而无永久变形。轿顶应有一块至少为 $0.12m^2$ 的站人用的净面积，其短边至少为 0.25m。轿厢顶设防护兰，确保电梯维修人员安全。轿厢顶装有开门机构、电器箱、接线箱和风扇等。轿顶内部的装饰要结合照明方式一起来考虑。客梯轿厢一般采用半间接照明方式，即通过灯罩等透明体使光线柔和些，再照射下来。也可采用反射式照明。

客梯轿厢一般是宽度大于深度，其比例为 10:7 或 10:8 以便为乘客的乘降提供方便，提高使用效率。轿厢内部高度一般在 2m 以上。在轿厢内除了设置照明装置外，还设有操纵电梯运行的按钮操纵箱、显示电梯运行方向和位置的轿内指层灯、风扇或抽风机、急停开关之类的应急装置以及电梯规格标牌等。

② 住宅梯轿厢。载客容量分为 5 人、8 人、10 人三种，用于居民住宅，除乘人外，还需装载居民日常生活物资。轿厢不必考究装饰，喷涂油漆或喷塑即可。

③ 货梯轿厢。货梯与客梯比较，其突出特点是承受集中载荷，因此，要对货梯轿厢结构提出特殊要求。首先，轿厢架底梁采用以槽钢为主体的梁式刚性结构，如图 2-30（b）所示。其次，轿厢底板采用 4～5mm 厚的花纹钢板，直接铺设在轿底框架上。轿厢架和轿厢底都采用刚性结构，轿厢底直接固定在底梁上，保证载重时不变形。为了装卸货物的方便，特别是考虑用车辆装卸货物方便，货梯轿厢一般是深度等于或大于宽度。

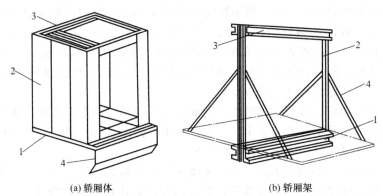

(a) 轿厢体　　　　　　　　　　　　(b) 轿厢架

1—轿厢底；2—轿厢壁；3—轿厢顶；4—安全防护板　　1—底梁；2—立柱；3—上梁拉条；4—拉条

图 2-30　轿厢体和轿厢架

④ 病床梯轿厢。病床梯主要载运病床和医疗器具，因此轿厢窄而深。轿顶照明采用间接式，以适应病人仰卧的特点。轿厢的装饰一般化，有些轿厢设有穿堂门，方便病床的出入。

⑤ 观光梯轿厢。观光梯轿厢的观光壁常做成棱形或圆形，并使用强化玻璃，以

便于乘客通过井道前壁的透明玻璃观看外面风景。轿厢玻璃下端离底 0.5m 左右，在离轿底 1m 处设置扶栏。为了保证玻璃轿壁的强度，玻璃的装配结构必须利于抵抗安全钳动作的冲击，每块玻璃面积的大小也要限制。此外，轿内装修较为豪华，轿外露出部分也十分讲究，一般都涂以华丽的颜色并有彩灯装饰。

⑥ 超高速电梯轿厢。轿厢一般为流线型，减小空气阻力和运行时的噪声。

⑦ 汽车梯轿厢。由于运载对象是汽车，所以轿厢常不设轿顶。轿厢深度较大，轿厢架立柱与轿底之间常设双拉杆，轿厢的有效面积也比较大。

⑧ 杂物梯轿厢。杂物梯的运载对象为书籍、食品等杂物。轿厢有 40kg、100kg 和 250kg 三种。40kg、100kg 的轿厢，其高度为 800mm；250kg 的轿厢，其高度为 120mm，限制人的进入，确保人身安全。运送食品的轿厢常用不锈钢制造。

(2) 轿厢的超载检测

为电梯安全运行，需要自动限定轿厢的运载重量。为此，在轿厢上装设超载检测装置。该装置的一种形式是具有调节秤砣的横杆机构称重装置，也可以采用橡胶块作为称重元件，通过对橡胶块的压缩量来反映载重量。当电梯载重量达到额定载重量的 110% 时，便通过相应机构带动微动开关动作，切断电梯控制电路，电梯便不能启动。对于控制功能完善的电梯，如集选控制电梯，当载重量达到电梯额定载重量的80%～90%时，便接通直驶电路，使在运行途中不再应答厅外截停召唤信号，直达目的层站。另外，还可以采用电磁机构作为超载检测装置。

若将上述检测装置安装在轿厢底部，则称为轿底称重式超载检测装置，常用于客梯。这种情况下，轿底与轿厢体分离，轿底直接浮支在杠杆机构称重装置上。也可以将轿厢支承在称重橡胶块上。

对于货梯，常将超载检测装置安装在轿厢架的上梁，称为轿顶称重式装置。这类装置是以压缩弹簧为称重元件的杠杆机构，也可以采用橡胶块为称重元件。

如果超载检测装置不便于安装在轿底或封顶时，可将其安装在机房内，称为机房检重式装置，这时常采用压缩弹簧式杠杆机构称重装置。

2.2.2　门系统

电梯门分为轿厢门和厅门。轿厢门用来封住轿厢出入口，防止轿内人员和物品与井道相碰撞。厅门用来封住井道出入口，防止候梯人员和物品坠入井道。

(1) 门的形式

按运动方式分，电梯门可分为滑动门和旋转门。旋转门多用于国外的小型公寓，几乎不占用井道空间，特别适用无轿门电梯。我国采用滑动门，滑动门按开门方向分为中分式、旁开式、交栅式和直分式。

① 中分式门。这种门由中间向两侧分开，见图 2-31，左右门扇以相同的速度向两侧滑动动；关门时，以相同的速度向中间合拢。客梯常采用中分式，出入方便、工作效率高、可靠性好。一般采用两扇中分式门，如果要求较大的开门宽度，可采用四扇中分式门。

② 旁开式门。这种门的门扇由一侧向另一侧门开或合拢，可由左侧向右侧或由右侧向左侧开门，如图 2-32 所示。按照门扇数分，分为单扇、两扇和三扇旁开式门。

旁开门在开关门时，各扇门运动时间必须相同。由于各扇门行程不同，所以各自速度不同，有快门和慢门之分。双扇旁开式门又称双速门。由于门在打开后是折叠在一起的，又称双折式门。当旁开式门为三扇时称为三速或三折式门。货梯多采用旁开式门，希望开门宽度尽量大些，装卸货物方便。

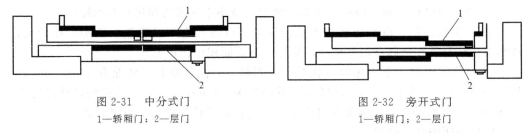

图 2-31　中分式门　　　　　　　　　　图 2-32　旁开式门
1—轿厢门；2—层门　　　　　　　　　1—轿厢门；2—层门

③ 交栅式门。单扇旁开式门的一种特殊结构，以伸缩形式完成开门和关门的，又称伸缩门。

该电梯的开门宽度更大些，对井道的宽度要求更小，在货梯上广泛应用。空格式门扇不能用作为厅门和客梯的轿厢门。

④ 直分式门。直分式门由下向上推开，又称闸门式门。按门扇的数量分为单扇、双扇和三扇等，双扇门称双速门，三扇门称三速门。直分式门的门扇不占用井道及轿厢的宽度，能使电梯具有最大的开门宽度，常用在杂物梯和大吨位货梯上。

(2) 门的结构和组成

电梯门由门扇、门滑轮、门靴、门地坎、门导轨等部件组成。在轿门和厅门的门扇上部装有门滑轮，分别在轿厢顶部前沿的轿门导轨架和厅门框架上部的导轨架上滑动；而门的下部装有尼龙滑块，开关门过程中，门靴只能沿着地坎槽滑动，使门扇在正常外力作用下，不会倒向井道，使门的上、下两端均受导向和限位，见图 2-33。

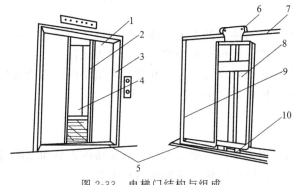

图 2-33　电梯门结构与组成
1—层门；2—轿厢门；3—门套；4—轿厢；
5—门地坎；6—门滑轮；7—层门导轨架；8—门扇；
9—层门立柱；10—门滑块

门扇类型有封闭式、空格式和非全高式。封闭式门扇一般用 1～1.5mm 厚的钢板制成，中间辅以加强筋，使其具有足够的机械强度。客梯和医用电梯的门都采用封闭式门扇。空格式门扇，指交栅式门，具有通气透气的特点，我国规定栅间距离不得大于10mm，保证安全，只能用于货梯轿门。非全高式门扇的高度低于门口高，常用于汽车梯和货物梯。其中汽车梯，高度一般不应低于 1.4m；货梯中，高度一般不应低于 1.8m。

(3) 开关门机构

电梯轿门由装在轿顶部的自动开门机来开门和关门，这种轿门也称为自动门。自动开门机构以调速直流电动机（有时也用交流电动机）为动力，通过曲柄连杆和摇杆滑块机构（对于单侧驱动机构，还用绳轮联动机构），将电动机的旋转运动转换为开、关门的直线运动。轿门可以在轿内或轿外手动开门。图 2-34 为双臂式中分门开门机结构示意图，以直流电动机为动力，电动机不带减速箱，而以两级 V 带传动减速，以第二级的大带轮作为曲柄轮。当曲柄轮逆时针转动 180°时，左右摇杆同时推动左右门扇，完成一次开门行程后，曲柄轮再顺时针转动 180°，就能使左右门扇同时合拢，完成一次关门行程。开门机采用串电阻减压调速。控制速度的行程开关装在曲柄轮背面的开关架上，一般为 3～5 个。开关打板装在曲柄轮上，在曲柄轮转动时依次动作各开关，达到调速目的。改变开关在架上的位置，就能改变各运动阶段的行程。

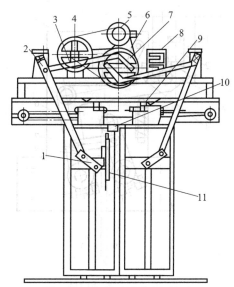

图 2-34　双臂式中分门开门机

1—门连杆；2—摇杆；3—连杆；4—带轮；5—电动机；6—曲柄轮；7—行程开关；8—电阻箱；9—强迫锁紧装置；10—自动门锁；11—门刀

　　新型变频同步门机摈弃了过去门机系统的带或链条一级或两级减速环节，采用同步齿形带传输动力。圆弧齿同步齿形带，与同步门刀、门吊板连接；变频门机的运转带动同步齿形带、门刀及吊板，实现开关门动作。传动结构简单，动作平稳，调整方便，吊板定位采用双稳态开关或使用光盘码捕捉位置检测，控制精度高，可靠性好。

　　厅门只能由轿门通过系合装置带动开门或关门，因此，它是被动门。常见的系合装置是装在轿门上的门刀。门刀用钢板制成，因其形状似刀而得名。门刀用螺栓紧固在轿门上，位置要保证在每一层站，均能准确插入门锁的两个滚轮之间。门锁是一种机电联锁装置，装在厅门内侧，是电梯不可缺少的一种安全装置。在轿门通过门刀带动厅门关闭后，自动门锁便将厅门锁闭，在井道内手动解脱门锁后才能打开厅门，而在厅外只能用专用钥匙才能打开厅门，防止从厅门外将厅门扒开出危险；同时保证只有在厅门、轿门完全关闭后，通过门锁上的微动开关接通电梯控制电路，才能接通电路，电梯方可行驶，从而更加保证了电梯的安全。在自动开门机驱动轿门开门时，轿门通过门刀解脱门锁并带动厅门开门。与此同时，门锁上的微动开关切断电梯控制电路，使电梯不能启动。

　　图 2-35 所示的是一种常见的自动门锁，称为单门刀式自动门锁（又称撞击式钩子锁）。层门电气联锁触点的左上部装在厅门上，右半部门装在厅门的门框上。当电梯到达平层时，门刀插入门锁两滚轮之间。门刀向右移动，促绕右边的橡胶锁轮绕销轴转动，供锁钩脱开。在开锁过程中，左边的橡胶锁轮快速接触刀片，当两橡胶锁轮将门刀夹持之后，右边的橡胶轮停止绕销轴转动，层门开始随门刀起向右移动，直到门开到位。在门锁开锁时，其撑杆依靠自重将锁钩撑住，这样保证了电梯的关门。门刀推动右边的橡胶锁轮时，左边的橡胶锁轮和锁钩不发生转动，并使层门随门刀朝关门方向运动。当门接近关门时，撑杆在限位螺钉作用下与锁钩脱离接触，供层门上锁。同

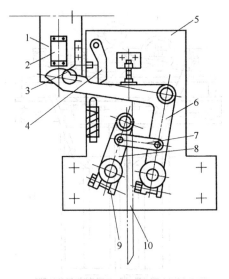

图 2-35　自动门锁

1—装于层门上的部分；2—层门电气联锁开关；
3—锁钩；4—撑杆；5—装于层门门框上的部分；
6—锁臂；7—顶杆；8—摆臂；9—滚轮；10—门刀

时，锁钩头部将层门电气联锁开关压下，接通电梯的控制回路，此时电梯才能启动运行，从而实现了安全保护的作用。门刀用螺栓紧固在轿门上，保证在每一层站均能准确插入门锁的两个滚轮之间。

此外，开门机构驱动轿门关闭后，还必须具有紧闭力，以防止门的松回；厅门必须具有自闭能力，即在轿门打开情况下，轿厢以检修低速运行驶离厅门时，厅门必须能自动闭合，以确保井道口安全。

（4）安全保护装置

电梯门安全保护装置是指电梯在运行过程中或发生不安全状态时，门系统的机械和电气元器件发生联合动作，以实现安全保护作用的装置。为防止关门时人或物品被门夹住，通常用机械式门安全触板。正常情况下，安全触板（见图 2-36）凸出门扇 30～35mm。在关门过程中，门一旦触碰到人或物品时，触板被推入门扇，通过杠杆机构带动微动开关动作，使门的驱动电动机迅速反转，将门重新打开。一般触板被推入 8mm 左右，微动开关即可动作。

除了安全触板以外，还有非接触式的双触板与光电保护装置、红外线光幕式保护装置、电磁感应式保护装置和超声波式保护装置。双触板与光电保护装置采用光电传感器，在门的左右两侧分别安装一个发光器和接收器（见图 2-37），发出不可见光束，

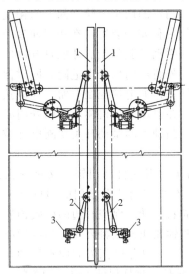

图 2-36　中分门安全触板结构

1—安全触板；2—下连杆；3—触板开关

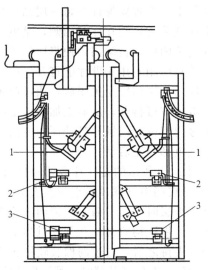

图 2-37　双触板与光电保护装置

1—安全触板开关；2—上光电保护装置；
3—下光电保护装置

当乘客进入光束通过此范围时虽然不触及门，但是接收器会因此发出信号使门反向运行打开。红外线光幕式保护装置光幕是由单片计算机（CPU）等构成非接触式安全保护，安装在轿门两侧，用红外发光体发射一束红外光束，通过电梯门进出口的空间，到达红外接收体后产生一个接收的电信号，表示电梯门中间没有障碍物，这样从上到下周而复始进行扫描，就在电梯门进出口形成一幅"光幕"。光幕由发射器、接收器、电源及电缆组成，如图 2-38 所示。电磁感应式保护装置借助于磁感应原理，在门区内组成三组电磁场，任意一组电磁场的变化，都会作为不平衡状态出现。如果三组磁场不相同，表明门区有障碍物，探测器断开关门电路，如图 2-39 所示。超声波式保护装置运用超声波传感器在轿门口产生一个 $50cm \times 80cm$ 检测范围，只要在此范围内有人通过，由于声波受到阻尼，就会发出信号使门打开，如果乘客站在检测区内超过 $20s$，其功能自动解除，门关闭时切除其功能，如图 2-40 所示。

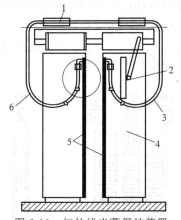

图 2-38　红外线光幕保护装置

1—控制器；2—门臂；3—连接电缆；
4—轿门；5—红外探测器组；6—连接电缆

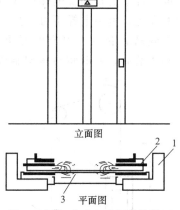

图 2-39　电磁感应式门保护装置

1—井道墙；2—门；3—门区电磁场

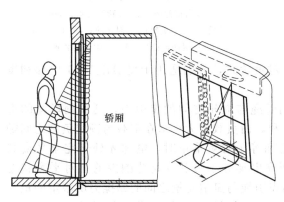

图 2-40　超声波门保护装置（侧立面图与直观图）

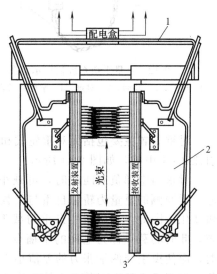

图 2-41　触板与光幕保护装置

1—连接电缆；2—轿厢门；3—封板

有时将接触式和非接触式门安全装置联合使用。触板与光幕保护装置将光电控制电路置于安全触板内，安装在轿门两侧使其同时具有光电控制和机械控制双重保护（见图 2-41），在微电子控制方面，当 1～8 束光受阻超出预设的时间，或 1～4 只光电管受损，微处理器就会自动重新组织完好的光电管继续进行工作，并触发报警信号；如有 10 束以上光长时间受阻，或五只以上上光电管受损，光电控制电器就退出工作，机械控制开关继续有效，电梯仍能正常使用。

2.3 重量平衡系统

电梯的重量平衡系统由对重和补偿装置组成，如图 2-42 所示。

(1) 对重

对重装置平衡轿厢及电梯负载重量，与轿厢分别悬挂在曳引钢丝绳的两端减少电动机功率损耗，曳引电梯不可缺少。对重装置由以槽钢为主体所构成的对重架和用灰铸铁制作或钢筋混凝土填充的对重块组成，如图 2-43 所示。每个对重块不宜超过 60kg，易于装卸，有时将对重架制成双栏，以减小对重块的尺寸。

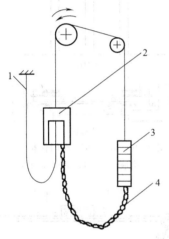

图 2-42 重量平衡系统构成示意图
1—电缆；2—轿厢；3—对重；4—平衡补偿装置

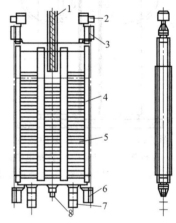

图 2-43 对重装置
1—曳引钢丝绳；2—导靴润滑器；3—上
导靴；4—对重架；5—对重块；6—下导靴；
7—缓冲器碰块；8—补偿悬挂装置

对重装置主要包括无对重轮式和有对重轮式，分别适用于曳引比 1：1 电梯和曳引比 2：1 电梯，如图 2-44 所示。

对重与电梯负载匹配时，可减小钢丝绳与绳轮之间的曳引力，延长钢丝绳的寿命。轿厢侧的重量为轿厢自重与负载之和，而负载的大小却在空载与额定负载之间随机变化。因此，只当轿厢自重与载重之和等于对重重量时，电梯才处于完全平衡状态，此时的载重称为电梯的平衡点。而在电梯处于负载变化范围内的相对平衡状态时，应使曳引绳两端张力的差值小于由曳引绳与曳引轮槽之间的摩擦力所限定的最大值，以保证电梯曳引传动系统工作正常。

对重的总质量为：

$$G=P+KQ \qquad (2\text{-}30)$$

式中　G——对重的总质量，kg；

　　　P——轿厢自身质量，kg；

　　　K——平衡系数，$K=0.45\sim0.55$；

　　　Q——电梯的额定载重量，kg。

当使对重侧重量等于轿厢的重量，电梯只需克服摩擦力便可运行，电梯处于平衡点时，电梯运行的平稳性、平层的准确性、节能以及延长平均无故障时间等方面，均处于最佳状态。为使电梯负载状态接近平衡点，需要合理选取平衡系数 K。轻载电梯平衡系数应取下限；重载工况时取上限。对于经常处于轻载运行的客梯，平衡系数常取 0.5 以下；经常处于重载运行的货梯，常取 0.5 以上。

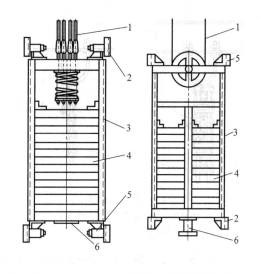

(a) 无对重轮的对重装置　　(b) 有对重轮的对重装置

图 2-44　两类对重装置

1—曳引绳；2,5—导靴；3—对重架；

4—对重块；6—缓冲器碰块

例 2-8　有一部客梯的额定载重量 1000kg，轿厢自身质量 1000kg，若平衡系数取 0.45，求对重装置的总质量。

解：已知 $P=1000\text{kg}$；$Q=1000\text{kg}$；$K=0.45$，代入公式得：

$$G=P+KQ=1000+0.45\times1000=1450 \text{（kg）}$$

(2) 补偿装置

当曳引高度超过 30m 时，曳引钢丝绳重量的影响就不容忽视，它会影响电梯运行的稳定性及平衡状态。当轿厢位于最低层时，曳引钢丝绳的重量大部分作用在轿厢侧。反之，当轿厢位于顶层端站时，曳引钢丝绳的重量大部分作用在对重侧。因此，曳引钢丝绳长度的变化会影响电梯的相对平衡。为了补偿轿厢侧和对重侧曳引钢丝绳长度的变化对电梯平衡的影响，需要设置平衡补偿装置。

平衡补偿装置类型主要有补偿链和补偿绳。补偿链（见图 2-45）以铁链为主体，在铁链中穿有麻绳，以降低运行中铁链碰撞引起的噪声。此种装置结构简单，一般适用于速度小于 2.5m/s 的电梯。补偿绳（见图 2-46）以钢丝绳为主体，此种装置具有运行较稳定的优点，常用于速度大于 2.5m/s 的电梯。广为采用的补偿方法，是将补偿装置悬挂在轿厢和对重下面，称为对称补偿方式。这样，当轿厢升到最高层时，曳引绳大部分位于对重侧，而平衡补偿装置大部分位于轿厢侧；当对重位于最高层时，情况与之相反，也就是说，在电梯升降运行过程中，补偿装置长度变化与曳引绳长度变化正好相反，于是，起到了平衡补偿作用，保证了电梯运动系统的相对平衡。

例 2-9　GB 7588 中对补偿绳有何要求？

答：若电梯额定速度大于 2.5m/s，则应使用带张紧轮的补偿绳，并符合下列条件。

① 应由重力保持补偿绳的张紧状态。

② 应借助一个符合要求的电气安全装置来检查补偿绳的张紧情况。

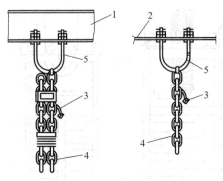

图 2-45 补偿链接头
1—轿厢底；2—对重底；3—麻绳；
4—铁链；5—U形卡箍

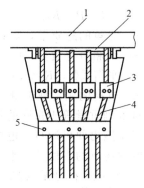

图 2-46 补偿绳接头
1—轿厢底梁；2—挂绳架；3—钢丝绳卡；
4—钢丝绳；5—定位卡板

③ 张紧轮的节圆直径与补偿绳的公称直径之比应不小于 30。

若电梯的额定速度大于 3.5m/s 除满足上述要求外，还应增设一个防跳装置，防跳装置动作时，一个符合要求的电气安全装置应使电梯驱动主机停止运转。

2.4 导向系统

2.4.1 导向系统的组成

导向系统由导轨、导靴和导轨支架组成，其主要功能是对轿厢和对重的运动进行限制和导向。

(1) 导轨

导轨安装在在井道中来确定轿厢与对重的相互位置，并对它们的运动起导向作用，防止因轿厢的偏载产生的倾斜。当安全钳动作时，导轨作为被夹持的支承件，支撑轿厢或对重。导轨通常采用机械加工或冷轧加工方式制作。导轨以其横向截面的形状分，常见有 T 形、L 形、槽形和管形 4 种，如图 2-47 所示。T 形导轨具有良好的抗弯性能和可加工性，通用性强，应用最多。L 形、槽形和管形导轨一般均不经过加工，通常用于运行平稳性要求不高的低速电梯。导轨用具有足够强度和韧性的钢材制成。为了保证电梯运行的平稳性，一般对导轨工作面的扭曲、直线度等几何形状误差以及工作面的粗糙度等方面都有较严格的技术要求。

(a) T 形　　(b) L 形　　(c) 槽形　　(d) 管形

图 2-47 导轨的种类

因为每根的导轨长度为 3～5m，必须进行连接安装。连接安装时，不允许采用焊接或用螺栓连接，两根导轨的端部要加工成凹凸形的榫头与榫槽接合定位，背后附设一根加工过的连接板（长 250mm，厚为 10mm 以上，宽与导轨相适应），每根导轨端部至少要用 4 个螺栓与连接板固定，如图 2-48 所示。榫头与榫槽具有很高的加工精度，起到连接的定位作用；接头处的强度，由连接板和连接螺栓来保证。

导轨不能直接紧固在井道内壁上，需要固定在导轨架上，固定方法不采用焊接或用螺栓连接，而是用压板固定法，如图 2-49 所示。压板固定法，是用导轨压板将导轨压紧在导轨架上，当井道下沉，导轨因热胀冷缩，导轨受到的拉伸力超出压板的压紧力时，导轨就能做相对移动，从而避免了弯曲变形。这种方法被广泛用在导轨的安装上，压板的压紧力可通过螺栓的拧紧程度来调整，拧紧力的确定与电梯的规格，导轨上、下端的支承形式等有关。

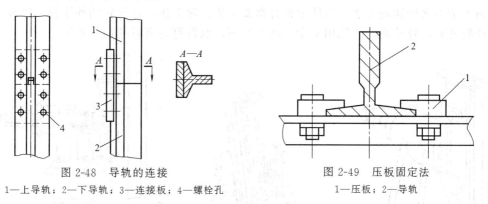

图 2-48　导轨的连接　　　　　　　图 2-49　压板固定法
1—上导轨；2—下导轨；3—连接板；4—螺栓孔　　　　1—压板；2—导轨

导轨安装质量也直接影响电梯运行的平稳性，主要反映在导轨的位置精度和导轨接头的定位质量两个方面。对于导轨安装的位置精度的要求是：安装后的导轨工作侧面平行于铅垂线的偏差，有关规范中规定为每 5m 长度中不超过 0.7mm，以减小运行阻力和导轨的受力；两导轨同一侧工作面位于同一铅垂面的偏差不超过 1mm，以利于导向性；两导轨工作端面之间的距离偏差，对于高速电梯的轿厢导轨为不大于 ±0.5mm，对重导轨为不大于 ±1mm；对低、快速电梯的轿厢导轨为不大于 ±1mm，对重导轨为不大于 ±2mm，以防止导靴卡住或脱出。对于每根 3～5m 长的导轨之间接头的定位质量，虽然是通过有很高加工精度的榫头和榫槽来保证，但是在两根导轨对接时，还常常会出现两根导轨工作面不在同一平面的台阶。有关规范规定，这个台阶不应大于 0.05mm。为了使接头处平顺光滑，对于高速电梯应在 300mm 长度内进行修光，对于低、快速电梯应在 200mm 长度内进行修光。

（2）导靴

导靴引导轿厢和对重沿着导轨运动。轿厢安装四套导靴，分别安装在轿厢上梁两侧和轿厢底部安全钳座下面；四套对重导靴安装在对重梁上部和底部。导靴的凹形槽（靴头）与导轨的凸形工作面配合，一般情况下，导靴要承受偏重力，随时将力传递在导轨上，强制轿厢和对重在曳引钢丝绳牵引下，沿着导轨上下运行，防止轿厢和对重装置在运行过程中偏斜或摆动。

导靴类型主要有滑动导靴和滚动导靴。滑动导靴分为固定滑动导靴和弹性滑动导靴，有较高的强度和刚度。固定滑动导靴的靴头轴向位置是固定的，它与导轨间的配合存在着一定的间隙，在运动时易产生较大的振动和冲击，用于小于 1m/s 低速电梯。如图 2-50 所示，弹性滑动导靴的靴头是浮动的，在弹簧的作用下，其靴衬的底部始终靠在导轨端面上，使轿厢在运行中保持稳定的水平位置，能吸收轿厢与导轨之间产生的振动，适用于速度为 $1\sim2m/s$ 的电梯。采用滑动导靴时，为了减小导靴在工作中的摩擦阻力，通常在轿架上梁和对重装置上方的两个导靴上，安装导轨加油盒，通过油盒向导轨润油，如图 2-51 所示。如图 2-52 所示，滚动导靴由靴座、滚轮、调节弹簧等组成，以三个或六个外圈为硬质橡胶的滚轮，代替滑动导靴的三个工作面；在弹簧力作用下，三个滚轮紧贴在导轨的正面和两侧面上，以滚动摩擦代替了滑动摩擦，大大减少导轨与导靴间的摩擦，节省能量，减小了运动中的振动和噪声，提高乘坐电梯的舒适感，适用于大于 $2.0m/s$ 的高速电梯。采用滚动导靴时，导轨工作面上绝不允许加润滑油，会使滚轮打滑而无法正常工作。在滚轮的外缘包一层薄薄的橡胶外套，延长滚轮的使用寿命，减少噪声，取得更为满意的运行效果。

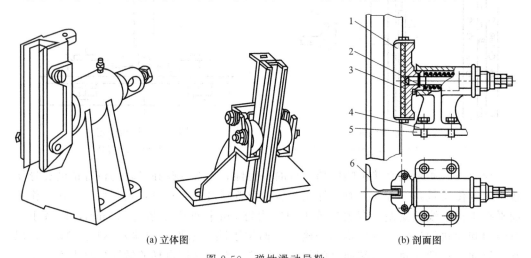

(a) 立体图　　　　　　　　　　(b) 剖面图

图 2-50　弹性滑动导靴

1—靴头；2—弹簧；3—尼龙靴衬；4—靴座；5—轿架或对重架；6—导轨

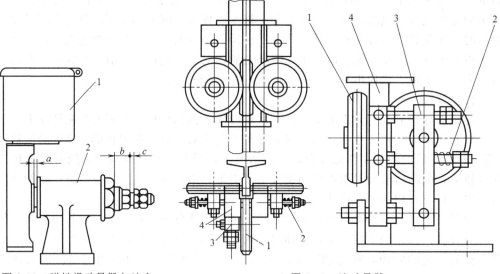

图 2-51　弹性滑动导靴与油盒

1—油盒；2—导靴

图 2-52　滚动导靴

1—滚轮；2—弹簧；3—摇臂；4—靴座

(3) 导轨支架

导轨支架是导轨的支撑架，它固定在井道壁或横梁上，将导轨的空间位置加以固定，并承受来自导轨的各种作用力导轨支架间的距离。导轨支架主要分为轿厢导轨支架、对重导轨支架和轿厢与对重导轨共用导轨支架。导轨支架一般的配置间距不应超过 2.5m（可根据具体情况进行调整），每根导轨内，至少要有两个导轨支架，用膨胀螺栓法、预埋钢板法等方法固定在井道壁上。

例 2-10 电梯导轨的验算。

(1) 按 GB 7588—2003 附录 G 验算

① 计算选用参数如表 2-5 所示。

表 2-5　计算选用参数

参数名称	参数代号	单位	参数值
电梯轿厢自身质量	P	kg	1550
额定载重量	Q	kg	1000
电梯额定速度	v	m/s	2.5
电梯提升高度	H	m	96.8
电梯曳引比	m	—	2:1
轿厢宽度	A	mm	1600
轿厢深度	B	mm	1400
导轨支架间的间距	l	mm	2500
导靴导向部分与底脚连接部分的宽度	C_1	mm	10
上下导靴之间的垂直中心距	H_g	m	3.500
x 方向的偏载距	D	mm	175
y 方向的偏载距	C	mm	200
轿厢门的位置	x_1	mm	735
轿厢导轨数量	n	—	2
弹性模量	E	kg/cm²	2.0×10^6
导轨型号		T90/B	
导轨导向和悬挂方式		中心导向和悬挂	
导轨抗拉强度		MPa	370
伸长率		%	17
导轨面积	S	cm²	17.2
导轨 x 轴截面抗弯模量	W_x	cm³	20.9
导轨 x 轴最小回转半径	i_x	cm	2.50
导轨 y 轴截面抗弯模量	W_y	cm³	11.9
导轨 y 轴最小回转半径	i_y	cm	1.76
重力加速度	g	m/s²	9.81
x 轴上的截面惯性矩	I_x	cm⁴	102.2
y 轴上的截面惯性矩	I_y	cm⁴	52

② 电梯导轨计算许用应力和变形要求。查阅 GB 7588—2003 之 10.1.2.1 和 10.1.2.2 的要求，符合 JG/T 5072.1 要求的电梯导轨计算许用应力 σ_{perm} 和变形要求如下。

当正常使用载荷情况：$\sigma_{\text{perm}} = 165\text{MPa}$。

当安全钳动作时的情况：$\sigma_{\text{perm}} = 205\text{MPa}$。

T 形导轨的最大计算允许变形为：$\delta_{\text{perm}} = 5\text{mm}$。

③ 当安全钳动作时的电梯导轨强度及挠度校核计算。导轨的弯曲应力是由轿厢导靴对导轨的反作用力而引起的应力。

弯曲应力 σ_{m} 的计算如下。

a. 导轨的受力 F_{x}、F_{y} 计算（假设 $x_{\text{q}} = y_{\text{q}} = 0$）：

导靴侧面受力：$F_{\text{x}} = \dfrac{K_1 g Q D}{n H_{\text{g}}} = \dfrac{2 \times 9.81 \times 1000 \times 175}{2 \times 3500} = 490.5 \ (\text{N})$

导靴端面受力：$F_{\text{y}} = \dfrac{K_1 g Q C}{\dfrac{n}{2} H_{\text{g}}} = \dfrac{2 \times 9.81 \times 1000 \times 200}{\dfrac{2}{2} \times 3500} = 1121 \ (\text{N})$

b. 弯矩 M_{x}、M_{y} 计算：

$$M_{\text{x}} = \frac{3 F_{\text{y}} l}{16} = \frac{3 \times 1121 \times 2500}{16} = 525469 \ (\text{N} \cdot \text{mm})$$

$$M_{\text{y}} = \frac{3 F_{\text{x}} l}{16} = \frac{3 \times 490.5 \times 2500}{16} = 229922 \ (\text{N} \cdot \text{mm})$$

c. 弯曲应力 σ_{x}，σ_{y} 计算：

$$\sigma_{\text{x}} = \frac{M_{\text{x}}}{W_{\text{x}}} = \frac{525469}{20900} = 25.14 \ (\text{MPa})$$

$$\sigma_{\text{y}} = \frac{M_{\text{y}}}{W_{\text{y}}} = \frac{229922}{11900} = 19.32 \ (\text{MPa})$$

d. 弯曲应力 σ_{m} 的计算：

$$\sigma_{\text{m}} = \sigma_{\text{x}} + \sigma_{\text{y}} = 25.14 + 19.32 = 44.46 \ (\text{MPa}) < \sigma_{\text{perm}} = 205\text{MPa}$$

压弯应力 σ_{k} 的计算如下。

a. 轿厢作用于一根导轨的压弯力 F_{k} 的计算：

$$F_{\text{k}} = \frac{K_1 g (P + Q)}{n} = \frac{2 \times 9.81 \times (1550 + 1000)}{2} = 25016 \ (\text{N})$$

b. ω 值的计算：

ⓐ 细长比 λ 为

$$\lambda = \frac{L_{\text{k}}}{i_{\text{min}}} = \frac{l}{i_{\text{y}}} = \frac{2500}{17.6} = 142.05$$

ⓑ ω 为

$$\omega = 0.00016887 \times \lambda^{2.00} = 3.41$$

c. 压弯应力 σ_{k} 的计算：

$$\sigma_{\text{k}} = \frac{(F_{\text{k}} + K_3 M) \omega}{A} = \frac{25016 \times 3.41}{1720} = 49.60 \ (\text{MPa})$$

其中，K_3——冲击系数，根据表 G.2 得：$K_3 = 1.5$；M 为附加装置作用于一根导轨的力，假设该力已被平衡，故此力不考虑；A 为导轨的横截面积，$A = S = 1720\text{mm}^2$。

压弯和弯曲应力 σ_c 的计算如下。

$\sigma_c = \sigma_k + 0.9\sigma_m = 49.60 + 0.9 \times 44.46 = 89.61$ （MPa）$< \sigma_{perm} = 205\text{MPa}$

弯曲和压缩应力 σ 的计算如下。

$$\sigma = \sigma_m + \frac{F_k}{A} = 44.46 + \frac{25016}{1720} = 59.0 \ (\text{MPa}) < \sigma_{perm} = 205\text{MPa}$$

翼缘弯曲 σ_F 的计算如下。

$$\sigma_F = \frac{1.85F_x}{C_1^2} = \frac{1.85 \times 490.5}{10^2} = 9.074 \ (\text{MPa}) < \sigma_{perm} = 205\text{MPa}$$

式中，F_x 为导靴作用于翼缘的力，由前面计算知：$F_x = 490.5\text{N}$；C_1 为导靴导向部分与底脚连接部分的宽度。

挠度 δ_x、δ_y 的计算如下。

$$\delta_x = 0.7 \frac{F_x l^3}{48EI_y} = 0.7 \times \frac{490.5 \times 250^3}{48 \times 2.0 \times 10^6 \times 52}$$

$$= 1.05 \ (\text{mm}) < \delta_{perm} = 5\text{mm}$$

$$\delta_y = 0.7 \frac{F_y l^3}{48EI_x} = 0.7 \times \frac{1121 \times 250^3}{48 \times 2.0 \times 10^6 \times 102.2}$$

$$= 1.25 \ (\text{mm}) < \delta_{perm} = 5\text{mm}$$

结论：在安全装置动作的情况下，选用导轨的强度及挠度校核符合要求。

④ 当电梯处于正常使用运行工况时的电梯导轨强度及挠度校核计算。

a. 弯曲应力 σ_m 的计算。

导轨的受力 F_y、F_x 的计算（假设 $x_q = y_q = 0$）如下。

$$F_x = \frac{K_2 g Q D}{n H_g} = \frac{1.2 \times 9.81 \times 1000 \times 175}{2 \times 3500} = 294.3 \ (\text{N})$$

$$F_y = \frac{K_2 g Q C}{\frac{n}{2} H_g} = \frac{1.2 \times 9.81 \times 1000 \times 200}{\frac{2}{2} \times 3500} = 672.68 \ (\text{N})$$

式中，K_2 为冲击系数，表 G.2 得：$K_2 = 1.2$。

弯矩 M_x、M_y 计算如下。

$$M_x = \frac{3F_y l}{16} = \frac{3 \times 672.68 \times 2500}{16} = 315318.75 \ (\text{N} \cdot \text{mm})$$

$$M_y = \frac{3F_x l}{16} = \frac{3 \times 294.3 \times 2500}{16} = 137953.13 \ (\text{N} \cdot \text{mm})$$

弯曲应力 σ_x、σ_y 的计算如下。

$$\sigma_x = \frac{M_x}{W_x} = \frac{315318.75}{20900} = 15.09 \ (\text{MPa})$$

$$\sigma_y = \frac{M_y}{W_y} = \frac{137953.13}{11900} = 11.59 \ (\text{MPa})$$

压弯应力的计算在"正常使用，运行中"工况下，不发生压弯情况。

复合弯曲应力 σ_m 的计算如下。

$$\sigma_m = \sigma_x + \sigma_y = 15.09 + 11.59 = 26.68 \ (\text{MPa}) < \sigma_{perm} = 165\text{MPa}$$

b. 翼缘弯曲 σ_F 的计算：

$$\sigma_F = \frac{1.85 F_x}{C_1^2} = \frac{1.85 \times 294.3}{10^2} = 5.44 \ (\text{MPa}) < \sigma_{\text{perm}} = 165\text{MPa}$$

其中，C_1 为导靴导向部分与底脚连接部分的宽度。

c. 挠度 δ_x、δ_y 的计算：

$$\delta_x = 0.7 \times \frac{F_x l^3}{48EI_y} = 0.7 \times \frac{294.3 \times 250^3}{48 \times 2.0 \times 10^6 \times 52}$$

$$= 0.64 \ (\text{mm}) < \delta_{\text{perm}} = 5\text{mm}$$

$$\delta_y = 0.7 \times \frac{F_y l^3}{48EI_x} = 0.7 \times \frac{672.68 \times 250^3}{48 \times 2.0 \times 10^6 \times 102.2}$$

$$= 0.75 \ (\text{mm}) < \delta_{\text{perm}} = 5\text{mm}$$

d. 结论：在正常使用（运行）工况下，选用导轨的强度及挠度校核符合要求。

⑤ 当电梯处于正常使用装载工况时的电梯导轨强度及挠度校核计算：

a. 弯曲应力 σ_m 的计算。

ⓐ 导轨的受力 F_x 的计算（假设 $x_q = y_q = 0$）。

轿厢装卸时，作用于地坎的力 F_s 的计算。

轿厢装卸时，作用于地坎的力

$$F_s = 0.4gQ = 0.4 \times 9.81 \times 1000 = 3924 \ (\text{N})$$

导轨的受力 F_x 的计算：

$$F_x = \frac{F_s x_1}{n H_g} = \frac{3924 \times 735}{2 \times 3500} = 412 \ (\text{N})$$

$$\text{导轨的受力 } F_y = 0$$

式中，x_1 为轿厢门的位置；H_g 为上下导轨之间的垂直中心距。

ⓑ 弯矩 M_y 的计算：

$$M_y = \frac{3F_x l}{16} = \frac{3 \times 412 \times 2500}{16} = 193125 \ (\text{N} \cdot \text{mm})$$

ⓒ 弯曲应力 σ_y 的计算：

$$\sigma_y = \frac{M_y}{W_y} = \frac{193125}{11900} = 16.23 \ (\text{MPa})$$

ⓓ 压弯应力的计算：在"正常使用，装载"工况下，不发生压弯情况。

ⓔ 复合弯曲应力 σ_m 的计算

$$\sigma_m = \sigma_y = 16.23 \ (\text{MPa}) < \sigma_{\text{perm}} = 165\text{MPa}$$

b. 翼缘弯曲 σ_F 的计算：

$$\sigma_F = \frac{1.85 F_x}{C_1^2} = \frac{1.85 \times 412}{10^2} = 7.62 \ (\text{MPa}) < \sigma_{\text{perm}} = 165\text{MPa}$$

其中，C_1 为导靴导向部分与底脚连接部分的宽度。

c. 挠度 δ_x 的计算：

$$\delta_x = 0.7 \times \frac{F_x l^3}{48EI_y} = 0.7 \times \frac{412 \times 250^3}{48 \times 2.0 \times 10^6 \times 52}$$

$$=0.9 \ (\text{mm}) < \delta_{\text{perm}} = 5\text{mm}$$

d. 结论：在正常使用（装载）工况下，选用导轨的强度及挠度校核符合要求。

⑥ 结论：该电梯导轨强度和变形按 GB 7588—2003 附录 G 验算，符合要求。

(2) 根据轿厢总载荷查表核对

在要求不十分精确时，可以根据轿厢总质量（电梯额定载重量＋轿厢自身质量）核对轿厢导轨的型号和导轨支架间距。例如，电梯额定载重量 2000kg，轿厢自身质量 2500kg，轿厢总质量为 2000＋2500＝4500kg；查表 2-6，规格为 16.4kg/mm 的导轨，导轨支架间距在 3.0m 以下满足要求。

表 2-6　电梯导轨与轿厢总质量关系　　　　　　　　　　　　MPa

导轨支架间	导轨规格/(kg/mm)					
距/m	11.9	16.4	17.9	22.4	27.6	33.5
1.2	2500	4500	5000	6800	9500	13600
1.5	2500	4500	5000	6800	9500	13600
1.8	2500	4500	5000	6800	9500	13600
2.1	2325	4500	5000	6800	9500	13600
2.4	2150	4500	5000	6800	9500	13600
2.7	1975	4500	5000	6800	9500	13600
3.0	1800	4500	5000	6800	9250	12400
3.3	1400	4275	4775	6450	9000	11300

例 2-11　地震中电梯导轨变形计算的探讨。

据国家质检总局特种设备安全监察局提供的信息，汶川大地震对成都、德阳、绵阳、广源、雅安、阿坝共六个重灾区的 20041 部电梯造成了不同程度的损坏，使饱受震灾之苦的民众增添了困难，人们也不得不重新审视电梯的安全性能，特别是电梯的抗震性能。四川灾区震后电梯技术状况统计表明，对重架脱轨占震损电梯总数的比例最高。

① 原因分析：在正常的运行情况下，对重导轨受力很小，因为对重装置不像轿厢，通常的偏载很小。所以，在这种情况下，大多数制造企业为了节约成本，对重导轨选择了价格较为经济的空心导轨。但是，当地震来袭时，对重导轨受力状况改变了，对重装置受到地震力的作用，向对重导轨产生了一个水平方向的作用力。地震作用力的大小取决于发生地震的强度。对重导轨在地震力的作用下弯曲变形，当变形量超出对重导靴与导轨的啮合深度时，就可能造成对重导靴脱出导轨。导轨受力分析如图 2-53 所示。

② 地震中电梯导轨变形计算的

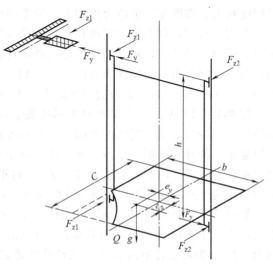

图 2-53　导轨受力分析图

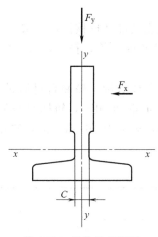

图 2-54 导轨的坐标系

探讨

a. 地震时对重导靴施加在对重导轨的冲击力，取决于发生地震的强度，遇导靴间距，对重块在对重架的位置相关。

b. GB 7588 中关于导轨的计算，只考虑了在"正常使用"和"安全装置作用"的工况。

c. 地震中电梯导轨变形计算，可以考虑地震时对重导靴施加在对重导轨的冲击力，应用 GB 7588 附录 G 提示的挠度计算的公式。导轨的坐标系如图 2-54 所示。

GB 7588 附录 G 提示的挠度计算的公式：

$$\delta_y = 0.7 \frac{F_y l^3}{48EI_x} \qquad (y—y \text{ 导向面})$$

$$\delta_x = 0.7 \frac{F_x l^3}{48EI_y} \qquad (x—x \text{ 导向面})$$

式中　δ_x——x 轴上的挠度，mm；

δ_y——y 轴上的挠度，mm；

F_x——x 轴上的作用力，N；

F_y——y 轴上的作用力，N；

E——弹性模量，MPa；

I_x——x 轴上的截面惯性矩，mm^4；

I_y——y 轴上的截面惯性矩，mm^4。

弹性模量定义为理想材料有小形变时应力与相应的应变之比。它只与材料的化学成分有关，与其组织变化无关，与热处理状态无关。各种钢的弹性模量差别很小，金属合金化对其弹性模量影响也很小。$E \approx 2.0 \times 10^5 MPa$ 弹性模量可视为衡量材料产生弹性变形难易程度的指标，其值越大，使材料发生一定弹性变形的应力也越大，即材料刚度越大，亦即在一定应力作用下，发生弹性变形越小。

截面惯性矩：截面各微元面积与各微元至截面上某一指定轴线距离二次方乘积的积分。可以这样理解，截面惯性矩是构件抗弯曲变形能力的一个参数。由于构件的截面特点，不同方向截面惯性矩可以不同。TK5 型空心导轨 x 轴上的截面惯性矩 $I_x = 2.69 \times 10^5 mm^4$，$y$ 轴上的截面惯性矩 $I_y = 1.86 \times 10^5 mm^4$。

例 2-12　四川 5.12 大地震对电梯造成了较大的损坏，其中对重架脱轨是损坏最多的形式。造成对重架脱轨的原因之一是地震在水平方向的地表加速度导致对重架与导轨撞击，使导轨变形。某地震区市的一台额定载重量 $Q = 1000kg$ 的电梯，轿厢自身质量 $P = 1400kg$，平衡系数为 $K = 0.5$，对重道轨型号为 TK5-JG/T 5072-3，导轨支架间距为 2500mm，对重导靴上下间距为 2500mm。该地的技术机构对地震中电梯对重架脱轨进行技术研究，测算出当地 5.12 大地震时，此电梯对重导靴对导轨 x 轴上的最大水平作用力（F_x）为对重自重的 25%，对重导靴对导轨 y 轴的最大水平作用力（F_y）为对重自重的 50%。试计算在地震中，此电梯对重道轨 TK5-JG/T 5072-3 可能产生的最大水平变形量。

解：

a. 对重的质量

$$W = P + QK = 1400 + 1000 \times 0.5 = 1900 \text{ (kg)}$$

b. 在导轨 x 轴上的地震作用力

$$F_x = 0.25Wg = 0.25 \times 1900 \times 9.8 = 4655 \text{ (N)}$$

c. 在导轨 y 轴上的地震作用力

$$F_y = 0.5Wg = 0.5 \times 1900 \times 9.8 = 9310 \text{ (N)}$$

d. x 轴上的挠度

$$\delta_x = 0.7 \frac{F_x l^3}{48EI_y} = 0.7 \times \frac{4655 \times 2500^3}{48 \times 2.0 \times 10^5 \times 1.86 \times 10^5} = 28.51 \text{ (mm)}$$

e. y 轴上的挠度

$$\delta_y = 0.7 \frac{F_y l^3}{48EI_x} = 0.7 \times \frac{9310 \times 2500^3}{48 \times 2.0 \times 10^5 \times 2.69 \times 10^5} = 39.43 \text{ (mm)}$$

正常使用工况对重道轨计算扰度。电梯参数与前述相同，假设正常状态下对重导轨 x 轴和 y 轴上的作用力分别为 $F_x = 50$N，$F_y = 200$N，试根据 GB 7588—2003 附录 G5.7 计算对重导轨 x 轴和 y 轴上的最大挠度。

x 轴上的挠度：

$$\delta_x = 0.7 \frac{F_x l^3}{48EI_y} = 0.7 \times \frac{50 \times 2500^3}{48 \times 2.0 \times 10^5 \times 1.86 \times 10^5} = 0.31 \text{ (mm)}$$

y 轴上的挠度：

$$\delta_y = 0.7 \frac{F_y l^3}{48EI_x} = 0.7 \times \frac{200 \times 2500^3}{48 \times 2.0 \times 10^5 \times 2.69 \times 10^5} = 0.85 \text{ (mm)}$$

可见，正常使用工况对重道轨计算扰度，远远小于地震中对重道轨计算扰度值。

2.5　电梯安全保护系统

2.5.1　电梯的事故

① 轿厢失控、超速运行。当曳引机电磁制动器失灵，减速器中的轮齿、轴、销、键等折断，以及曳引绳在曳引轮绳槽中严重打滑等情况发生时，正常的制动手段已无法使电梯停止运动，轿厢失去控制，造成运行速度超过额定速度。

② 终端越位。由于平层控制电路出现故障，轿厢运行到顶层端站或底层端站时，未停车而继续运行或超出正常的平层位置。

③ 冲顶或蹲底。当上终端限位装置失灵等，造成轿厢或对重冲向井道顶部，称为冲顶；当下终限位装置失灵或电梯失控，造成电梯轿厢或对重跌落井道底坑，称为蹲底。

④ 不安全运行。由于限速器失灵、层门和轿门不能关闭或关闭不严时电梯运行，轿厢超载运行，曳引电动机在缺相、错相等状态下运行等。

⑤ 非正常停止。由于控制电路出现故障、安全钳误动作、制动器误动作或电梯

停电等原因，都会造成在运行中的电梯突然停止。

⑥ 关门障碍。电梯在关门过程中，门扇受到人或物体的阻碍，使门无法关闭。

2.5.2　电梯的安全装置

电梯的安全，首先是对人员的保护，同时也要对电梯本身和所载物资以及安装电梯的建筑物进行保护。为了确保电梯的安全运行，设置了多种机械、电气安全装置。

① 超速（失控）保护装置：限速器、安全钳。

② 超越上下极限工作位置保护装置：强迫减速开关、限位开关、极限开关，上述三个开关分别起到强迫减速、切断控制电路、切断动力电源三级保护。

③ 撞底（与冲顶）保护装置：缓冲器。

④ 层门、轿门门锁电气联锁装置：确保门不可靠关闭，电梯不能运行。

⑤ 近门安全保护装置：层门、轿门设置光电检测或超声波检测装置、门安全触板等；保证门在关闭过程中不会夹伤乘客或夹坏货物，关门受阻时，保持门处于开启状态。

⑥ 电梯不安全运行防止系统：轿厢超载控制装置、限速器断绳开关、安全钳误动作开关、轿顶安全窗和轿厢安全门开关等。

⑦ 供电系统断相、错相保护装置：相序保护继电器等。

⑧ 停电或电气系统发生故障时，轿厢慢速移动装置。

⑨ 报警装置：轿厢内与外联系的警铃、电话等。

除上述安全装置外，还会设置轿顶安全护栏、轿厢护脚板、底坑对重侧防护栏等设施。

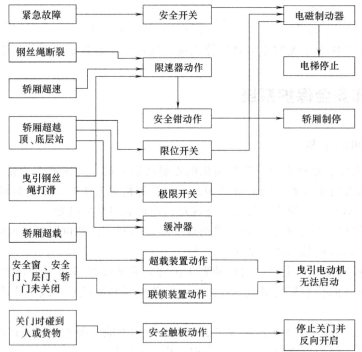

图 2-55　电梯安全系统关联图

综上所述，电梯安全保护系统一般由机械安全装置和电气安全装置两大部分组成，只有机械安全装置与电气安全装置配合和联锁，才能保证电梯运行安全可靠。

2.5.3　电梯安全保护装置的动作关联

由图 2-55 可知，当电梯出现紧急故障时，分布于电梯系统各部位的安全开关被触发，切断电梯控制电路，曳引机制动器动作，制停电梯。当电梯出现极端情况，如曳引绳断裂，轿厢将沿井道坠落，当到达限速器动作速度时，限速器会触发安全钳动作，将轿厢制停在导轨上。当轿厢超越顶、底层站时，首先触发强迫减速开关减速；如无效则触发限位开关使电梯控制线路动作将曳引机制停；若仍未使轿厢停止，则会采用机械方法强行切断电源，迫使曳引机断电并使制动器动作制停。当曳引钢丝绳在曳引轮上打滑时，轿厢速度超限会导致限速器动作触发安全钳，将轿厢制停；如果打滑后轿厢速度未达到限速器触发速度，最终轿厢将触及缓冲器减速制停。当轿厢超载并达到某一限度时，轿厢超载开关被触发，切断控制电路，导致电梯无法启动运行。当安全窗、安全门、层门或轿门未能可靠锁闭时，电梯控制电路无法接通，会导致电梯在运行中紧急停车或无法启动。当层门在关闭过程中，安全触板遇到阻力，则门机立即停止关门并反向开门，稍作延时后重新尝试关门动作，在门未可靠锁闭时电梯无法启动运行。详细内容可参见第 3 章。

2.6　电力拖动系统

电力拖动系统由曳引电动机、速度检测装置、电动机调速控制系统和拖动电源系统等部分组成，见图 2-56。其中曳引电动机为电梯的运行提供动力；速度检测装置完成对曳引电动机实际转速的检测与传递，一般为与电动机同轴旋转的测速发电动机或数字脉冲检测器。测速发电动机与曳引机同轴连接，发电动机输出电压正比于曳引电动机转速；而数字脉冲检测器的带孔圆盘与曳引电动机同轴连接，光线通过盘孔形成的脉冲数正比于曳引电动机转速。前者是模拟检测传送方式，后者是数字方式。电动机调速控制系统是根据电梯启动、运行和制动平层等要求，对曳引电动机进行转速调节的电路系统，拖动电源系统为电动机提供所需的电源。有关详细内容，请参见第 4 章。

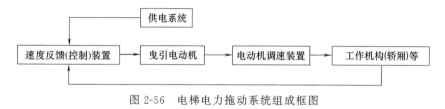

图 2-56　电梯电力拖动系统组成框图

2.7　运行逻辑控制系统

电梯的电气控制系统由控制装置、操纵装置、平层装置和位置显示装置等部分组成，见图 2-57。其中控制装置根据电梯的运行逻辑功能要求控制电梯的运行，设置在机房中的控制柜（屏）上。操纵装置是轿厢内的按钮箱和厅门门口的召唤按钮箱，用来操纵电梯的运行。平层装置是发出平层控制信号，使电梯轿厢准确平层的控制装置。平层是指轿厢在接近某一楼层的停靠站时，欲使轿厢地坎与厅门地坎达到同一平面的操作。位置显示装置是用来显示电梯轿厢所在楼层位置的轿内和厅门指层灯，厅门指层灯还用箭头显示电梯运行方向。详细内容可参见第 5 章。

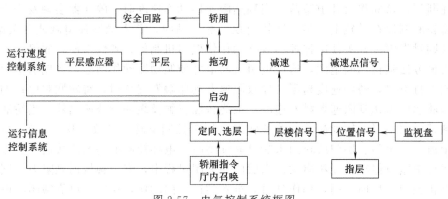

图 2-57　电气控制系统框图

第**3**章

电梯的安全装置及保护系统

电梯的运行质量直接关系到人员的生命安全和货物的完好,所以电梯运行的安全性必须放在首位。从电梯设计、制造、安装及日常维保等各个环节都要充分考虑到防止危险发生,并针对各种可能发生的危险,设置专门的安全装置。根据《电梯制造与安装安全规范》(GB 7588—2003)的规定,现代电梯必须设有完善的安全保护系统,包括一系列的机械安全装置和电气安全装置,以防止任何不安全情况的发生。

3.1 超速及断绳保护装置

3.1.1 下行超速保护

电梯由于控制失灵、曳引力不足、制动器失灵或制动力不足以及超载拖动、绳断裂等原因,都会造成轿厢超速和坠落,因此,必须有可靠的保护措施。防超速和断绳的保护装置是限速器-安全钳系统。安全钳是一种使轿厢(或对重)停止向下运动的机械装置,凡是由钢丝绳或链条悬挂的电梯轿厢均应设置安全钳。当底坑下有人能进入的空间时,对重也可设安全钳。安全钳一般都安装在轿架的底梁上,成对地同时作用在导轨上。限速器是限制电梯运行速度的装置,一般安装在机房。

当轿厢超速下降时,轿厢的速度立即反映到限速器上,使限速器的转速加快,当轿厢的运行速度超过电梯额定速度的115%时,达到限速器的电气设定速度和机械设定速度后,限速器开始动作,分两步迫使电梯轿厢停下来。第一步是限速器会立即通过限速器开关切断控制电路,使电动机和电磁制动器失电,曳引机停止转动,制动器牢牢卡住制动轮,使电梯停止运行。如果这一步没有达到目的,电梯继续超速下降,这时限速器进行第二步制动,即限速器立即卡住限速器钢丝绳,此时钢丝绳受到限速器的提拉力,就拉动安全钳拉杆,提起安全钳楔块,楔块牢牢夹住导轨,迫使电梯停止运动。在安全钳动作之前或与之同时,安全钳开关动作,也能起到切断控制电路的作用(该开关必须采用人工复位后,电梯方能恢复正常运行)。一般情况下限速器动作的第一步就能避免事故的发生,应尽量避免安全钳动作,因为安全钳动作后安全钳楔块将牢牢地卡在导轨上,会在导轨上留下伤痕,损伤导轨表面。所以一旦安全钳动作了,维修人员在恢复电梯正常后,需要修锉一下导轨表面,使表面保持光洁、平整,以避免安全钳误动作。安全钳动作后,必须经电梯专业人员调整后才能恢复使用。

(1) 限速器

① 限速器种类。若电梯额定速度大于 0.63m/s，轿厢应采用渐进式安全钳装置。若电梯额定速度小于等于 0.63m/s，轿厢可采用瞬时式安全钳装置。若轿厢装有数套安全钳装置，则它们应全部是渐进式。若额定速度大于 1m/s，对重安全钳装置应是渐进式；其他情况下，可以是瞬时式；渐进式安全钳制动时的平均减速度应在 $(0.2 \sim 1)g$ 之间（$g = 9.8\text{m/s}^2$）。常见限速器包括凸轮式限速器、甩块式限速器和甩球式限速器。其中凸轮式限速器又分为下摆杆凸轮棘爪式和上摆杆凸轮棘爪式；甩块式限速器又分为刚性夹持式和弹性夹持。限速器装置如图 3-1 所示。

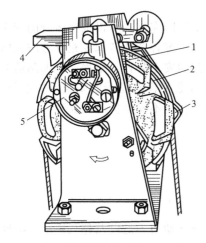

(a) 上摆锤凸轮棘爪式限速器

1—调节弹簧；2—制动轮；3—凸轮；
4—超速开关；5—摆杆

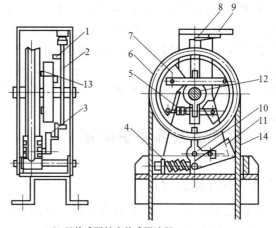

(b) 甩块式弹性夹特式限速器

1—开关灯板碰铁；2—开关打板；3—夹绳打板碰铁；
4—夹绳钳弹簧；5—离心重块弹簧；6—限速器绳轮；
7—离心重块；8—电开关触头；9—电开关；10—夹绳打板；
11—夹绳钳；12—轮轴；13—拉簧；14—限速器绳

图 3-1 限速器

② 限速器安全技术要求。根据 GB 7588—2003《电梯制造与安装安全规范》的规定，有以下要求。

a. 操纵轿厢安全钳的限速器的动作应发生在速度至少等于额定速度的 115%，但应在小于下列各值的情况下：对于除了不可脱落滚柱式以外的瞬时式安全钳为 0.8m/s；对于不可脱落滚柱式瞬时式安全钳为 1m/s；对于额定速度小于或等于 1m/s 的渐进式安全钳为 1.5m/s；对于额定速度大于 1m/s 的渐进式安全钳为 $1.25v + 0.25/v$（m/s）。

b. 对于额定速度大于 1m/s 的电梯，当轿厢上行或下行的速度达到限速器动作速度之前，限速器或其他装置应借助超速开关（电气安全装置开关）使电梯安全回路断开，迫使电梯曳引机停电而停止运转。对于速度不大于 1m/s 的电梯，其超速开关最迟在限速器达到动作速度时起作用；若电梯在可变电压或连续调速的情况下运行，最迟当轿厢速度达到额定速度的 115% 时，此超速开关应动作。

c. 限速器动作时的夹绳力应至少为带动安全钳起作用所需力的 2 倍，并不小于300 N。

d. 限速器应由柔性良好的钢丝绳驱动。限速器绳的破断负荷与限速器动作时所产生的限速器绳的张紧力有关，其安全系数应不小于8。限速器绳的公称直径应不小于6mm。限速器绳轮的节圆直径与绳的公称直径之比应不小于30。

(2) 安全钳装置

安全钳装置包括安全钳本体、安全钳提拉联动机构和电气安全触点，见图3-2。

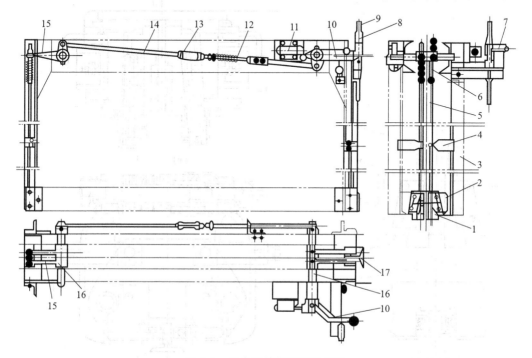

图 3-2　安全钳结构及安装位置

1—安全钳楔块；2—安全钳；3—轿厢架；4—防晃架；5—垂直拉杆；6—压簧；
7—防跳器；8—绳头；9—限速器绳；10—主动杠杆；11—安全钳急停开关；
12—压簧；13—正反扣螺母；14—横拉杆；15—从动杠杆；16—转轴；17—导轨

① 安全钳的种类和特点。按结构的特点，钳块可分为单面偏心式、双面偏心式、单面滚柱式、双面滚柱式、单面楔块式、双面楔块式等。其中双面楔块式在动作的过程中对导轨损伤较小，而且制动后方便解脱，因此是应用最广泛的一种。不论是哪一种结构形式的安全钳，当安全钳动作后，只有将轿厢提起，才能使轿厢上的安全钳释放。按安全钳动作过程，常见的安全钳可分为瞬时式安全钳、渐进式安全钳。

a. 瞬时式安全钳，也称为刚性、急停型安全钳。如图3-3所示，它的承载结构是刚性的，动作时产生很大的制停力，使轿厢立即停止。瞬时式安全钳动作时，制停距离短，轿厢承受冲击大。在制停过程中，楔块或其他形式的卡块将迅速地卡入导轨表面，从而使轿厢停止。滚柱型的瞬时安全钳的制停时间约 0.1s，而双楔块瞬时安全钳的制停时间只有 0.01s 左右，整个制停距离只有几毫米至几十毫米，轿厢的最大制停减速度在（5～10）g 左右。因此，GB 7588—2003 标准规定，瞬时式安全钳只能适用于额定速度不超过 0.63m/s 的电梯。通常与刚性甩块式限速器配套使用。

b. 渐进式安全钳，也称为弹性滑移型安全钳。它与瞬时式安全钳的区别在于安全钳钳座是弹性结构，楔块或滚柱表面都没有滚花，如图 3-4 所示。钳座与楔块之间增加了一排滚珠，以减小动作时的摩擦力，它能使制动力限制在一定范围内，并使轿厢在制停时产生一定的滑移距离。

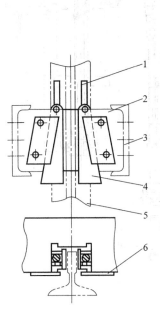

图 3-3　楔块型瞬时式安全钳

1—拉杆；2—安全钳座；3—轿厢下梁；
4—楔（钳）块；5—导轨；6—盖板

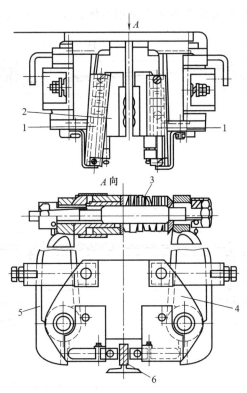

图 3-4　弹性导向夹钳式安全钳

1—滚柱组；2—楔块；3—碟形弹簧组；
4—钳座；5—钳臂；6—导轨

② 安全钳误动作分析

a. 间隙不当。间隙主要指的是安全钳的楔块和导轨之间所存在的正常间隙，其具体可能引发的误动作情况如下。

ⓐ 电梯中的安全装置在具体的安装过程之中所出现的致使安全钳的楔块与导轨侧向之间间隙不一致的安装误差，故而对该楔块的高度进行调整，以保持两者之间间隙的一致。但是由于电梯在使用过程之中，会对经过如此调整的楔块导靴衬套造成一定程度的磨损，从而致使轿厢导靴所具有的侧向定位性功能得到一定程度的消减，反而加剧了安全钳楔块与导轨侧向之间间隙减小或者是增大的情况。除此之外，电梯在正常运行过程之中所产生的杂物或灰尘等和导轨中的润滑油相互作用，由于没有得到及时清理而堆积在导轨与楔块之间，从而给和轿厢一起进行同步运行的导轨造成阻

力。在该阻力积累到一定时，即会引起电梯安全钳的误动作发生。解决措施：安装一步到位，杜绝楔块之间存在高度差，及时调整位于下段的楔块，避免其对下方的导靴衬套产生磨损。

⑤ 在电梯正常的使用过程之中，由于电梯的振动或者是磨损等情况的存在，安全钳楔块与导轨间隙会发生变化。一旦达到可允许的最低间隙值时，电梯的安全钳误动作现象发生的频率大大提高。排除措施：按照相关技术要求，对安全钳的楔块与导轨侧面之间的间隙进行调整，该间隙应控制在 2～3mm。

b. 限速器调整不当。由于限速器未调整好或者是橡胶轮接触表面与偏心凸轮之间的油垢层存在，使得橡胶的滚轮在正常运行时离心力大大增加，极其容易引起楔块卡在凸轮齿槽的情况发生，故而引起安全钳产生误动作。解决措施：对限速器的弹簧进行调整，保证曳引机转速与限速器的转速同步；用酒精对橡胶滚轮表面的油垢进行擦除，定期对限速轮进行保养。

c. 张紧轮故障。张紧轮与轴之间油不足，容易引发紧轮运动过热从而出现咬死的现象，在此情况之下安全装置之中的限速器绳提拉，最终安全钳误动作发生。解决措施：对张紧轮进行定期检查和注油，确保张紧轮转动灵活。

d. 楔块动作不灵。受楔块与楔块座体之间积累了过多的油污，楔块动作的灵敏性大大降低，如此一来，在安全钳动作发生之后其楔块未得到充分完全的复位，使得该楔块与导轨间的间隙不足，也容易引起安全钳误动作的发生。解决措施：定期对楔块进行清理工作，定期用适量的凡士林进行润滑。

e. 安全钳提拉杆动作不灵。倘若锈蚀或者是缺油的情况在安全钳连杆拉臂传动部分出现，对安全钳拉杆的动作灵活性将产生严重的影响，使得电梯的安全钳在动作之后由于提拉杆提起作用的不足，而仍旧沿着导轨运行，在其运动过程之中一旦遇到凸起地方时就会引起安全钳的再次动作。解决措施：要对安全钳的拉杆转动部分进行定期清理及定期润滑，确保安全钳提拉杆动作的灵活性。

f. 限速器钢丝绳张紧力不够。电梯之中的限速器钢丝绳出现松弛或者是张紧力不足的情况，尤其是高层建筑之中所使用的电梯限速器钢丝绳出现如此情况，极其容易引起该限速器钢丝绳和其下限位的开关、下减速开关或者是下极限开关相缠绕的情况发生，进而引起安全钳误动作发生。解决措施：定期对钢丝绳张紧力进行检查或者是抽查，对出现的张紧力不足或松弛的情况及时调整并定期进行检查和维修，确保限速器钢丝绳的张紧力符合标准。

g. 其他原因。如装修运输等不可避免的情况的存在，极容易出现一些体积相对较大异物如石子等落到井道中，并巧合地卡入安全楔块内而引起安全钳的误动作情况发生。解决措施：除定期对正常运行的电梯进行检查或者是抽查之外，对于运行之中的电梯所出现的异响情况给予高度重视，及时检查，及时故障排除，杜绝异物卡在安全钳楔块之中的情况发生。

例 3-1　如何进行限速器安全钳联动试验？

答：对瞬时式安全钳，轿厢应载有均匀分布的额定载荷，短接限速器与安全钳电气开关，轿内无人，并在机房操作下行检修速度时，人为让限速器动作。复验或定期检验时，各种安全钳均采用空轿厢在平层或检修速度下试验。

对渐进式安全钳，轿厢应载有均匀分布 125％ 的额定载荷，短接限速器与安全钳电气开关，轿内无人。在机房操作平层或检修速度下行，人为让限速器动作。以上试验轿厢应可靠制动，且在载荷试验后相对于原正常位置轿厢底倾斜度不超过 5％。限速器与安全钳电气开关在联动试验中动作应可靠，且使曳引机立即制动。

例 3-2 安全钳试验动作后应做哪些工作？

答： 安全钳试验动作后，临时将安全开关短接，用慢速将轿厢上行，同时压下安全钳拉手松开楔块。检查导轨上被楔块卡住的印痕，应均匀对称，并确认无零部件损坏。试验后，轿厢底的倾斜度不应超过 5％。检验后，对导轨上的卡痕用平砂轮、锉刀、油石等工具或细砂布进行修整。

例 3-3 按 JG 135 规定，试编制限速器、轿厢安全钳在交付使用前检验的试验方案。

答：（1）限速器出厂前经过整定，并有封记，因此可不做模拟动作试验测试动作速度。但限速器的标定动作速度值应不小于 115％ 额定速度，但不大于 4.25m/s。

（2）短接限速器安全钳使电梯停止运行的联动开关（如有的话），轿厢均布额定载荷，电梯以轿厢最低速度向下运行，在最低层站上人为使限速器动作，使安全钳动作。电梯主机连续运行，最后是悬挂绳打滑或松弛，说明安全钳已将轿厢停住。

例 3-4 按 JG 135 规定，试编制在交付使用前检验中对门锁装置的检验方案。

答： ① 机械锁：层门门锁元件的啮合，嵌入的尺寸不应小于 5mm。

② 装载高度小于 800mm 时，有一定机械强度，开门方向上作用在门锁上不小于 750N 力不变形。

③ 应由锁紧元件的重力、永久磁铁、弹簧产生锁紧动作，而重力不能产生开锁动作。

④ 紧急开锁装置：专人使用；使用说明；无开锁动作时，不应保持开锁位置。

⑤ 层门电气联锁：试验每一个层门门开启状态下，电梯不能启动。

例 3-5 一台电梯额定速度为 0.4m/s，它配用的限速器动作速度应选择在什么范围内？

答：

不可脱落滚柱式瞬时安全钳：0.46～0.8m/s；

可脱落滚柱式瞬时安全钳：0.46～1.0m/s；

渐进式安全钳：0.46～1.5m/s；

例 3-6 假设一对瞬时式安全钳经试验，得到安全钳能吸收的总能量为 15kN·m，试问：若用于一台额定速度为 0.5m/s 的电梯，其容许的总质量（P＋Q）为多少？

解： 因为是瞬时式，限速器动作速度 $v_{max}=0.8$。

$h=v_1^2/2g+0.1+0.03=0.8^2/(2\times9.81)+0.13=0.1626$（m）

在弹性限度内（安全系数取 2）

$$P+Q=\frac{K}{gh}=\frac{15000/2}{9.81\times0.1626}=4702\text{（kg）}$$

在超过弹性限度（安全系数取 3.5）

$$P+Q=\frac{2K}{3.5\times g(P+Q)}=\frac{15000}{3.5\times9.81\times0.1626}=2687\text{（kg）}$$

3.1.2 上行超速保护

曳引驱动电梯上应装设轿厢上行超速保护装置。该装置与下行超速保护装置一样，由速度监控装置和减速组件两部分组成，速度监控采用上行限速器，也可以与下行的限速器合并为双向限速器。减速组件可以采用下列四种中的任意一种：①轿厢上行安全钳；②对重下行安全钳；③夹绳器；④作用在曳引轮或曳引轮轴上的装置。

如果电梯采用的是无齿轮曳引机，因为不存在减速器失效的可能，就可以不设轿厢上行超速保护装置，但该曳引机应具备上行超速保护的功能。根据 GB 7588—2003《电梯制造与安装安全规范》的规定：上行超速保护装置限速器动作速度的下限是电梯额定速度的 115%，上限应不大于下列值的 10%：对于除了不可脱落滚柱式以外的瞬时式安全钳为 0.8m/s；对于不可脱落滚柱式瞬时式安全钳为 1m/s；对于额定速度小于或等于 1m/s 的渐进式安全钳为 1.5m/s；对于额定速度大于 1m/s 的渐进式安全钳为 $1.25v+0.25/v$(m/s)。并且应能使轿厢制停，或至少使其速度降低至对重缓冲器的设计范围内。上行超速保护装置动作时，应同时使一个电气安全装置动作。

3.2 越程保护装置

为防止电梯由于控制方面的故障，使轿厢超越顶层或底层端站继续运行，必须设置保护装置以防止发生严重的后果和结构损坏。

防止越程的保护装置一般由设在井道内上、下端站附近的强迫换速开关、限位开关和极限开关组成。这些开关或碰轮都安装在固定于导轨的支架上，由安装在轿厢上的打板（撞杆）触动而动作。图 3-5 是目前广泛使用的电气开关或极限开关的安装示意图。其强迫换速开关、限位开关和极限开关均为电气开关，尤其是限位和极限开关必须符合电气安全触点要求。

强迫换速开关是防止越程的第一层保护，一般设在端站正常换速开关之后。当开关撞动时，轿厢立即强制转为低速运行。在速度比较高的电梯中，可设几个强迫换速开关，分别用于短行程和长行程的强迫换速。

限位开关是防越程的第二层保护，当轿厢在端站没有停层而触动限位开关时，立即切断方向控制电路使电梯停止运行。但此时只是防止向危险方向的运行，电梯仍能向安

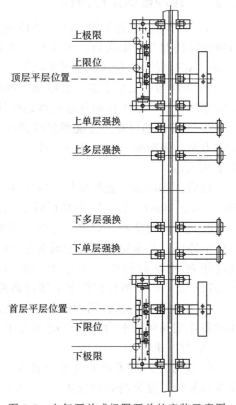

图 3-5　电气开关或极限开关的安装示意图

全方向运行。

极限开关是防越程的第三层保护。当限位开关动作后电梯仍不能停止运行，则触动极限开关切断电路，使驱动主机和制动器失电，电梯停止运转。对于交流调压调速电梯和变频调速电梯极限开关动作后，应能使驱动主机迅速停止运转。对单速或双速电梯应切断主电路或主接触器线圈电路，极限开关动作应能防止电梯在两个方向的运行，且不经过称职的人员调整，电梯不能自动恢复运行。

极限开关安装的位置应尽量接近端站，但必须确保与限位开关不联动，而且必须在对重（或轿厢）接触缓冲器之前动作，并在缓冲器被压缩期间保持极限开关的保护作用。

3.3 缓冲装置

缓冲器安装在井道底坑内，要求其安装牢固可靠，承载冲击能力强，缓冲器应与地面垂直并正对轿厢（或对重）下侧的缓冲板。缓冲器是电梯端站保护的最后一道安全装置。当电梯由于某种原因失去控制冲击缓冲器时，缓冲器能逐步吸收轿厢或对重对其施加的动能，迅速降低轿厢或对重的速度，直到停住，最终达到避免或减轻冲击可能造成的危害。

3.3.1 缓冲器的运行条件

① 缓冲器的设置位置。缓冲器应设置在轿厢和对重行程底部的极限位置。如果缓冲器随轿厢和对重运行，则在行程末端应设有与其相撞的支座，支座高度至少为 0.5m（对重缓冲器在特殊情况下除外）。

② 缓冲器的适用范围。蓄能型缓冲器仅用于额定速度小于或等于 1m/s 的电梯；耗能型缓冲器可用于任何额定速度的电梯。

③ 缓冲器的行程。蓄能型缓冲器可能的总行程应至少等于相应于 115% 额定速度的重力制停距离的 2 倍，即 $0.0674v^2 \times 2 \approx 0.35v^2$（m/s）。但无论如何此行程不得小于 65mm。

耗能型缓冲器可能的总行程应至少等于相应于 115% 额定速度的重力制停距离，即 $0.067v^2$（m）。若电梯在其行程末端的减速受到监控时，在计算耗能型缓冲器的行程时，可采用轿厢（对重）与缓冲器刚接触时的速度取代额定速度，但是行程应遵守以下原则：当额定速度小于或等于 4m/s 时，行程为 $1 \times 0.067v^2/2$（m），但任何情况下缓冲器的行程应不小于 420mm；当额定速度大于 4m/s 时，行程为 $1 \times 0.067v^2/3$（m），但任何情况下缓冲器的行程应不小于 540mm。

④ 耗能型缓冲器作用期间的平均减速度。当载有额定载重量的轿厢自由下落时，缓冲器作用期间的平均减速度应不大于 g，2.5g 以上的减速时间应不大于 0.04s（g 为重力加速度）。

⑤ 耗能型缓冲器的电气安全装置。缓冲器动作后，应无永久变形。依靠复位弹簧进行复位，复位的时间应不大于 120s，并有电气触点进行验证，保证缓冲器动作后回复至其正常位置后电梯才能运行。

3.3.2　缓冲器的类型

缓冲器分蓄能型缓冲器和耗能型缓冲器。前者主要以弹簧和聚氨酯材料等为缓冲组件，后者主要是油压缓冲器。

(1) 弹簧缓冲器

弹簧缓冲器（见图 3-6）一般由缓冲垫、缓冲座、弹簧、弹簧座等组成，用地脚螺栓固定在底坑基座上。弹簧缓冲器是一种蓄能型缓冲器，因为弹簧缓冲器在受到冲击后，它将轿厢或对重的动能和势能转化为弹簧的弹性变形能（弹性势能）。由于弹簧力的作用，使轿厢或对重得到缓冲、减速。但当弹簧压缩到极限位置后，弹簧要释放缓冲过程中的弹性变形能使轿厢反弹上升，撞击速度越高，反弹速度越大，并反复进行，直至弹力消失，能量耗尽，电梯才完全静止。因此，弹簧缓冲器的特点是缓冲后存在回弹现象，存在着缓冲不平稳的缺点，所以弹簧缓冲器仅适用于额定速度不大于 1m/s 的低速电梯。

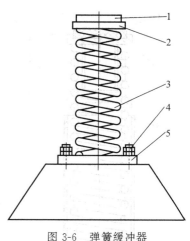

图 3-6　弹簧缓冲器
1—缓冲橡胶；2—上缓冲座；3—缓冲弹簧；
4—地脚螺栓；5—弹簧座

为了适应大吨位轿厢，压缩弹簧由组合弹簧叠合而成。行程高度较大的弹簧缓冲器，为了增强弹簧的稳定性，在弹簧下部设有导套（见图 3-7）。

(2) 非线性蓄能型缓冲器

非线性蓄能型缓冲器又称聚氨酯缓冲器。弹簧式缓冲器的使用率较高，这种缓冲器制造、安装都比较麻烦，成本高，并且在起缓冲作用时对轿厢的反弹冲击较大，对设备和使用者都不利。液压式缓冲器虽然可以克服弹簧式缓冲器反弹冲击的缺点，但造价太高，且液压管路易泄漏，易出故障，维修量大。近年来，人们为了克服弹簧缓冲器容易生锈腐蚀等缺陷，开发出了聚氨酯缓冲器。聚氨酯缓冲器是一种新型缓冲器，具有体积小、重量轻、软碰撞无噪声、防水、防腐、耐油、安装方便、易保养、好维护、可减少底坑深度等特点。这种缓冲器克服了弹簧式缓冲器的主要缺点，动作时对轿厢既没有反弹冲击，单位体积的冲击容量大，安装非常简单，不用维修，抗老化性能优良，而且成本只有弹簧式缓冲器的 1/2，比液压式缓冲器更低。聚氨酯缓冲器适用于额定速度不大于 1m/s 的低速电梯。聚氨酯缓冲器构造如图 3-8 所示。

当载有额定载重量的轿厢自由落体并以 115% 额定速度撞击轿厢缓冲器时，缓冲器作用期间的平均减速度应不大于 g，$2.5g$ 以上的减速度时间应不大于 0.04s（g 为重力加速度）；轿厢反弹的速度不应超过 1m/s；缓冲器动作后，应无永久变形。

(3) 液压缓冲器

与弹簧缓冲器相比，液压缓冲器具有缓冲效果好、行程短、没有反弹作用等优点，适用于各种速度的电梯。液压缓冲器由缓冲垫、柱塞、复位弹簧、油位检测孔、缓冲器开关及缸体等组成，如图 3-9 所示。缓冲垫由橡胶制成，可避免与轿厢或对重的金属部分直接冲撞，柱塞和缸体均由钢管制成，复位弹簧的弹力使柱塞处于全部伸长位置。缸体装有油位计，用以观察油位。缸体底部有放油孔，平时油位计加油孔和底部放油孔均用油塞塞紧，防止漏油。

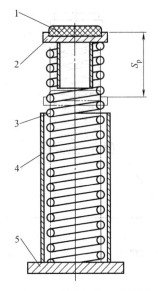

图 3-7 带导套弹簧缓冲器
1—缓冲橡胶；2—上缓冲座；3—弹簧；
4—导套；5—弹簧座

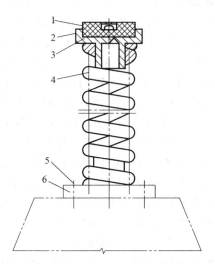

图 3-8 聚氨酯缓冲器构造
1—螺钉及垫圈；2—聚氨酯缓冲垫；3—缓冲座；
4—压弹簧；5—地脚螺栓；6—底座

常用的液压缓冲器有油孔柱式油压缓冲器、多孔式油压缓冲器及多槽式液压缓冲器等。这三种液压缓冲器的结构有所不同，但基本原理相同，即当轿厢（对重）撞击缓冲器时，柱塞向下运动，压缩液压缸内的油，使油通过节流孔外溢并升温，在制停轿厢（对重）的过程中，其动能转化为油的热能，使轿厢（对重）以一定的减速度逐渐停下来。当轿厢或对重离开缓冲器时，柱塞在复位弹簧的作用下复位，恢复正常状态。缓冲器油的黏度与缓冲器能承受的工作载荷有直接关系，一般要求采用有较低的凝固点和较高黏度指标的高速机械油。在实际应用中不同载重量的电梯可以使用相同的液压缓冲器，而采用不同的缓冲器油，黏度较大的油用于载重量较大的电梯。

① 油孔柱式液压缓冲器的工作原理：该缓冲器内液压缸的侧面有多个油孔，能给活塞杆提供一个固定大小的缓冲力，达到线性减速，能用最小力量将运动物体平稳安静地停止下来。

② 多孔式液压缓冲器分为缸体内壁溢流和柱塞油孔溢流两种。

③ 多槽式油压缓冲器工作原理：在柱塞上有一组长短不一的泄油槽，在缓冲过程中油槽依次被挡住，即泄油通道面积逐渐减少，由此产生足够的液压，从而使轿厢（对重）减速。当提起轿厢使缓冲器卸载时，复位弹簧使柱塞回到正常位置，这样，油经溢流孔从油腔重新流回液压缸，活塞自动回复到原位置。这种缓冲器，由于要在柱塞上加工油槽，其工艺比加工孔要复杂，所以较少使用。

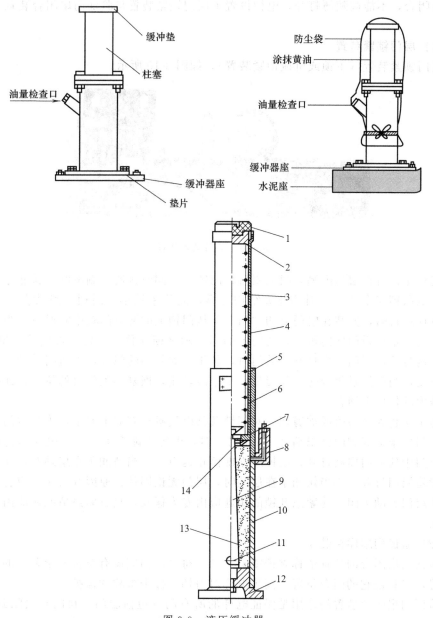

图 3-9　液压缓冲器

1—橡胶垫；2—压盖；3—复位弹簧；4—柱塞；5—密封盖；6—液压缸套；7—弹簧托座；8—注油弯管；
9—变速棒；10—缸体；11—放油口；12—液压缸座；13—油；14—环形节流孔

3.4　防人员剪切和坠落保护装置

在电梯事故中人员被运动的轿厢剪切或坠入井道的事故占的比例较大，而且这些事故后果都十分严重，所以防止人员剪切和坠落的保护十分重要。为了保证电梯层门的可靠闭合，不能被随便打开，电梯设置了层门锁紧装置与验证门扇闭合装置，俗称门锁。

(1) 层门锁紧装置

层门锁紧装置（主锁或机械锁紧装置），如图 3-10 所示。

图 3-10　层门锁紧装置

门锁是设置在层门内侧，门关闭后将门锁紧，同时接通控制电路，轿厢才可以运行的机电联锁安全装置。因其开关结构可靠，故障率较小。门锁一般装在层门的上方，电梯运行时，安装在轿门上的"门刀"从门锁上的两只门轮中间通过。当停站开门时，门机带动轿门横向运动，轿门上的门刀随之横向移动，促使橡皮轮绕轴转动，并使锁钩打开，层门随之打开。关门时，装于轿厢外侧的门刀，被轿门带动，使门刀推动滚轮，当门接触闭合时，门刀带动整个滚轮座，恢复到关门时的位置，此时锁钩在弹簧力的作用下锁合。

为了防止人员坠落或被剪切，对门锁及其电气触点有如下要求：①当轿门和层门中任一门扇未关好和门锁未啮合 7mm 以上时，电梯不能启动。②当电梯运行时，轿门和层门中任一门扇被打开，电梯应立即停止运行。③当轿厢不在层站时，在层门外应不能将层门打开。④当轿厢不在层站时，层门无论因什么原因开启时，应有一种装置能使层门自动关闭。⑤紧急开锁的钥匙应由专人保管，只有紧急情况才能由专职人员使用。

(2) 验证门扇闭合装置

验证门扇闭合的装置俗称副锁或电气锁。每个层门应设有符合安全触点的电气安全装置，以验证它的闭合位置，满足电梯对剪切、撞击事故的保护。

验证门扇闭合装置的作用是保证电梯的所有门（包括层门、轿门）关闭到位后，电梯才能正常启动运行；运动中的电梯轿门离开闭合位置时，电梯即停止运行。这一安全装置非常重要，如果缺少这一装置，电梯轿门在开启状态下运行，就有可能使轿厢中的乘客或层门受到撞击或剪切而发生事故，造成人身伤害。故不论何种类别和型号的电梯都必须具备这一装置。当电梯的一个层门和轿门（或多扇层门和轿门中的任何一扇门）开着，在正常操作情况下，电气锁将断开，从而断开电梯控钳电路中的门锁电路，使电梯不可能启动。

当电梯的层门或轿门闭合时，电气锁内的触头应闭合，在电梯的层门或轿门打开的过程中，电气锁的结构使得电气锁内的触头即使在触头熔接在一起也应能够可靠地断开.

(3) 紧急开锁

在特殊情况下，每个层门均应能从层门外面借助于一个三角钥匙来开启，钥匙上应带有书面说明，详述使用三角钥匙必须采用的预防措施，以及防止开锁后因未能有效地重新锁上而可能引起的事故。应特别注意：这样的三角钥匙应只交给一个专门的电梯从业人员来进行管理，因为三角钥匙使用不当造成的事故在电梯事故中占相当的比例，在实际使用中一定要慎重。在一次紧急开锁动作结束以后，要求紧急开锁装置恢复到原来位置（或者说不应保持开锁位置），只有再一次进行紧急开锁动作以后，门锁才能打开。

(4) 门锁的安全技术要求

① 门锁的设置

a. 若电梯的多个层门和轿门是由机械装置直接连接的，如刚性的连杆机构连接，则在电梯上允许只锁紧其中一扇门，但是这个单独锁紧的门扇能防止其他门扇的开启；同时将规定的验证层门闭合的装置装在一个门扇上。通俗地说，这种情况下可以只装一个副锁。

b. 当门扇是由间接机械连接时（如用钢丝绳、链条或带），允许只锁住一扇门，其条件是这个单独锁住的门扇能防止其他门扇的开启，且这些门扇上均未装配手柄。未被门锁装置锁住的其他门扇的关闭位置，应装设验证层门闭合的装置来证实它们的关闭位置。通俗地说，这种情况下每个门都必须装副锁。

② 验证锁紧组件位置的装置必须动作可靠。

③ 层门锁钩、锁臂及触头的动作应灵活可靠，在电气锁闭合之前，锁紧组件的最小啮合长度至少为 7mm（此项为电梯维护中的重要技术要求，应严格保证）。

④ 门锁滚轮与轿厢地坎间隙应为 5～10mm。

⑤ 切断电路的触头与机械锁紧装置之间的连接应是直接的和防止误动作的，并且必要时可以调节。

⑥ 轿厢运动前应将层门有效地锁紧在关门位置上。

⑦ 锁紧组件及其附件应是耐冲击的，应用金属制造或加固。

⑧ 锁紧组件的啮合应能满足在朝着开门方向的力的作用下，不降低锁住的效能。

⑨ 在滑动门情况下，门锁应能承受一个沿开门方向，并作用在门锁高度处的最小为 1000N 的力而无永久变形。

⑩ 应由重力、永久磁铁或弹簧来产生并保持锁紧动作，即使永久磁铁（或弹簧）不再能完成其功能，重力亦不应导致开锁。

⑪ 若锁紧组件是通过永久磁铁的作用来保持其适当位置，则它应不能被一种简单的方法（如加热或冲击）使其作用失效。

⑫ 工作部位应易于检查，例如采用一块透明板以便观察。

3.5　超载保护装置

电梯的制动器对电梯的制动力是有一定限额的，若电梯超载运行，超过电梯制动器的制动能力及电梯结构的强度，就容易造成电梯的蹾底事故，同时也会惊吓乘客。为了保证电梯的正常运行，电梯通常会设置超载保护装置，当电梯超载时，超载保护装置动作，发出控制信号，使电梯保持开门状态并停止运行，同时给出警示信号，告知电梯内的操作人员和乘客电梯已经超载，需要降低载重量。电梯的超载保护装置类型不同，装设位置也不同，有的装在轿厢底，有的装在轿厢顶绳头组合处，有的在机房。它的作用是当轿厢超过额定负载时，能发出警告信号并使轿厢不能启动运行。超载装置常见的有以下几种形式。

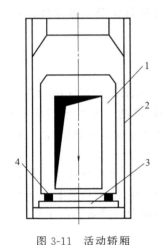

图 3-11　活动轿厢
1—轿厢；2—轿厢架；
3—轿底支架；4—减振称重装置

① 活动轿厢。这种超载保护装置应用非常广泛、价格低、安全可靠，但更换维修较繁琐。通常采用橡胶垫作为称重组件，将这些橡胶组件固定在轿厢底盘与轿厢架固定底盘之间。当轿厢超载时，轿厢底盘受到载重的压力向下运动，使橡胶垫变形，触动微动开关，切断电梯相应的控制功能。一般设置两个微动开关，一个微动开关在电梯达到80％负载时动作，电梯确认为满载运行，电梯只响应轿厢内的呼叫，直驶到达呼叫站点；另一个微动开关在电梯达到110％载重量时发生动作，电梯确认为超载，电梯停止运行，保持开门，并给出警示信号。微动开关通过螺钉固定在活动轿厢底盘上，调节螺钉就可以调节载重量的控制范围。活动轿厢如图 3-11 所示。

② 活动轿厢地板。这是装在轿厢上的超载装置，活动地板四周与轿壁之间保持一定间隙，轿底支撑在称量装置上，随着轿底承受载荷的不同，轿底会微微地上下移动。当电梯超载时，会使活动轿厢地板下陷，将开关接通，给出电梯相应的控制信号。

③ 轿顶称量装置。轿顶称量装置是以压缩弹簧组作为称量组件，在轿厢架上梁的绳头组合处设置超载装置的杠杆，当电梯承受不同载荷时，绳头组合会带动超载装置的杠杆发生上下摆动。当轿厢超载时，杠杆的摆动会触动微动开关，给电梯相应的控制信号。轿顶称量装置如图 3-12 所示。

④ 机房称量装置。当轿底和轿顶都不方便安装超载装置，且电梯采用2∶1绕法时，可以将超载装置装设在机房中。它的结构与原理与轿顶称量装置类似，将它安装在机房的绳头板上，利用机房绳头组合随着

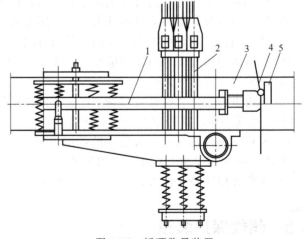

图 3-12　轿顶称量装置
1—杠杆；2—绳头组合；3—外壳；4—开关打杆；5—超载开关

电梯载荷的不同产生的上下摆动，从而带动称量装置杠杆的上下摆动。当电梯超载时，杠杆可以触动一个开关，将超载信号传送给电梯控制系统。

⑤ 电磁式称量装置。随着电梯技术的不断发展，特别是电梯群控技术的发展，客观上要求电梯的控制系统精确地了解每台电梯的载荷量，才能使电梯的调度运行达到最佳状态。因此，传统的开关量载荷信号已经不能适用于群控技术，现在很多电梯采用电磁式称量装置，为电梯控制系统提供连续变化的载荷信号。这样一方面可以方便群控系统进行调度，另一方面可以将载荷信号传递给电梯的拖动系统，在电梯启动和运行期间调节供给曳引机的电流，调节曳引机的转矩，保证电梯的平稳运行。

3.6　其他安全装置

电梯安全保护系统中所配备的安全保护装置一般由机械安全保护装置和电气安全保护装置两大部分组成，但是有一些机械安全保护装置往往需要和电气部分的功能配合，构成联锁装置才能实现其动作和功效的可靠性。

3.6.1　报警和救援装置

电梯发生人员被困在轿厢内时，通过报警或通信装置应能将情况及时通知管理人员并通过救援装置将人员安全救出轿厢。

① 报警装置。电梯必须安装应急照明和报警装置，并由应急电源供电。低层站的电梯一般是安设警铃，警铃安装在轿顶或井道内，操作警铃的按钮应设在轿厢内操纵箱的醒目处，上有黄色的警示标志。警铃的声音要急促响亮，不会与其他声响混淆。提升高度大于 30m 的电梯，轿厢内与机房或值班室应有对讲装置，也受操纵箱面板上的按钮控制。目前大部分对讲装置是接在机房而机房又大多无人值守，这样在紧急情况时，管理人员不能及时知晓，所以，凡机房无人值守的电梯，对讲装置必须接到管理部门的值班处。

除了警铃和对讲装置，轿厢内也可设内部直线报警电话或与电话网连接的电话。此时轿厢内必须有清楚易懂的使用说明，告诉乘员如何使用和应拨的号码。轿厢内的应急照明必须有适当的亮度，在紧急情况时，能看清报警装置和有关的文字说明。照明的功率至少为 1W，持续时间 1h。

② 救援装置。电梯困人的救援以往主要采用自救的方法，即轿厢内的操纵人员从上部安全窗爬上轿顶将层门打开。随着电梯技术的发展及无人员操纵的电梯广泛使用，再采用自救的方法不但十分危险而且几乎不可能。因为作为公共交通工具的电梯，乘员十分复杂，电梯发生故障时乘员不可能从安全窗爬出，就是爬上了轿顶也打不开层门，反而会发生其他的事故。因此现在电梯从设计上就决定了救援必须从外部进行。

救援装置包括曳引机的紧急手动操作装置和层门的人工开锁装置。当有层站不设门时还可在轿顶设安全窗，当两层站地坎距离超过 11m 时还应设井道安全门。若同一井道相邻电梯轿厢间的水平距离不大于 0.75m，也可设轿厢安全门。

机房内的紧急手工操作装置，应放在拿取方便的地方，盘车手轮应漆成黄色，开闸扳手应漆成红色。为使操作时知道轿厢的位置，机房内必须有层站指示。最简单的方法就是在曳引绳上用油漆做上标记，同时将标记对应的层站写在机房操作地点的附近。

若轿顶设有安全窗，安全窗的尺寸应不小于 0.35m×0.5m，强度应不低于轿壁的强度。窗应向外开启，但开启后不得超过轿厢的边缘。窗应有锁，在轿内要用三角钥匙才能开启，在轿外则不用钥匙也能打开，窗开启后不用钥匙也能将其关闭和锁住，窗上应设验证锁紧状态的电气安全触点，当窗打开或未锁紧时，触点断开切断安全电路，使电梯停止运行或不能启动。

井道安全门的位置应保证至上下层站地坎的距离不大于 11m，要求门的高度不小于 1.8m，宽度不小于 0.35m，门的强度不低于轿壁的强度。门不得向井道内开启，门上应有锁和电气安全触点，其要求和安全窗一样。

现在一些电梯安装了电动的停电（故障）应急装置，在停电或电梯故障时自动接入。装置动作时用蓄电池为电源向电动机送入低频交流电（一般为 5Hz），并通电使制动器释放。在判断负载力矩后，按力矩小的方向慢速将轿厢移动至最近的层站，自动开门将人放出。应急装置在停电、中途停梯、冲顶蹲底和限速器安全钳动作时均能自动接入，但若门未关或门的安全电路发生故障则不能自动接入移动轿厢。

3.6.2 急停开关和检修运行装置

(1) 急停开关

急停开关也称安全开关，是串接在电梯控制线路中的一种不能自动复位的手动开关。当遇到紧急情况或在轿顶、底坑、机房等处检修电梯时，为防止电梯的启动、运行，将开关关闭，切断控制电源以保证安全。急停开关分别设置在轿厢内操纵箱上、轿顶操纵盒上、底坑内和机房控制柜壁上，有的电梯轿厢内操纵箱上不设此开关。急停开关应符合电气安全触点的要求，应是双稳态非自动复位的，误动作不能使其释放。停止开关要求是红色的，并标有"停止"和"运行"的位置，若是刀闸式或拨杆式开关，应以把手或拨杆朝下为停止位置。

轿顶的停止开关应面向轿门，离轿门距离不大于 1m。底坑的停止开关应安装在进入底坑可立即触及的地方。当底坑较深时，可以在下底坑的梯子旁和底坑下部各设一个串联的停止开关，最好是能联动操作的开关。在开始下底坑时即可将上部开关打在停止的位置；到底坑后也可用操作装置消除停止状态或重新将开关处于停止位置。轿厢装有无孔门时，轿内严禁装设停止开关。

急停开关通常为手动控制的按压式开关（按键为红色），按下锁住旋转释放红色蘑菇头按钮开关或圆形按钮开关（也有的急停开关为了方便操作而加装 LED 灯），串联接入设备的控制电路，用于紧急情况下直接断开控制电路电源从而快速停止设备。它是属于主令控制电器的一种，当机器处于危险状态时，通过急停开关切断电源，停止设备运转，以保护人身和设备的安全。急停开关主要分两大类：手动、自动（靠电器联锁或机械联锁）。

急停开关接入电路有两种接法：①380V 接法：电源 A 相接急停开关任一接点→急停开关另一接点接控制回路（底部两个接点对应的是控制回路）某点→控制回路另

一点接电源 B 相。若不能工作，急停开关的引线不要动，把控制回路的两个点互换一下，有些接触器有方向区别。②220V 接法：火线接急停开关任一接点→急停开关另一接点接控制回路某点→控制回路另一点接零线。

经常使用急停开关对设备的影响：经常使用急停开关对设备有害，急停只是在出现紧急才用。设备正常停机后有的冷却系统还要运行一段时间，急停把设备电源都切断了。一般刚停机那会儿温度比运行时高，这就是为什么有时正常停机后再开却坏了的原因。

（2）检修运行装置

检修运行是为便于检修和维护而设置的运行状态，由安装在轿顶或其他地方的检修运行装置进行控制。

检修运行时应取消正常运行的各种自动操作，如取消轿内和层站的召唤，取消门的自动操作。此时轿厢的运行依靠持续按压方向操作按钮操纵，轿厢的运行速度不得超过 0.63m/s，门的开关也由持续按压开关门按钮控制。检修运行时，所有的安全装置如限位和极限、门的电气安全触点和其他电气安全开关及限速器安全钳均有效，所以检修运行是不能开着门走梯的。

检修运行装置包括一个运行状态转换开关、操纵运行的方向按钮和停止开关。该装置也可以与能防止误动作的特殊开关一起从轿顶控制门机构的动作。

① 运行状态转换开关应是符合电气安全触点要求的双稳态开关，有防误操作的措施，开关的检修和正常运行位置应有标示，若用刀闸或拨杆开关则向下应是检修运行状态。轿厢内的检修开关应用钥匙动作，或设在有锁的控制盒中。

② 操纵运行的方向按钮应有防误动作的保护，并标明方向。有的电梯为防误动作设三个按钮，操纵时方向按钮必须与中间的按钮同时按下才有效。

当轿顶以外的部位如机房、轿厢内也有检修运行装置时，必须保证轿顶的检修运行装置优先，即当轿顶检修开关处于检修运行位置时，其他地方的检修运行装置全部失效。

3.6.3　超速保护开关

在速度大于 1m/s 的电梯限速器上都设有超速保护开关，在限速器的机械动作之前，此开关就应动作，切断控制回路，使电梯停止运行。有的限速器上安装两个超速保护开关，第一个开关动作使电梯自动减速，第二个开关才切断控制回路。对速度不大于 1m/s 的电梯，其限速器上的电气安全开关最迟在限速器达到其动作速度时起作用。

3.6.4　消防功能

发生火灾时井道往往是烟气和火焰漫延的通道，而且一般层门在 70℃ 以上时也不能正常工作。为了乘员的安全，在火灾发生时必须使所有电梯停止应答召唤信号，直接返回撤离层站，即具有火灾自动返基站功能。

自动返基站的控制，可以是在基站处设消防开关，火灾时将其接通，或由集中监控室发出指令，也可由火灾检测装置在测到层门外温度超过 70℃ 时自动向电梯发出指令。

消防员用电梯或有消防员操作功能的电梯（一般称消防电梯），除具备火灾自动返基站功能外，还要供消防员灭火和抢救人员使用。

消防电梯的布置应能在火灾时避免暴露于高温的火焰下，还能避免消防水流入井道。一般电梯层站宜与楼梯平台相邻并包含楼梯平台，层站外有防火门将层站隔离，层站内还有防火门将楼梯平台隔离，这样的电梯不能使用时，消防员还可以利用楼梯通道返回。

消防电梯额定载重量不应小于630kg，入口宽度不得小于0.8m，运行速度应按全程运行时间不大于60s来确定。电梯应是单独井道，并能停靠所有层站。

消防员操作功能应取消所有的自动运行和自动门的功能。消防员操作时外呼全部失效，轿内选层一次只能选一个层站，门的开关由持续按压开关门按钮进行。有的电梯在开门时只要停止按压按钮，门立即关闭，在关门时停止按压按钮，门会重新开启，这种控制方式更为合理。一般的电梯在基站设有一个消防开关，隐藏在带玻璃罩的消防开关盒内，一旦发生火灾，可以把玻璃罩打碎，扳动消防开关，电梯即转入消防状态运行。

如果电梯正在上行，电梯将立即减速并就近停车，不开门，直接返回消防避难层。如果电梯正在下行，电梯直接返回消防避难层。如果电梯正在下行，并且已经减速，打算平层，则平层后不开门，立刻返回消防避难层。如果电梯已经平层，已经开门，则立即关门，返回消防避难层。如果电梯处于检修或急停状态，将发出报警声，保持原来状态。

3.6.5 机械防护

电梯很多运动部分在人接近时可能会产生撞击、挤压、绞碾等危险，在工作场地由于地面的高低差也可能产生摔跌等危险，所以必须采取防护。

人在操作、维护中可以接近的旋转部件，尤其是传动轴上突出的锁销和螺钉，钢带、链条、带，电动机的外伸轴，甩球式限速器等必须有安全网罩或栅栏，以防无意中触及。曳引轮、盘车手轮、飞轮等光滑圆形部件可不加防护，但应部分或全部涂成黄色以示提醒。

轿顶和对重的反绳轮，必须安装防护罩。防护罩要能防止人员的肢体或衣服被绞入，还要能防止异物落入和钢丝绳脱出。

在底坑中对重运行的区域和装有多台电梯的井道中，不同电梯的运动部件之间均应设隔障。

在轿顶边缘与井道壁水平距离超过0.3m时，应在轿顶设护栏，护栏的安设应不影响人员安全和方便地通过入口进入轿顶。

3.6.6 门运动过程中的保护

当电梯的门扇关闭时，若轿厢入口处有乘客或障碍物，电梯的门扇应能够通过安装在轿门上的机械或电子组件（安全触板、光幕等）向电梯发出控制信号，使电梯的门扇停止关闭而重新打开，防止出现门扇夹伤人员或门机长期堵转而损坏。常见的保护装置有安全触板、光电式保护装置。

① 安全触板。安全触板由触板、联动杠杆和微动开关组成。正常情况下，触板在重力的作用下，凸出轿门 30～45mm。若门区有乘客或障碍物存在，当轿门关闭时，触板会受到撞击而向内运动，带动联动杠杆压下微动开关，而令微动开关控制的关门继电器失电，开门继电器得电，控制门机停止关门运动转为开门运动，保证乘客和设备不会受到撞击。

② 光电式保护装置。传统的机械式的安全触板，属于接触式开关结构，不可避免地会出现撞击人或物的危险现象，安全性能不甚理想。随着科学技术的发展和电梯市场的需求，传统的安全触板逐渐被红外线光幕所取代。它的非接触式、动作安全可靠的优势极大地提高了电梯门的安全性，又能提高门的运行速度，在高速电梯中尤其受到欢迎。

光幕运用红外线扫描探测技术，控制系统包括控制装置、发射装置、接收装置、信号电缆、电源电缆等几部分。发射装置和接收装置安装于电梯门两侧，主控装置通过传输电缆，分别对发射装置和接收装置进行数字程控。在关门过程中，发射管依次发射红外线光束，接收管依次打开接收光束，在轿厢门区形成由多束红外线密集交叉扫描所组成的保护光幕，不停地进行扫描运行，使红外线收发单元在高速扫描状态下，形成红外线光幕警戒屏障。当人和物体进入光幕警戒屏障区内，控制系统迅速转换输出开门信号，使电梯门打开，当人和物体离开光幕警戒屏障区域时，电梯门方可正常关闭，从而达到安全保护的目的。

为了保证在光幕失效的情况下，层门运动保护正常工作，现在出现了光幕和安全触板二合一的保护系统，使电梯层门运行更加安全可靠。

除了安全触板和光电式保护装置以外，当电梯门在关闭状态下，受到一个阻止关门的力，且这个力大于 150N 时，电梯的门会停止或重新打开。部分电梯门系统在保护装置多次动作以后，门会自动停止，只有接收到人为的关门信号后，门系统才会恢复运行。这一装置可以保证当电梯轿门在关闭过程中，如果夹住了乘客或货物，门系统能自动停止运行，避免造成事故。

3.6.7　轿厢顶部安全窗

安全窗是设在轿厢顶部的只能向外开的窗口。当轿厢因故障停在楼房两层中间时，操作人员可通过安全窗到达轿顶，再设法打开层门，维修人员在处理故障时也可利用安全窗。安全窗打开时，装于门上的触点断开，切断控制电路，此时电梯不能运行。由于控制电源被切断，可防止维修人员出入轿厢窗口时因电梯突然启动而造成人身伤害事故。当出入安全窗时还必须先将电梯急停开关按下（如果有的话）或用钥匙将控制电源切断。为了安全，电梯操作人员不到紧急情况不要从安全窗出入，更不要让乘客出入，因安全窗窗口较小，且离地面有 2m 多高，上下很不方便。停电时，轿顶很黑，又有各种装置，易发生人身伤害事故，加之部分电梯轿顶未设置护栏，很不安全。

3.6.8　轿顶护栏

轿顶护栏是电梯维修人员在轿顶作业时的安全保护栏。有护栏可以防止维修人员不慎坠落井道。就实践经验来看，设置护栏时应注意使护栏外围与井道内的其他设施（特别是对重）保持一定的安全距离，做到既可防止人员从轿顶坠落，又避免因扶、倚护栏造成人身伤害事故。在维修人员安全工作守则中可以写入"站在行驶中的轿顶上时，应站稳扶牢，不倚、靠护栏"和"与轿厢相对运动的对重及井道内其他设施保持安全距离"字样，以提醒维修作业人员重视安全。

3.6.9　制动器扳手与盘车手轮

当电梯运行当中遇到突然停电造成电梯停止运行时，电梯又没有停电自投运行设备，且轿厢又停在两层门之间，乘客无法走出轿厢，就需要由维修人员到机房用制动器扳手和盘车手轮两件工具人工操纵使轿厢就近停靠，以便疏导乘客。制动器扳手的式样，因电梯抱闸装置的不同而不同，作用都是用它使制动器的抱闸脱开。盘车手轮是用来转动电动机主轴的轮状工具（有的电梯装有惯性轮，亦可操纵电动机转动）。操作时首先应切断电源，由两人操作，即一人操作制动器扳手，一人盘动手轮。两人需配合好，以免因制动器的抱闸被打开而未能把住手轮致使电梯因对重的重量而造成轿厢快速行驶。一人打开抱闸，一人慢速转动手轮使轿厢向上移动，当轿厢移到接近平层位置时即可。制动器扳手和盘车手轮平时应放在明显位置并应涂以醒目的红漆。

3.6.10　电气安全装置

对电梯的电气装置和线路必须采取安全保护措施，以防止发生人员触电和设备损毁事故。按 GB 7588—2003 及《电梯监督检验规程》的要求，电梯应采取以下电气安全保护措施。

① 直接触电的防护。绝缘是防止发生直接触电和电气短路的基本措施。要求导体之间和导体对地之间的绝缘电阻必须大于 $1000\Omega/V$，并且动力电路和安全电路不得小于 $0.5M\Omega$；其他照明、控制、信号等电路不得小于 $0.25M\Omega$。在机房、滑轮间、底坑和轿顶，各种电气设备必须有罩壳，所有电线的绝缘外皮必须伸入罩壳不得有带电金属裸露在外。罩壳的外壳防护等级应不低于 IP2X，可防止直径大于 $12.5mm$ 的固体异物进入，也就是手指不能伸入。控制电路和安全电路导体之间及导体对地的电压等级应不大于 $250V$。机房、滑轮间、轿顶、底坑应有安全电压的插座，由不受主开关控制的安全变压器供电，其电源与线路均应与电梯其他供电系统及大地隔绝。

② 间接触电的防护。间接触电是指人接触正常时不带电而故障时带电的电气设备外露可导电部分，如金属外壳、金属线管、线槽等发生的触电。我国供电系统一般采用中性点直接接地的三相四线制，从安全防护方面考虑，电梯的电气设备应采用接零保护。在中性点接地系统中，当一相接地时，接地电流成为很大的单相短路电流。保护设备能准确而迅速地动作切断电流，保障人身和设备安全。在接零保护的同时，零线还要在规定的地点采取重复接地。重复接地是将零线的一点或多点通过接地体与大地再次连接。在电梯安全供电的现实情况中还存在一定的问题：有的引入电源为三相四线，到电梯机房后，将零线与保护地线混合使用；有的用敷设的金属管外皮作零线使用，这是很危险的，容易造成触电或损害电气设备。电梯的控制系统最好采用三相五线制的 TN-S 系统，直接将保护地线引入机房。如采用三相四线制供电的接零保

护 TN-C-S 系统，则应禁止电梯电气设备单独接地。电源进入机房后，保护线与中性线应始终分开，电梯电气设备如电动机、控制柜、接线盒、布线管、布线槽等外露的金属外壳部分，均应进行接地保护。保护接地线应采用导线截面积不小于 1.5mm^2 有绝缘层的铜线或 2mm^2 的裸铜线，接地线应为黄绿双色。当采用随行电缆芯线作保护线时不得少于 2 根。

电梯接地故障的检修人员作为故障检修的主要负责人，主要的工作是对电梯接地控制系统进行日常的维护检修，保证电梯运行工作的正常进行。因此，一定要强化检修人员的安全责任意识，提高故障检修工作的质量，充分保证检修工作能够顺利进行。企业要对电梯接地系统的故障检修人员进行相关的安全教育培训工作，通过开展安全教育活动让员工的安全责任意识有一个明显的提高，通过一系列的安全活动真正意识到自身所肩负的责任。作为电梯接地控制系统的检修人员应该加大日常的巡视检修力度，在情况允许的条件下通过进行多次检修来保证控制系统运行的有效性。通过加大日常的巡视检修力度能够及时发现系统存在的问题，对性能过于老化的元器件进行及时更换，保证电梯接地控制系统的正常有效运行。通过安排一支专业化的检修队伍来充分保证日常检修工作的顺利进行。

3.6.11　可切断电梯电源的主开关

每部电梯在机房中都应装设一个能切断该电梯电源的主开关，每台电梯都应单独装设一个能切断该电梯所有供电电路的主开关，并具有切断电梯正常行驶最大电流的能力。

该开关不应切断下列供电电路：

① 轿厢照明和通风（如有）；

② 轿顶电源插座；

③ 机房和滑轮间照明；

④ 机房、滑轮间和底坑电源插座；

⑤ 电梯井道照明；

⑥ 报警装置。

主开关应具有稳定的断开和闭合位置，并且在断开位置时应能用挂锁或其他等效装置锁住，以确保不会出现误操作。应能从机房入口处方便、迅速地接近主开关的操作机构。如果机房为几台电梯所共用，各台电梯主开关的操作机构进行相应的编号，便于识别。

如果机房有多个入口，或同一台电梯有多个机房，而每一机房又有各自的一个或多个入口，则可以使用一个断路器接触器，其断开应由符合 GB 7588—2003 中 14.1.2 的电气安全装置控制，该装置接入断路器接触器线圈供电回路。断路器接触器断开后，除借助上述安全装置外，断路器接触器不应被重新闭合或不应有被重新闭合的可能。断路器接触器应与手动分断开关连用。

对于一组电梯，当一台电梯的主开关断开后，如果其部分运行回路仍然带电，这些带电回路应能在机房中被分别隔开，必要时可切断组内全部电梯的电源。

任何改善功率因数的电容器，都应连接在动力电路主开关的前面。如果有过电压的危险，例如，当电动机由很长的电缆连接时，动力电路开关也应切断与电容器的连接线。

3.6.12 电气故障防护

(1) 曳引电动机的超载保护

电梯使用的电动机容量一般比较大，从几千瓦至十几千瓦。为了防止电动机超载后被烧毁而设置了热继电器超载保护装置。电梯电路中常采用的 JRO 系列热继电器是一种双金属片热继电器。两只热继电器的热组件分别接在曳引电动机快速和慢速的主电路中，当电动机超载超过一定时间，即电动机的电流大于额定电流，热继电器中的双金属片经过一定时间后变形，从而断开串接在安全保护回路中的接点，保护电动机不因长期超载而烧毁。现在也有将热敏电阻埋藏在电动机的绕组中，即当超载发热引起阻值变化，经放大器放大使微型继电器吸合，断开其接在安全回路中的触点，从而切断控制回路，强令电梯停止运行。

图 3-13　相序继电器

(2) 供电系统相序和断（缺）相保护

当供电系统因某种原因造成三相动力线的相序与原定不同，有可能使电梯原定的运行方向改变，它给电梯运行造成极大的危险性。同时，电动机在电源缺相下不正常运转可能导致电动机烧损。电梯电气线路中采用相序继电器（见图 3-13），当线路错相或断相时，相序继电器切断控制电路，使电梯不能运行。相序继电器是用来检测三相主电路的供电相序，当三相电缺相或相序不正确时，相序继电器输出触点断开；电路正常时相序继电器输出触点闭合。但是在变频调速电梯中，由于变频装置是先将交流整流成直流再进行变频调制，所以错相对其不会产生影响。

(3) 电梯控制系统中的短路保护

直接与电源相连的电动机和照明电路应有短路保护，短路保护一般用自动空气断路器或熔断器。自动空气断路器的额定电流应不小于所有设备的最大工作电流，而被保护电路的单相短路电流应大于断路器瞬时脱扣电流的 1.5 倍。熔断器是利用低熔点、高电阻金属不能承受过大电流的特点，使它熔断，从而就切断了电源；对电气设备起到保护作用。极限开关的熔断器为 RCIA 型插入式，熔体为软铅丝，片状或棍状。电梯电路中还采用了 RLI 系列蜗旋式熔断器和 RLS 系列螺旋式快速熔断器，用以保护半导体整流器件。用熔断器对电动机进行短路保护时，可按电动机额定电流的 1.25 倍选取熔体，对照明线路进行保护时可按工作电流的 1.1 倍选取熔体。

与电源直接相连的电动机还应有超载保护。超载保护一般用非自动复位的自动断路器和热继电器，当超载的检测是基于电动机绕组升温时，则可以用自动复位的保护装置。

(4) 主电路方向接触器连锁装置

① 电气联锁装置。交流双速及交调电梯运行方向的改变是通过主电路中的两只方向接触器，改变供电相序来实现的。如果两接触器同时吸合，则会造成电气线路的

短路。为防止短路故障，在方向接触器上设置了电气联锁，即上方向接触器的控制回路是经过下方向接触器的辅助常闭触点来完成的。下方向接触器的控制电路受到上方向接触器辅助常闭触点控制。只有下方向接触器处于失电状态时，上方向接触器才能吸合，而下方向接触器的吸合必须是上方向接触器处于失电状态。这样上、下方向接触器形成电气联锁。

② 机械联锁式装置。为防止上、下方向接触器电气联锁失灵，造成短路事故，在上、下方向接触器之间，设有机械互锁装置。当上方向接触器吸合时，由于机械作用，限制住下方向接触器的机械部分不能动作，使接触器触点不能闭合。当下方向接触器吸合时，上方向接触器触点也不能闭合，从而达到机械联锁的目的。

③ 电气安全装置。电气安全装置有两种形式：安全触点（必须直接切断主接触器的供电）和安全电路，主要包括：直接切断驱动主机电源接触器或中间继电器的安全触点；不直接切断上述接触器或中间继电器的安全触点和不满足安全触点要求的触点。在一般的设计中，把所有的电气安全装置串联成一条电气安全回路，如果这一串电气安全装置全部由安全触点构成，则仍称为安全触点，如果其中有非安全触点和其他组件（导线除外），那就要归为安全电路了。当电梯电气设备出现故障，如无电压或低电压、导线中断、绝缘损坏、组件短路或断路；继电器和接触器不释放或不吸合，触头不断开或不闭合，断相错相等时，电气安全装置应能防止出现电梯危险状态。

安全触点：在动作时应由驱动装置将其可靠地断开，甚至触点熔接在一起也应断开。所以使用安全触点就可以不考虑触点不断开可能造成的危险。

安全触点为达到上述要求，一般驱动机构与动作组件（动触点）应直接作用。并且亦有两处断开点，即两个动或静触点，触点闭合时动触点应由长臂的弹性铜片或其他弹性组件使其两个断点都可靠闭合，在断开时驱动机构的工作行程必须大于弹性组件的弹性行程，使两个断点在弹性组件的作用下可靠断开，当一个断点不断开时，另一断点也会由驱动机构使其断开。

安全触点应防止由于部件故障而引起短路。触点带电部分应在防护外壳中，外壳防护等级不低于 IP4X 时，安全触点应承受 250V 的额定绝缘电压。当防护等级低于 IP4X 时，则应能承受 500V 的额定绝缘电压，其电气间隙和爬电距离应不小于 6mm，触点断开后的距离应不小于 4mm。多分断点的安全触点，触点断开后的距离应不小于 2mm。

安全触点应是符合《低压开关设备和控制设备　第 5-1 部分：控制电路电器和开关元件　机电式控制电路电器》（GB 14048.5—2008）规定的下列类型：AC-15 用于交流电路；DC-13 用于直流电路。

当电气安全装置为保证安全而动作时，应防止电梯驱动主机启动或立即使其停止运动，制动器的电源也同时被切断。按标准要求，电气安全装置应直接作用在控制驱动主机供电设备上，即作用在控制驱动主机的接触器或中间继电器上。

为了保证安全装置可靠动作，不应有其他电气装置与安全装置并联，安全装置发出的信号不应被同一电路中后面的电气装置发出的信号所改变，连接在电气装置之后的装置，其爬电距离和电气间隙也应与外壳防护等级低于 IP4X 的安全触点相同。在由两条或更多平行信道组成的安全电路中，一切信息应仅取自一条通道。同时安全装置防干扰能力要强，内外部的电感、电容均不应引起安全装置的失灵或误动作。安全回路就是在电梯各安全部件都装有一个安全开关，把所有的安全开关串联，控制一只安全继电器，如图 3-14 所示。只有所有安全开关都在接通的情况下，安全继电器吸合，电梯才能得电运行。当它们之中的任何一个动作时，直接切断主接触器的线圈供电，主接触器的触点就会断开驱动主机的供电。制动器的供电，也应按同样的方式切断。这样的设计可以称为标准的设计。图中只要有一个电气安全装置断开，主接触器 KMC 和制动器线圈的接触器 KMB 的供电就被切断，断开主电源和制动器的电源。

常见的安全回路开关：机房内有控制屏急停开关、相序继电器、热继电器、限速器开关；井道内有上极限开关、下极限开关（有的电梯把这两个开关放在安全回路中，有的则用这两个开关直接控制动力电源）；地坑内有断绳保护开关、地坑检修箱急停开关、缓冲器开关；轿内有操纵箱急停开关；轿顶有安全窗开关、安全钳开关、轿顶检修箱急停开关故障状态。急停开关应符合电气安全触点的要求，应是双稳态非自动复位的，误动作不能使其释放。停止开关要求是红色的，并标有"停止"和"运行"的位置，若是刀闸式或拨杆式开关，应以把手或拨杆朝下为停止位置。

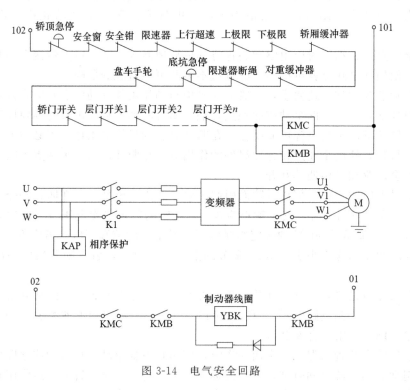

图 3-14　电气安全回路

由于输电功率的原因、电气安全回路压降的原因、监控电梯状态需要的原因等，实践中设计人员很少采用上述标准的设计，而是把层门触点和轿门触点从电气安全回路中抽出来，另外串联成一个回路，称为门锁回路。有的把层门和轿门触点分别串联成回路，成为层门锁回路和轿门锁回路。电气安全回路剩下的那一段，通常就称为安全回路。同时，安全回路和门锁回路也不再直接切断主接触器的线圈供电，而是先切断一个继电接触器的线圈供电，再由继电接触器的触点来切断主接触器的线圈供电。这样的设计可称为现实的设计。

当电梯处于停止状态，所有信号不能登记，快车慢车均无法运行，首先应怀疑是安全回路故障。应该到机房控制屏观察安全继电器的状态。如果安全继电器处于释放状态，则应判断为安全回路故障。故障可能原因：输入电源的相序错或有缺相引起相序继电器动作；电梯长时间处于超负载运行或堵转，引起热继电器动作；可能限速器超速引起限速器开关动作；电梯冲顶或沉底引起极限开关动作；地坑断绳开关动作，可能是限速器绳跳出或超长；安全钳动作。可能是限速器超速动作、限速器失油误动作、地坑绳轮失油、地坑绳轮有异物（如老鼠等）卷入、安全契块间隙太小等；安全窗被人顶起，引起安全窗开关动作；可能有的急停开关被人按下，如果各开关都正常，应检查其触点接触是否良好，接线是否有松动等。目前较多电梯虽然安全回路正常，安全继电器也吸合，但通常在安全继电器上取一副常开触点再送到微机（或 PC 机）进行检测，如果安全继电器本身接触不良，也会引起安全回路故障的状态。

3.6.13　电梯电气线路的安全检验

(1) 电源系统的检验

除了上述电压波动必须在规定的范围内外，电梯电源应采用 TN-S 系统，即三相五线制；如果采用 TN-C-S 系统，N 线和 PE 线应在进机房的总电源柜中分开；电梯供电应是专线，不应与其他设备和建筑的照明混用。

(2) 主开关的检验

《电梯监督检验和定期检验规则　曳引与强制驱动电梯》有以下规定。

① 每台电梯应当单独装设主开关，主开关应当易于接近和操作；无机房电梯主开关的设置还应当符合以下要求：如果控制柜不是安装在井道内，主开关应当安装在控制柜内，如果控制柜安装在井道内，主开关应当设置在紧急操作屏上；如果从控制柜处不容易直接操作主开关，该控制柜应当设置能分断主电源的断路器；在电梯驱动主机附近 1m 之内，应当有可以接近的主开关或者符合要求的停止装置，且能够方便地进行操作。

② 主开关不得切断轿厢照明和通风、机房（机器设备间）照明和电源插座、轿顶与底坑的电源插座、电梯井道照明、报警装置的供电电路。

③ 主开关应当具有稳定的断开和闭合位置，并且在断开位置时能用挂锁或其他等效装置锁住，能够有效地防止误操作。

④ 如果不同电梯的部件共用一个机房，则每台电梯的主开关应当与驱动主机、控制柜、限速器等采用相同的标志。根据检验规程的要求，主开关应设在机房入口附近，操作人员能迅速方便接近的地方。主开关应有稳定的断开和接通位置并有明显的标示，外壳防护应不低于 IP2X，否则应安装在盒或柜中，此时盒与柜不能上锁。此外还要有短路保护功能，整定值应与控制电梯相适应。

(3) 照明开关的检验

照明电源应由建筑照明电源提供，或从主开关前端引出。照明开关设在对应的主开关边上，应有短路保护，并有对应的编号。

(4) 保护线（PE）与中性线的检验

电梯设备需要接地的主要目的有三个：一是安全保护；二是抑制外部干扰；三是电子设备的工作要求。

电梯设备的电气线路要求零线和接地线应始终分开，不能采用接零保护代替接地保护，这是因为如果接零前端导线出现断裂，会造成所有接零外壳上出现危险的对地电压。此外，如果零线和接地线不分开，电梯的电气设备采用 TN-C 接地保护系统，工作零线和保护零线合用一根导体，此时三相不平衡电路、电梯单相工作电流都会在零线上及接零设备外壳上产生电压降。这不但会对电梯的控制系统带来干扰，在严重的时候可能导致触电。因此进入机房后，零线与接地线就要始终分开，并要求接地线分别直接接到接地点上，不得相互串联后再接地。

PE 线应用黄绿双色线，将各电气设备的金属外壳或电线的金属槽管直接与 PE 总接线柱连接，不能串联。在电源变压器与机房距离较远时应增加重复接地，且重复接地电阻不应大于 10Ω。

我国采用三相四线制的供电方式，即三根相线和一根中性线，并且大多数供电系统采用中性线接的 TN 系统。但要实现零线与接地线始终分开，就必须同时设置中性线和保护线，因此电梯的供电系统必须采用三相五线制或局部三相五线制。要求其工作零线引入电梯机房后不得接地，不得连接电气设备所有外露部分，与地是绝缘的。保护零线与电梯设备所有外露可到达部分以及为了防止触电应该接地的部位进行直接连接，且接地电阻值不应大于 4Ω。其检验方法为：用多功能钳形表的电阻挡测量设备的金属外壳、金属槽管与 PE 总接线柱是否导通；用接地电阻测试仪测量接地电阻。

(5) 电线敷设

动力线路的载流量必须满足如下要求：控制柜以外的电线必须敷设在线槽或线管内，线槽内的电线不超过槽截面的 60%、管内电线不超过管截面的 40%，管和槽内导线应尽可能无接头，必要时应用冷压端子；动力线和控制线要分开敷设；使用软管布线时，其长度不超过 2m，并用专用接头与接线盒、槽口等连接，所有电线的护套或内护层应进入接线盒内。电线槽应平整严密，在地面设置时，钢板厚度不小于 1.5mm，槽的转弯处和进出口应垫有防止电线机械操作的衬垫，电线进出槽管处均应有护口，电线槽管应可靠固定。电线槽、管各节之间应有电气连接。

(6) 电气线路的绝缘电阻检验

电气线路绝缘材料的主要作用，是隔断不同电位的导体或导体与地之间的电流，使电流仅沿导体流通。电梯在使用过程中，会发生电导、损耗、击穿、老化等，因此为了电梯的安全运行和人员的自身安全，要对各绝缘材料进行检验。绝缘电阻的检验应测量每个通电导体与地之间的电阻。对于控制电路和安全电路，导体之间或导体对地之间的直流电压平均值和交流电压有效值均不应大于 250V。

(7) 短路保护

为了防止电梯运行过程中发生短路故障，应对直接与主电源连接的电动机进行短路保护，通常使用熔断器或是自动空气断路器保护。电梯的电气线路安全不仅是电梯安全运行的关键，也是保护人员自身安全的有效措施，因此，在电梯的运行过程中，要时常进行检查，确保安全。

例 3-7　①试依据 GB 7588—2003 回答，紧急电动运行与检修运行的要求有何区别？

②图 3-15 所示为某电梯制造企业提供的电梯安全回路示意图，该图是否符合 GB 7588—2003 的要求（图中各电器元件假设是符合要求的），为什么？

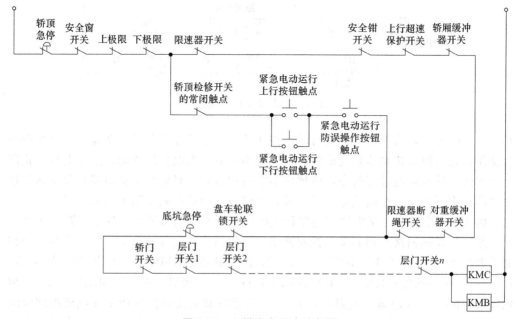

图 3-15　电梯安全回路示意图

注：图中"轿顶检修开关的常闭触点"在检修运行状态时处于断开状态，在非检修运行状态时处于接通状态。

答：① a. 检修运行控制安装于轿顶，紧急电动运行控制安装于机房并设置在使用时易于直接观察电梯驱动主机的地方；

b. 一经进入检修运行将取消紧急电动运行，检修运行状态时不能进入紧急电动运行；

c. 紧急电动运行应使安全钳上的电气安全装置、限速器上的电气安全装置、轿厢上行超速保护装置上的电气安全装置、极限开关、缓冲器上的电气安全装置失效，检修运行时电梯应仍依靠安全装置。

② 不符合。主要不符合项有：

a. 紧急电动运行应短接上、下极限，而不要求短接限速器断绳开关；

b. 切断安全回路的短接应能可靠断开，操作紧急电动运行的自动复位的按钮开关是非安全触点的，两个非安全触点的简单串联也不构成安全电路。

例 3-8　如图 3-16 所示的制动器控制线路，请说明它的工作原理。

答：从电路中可看出抱闸电路的切断是由 UD 和 LB 完成的，UD 和 LB 之间是

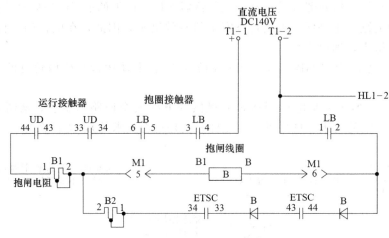

图 3-16　制动器控制线路

相互独立的关系，当电梯正常运行时，按住其中一个已经吸合的接触器并使其保持吸合动作状态（模拟接触器粘连的状态）一直不松手，当电梯停止时，给予电梯停止前运行方向相反方向的运行指令，电梯应不能启动运行。只要两个接触器都分别满足这个要求，则该制动器控制线路满足要求，否则该制动器控制线路不满足要求。

例 3-9　图 3-17 为某电梯制造单位生产的某种型号电梯的电气安全回路（包括安全回路、门联锁回路）和制动器控制回路（抱闸回路）电气原理图。其中涉及抱闸控制的电气元件名称如下：KJT——安全继电接触器；KMB1——门锁继电接触器；KS——上行接触器；KX——下行接触器；D2——二极管；R_2——电阻；LZ——抱闸线圈；R_J——经济运行电阻；KJJ——经济运行继电接触器（用于在电梯抱闸线圈得电开闸后瞬时断开，使 LZ 得到一个维持开闸的电压）；KZK——信号检测继电接触器（用于检查上行接触器 KS 或下行接触器 KX 的触点是否发生意外粘连）。

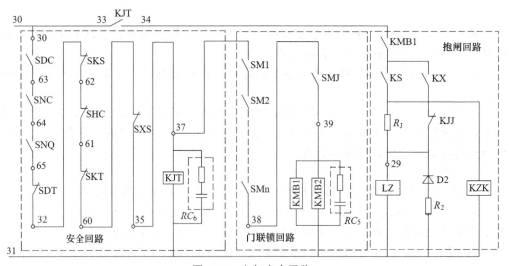

图 3-17　电气安全回路

试根据该图回答下列问题：

① 接线端 30 和 31 两端采用 110V 直流电压，请问哪端电压为正？

② 请分别指出抱闸回路中 R_J、D2 和 R_2 三个元件的作用。

③ 该电梯的制动器控制回路是否符合 GB 7588—2003《电梯制造与安装安全规范》要求？

④ 如果经济运行继电接触器 KJJ 出现了故障，该图中抱闸回路的 KJJ 触点一直处于断开状态，当电梯运行时，可能会给制动器带来什么后果？

答：① 30 端电压为正。

② R_J 作用：R_J 为降压电阻，在电梯抱闸线圈刚刚得电瞬间，电流不经过 R_J，而是经过 KJJ，此时，电梯开闸线圈 LZ 得到相对较高的开闸电压，开闸后，抱闸控制回路上 KJJ 触点延时断开，电流经过 R_J，R_J 起降压作用，使 LZ 得到一个相对较低的维持开闸电压。

D2 作用：D2 起电流单向导通作用。开闸时和开闸后，30 端电压为正，31 端电压为负，使得抱闸线圈 LZ 电；合闸时，抱闸线圈 LZ 产生的反向电动势，经过 D2 的正向导通，经过 R_2 耗能放电。

R_2 的作用：起限流和耗能作用，限制合闸时 LZ 产生的反向电动势消耗形成的电流，消耗电能，避免导致二次开闸。

③ 不符合。因为，在电梯正常使用时，抱闸电气控制回路上，安全继电接触器 KJT 触点闭合，当层轿门关闭时，门锁继电接触器 KMB1 触点闭合，此时，抱闸控制回路上，只有 KS 或 KX 一个接触器触点起作用，一旦发生粘连，将会发生溜车。例如，在电梯在检修运行状态，只要 KS 或 KX 接触器一个触点发生粘连，将会发生溜车。

④ 可能会导致制动器不能完全打开，致使电梯带闸运行，随着电梯的运行，制动器闸瓦将逐步磨损。

第**4**章

电梯的电力拖动控制系统

电梯拖动系统利用电能驱动电梯机械装置运动，其主要功能是为电梯提供动力，对电梯运动操纵过程进行控制。电梯在垂直升降过程中，其运行区间较短，要经常频繁转换运行状态。此外，电梯的负载经常在空载与满载之间随机变化。考虑到乘坐电梯的舒适性，需限制最大运行加速度和加速度变化率。因此，电梯对电力拖动系统提出了特殊要求，曳引电动机的工作方式属于断续周期性工作，其必须是能适应频繁启、制动的电梯专用电动机。电梯的调速控制主要是对电动机的调速控制。电梯拖动系统性能很大程度上决定了电梯运行性能的好坏。本章首先对电梯拖动系统进行概述，然后对几种常用电梯拖动系统的构成、设计要求、工作原理和拖动控制等内容进行较详细介绍。

4.1 电梯供电与主电路的要求

(1) 外围供电

电梯是民用建筑中对供电质量要求较高的大功率机电设备。电梯的电源应是专用电源，必须由配电间直接送到机房，且要求电源的电压波动范围不超过 ±7%，并应始终保持照明电源与电梯主电源分开的原则。如图 4-1 所示，电梯的供电应采用 TN-S 系统，在有困难时才可采用图 4-2 所示的 TN-C-S 系统。

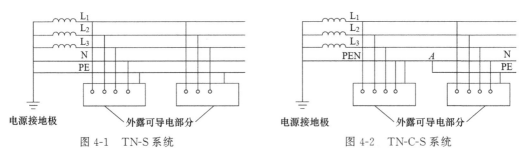

图 4-1 TN-S 系统   图 4-2 TN-C-S 系统

无论是采用 TN-S 系统，还是采用 TN-C-S 系统，其系统的电源接地及 PE、N、PEN 线都应符合各自相应的规范。

(2) 主开关

在机房中每台电梯都应单独装设一个能够切断该电梯电路的主开关。要求该开关的整定容量稍大于所有电路的总容量，并具有切断电梯正常使用情况下最大电流的能力。

(3) 主电路

GB 7588—2003 的 12.7.1 规定：由交流或直流电源直接供电的电动机必须用两个独立的接触器来切断电源，接触器的触点应串联于电源电路中。电梯停止时，如果其中一个接触器的主触点未打开，最迟到下一次运行方向改变时，必须防止轿厢再运行。

交流或直流电动机用静态组件供电和控制应采用下述方法中的一种。

① 用两个独立的接触器来切断电动机电流。电梯停止时，如果其中一个接触器的主触点未打开，最迟到下一次运行方向改变时，必须防止轿厢再运行。

② 采用一个由以下组件组成的系统：

a. 切断各相（极）电流的接触器，至少在每次改变运行方向之前应释放接触器线圈。如果接触器未释放，应防止电梯再运行；

b. 用来阻断静态组件中电流流动的控制装置；

c. 用来检验电梯每次停车时电流流动阻断情况的监控装置。在正常停车期间，如果静态组件未能有效地阻断电流流动，监控装置应使接触器未释放，并应防止电梯再运行。

(4) 电源回路

一般的控制电源回路（图 4-3）的核心是控制变压器，控制变压器的主要作用一是为控制系统提供各种元器件工作所需的不同等级的控制电压，如安全回路电源、制动器电源、门机及光幕控制电源、楼层显示板电源等；二是提供"隔离"，保证后级控制电源的安全性。

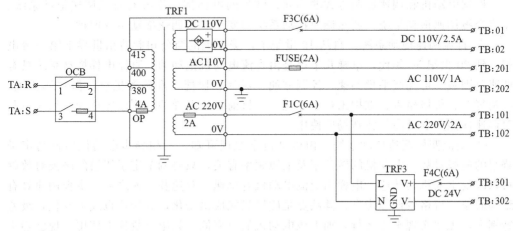

图 4-3　电源回路

OCB—电源主空开；TRF1—主变压器；TRF3—开关电源；TA，TB—接线端子；
FUSE—保险丝（熔断体）；F1C，F3C，F4C—空气开关（低压断路器）

(5) 电梯配电设计

电梯配电设计首要依据是电梯厂家样本，或者参考工业与民用配电设计手册。电梯配电手册也有详细说明，主要参考以下几点：①电梯负荷分级要符合规范，依据规范判断属于一级负荷还是二级负荷。②每台电梯应安装单独的隔离电器和保护电器。③电梯轿箱内照明和通风以及电梯轿厢顶部的电源插座和报警装置的电源线需要另设隔离电器和保护电器，其电源可从该电梯的主电源开关前取得。④有多回路进线的机房，每回路进线均应设隔离电器。⑤电源配电箱应设在机房内便于维修和操作的地点，且应设置箱内备用电源。⑥电梯机房及滑轮间、电梯井道及底坑的照明及插座线路，应与电梯分别配电。⑦图纸中建议注明：必须由电梯厂家对其负荷进行确认，满足设备要求方可施工。

4.2　电梯拖动系统

电梯中主要有两个运动：一是轿厢的升降运动，轿厢的运动由曳引电动机产生动力，经曳引传动系统进行减速、改变运动形式（将旋转运动变为直线运动）来实现驱动，其功率为几千瓦到几十千瓦，是电梯的主驱动。二是轿门及厅门的开关运动，它由开门电动机产生动力，经开门机构进行减速、改变运动形式来实现驱动，其驱动功率较小（通常在 200W 以下），是电梯的辅助驱动。开门机一般安装在轿门上部，驱动轿门的开与关，同时轿门带动厅门实现同步开关。

电梯的电力拖动系统应具有的功能：有足够的驱动力和制动力，能够驱动轿厢、轿门及厅门完成必要的运动和可靠的静止；在运动中有正确的速度控制，有良好的舒适性和平层准确度；动作灵活、反应迅速，在特殊情况下能够迅速制停；系统工作效率高，节省能量；运行平稳、安静，噪声小于国标要求；对周围电磁环境无超标的污染；动作可靠，维修量小，寿命长。

根据电动机和调速控制方式的不同，常见的电梯拖动系统有直流调速拖动系统、交流变极调速拖动系统、调压调速拖动系统和变压变频调速拖动系统四种。

① 直流调速拖动系统。自从 19 世纪末，美国奥的斯公司制造出世界上第一台电梯，到 20 世纪 50 年代，电梯几乎都是由直流电动机拖动的。直流电梯拖动系统具有调速范围宽、可连续平稳调速、控制方便、灵活、快捷、准确等优点，但它体积大、结构复杂、价格昂贵、维护困难、能耗大。目前直流电梯的应用已经很少，只在一些对调速性能要求极高的特殊场所使用。

② 交流变极调速拖动系统。由电动机学原理可知，三相异步电动机转速与定子绕组的磁极对数、电动机的转差率及电源频率有关，只要调节定子绕组的磁极对数就可以改变电动机的转速。电梯用交流电动机有单速、双速及三速之分。变极调速具有结构简单、价格较低等优点；其缺点是磁极只能成倍变化，其转速也成倍变化，级差特别大，无法实现平稳运行，加上该电动机的效率低，只限于货梯上使用，现已趋于淘汰。

③ 调压调速拖动系统。交流异步电动机的转速与定子所加电压成正比，改变定子电压可实现变压调速。常用反并联晶闸管或双向晶闸管组成变压电路，通过改变晶闸管的导通角来改变输出电压的有效值，从而改变转速。变压调速具有结构简单、效率较高、电梯运行较平稳、较舒适等优点。但当电压较低时，最大

转矩锐减，低速运行可靠性差，且电压又不能高于额定电压，这就限制了调速范围；供电电源含有高次谐波，加大了电动机的损耗和电磁噪声，降低了功率因数。

④ 变压变频调速拖动系统。交流异步电动机转速与电源频率成正比，连续均匀地改变供电电源的频率，就可平滑地调节电动机的转速，但同时也改变了电动机的最大转矩。由于电梯为恒转矩负载，为实现恒定转矩调速，获得最佳的电梯舒适感，变频调速时必须同时按比例改变电动机的供电电压，即变压变频（VVVF）调速。其调速性能远远优于前两种交流拖动系统，可以和直流拖动系统相媲美，是目前电梯工业中应用最多的拖动方式。

4.3　电梯的速度曲线

4.3.1　对电梯速度曲线的要求

(1) 电梯的快速性要求

电梯作为一种交通工具，就要提高其快速性以节省时间，这对于处于快节奏的现代社会中的乘客是很重要的。快速性主要实现途径如下。

① 提高电梯的额定速度 v_n，缩短运行时间，实现为乘客节省时间的目的。额定梯速 1m/s 以下的电梯为低速电梯；额定梯速 1～2m/s 的电梯为中、快速电梯；额定梯速 2～4m/s 的电梯为高速电梯；额定梯速在 4m/s 以上的电梯为超高速电梯。

② 集中布置多台电梯，通过增加电梯台数来节省乘客候梯时间。这不是直接提高梯速，但同样为乘客节省时间。当然不能无限制地增加电梯台数，通常在乘客高峰期间，使乘客的平均候梯时间少于 30s 即可。

③ 尽可能减少电梯启、停过程中的加、减速时间。电梯运行中频繁的启、制动，其加、减速所用时间往往占运行时间很大比重。电梯单层运行时，几乎全处在加、减速器运行中。如果缩短加、减速阶段所用时间，便可节省乘梯时间，提高快速性。因此，电梯在启、制动阶段不能太慢，以提高效率低，节省乘客的宝贵时间。交、直流快速电梯平均加、减速度不小于 $0.5m/s^2$；直流高速电梯平均加、减速度不小于 $0.7m/s^2$。

综上，前两种措施都需增加设备投资，而第三种措施通常不需增加设备投资，因此在电梯设计时，应尽量减少启、制动时间。但是启、制动时间缩短，意味着加、减速度的增大，而加、减速度的过分增大和不合理的变化将造成乘客的不适感。因此，对电梯又要兼顾舒适性。

(2) 对电梯的舒适性要求

① 对加速度的要求。电梯加速上升或减速下降时，加速度导致的惯性力叠加到重力之上，使人产生超重感，各器官承受更大的重力；在加速下降或减速上升时，加速度产生的惯性力抵消了部分重力，使人产生上浮感，感到内脏不适，头晕目眩。考虑到人体生理上对加、减速度的承受能力，要求电梯的启、制动应平稳、迅速，加、

减速度最大值不大于 $1.5\mathrm{m/s^2}$。

② 对加速度变化率的要求。实验证明，人体不但对加速度敏感，对加加速度（即加速度变化率）也很敏感。用 a 来表示加速度，用 ρ 来表示加速度变化率，则当加速度变化率 ρ 较大时，人的大脑感到晕眩、痛苦，其影响比加速度 a 的影响还严重。加速度变化率称为生理系数，一般限制 ρ 不超过 $1.3\mathrm{m/s^3}$。

(3) 电梯的速度曲线

当轿厢静止或匀速升降时，其加速度、加速度变化率均为零，乘客没有不适感；轿厢由静止启动到以额定速度匀速运动的加速过程中，或由匀速运动状态制动到静止状态的减速过程中，就需考虑快速性的要求，又要兼顾舒适感的要求。电梯加减速时，既不能过猛，也不能过慢，过猛时，快速性好了，舒适性变差；过慢时，舒适性变好，快速性却变差。因此，要求轿厢按照一定的速度曲线运行，科学、合理地处理快速性与舒适性的矛盾。

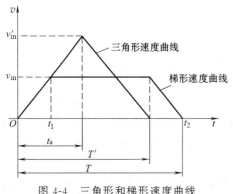

图 4-4 三角形和梯形速度曲线

① 三角形和梯形速度曲线。电梯运行距离为 S，电梯以加速度 a_m 启动加速。当匀加速到最大运行速度 v'_m 时，再以 a_m 匀减速运行，直到零速停靠，即以三角形速度曲线运行，如图 4-4 所示。若与其他形状速度曲线比，三角形速度曲线运行效率最高。

电梯还按上述方式运行，仍以加速度 a_m 启动加速。当运行到时间 t_1 时，最大速度达到 $v_\mathrm{m}=a_\mathrm{m}t_1$，再以 v_m 速度匀速运行到时间 t_2，然后以匀减速度 a_m 运行直至零速停靠，即以梯形速度曲线运行，如图 4-4 所示。设此时电梯运行距离仍为 S，如果最大速度 v_m 减小，一般来讲，总的运行时间 T 将要增加。然而可以证明，在加速度 a_m 和运行距离 S 一定的前提下，当梯形速度曲线的最大速度 v_m 取为三角形速度曲线最大速度 v'_m 的 $\frac{1}{2}$ 时，以梯形曲线运行的时间 T 即以三角形曲线运行时间 T' 的 1.25 倍，如果 $\frac{v_\mathrm{m}}{v'_\mathrm{m}}$ 再增加，$\frac{T}{T'}$ 的变化已不太明显，表明此时两种运行曲线的运行效率很接近。而若按 $\frac{v_\mathrm{m}}{v'_\mathrm{m}}=\frac{1}{2}$ 的梯形速度曲线运行，由于其运行速度较低，所需要的设备功率却可明显减少。

② 抛物线-直线形速度给定曲线。梯形速度曲线的运行效率较高，但其加速度却由零突变到某一个值，其变化率为无穷大，这样，不但会对电梯机构造成过大的冲击，还使乘员乘坐舒适感变差。因此，梯形速度曲线不能作为电梯的理想速度给定曲线，它只是形成电梯理想速度给定曲线的重要基础。理想速度曲线通常是抛物线-直线形曲线，如图 4-5 所示。

$AEFB$ 段是由静止启动到匀速运行的加速段速度曲线，AE 段是一条抛物线，即

开始启动到时间 t_1 为变加速抛物线运行
段，加速度 a 由零开始线性地上升，当到
t_1 时速度达到最大值 a_m；EF 段是一条
在 E 点与抛物线 AE 相切的直线段，进入
匀加速线性运行段；FB 段则是一条反抛
物线，到时间 t_2 速度的变化开始减小，
它与 AE 段抛物线以 EF 段直线的中点相
对称。BC 段是匀速运行段，即直到 t_3
时，开始进入匀速运行段，其梯速为额定
梯速；$CF'E'D$ 段是由匀速运行制动到静
止的减速段速度曲线，通常是一条与启动
段 $AEFB$ 对称的曲线。

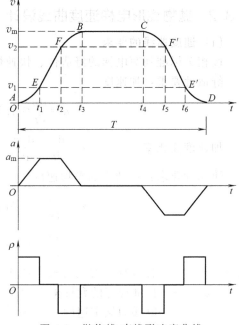

设计电梯的速度曲线：主要就是设计
启动加速段 $AEFB$ 段曲线，$CF'E'D$ 段曲
线与 $AEFB$ 段镜像对称，很容易由
$AEFB$ 段的数据推出；BC 段为恒速段，
其速度为额定速度，不需计算。

图 4-5　抛物线-直线形速度曲线

③ 曲线参数计算。启动加速段
$AEFB$ 中各段的速度曲线、加速度曲线、加加速度曲线的函数表达式如下。

a. AE 段速度曲线：$v = kt^2$ 这是一条抛物线段。

加速度曲线：$a = \dfrac{\mathrm{d}v}{\mathrm{d}t} = 2kt$ 是一条斜线段。

加速度变化率曲线：$\rho = \dfrac{\mathrm{d}a}{\mathrm{d}t} = 2k$ 是一条水平的直线。

b. EF 段速度曲线：$v = v_E + a_E(t - t_E)$ 这是一条斜率为 a_E 的直线段。

加速度曲线：$a = \dfrac{\mathrm{d}v}{\mathrm{d}t} = a_E$ 是一条水平的直线段。

加速度变化率曲线：$\rho = \dfrac{\mathrm{d}a}{\mathrm{d}t} = 0$ 是一条与横坐标轴重合的直线段。

c. FB 段速度曲线：$v = v_N - k(t_B - t)^2$ 这是一条反抛物线段。

加速度曲线：$a = \dfrac{\mathrm{d}v}{\mathrm{d}t} = 2k(t_B - t)^2$ 是一条下斜的斜线段。

加速度变化率曲线：$\rho = \dfrac{\mathrm{d}a}{\mathrm{d}t} = -2k$ 是一条水平的直线。

梯速较高的调速电梯的速度曲线，由于额定速度较高，在单层运行时，梯速尚未
加速到额定速度便要减速停车了，这时的速度曲线没有恒速运行段。在高速电梯中，
在运行距离较短（例如单层、二层、三层等）情况下，都有尚未达到额定速度就要减
速停车的问题，因此这种电梯的速度曲线中有单层运行、双层运行、三层运行等多种
速度曲线，其控制规律也就更为复杂些。

4.3.2 抛物线形电梯速度曲线设计

(1) 速度曲线的要求

按相关标准列写电梯的舒适性、快速性要求如下。

舒适性要求：加速度

$$a = \frac{\mathrm{d}v}{\mathrm{d}t} \leqslant 1.5 \, \mathrm{m/s^2} = a_{\max}$$

加速度变化率

$$\rho = \frac{\mathrm{d}a}{\mathrm{d}t} = \frac{\mathrm{d}^2 v}{\mathrm{d}t^2} \leqslant 1.3 \, \mathrm{m/s^3} = \rho_{\max}$$

快速性要求：启动段的平均速度

$$a_{\mathrm{p}} = \frac{v_{\mathrm{n}}}{t_{\mathrm{Q}}} \geqslant 0.5 \, \mathrm{m/s^2} \, (v_{\mathrm{n}} \leqslant 2 \, \mathrm{m/s})$$

$$a_{\mathrm{p}} = \frac{v_{\mathrm{n}}}{t_{\mathrm{Q}}} \geqslant 0.7 \, \mathrm{m/s^2} \, (v_{\mathrm{n}} \geqslant 2 \, \mathrm{m/s})$$

式中　$a_{\max}$——标准规定的允许最大加速度，$\mathrm{m/s^2}$；

　　　$\rho_{\max}$——标准规定的允许最大加速度变化率，$\mathrm{m/s^3}$；

　　　v_{n}——电梯的额定速度，$\mathrm{m/s}$；

　　　t_{Q}——电梯启动段所用时间，s。

图 4-5 所示的启动段速度曲线中各段曲线的方程如下。

AE 段速度曲线：　　　　　$v = kt^2$　　　　　　　　$(0 \leqslant t \leqslant t_{\mathrm{E}})$

EF 段速度曲线：　　　　　$v = v_{\mathrm{E}} + a_{\mathrm{E}}(t - t_{\mathrm{E}})$　　　$(t_{\mathrm{E}} \leqslant t \leqslant t_{\mathrm{F}})$

FB 段速度曲线：　　　　　$v = v_{\mathrm{n}} - k(t_{\mathrm{B}} - t)^2$　　　$(t_{\mathrm{F}} \leqslant t \leqslant t_{\mathrm{B}})$

(2) 设计举例

例 4-1　设计一条额定速度为 2.7 m/s 的启动段速度曲线（抛物线形）。

解：按舒适性要求选取

$$a_{\mathrm{m}} = 1.2 \, \mathrm{m/s^2} < 1.5 \, \mathrm{m/s^2}$$

$$\rho_{\mathrm{m}} = 1.0 \, \mathrm{m/s^3} < 1.3 \, \mathrm{m/s^3}$$

① AE 段（抛物线段）

$$v = kt^2$$

$$a = \frac{\mathrm{d}v}{\mathrm{d}t} = 2kt$$

$$\rho = \frac{\mathrm{d}a}{\mathrm{d}t} = 2k = \rho_{\mathrm{m}}$$

$$k = \frac{\rho_{\mathrm{m}}}{2} = \frac{1.0}{2} = 0.5 \, (\mathrm{m/s^3})$$

对于 E 点：

$$t_{\mathrm{E}} = \frac{a_{\mathrm{E}}}{2k} = \frac{a_{\mathrm{m}}}{\rho_{\mathrm{m}}} = \frac{1.2}{1.0} = 1.2 \, (\mathrm{s})$$

$$v_{\mathrm{E}} = kt_{\mathrm{E}}^2 = 0.5 \times 1.2^2 = 0.72 \, (\mathrm{m/s})$$

$$a_{\mathrm{E}} = a_{\mathrm{m}} = 1.2 \, \mathrm{m/s^2}$$

代入数据后得 AE 段方程：

$$v = 0.5t^2 \quad (0 \leqslant t \leqslant 1.2\text{s})$$

② EF 段（直线段）

$$v = v_E + a_E(t - t_E) \quad (t_E \leqslant t \leqslant t_F)$$

因为 FB 段与 AE 段对称，所以

$$\Delta v_{AE} = \Delta v_{FB} = v_E$$

EF 段的速度变化为

$$\Delta v_{EF} = v_n - 2v_E = 2.7 - 2 \times 0.72 = 1.26 \ (\text{m/s})$$

EF 段所需时间

$$\Delta t_{EF} = \frac{\Delta v_{EF}}{a_F} = 1.26/1.2 = 1.05 \ (\text{s})$$

$$t_F = t_E + \Delta t_{EF} = 1.2 + 1.05 = 2.25 \ (\text{s})$$

$$v_F = v_E + \Delta v_{EF} = 0.72 + 1.26 = 1.98 \ (\text{m/s})$$

代入数据后得 EF 方程

$$v = 0.72 + 1.2 \times (t - 1.2) \quad (1.2\text{s} \leqslant t \leqslant 2.25\text{s})$$

③ FB 段（反抛物线段）

$$v = v_n - k \ (t_B - t)^2 \quad (t_F \leqslant t \leqslant t_B)$$

$$t_B = t_F + t_E = 2.25 + 1.2 = 3.37 \ (\text{s})$$

$$v_B = v_N = 2.7\text{m/s}$$

代入数据后得 FB 段方程：

$$v = 2.7 - 0.5 \times (3.37 - t)^2 \quad (2.25\text{s} \leqslant t \leqslant 3.37\text{s})$$

将上述计算结果归纳如下。

AE 段（抛物线段）

$$v = 0.5t \quad (0 \leqslant t \leqslant 1.2\text{s})$$

$$a = t$$

$$\rho = 1.0\text{m/s}^3$$

EF 段（直线段）

$$v = 0.72 + 1.2 \times (t - 1.2) \quad (1.2s \leqslant t \leqslant 2.25s)$$

$$a = 1.2\text{m/s}^2$$

$$\rho = 0\text{m/s}^3$$

FB 段（反抛物线）

$$v = 2.7 - 0.5 \times (3.37 - t)^2 \quad (2.25\text{s} \leqslant t \leqslant 3.37\text{s})$$

$$a = 3.37 - t$$

$$\rho = -1.0\text{m/s}^3$$

因为选择的 $a_m = 1.2\text{m/s}^2$，$\rho_m = 1.0\text{m/s}^3$ 均小于标准规定值，只要控制系统正常工作，使轿厢准确地按此速度曲线运行，便可满足舒适性要求，下面只需做快速性校验。

启动期间的平均加速度为：

$$a_p = \frac{v_n}{t_Q} = \frac{v_B}{t_B} = \frac{2.7}{3.37} = 0.8 \ (\text{m/s}^2) \geqslant 0.7\text{m/s}^2$$

因此，所设计速度曲线满足快速性要求。设计好的启动段速度曲线如图 4-6 所示。

讨论：计算启动过程电梯经过的距离

$$H_Q = \int_0^{t_B} v(t)\mathrm{d}t = \int_0^{t_E} v(t)\mathrm{d}t + \int_{t_E}^{t_F} v(t)\mathrm{d}t + \int_{t_F}^{t_B} v(t)\mathrm{d}t$$

由图 4-7 可见，H_Q 是启动速度曲线 $AEFB$ 下与横坐标之间的区域面积，根据曲线的对称性，曲线与 AB 直线形成的两块区域①和②的面积是相等的，可以避免积分计算的复杂，因此 H_Q 也就等于 $\triangle ABB'$ 的面积，即启动过程走过的距离为：

$$H_Q = \frac{1}{2} v_B t_B = \frac{1}{2} \times 2.7 \times 3.37 = 4.5495 \ (\mathrm{m})$$

电梯按此速度曲线运行，在启动过程中要走过 4.5495m 的距离，根据对称原则，制动距离也将走过 4.5495m 的距离。即如果电梯要运行小于 $2H_Q = 9.099\mathrm{m}$ 的距离，就必须再设计专用速度曲线，如单层速度曲线、双层运行速度曲线。

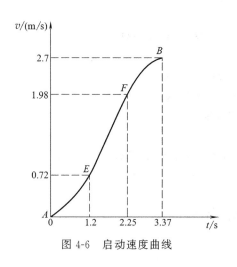

图 4-6　启动速度曲线

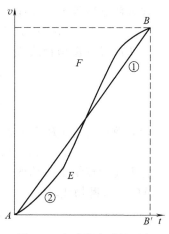

图 4-7　启动段走过的距离

例 4-2　设计额定速度为 1.6m/s 的启动段速度曲线。

解： 例 4-1 中 $v_E = 0.72\mathrm{m/s}$，$2v_E = 1.44\mathrm{m/s}$ 只要稍微提高一点就可达到本题速度要求，因此考虑采用启动段没有直线段的速度曲线。此时

$$v_E = \frac{1}{2} v_n = \frac{1}{2} \times 1.6 = 0.8 \ (\mathrm{m/s})$$

若仍取 $\rho_m = 1.0\mathrm{m/s^2}$，则：

$$v_E = k t_E^2 = \frac{\rho_m}{2} \left(\frac{a_m}{\rho_m} \right)^2 = \frac{a_m^2}{2\rho_m}$$

最大加速度　$a_m = \sqrt{2\rho_m v_E} = \sqrt{2 \times 1.0 \times 0.8} = 1.26 \ (\mathrm{m/s^2})$

此时 $a_m < a_{max}$，满足标准要求

$$t_E = \frac{a_m}{\rho_m} = \frac{1.26}{1.0} = 1.26 \ (\mathrm{s})$$

$$t_B = 2t_E = 2.52s$$

启动段平均加速度：

$$a_p = \frac{v_n}{t_Q} = \frac{v_B}{t_B} = \frac{1.6}{2.52} = 0.635 \ (m/s^2) \geqslant 0.5m/s^2$$

满足快速性要求。

启动段的速度曲线方程如下。

AE 段：

$$v = kt^2 = \frac{\rho_m}{2}t^2 = \frac{1}{2}t^2 \qquad (0 < t < 1.26s)$$

$$a = t$$

$$\rho = 1.0m/s^3$$

EB 段：

$$v = v_N - k(t_B - t) = 1.6 - 0.5(2.52 - t)^2 \qquad (1.26s < t < 2.52s)$$

$$a = 2.52 - t$$

$$\rho = -1m/s^3$$

下面用计算启动过程所走过的距离：

$$H_Q = \frac{1}{2}v_B v_B = \frac{1}{2} \times 1.6 \times 2.52 = 2.016 \ (m)$$

设计出的速度曲线见图 4-8。

根据对称性知，该电梯制动阶段也将走过 $H_z = 2H_Q = 2.016m$ 的距离。如果该电梯服务的建筑物层高 $H_1 = 3.5m$，那么由于 $H_1 < 2H_Q$，还必须为其设计单层运行速度曲线。下面讨论单层速度曲线的设计。

例 4-3 为例 4-2 的电梯设计单层运行速度曲线。

解：图 4-9 中的曲线 AGH 是单层运行曲线的升速段曲线，其中 AG 是一段抛物线，通常它就是

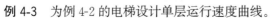

$v/(m/s)$

图中：1.6、0.8、0、1.26、2.52、t/s、B、E、A

图4-8　梯速为1.6m/s的启动段速度曲线

AE 的一部分。GH 是 GA 的对称线，G 点是对称点。因此 AG 段的方程式与 AE 的方程式是一样的，只是提前在 t_G 时刻结束，此时最大加速度 $a_{m1} = a_G < a_m = a_E$。

AG 段速度方程式：

$$v = kt^2 \qquad (0 < t < t_G)$$

由于 k 不变，故 $\rho = 2k$ 也不变，即 $k = 0.5$，$\rho_m = 1 \ m/s^3$。

启动段 $A \to H$ 走过的路程

$$H_Q = \frac{1}{2}v_H t_H = \frac{1}{2}v_H 2t_G = v_H t_G$$

其中 $v_H = 2v_G = 2kt_G^2$，$k = \frac{\rho_m}{2}$，$t_G = \frac{a_G}{\rho_m} = \frac{a_{m1}}{\rho_m}$ 则：

$$H_Q = v_H t_G - 2\frac{\rho_m}{2}\left(\frac{a_{m1}}{\rho_m}\right)\frac{a_{m1}}{\rho_m} = \frac{a_{m1}^3}{\rho_m^2}$$

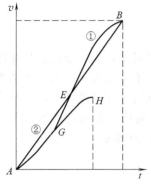

图 4-9　尤直线段的启动曲线

若使一开一停刚好走完一层，则层高

$$H_1 = 2H_Q = 2\frac{a_m^3}{\rho_m^2}$$

由此得 G 点的加速度

$$a_G = a_{m1} = \sqrt[3]{\frac{1}{2}\rho_m^2 H_1}$$

将 $\rho_m = 1\text{m/s}^3$、$H_1 = 3.5\text{m}$ 代入上式得

$$a_G = a_{m1} = \sqrt[3]{\frac{1}{2}\times 1^2 \times 3.5} = 1.205\ (\text{m/s}^2)$$

运行到 G 点所用时间

$$t_G = \frac{a_{m1}}{\rho_m} = \frac{1.205}{1} = 1.205\ (\text{s})$$

单层运行的最高梯速

$$v_H = 2v_G = 2kt_G^2 = 2\times 0.5 \times 1.205^2 = 1.452\ (\text{m/s})$$

运行一层所用时间：

$$t_1 = 4t_G = 4\times 1.205 = 4.82\ (\text{s})$$

由于单层运行时，$a_{m1} < a_m$，$\rho_{m1} < \rho_m$ 因此舒适性较多层运行时稍好。

启动过程平均加速度

$$a_{p1} = \frac{v_H}{t_H} = \frac{1.452}{2\times 1.205} = 0.602\ (\text{m/s}^2) \geqslant 0.5\text{m/s}^2$$

满足快速性要求。

但 $a_{p1} < a_p = 0.635\ \text{m/s}^2$，单层时运行时快速性不如多层。

AG 段（抛物段）：

$$v = kt^2 = \frac{1}{2}t^2 \quad (0 < t < 1.205\text{s})$$

$$a = t$$

$$\rho = -1.0\text{m/s}^2$$

EB 段（反抛物段）：

$$v = v_H - k\ (t_H - t)^2 = 1.452 - 0.5(2.41 - t)^2 \quad (1.205\text{s} < t < 2.41\text{s})$$

$$a = 2.41 - t$$

$$\rho = -1.0\text{m/s}^2$$

(3) 其他类型的电梯速度曲线

要保证电梯有良好的舒适性，设计的速度曲线必须是平滑的，只有如此，加速度曲线才是连续的、没有突跳，加速度变化率才是有限数值，不会出现无穷大，再适当限制加速度、加速度变化率的数值，使其符合标准要求（既符合舒适性要求，又符合快速性要求）。满足平滑要求的速度曲线类型有多种类型，抛物线形速度曲线为其一种，正弦函数曲线也可以用来设计电梯的速度曲线，如图 4-10 所示。

启动段各曲线的方程式列写如下：

$$v = \frac{1}{2}v_n\left[1 + \sin\left(\omega t - \frac{\pi}{2}\right)\right]$$

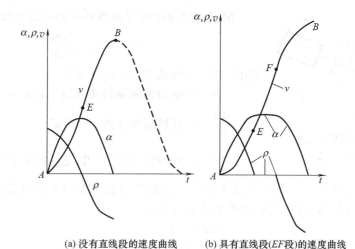

(a) 没有直线段的速度曲线　　(b) 具有直线段(EF段)的速度曲线

图 4-10　采用正弦函数曲线设计的电梯起动段速度曲线

$$a = \frac{1}{2}\omega v_n \sin\omega t \qquad (0 \leqslant \omega t \leqslant \pi)$$

$$\rho = \frac{1}{2}\omega^2 v_n \cos\omega t$$

　　当额定梯速较高时，若仍采用图 4-10（a）所示曲线，势必造成 E 点附近的加速度超标，因此在 E 点的加速度尚未超标之前，在 E 点处断开，接入一段与正弦曲线相切的直线（其斜率等于正弦曲线在 E 点的导数）。由图 4-10 可见，由于正弦函数光滑可导，它的 v、a、ρ 均可按要求进行设计，因此正弦函数速度曲线也是一种较好的速度曲线。在变频器中，常设计有"S"形启动以适应电梯曳引驱动的需要。

4.4　电梯运动系统的动力学

　　电梯的运行系统由电动机与电梯负载构成，它既要满足电梯的调速要求，又要平层准确，这受到交流电动机内部的机械特性和电动机外部的工作状况影响，由此需要研究电动机与负载的关系。电梯运动系统是由曳引电动机、减速箱、曳引轮、导向轮组成的多轴旋转系统和由轿厢、对重等组成的平移运动系统组成，如图 4-11 所示。

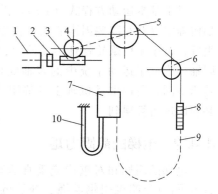

图 4-11　电梯的运动系统

1—曳引电动机；2—联轴器与制动轮；
3—蜗杆；4—蜗轮；5—曳引轮；
6—导向轮；7—轿厢；8—对重；
9—补偿链；10—随行电缆

4.4.1　运动方程式

　　设有一电动机负载的单轴拖动系统如图 4-12 所示。图中电动机的电磁转矩 T_e 是驱动转矩，其正方向与转速正方向 n 相同，负载转矩 T_L 是阻转矩，正方向与 n 正方向相反。

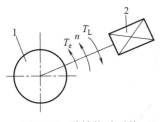

图 4-12 单轴拖动系统
1—电动机；2—负载

根据旋转定律可写出该系统的运动方程式

$$T_e - T_L = J\frac{d\Omega}{dt} \tag{4-1}$$

式中 　J——转动惯量，$kg \cdot m^2$；

　　　Ω——电动机轴旋转角速度，rad/s；

　　　$\dfrac{d\Omega}{dt}$——旋转角加速度，rad/s^2。

当 $T_e \neq T_L$ 时，必然产生动态转矩 $J\dfrac{d\Omega}{dt}$，使运动系统做加速或减速运动。电力拖动工程中，习惯用飞轮惯量（也称飞轮矩）来 GD^2 分析和计算，飞轮矩 GD^2 与转动惯量 J 的关系：

$$GD^2 = 4gJ \tag{4-2}$$

式中 　g——重力加速度，其值一般为 $9.81m/s^2$；

　　　G——旋转体的重量，N；

　　　D——旋转体的惯性直径，m。

式（4-1）改写为

$$T_e - T_L = \frac{GD^2}{375}\frac{dn}{dt} \tag{4-3}$$

式中 　T_L——系统的总静阻力矩；

　　　GD^2——系统的总飞轮矩。

当 $T_e > T_L$ 时，由式（4-3）可知，$\dfrac{dn}{dt} > 0$，驱动转矩超过负载转矩的部分，用来克服系统的动态转矩，使系统处于加速运动状态。当 $T_e < T_L$ 时，$\dfrac{dn}{dt} < 0$，则使系统处于减速运动状态。这两种情况下，系统均处于过渡过程之中，该运行状态称为动态。当转速 n 不变化，系统以恒速运行或处于静止状态，称为稳态。

对于基本运动方程式（4-3），需要确定总静阻力矩 T_L 和总飞轮矩 GD^2 的数值如何确定以及与哪些因素有关。由图 4-11 可见，电梯的平移运动系统由轿厢和对重组成。对于采用蜗轮蜗杆传动的中、低速电梯，电动机轴与蜗杆同轴，蜗轮与曳引轮同轴，构成了运动系统中的多轴旋转系统。由于各轴的转速不同，所以电动机轴上的静阻力矩和当量飞轮矩就必须通过折算得到。

4.4.2　电梯的静阻力矩

电梯的轿厢和对重构成垂直运动的位能性负载，其合力 F_1（忽略曳引钢丝绳、补偿链和移动电缆的影响）就是位能性负载阻力，如图 4-13 所示。

轿厢和对重在上、下运动时，各自的导靴与导轨之间存在摩擦。因此，当轿厢上升时，负载静阻力为

$$F_{1u} = (1+f_1)(G_1+G_2) - (1-f_2)G_3 \tag{4-4}$$

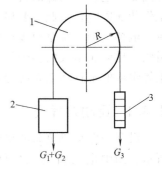

图 4-13　阻力计算示意
1—曳引轮；2—轿厢；3—对重

当轿厢下降时，负载静阻力为

$$F_{1d}=(1+f_2)G_3-(1-f_1)(G_2+G_3) \tag{4-5}$$

式中　G_1——轿厢自重，N；

　　　G_2——轿厢载重，N；

　　　G_3——对重重量，$G_3=G_1+KG_{2nom}$，N；

　　　f_1——轿厢导靴与导轨的摩擦阻力系数；

　　　f_2——对重导靴与导轨的摩擦阻力系数；

　　G_{2nom}——轿厢额定载重量，N；

　　　K——电梯平衡系数，一般 $K=0.4\sim0.55$。

忽略导向轮的摩擦阻力影响。

若曳引轮半径为 R，当轿厢上升时，则曳引轮轴上的静阻力矩为

$$T'_{1u}=F_{1u}R=[(1+f_1)(G_1+G_2)-(1-f_2)G_3]R \tag{4-6}$$

轿厢下降时，曳引轮轴上的静阻力矩为

$$T'_{1d}=F_{1d}R=[(1+f_2)G_3-(1-f_1)(G_2+G_3)]R \tag{4-7}$$

当蜗杆为主动旋转而蜗轮为从动旋转时，由能量守恒定律，电动机轴的输出功率应等于曳引轮的输出功率与蜗轮蜗杆的传动损耗之和。在轿厢满载上升时，电动机轴输出功率为

$$T_{1u}\Omega=\frac{T'_{1u}\Omega'}{\eta_1\Omega}$$

则

$$T_{1u}=\frac{T'_{1u}\Omega'}{\eta_1\Omega}=\frac{T'_{1u}}{i\eta_1} \tag{4-8}$$

式中　T_{1u}——折算到电动机轴上的负载转矩；

　　　Ω——电动机轴角速度；

　　　Ω'——曳引轮角速度；

　　　i——传动比；

　　　η_1——蜗杆为主动旋转而蜗轮为从动旋转时，蜗轮蜗杆的总传动效率。

在轿厢空载下降时，电动机轴输出功率为

$$T_{1d}\Omega=\frac{T'_{1d}\Omega'}{\eta_1\Omega}$$

则

$$T_{1d}=\frac{T'_{1d}\Omega'}{\eta_1\Omega}=\frac{T'_{1d}}{i\eta_1} \tag{4-9}$$

转矩经过折算之后，系统就可等效为电动机与负载的同轴系统了。由式（4-6）和式（4-7）可知，折算力矩 T_{1u} 和 T_{1d} 此时均为正值，即均为阻力矩，电动机工作在电动状态，同时负担传动损耗，如图 4-14（a）、（b）所示。

当减速机构的蜗轮为主动旋转而蜗杆为从动旋转时，同样按所传递功率相等原则，可求出在轿厢空载上升和满载下降情况下的电动机轴上的静阻力矩分别为

$$T_{1u}=\frac{T'_{1u}}{i}\eta_2 \tag{4-10}$$

$$T_{1d}=\frac{T'_{1d}}{i}\eta_2 \tag{4-11}$$

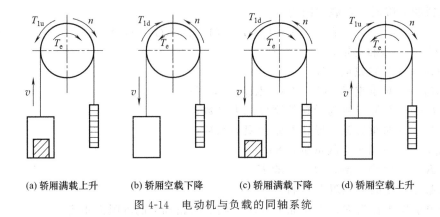

(a) 轿厢满载上升　　(b) 轿厢空载下降　　(c) 轿厢满载下降　　(d) 轿厢空载上升

图 4-14　电动机与负载的同轴系统

式中　η_2——蜗轮为主动旋转而蜗杆为从动旋转时，蜗轮蜗杆的总传动效率。

根据式（4-6）和式（4-7），此时折算力矩 T_{1u} 和 T_{1d} 的值均为负值，表明负载阻力矩为驱动力矩。由于位能性负载的作用，使曳引电动机处于发电制动状态，由位能性负载负担传动损耗，如图 4-14（c）、（d）所示。

在无齿轮传动电梯中，由于电动机与曳引轮同轴，所以不需进行转矩折算，曳引轮上的静阻力矩就是电动机轴上的静阻力矩。

4.4.3　电梯的动态转矩

由基本运动方程式（4-3）可知，在曳引电动机轴上的动态力矩 $\Delta T = T_e - T_L$ 为一定数值时，转速的变化率 $\dfrac{\mathrm{d}n}{\mathrm{d}t}$ 的大小与电动机轴上总的飞轮矩 GD^2 有关。因此，首先应该明确 GD^2 由哪些因素决定。

电动机轴总飞轮矩 GD^2 为电动机同一轴上的飞轮矩 $(GD^2)_M$、蜗轮同一轴上的飞轮矩和电梯垂直平移运动部分分别按储存动能相同的原则折算到电动机轴上的飞轴矩 $(GD^2)_R$、$(GD^2)_L$ 之和，即为

$$GD^2 = (GD^2)_M + (GD^2)_R + (GD^2)_L$$

由力学知识可知，旋转体的动能为

$$\frac{1}{2}J\Omega^2 = \frac{1}{2}\frac{GD^2}{4g}\left(\frac{2\pi n}{60}\right)^2 = \frac{GD^2 n^2}{7150}J \tag{4-12}$$

设蜗轮同一轴上的飞轮矩为 $(GD^2)_g$，转速为 n_g，折算到电动机轴上的飞轮矩为 $(GD^2)_R$，则按照能量守恒原则得出

$$(GD^2)_R n^2 = (GD^2)_g n_g^2$$

则

$$(GD^2)_R - (GD^2)_g \frac{n_g^2}{n^2} - \frac{(GD^2)_g}{i^2} \tag{4-13}$$

由式（4-13）可见，飞轮矩按速度平方的反比来折算，且与传动效率无关。

设轿厢和对重总的重量为 $G_L = m_L g$(N)，运动速度为 v_L(m/s)，则其动能为

$$\frac{1}{2}m_L v_L^2 = \frac{1}{2}\frac{G_L}{g}v_L^2$$

该平移部分折算到电动机轴上的飞轮矩为 $(GD^2)_L$，则根据能量守恒原则，按式（4-12）可求出

$$\frac{1}{2}\frac{G_L}{g}v_L^2 = \frac{1}{2}\frac{(GD^2)_L n^2}{7150}$$

$$(GD^2)_L = \frac{7150 G_L v_L^2}{2g n^2} = 365\frac{G_L v_L^2}{n^2} \tag{4-14}$$

根据式（4-13）和式（4-14）可求得电动机轴上总飞轮矩为

$$GD^2 = (GD^2)_M + (GD^2)_R + (GD^2)_L$$
$$= (GD^2)_M + \frac{(GD^2)_g}{i^2} + 365\frac{G_L v_L^2}{n^2} \tag{4-15}$$

由于轿厢的实际载重量 G_2 是随机变化的，所以平移部分的总重量 G_L 也随之改变，其他各量在产品设计和安装时均已经被确定下来。因此，由式（4-15）可知，电梯轿厢实际载重量的变化影响系统总飞轮矩 GD^2 的大小。

当动态转矩 $\frac{GD^2}{375}\frac{dn}{dt} \neq 0$ 时，电梯必然作加、减速运行。根据国家标准 GB 10058—2009《电梯技术条件》规定，轿厢运行的最大加速度应不大于 $1.5\,\mathrm{m/s^2}$；考虑电梯的运行效率，平均加速度 a_{pv} 不应小于规定值。

设轿厢运行速度为 v_m 启动过程加速时间为 t_a，则平均加速度 a_{pv} 为

$$a_{pv} = \frac{v_m}{t_a}$$

显然，恰当地确定系统的飞轮矩 GD^2 是非常重要的。因此，需要研究加速度与动态转矩和飞轮矩的关系。

令曳引轮直径为 D_g，转速为 n_g，电动机转速为 n，则轿厢运行速度 v 可表示为

$$v = \frac{\pi D_g n_g}{60} = \frac{\pi D_g n}{60 i}$$

则

$$n = \frac{60 i v}{\pi D_g}$$

$$\frac{dn}{dt} = \frac{60 i}{\pi D_g}\frac{dv}{dt} = \frac{60 i a}{\pi D_g}$$

代入式（4-3），得

$$T_e - T_L = \frac{GD^2}{375}\frac{dn}{dt} = \frac{GD^2}{375}\frac{60 i a}{\pi D_g} \tag{4-16}$$

由此可求得加速度 a 为

$$a = \frac{375\pi D_g}{60 i GD^2}(T_e - T_L) = \frac{2g D_g}{GD^2 i}(T_e - T_L)$$

由式（4-16）可知，对一定载重量的电梯在运行时，除电动机的电磁转矩外，其他各量均为常数。因此，控制电动机的转矩 T_e，就可控制加速度的 a 大小。

另外，当根据电梯运行状态按国家标准对加速度的最大值 a_{max} 和最小值 a_{min} 作了规定后，则轿厢在启动加速满载上行和空载下行时，根据式（4-16）可知，系统总飞轮矩 GD^2 应满足如下关系

$$a_{min} \leqslant \frac{2gD_g}{GD^2 i}(T_e - T_L) \qquad (4-17)$$

在式（4-17）中加速度 a_{min} 是在一定距离内，由零速开始加速时所规定的最小加速度。

当启动加速满载下行和空载上行时，电梯的加速作用力矩 $(T_e + T_L)$ 不能大于由最大加速度 a_{max} 与 GD^2 所确定的动态力矩，此时 GD^2 应满足

$$a_{max} \geqslant \frac{2gD_g}{GD^2 i}(T_e + T_L) \qquad (4-18)$$

当制动减速满载上行和空载下行时，电梯的制动作用力矩 $(T_B + T_L)$ 不能大于由 a_{max} 与 GD^2 所确定的动态力矩，此时 GD^2 应满足

$$a_{max} \geqslant \frac{2gD_g}{GD^2 i}(T_B + T_L) \qquad (4-19)$$

当制动减速满载下行和空载上行时，GD^2 应满足

$$a_{min} \leqslant \frac{2gD_g}{GD^2 i}(T_B - T_L) \qquad (4-20)$$

这里的加速度 a_{min} 是在一定距离内由高速减到低速时所规定的最小加速度。

式（4-17）～式（4-20）具体地描述了电梯系统总飞轮矩、加速度和动态力矩之间的关系。当电梯运行加速度已规定、动态力矩也已明确时，就可在以上四个关系式所确定的范围内合理设计总飞轮矩 GD^2。

4.5 电梯用电动机及其调速

4.5.1 三相交流异步电动机

(1) 交流感应电动机的原理

三相异步电动机结构简单，制造方便，运行性能好，并可节省各种材料，价格便宜，应用广泛。其缺点是功率因子滞后，轻载功率因数低，调速性能稍差。三相笼型感应电动机，在定子上具有 3 个完全相同、在空间上互差 120°电角度的绕组；在转子槽内放有导条，导体两端用短路环相互连接起来，形成一个笼形的闭合绕组。根据旋转磁场理论，当给定子对称三相绕组施以对称的三相交流电压，则电流流过时，会在电动机的气隙中形成一个旋转磁场，这个旋转磁场的转速 n_1，称为同步转速，它与电网频率 f_1 及电动机的极对数 p 的关系如下：

$$n_1 = \frac{60f_1}{p}$$

旋转磁场切割转子导体，在转子导条中产生感应电动势，因为转子闭合，于是在转子绕组上产生感应电流。而感应电流与旋转磁场相互作用，使导条受到电磁力，产生电磁力矩，使转子以与旋转磁场相同的方向旋转。在电磁转矩的拖动下，转子沿着旋转磁场的方向旋转，但是转子永远不可能加速到与 n_1 相等（即使轴上不带任何负载）。因为 $n = n_1$ 时，转子导条不再切割磁力线，故 $T = 0$，转子便减速运行，使 $n < n_1$；在运行中如果负载转矩 T_Z 增加，转子就会减速，切割加剧，使电磁转矩 T 变大，当 n 降低，使 $T = T_Z$ 时，会达到新的平衡，转子便以较低的转速稳定运行。

综上所述，感应电动机工作在电动状态时，把从电网输入的电能转换成轴上的机械能，带动曳引系统以低于同步转速 n_1 的速度旋转。由于产生电磁转矩的转子电流是靠电磁感应所产生的，故称为感应电动机。由于其转速始终低于同步转速，即 n 与 n_1 之间必然存在着差异，因此称为"异步"电动机。转差 $(n_1 - n)$ 的存在是感应电动机运行的必要条件，转差 $(n_1 - n)$ 与同步转速 n_1 的比值称为转差率，用符号 s 表示，即 $s = (n_1 - n)/n_1$，则感应电动机的转速公式为：

$$n = (1 - s)n_1 = \frac{60f_1(1 - s)}{p}$$

(2) 电动机的机械特性

感应电动机的电磁转矩为：

$$T = \frac{M_1}{W_0} \times \frac{U_1^2 \dfrac{r_2}{s}}{\left(r_1 + \dfrac{r_1}{s}\right) + (x_1 + x_2)} \quad (\text{N} \cdot \text{m})$$

显然，当其他参数不变时，电磁转矩 T 与转差率 s 有关，作出 $n = f(T)$ 曲线，即为电动机的机械特性曲线（见图 4-15）。

感应电动机机械特性曲线上几个特殊运行点的含义如下。

A 点：启动点。该点的 $s = 1$，对应的电磁转矩为启动转矩。

B 点：临界点。该点的 $s = s_m$，对应的电磁转矩为电动机所能提供的最大转矩。

C 点：额定点。该点表明该电动机处于额定状态，其参数为额定参数。

D 点：同步点。同步点又称为理想的空载点，该点 $n = n_1$，表明电动机处于理想的空载状态。

通常改变电动机的参数，如改变定子端电压，或在定子电路中串入电抗、电阻，可以使其

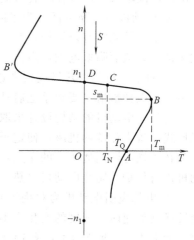

图 4-15　感应电动机的机械特性曲线

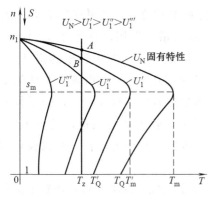

图 4-16　降低定子端电压的感应
电动机人为特性

机械特性发生变化。定子不经任何阻抗施以额
定电源，转子不串任何阻抗直接短接时的
$n=f(T)$ 曲线，称为固有机械特性，人为改变
某参数所获得机械特性称为人为特性。如图
4-16所示，降低定子端电压的感应电动机人为
特性有以下几个特点。

① 降压后同步转速 n_1 不变，即不同定子
端电压 U_1 的人为特性都是同一个理想的空
载点。

② 降压后，最大转矩 T_m 随着 U_1 的平方
成比例下降，但是临界点的 s_m 并不变化。

③ 降压后的启动转矩，随着 U_1 的平方成
比例下降。

从降低定子端电压的人为特性可以看出，当端电压改变时，对于同一负载，电动
机的转差率 s 就会改变，因而可以得到不同的转速，以达到调速的目的。

(3) 电梯曳引电动机的特点

① 能频繁地启动和制动。电梯在运行高峰期每小时启、制动次数经常超过 100
次，最高可达每小时 180～240 次。因此，电梯专用曳引电动机应能够频繁启动、制
动，其工作方式为断续周期性工作制。为此，在电梯专用交流曳引电动机的笼型转子
的设计与制造上，虽然仍采用低电阻系数材料制作导条，但是转子的短路端环却用高
电阻系数材料制作，使转子绕组电阻有所提高。这样，一方面，使启动电流降为额定
电流的 2.5～3.5 倍，从而增加了每小时允许的启动次数；另一方面，由于只是转子
短路端环电阻较大，利于发热量的直接散发，综合效果是使电动机的温升有所下降，
且保证了足够的启动转矩，一般为额定转矩的 2.5 倍左右。但与普通交流电动机相
比，其机械特性硬度和效率有所下降，转差率也提高到 0.1～0.2。机械特性变软，
使调速范围增大，而且在堵转力矩下工作时，也不至于烧毁电动机。

② 电动机运行噪声低。为了降低电动机运行噪声，采用滑动轴承。此外，适当
加大了定子铁芯的有效外径，并在定子铁芯冲片形状等方面均做了合理处理，以减小
磁通密度，从而降低电磁噪声。

③ 对电动机的散热做周密考虑。电动机在启动和制动的动态过程中产生的热量
最多，而电梯恰恰又要频繁地启动和制动。因此，强化散热、防止温升过高就非常重
要。首先，电动机的结构设计采取加强铁芯散热措施。例如，有些产品设计成端盖支
撑形式，省去传统的机座，使定子铁芯近于成为开启式结构，增强冷却效果；加强定
子和转子铁芯圆周通风道的布置；采用加大风罩孔通风量设计等。为配合外电路对电
动机进行保护。防止电动机过热，某些电动机产品在每相绕组均埋有热敏电阻。

④ 电梯曳引电动机为双绕组双速电动机。考虑到电梯乘坐的舒适感，电梯从高
速转换到低速时，速度的变化率不能太大；交流电梯正常运行速度和停车前的速度之
比不能太大，一般为 4：1 或 6：1（国外最大可达 9：1）。电梯负载发生变化时，要
求电梯的速度不应有太大的变化，尤其不能对停车前的低速度运行造成影响。因此，

要求电梯用电动机具有较大的启动转矩和硬的机械特性，如 JTD 和 YTD 系列电梯专用电动机。另外，为了使电梯平层准确，要求电梯在停车前的速度越低越好。

(4) 三相感应电动机的调速

从感应电动机的转速公式可知，调节电动机的转速有两个基本途径，即改变同步转速 n_1 和改变转差率 s。而改变 n_1 的方法可以通过改变电动机的极对数 p，或是改变电源频率 f_1 来实现。改变 s 的方法，主要是改变定子的端电压或是给绕线转子回路串接电阻。

① 感应电动机的变极调速。变极调速就是通过改变电动机的极对数 p 来实现调速。变极调速，是一种有级调速而且只能限于有限的几挡速度。但因其简单可靠，成本低，效率高，机械特性硬，既适合恒转矩调速也适合恒功率调速，因此，适用于对速度要求不高且不需要平滑调速的场合。

② 感应电动机的变频调速。由感应电动机的转速公式可知均匀连续地改变定子绕组上的供电频率，可以平滑地改变电动机的同步转速。实现变频调速的关键是如何获得一个向感应电动机供电的经济可靠的变频电源。目前在变频调速系统中广泛采用的是静止变频装置。它是利用大功率半导体器件，先将 50Hz 的工频电源整流成直流，然后再经逆变器转换成频率与电压均可调节的变频电流输出给感应电动机，这种系统称为交-直-交变频系统。当然，也可以将 50Hz 的工频电源直接经三相变频器转换成频率与电压均可调节的变频电流输出给感应电动机，此系统称为交-交变频系统。在电梯上广泛使用的是交-直-交变频系统。变频调速平滑性好，效率高，机械特性硬，调速范围广，只要控制端电压的变化规律，便可以适应不同负载特性的要求。它是感应电动机尤其是笼型电动机调速的发展方向。

③ 感应电动机的调压调速。从感应电动机的电磁转矩公式及降低定子端电压的人为特性可以看出，当端电压改变时，对于同一负载，电动机的转差率 s 就会改变，因而可以得到不同的转速，达到调速的目的。调压调速系统，结构简单，控制方便，价格便宜；调速装置可兼作启动设备；利用转速回馈可以获得较硬的机械特性；调压调速与变极调速的配合使用可以获得较好的调速性能。因此，调压调速在阻力与速度平方成正比的风机等负载中得到了广泛应用。但是，调压调速系统必须采用高滑差电动机或在绕线式转子回路中串入电阻，低速时转子的转差功率很大，使损耗增加，效率降低，电动机发热严重。

4.5.2　交流同步电动机

交流三相同步电动机的构造与三相感应电动机的构造完全相同，其绕组可接成星形也可接成三角形，不同的是其转子具有凸形磁极，各个磁极分别产生一定方向的磁通。交流同步电动机转子的磁通可以是永磁的也可以是通入直流电励磁的。定子绕组中通过三相交流电后，便产生旋转磁场，旋转磁场的磁极与转子上的异性磁极产生极强的吸力，吸住转子，强迫转子按照旋转磁场的方向并以同步转速而旋转，称其为同步电动机。交流同步永磁电动机是指转子用高磁性稀土制成永磁转子，具有一个恒定磁场的交流同步电动机。

交流同步电动机的转速公式为：
$$n = n_1 = \frac{60 f_1}{p}$$

采用变频技术均匀连续地改变定子绕组上的供电频率，可以平滑地改变电动机的同步转速。当电源的频率和定子绕组的磁极一定时，旋转磁场的转速恒定不变，这时无论同步电动机轴上的负载增大还是减少（只要没有超过最大允许量），转子的转速总是保持不变。由此可见，同步电动机具有绝对硬的机械特性。永磁同步电动机的主要特点如下。

① 永磁同步电动机的电磁转矩比同容量的普通交、直流电动机大。

② 永磁同步电动机的效率和功率因数高，该电动机不需要无功励磁电流，可显著提高功率因数（可高达 1），并减少了定子电流和定子电阻损耗。在电动机稳定工作时，转子和定子磁场同步运行，转子无感应电流，也就不存在转子电阻损耗，两者使电动机效率提高 $2\%\sim8\%$，而且该电动机负载率（P_2/P_N）在 $25\%\sim120\%$ 范围内均可保持较高的效率和功率因数，使轻载运行时节能效果更显著。由于异步电动机转子绕组要从电网吸收部分电能励磁，使得电动机得效率及功率因数较低，尤其电动机在负载率小于 50% 时，两者都大幅度下降。

③ 永磁同步电动机转子无电流流过，定子绕组中较小或几乎不存在无功电流，使电动机温升低，延长了电动机使用寿命。综上所述，虽然采用了高性能的永磁材料，使电动机的成本有所提高，但是消除了减速机构后，降低了机械制造成本，同时由于电动机效率及传动效率的提高，使得电梯的变频调速装置容量大为减少。例如，有齿轮传动的速度为 2m/s、载重 1000kg 的电梯，需要变频器的容量为 22kW，采用永磁同步电动机无齿轮驱动的同样电梯，变频器的容量为 15kW。

例 4-4 永磁同步曳引机是否真的"永磁"？

答：永磁同步曳引机是指利用永磁材料充当转子替代励磁绕组，而永磁材料是指具有宽磁滞回线、高矫顽力、高剩磁，一经磁化就能保持恒定磁性的材料，又称硬磁材料。相对硬磁材料而言，软磁材料既易于磁化，也易于退磁，所以它是一种矫顽力很低的磁性材料。

永磁材料只有在过高（钕铁硼永磁）温度时，在冲击电流产生的电枢反应作用下才有可能产生不可逆退磁，使电动机性能降低，甚至无法使用。所以永磁材料的磁性能与时间无关，只跟工作条件有关。

目前永磁同步曳引机使用的永磁材料为稀土钕铁硼，是 20 世纪 80 年代开发出来的新型磁性材料。它具有高磁能积、高矫顽力、高剩磁等优异的磁性能，是当今磁性最强的永磁体，被誉为永磁材料中的磁王。使其完全退磁的居里温度为 $350\sim370℃$ 范围，可逆退磁点为 150℃ 或 180℃。曳引机的正常工作温度为 $40\sim100℃$ 之间，远低于永磁材料的失磁温度。

4.5.3 直流电动机

直流电动机是由定子产生磁极固定不变的磁场（可以是励磁线圈产生的，也可以是永久磁铁产生的），电动机的电枢（转子）经换向片及电刷的逆变后通入直流电，如同通电磁线圈在磁场中的受力旋转一样，这就是直流电动机的工作原理。

直流电动机的转速公式为：

$$n = \frac{U_a - I_a(R_a + R_t)}{C_e \Phi}$$

式中　U_a ——电动机进线端的电压；

　　　I_a ——电枢电流；

　　　R_a ——电枢电阻；

　　　R_t ——外接调速电阻；

　　　C_e ——电势常数；

　　　Φ ——励磁磁通。

由上式可知，直流电动机的转速主要与输入电动机的端电压、外接调速电阻及励磁磁通有关，只要改变其中的某个参数，均可改变电动机的转速。其中改变电动机进线端的电压 U_a 比较理想，所以一般采用改变端电压的方法进行调速。直流电动机在不同电压时的特性曲线是平行的，而且比较平直，即在同一电压下负载变化时，其转速变化不大。

交流电梯就是用三相交流感应电动机实现曳引驱动的电梯，但由于电梯应用的特殊性，不是所有适用电动机的调速方法都适用于对电梯的调速。普通工业用交流感应电动机的转子电阻低，机械特性好，转差率 s 小，运行效率较高。但这类电动机的启动电流却比较大，一般为额定电流的 4～7 倍，如果将这类电动机用作电梯的曳引电动机，由于电梯的频繁启动，大的启动电流会造成电网电压的大幅度波动，还会增加电动机本身的发热量，使其温升超过允许的限度。此外，普通工业交流电动机的启动转矩也比较大，一般为额定转矩的 3～5 倍，若用这种电动机来拖动电梯，将会使乘坐舒适感变差。因此，普通工业用交流电动机一般不适合用作电梯曳引电动机。

4.6　电梯变极调速系统

电梯用交流电动机有单速、双速及三速 3 种。单速仅用于速度较低的杂物梯；双速电梯曳引电动机定子的每槽内通常放置两个独立绕组，极数为 4/16 极或 6/24 极，速比为 4∶1。其高速绕组用于启动和额定运行，低速绕组用于平层速度或检修速度运行，也用于能耗制动。有的产品为三绕组（6/4/24 极）电动机，这种电动机的功率通常都比较大，一般用于载重量较大的电梯。其中 6 极绕组用于启动，4 极绕组用于额定运行，而 24 极绕组用于低速平层和检修运行。电动机极数少的绕组称为快速绕组，极数多的称为慢速绕组。变极调速是一种有级调速，调速范围不大，因为过多地增加电动机的极数，就会显著地增大电动机的外形尺寸。

4.6.1　交流双速电梯

图 4-17 是交流双速电梯的主驱动系统的结构原理图。从图中可以看出，三相交流异步电动机定子内具有两个不同极对数的绕组（分别为 6 极和 24 极）。快速绕组（6 极）作为启动和稳速之用，而慢速绕组作为制动减速和慢速平层停车用。启动过程中，为了限制启动电流，以减小对电网电压波动的影响，启动时，一般按时间原

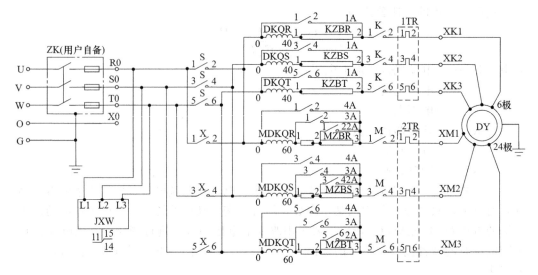

图 4-17　交流双速电梯主驱动系统原理图

则，串电阻、电抗一级加速或二级加速；减速制动是在慢速绕组中按时间原则进行二级或三级再生发电制动减速，以慢速绕组（24 极）进行低速运行直至平层停车。

电梯慢速（检修）下行的运行时序为：当门关到位后，制动器打开，下行接触器（X）、慢车接触器（M）吸合后再以 2A、3A、4A 接触器相继以 0.5～1.0s 吸合慢速启动运行，电梯做下行运行（检修速度）。撤掉检修下行速度指令，下行接触器（X）、2A、3A、4A、慢车接触器（M）同时释放，制动器失电制动。

电梯高速上行的运行时序为：当门关到位后，制动器打开，上行接触器（S）、快车接触器（K）同时吸合，此时电动机通过串接在主回路的板型电阻和电抗器作降压限流启动，大约过 1.5s 之后，1A 接触器吸合，其触头短路主回路的板型电阻和电抗器使电动机在满压下运转，电梯全速运行。当到达减速点时，快车接触器（K）释放断开，慢车接触器（M）吸合，此时电梯电动机转入低速极运行，慢车接触器（M）吸合后，控制器延迟 0.5～1.0s 让 2A 接触器吸合后，再延迟 0.8s 使 3A 接触器吸合，均匀减速到低速爬行，再延迟 0.5s 使 4A 接触器吸合。至此，慢速主回路的电阻和电抗器全部短接，从而使电梯由高速平滑地转入慢速爬行段。到达平层位置后，停车开门。

增加电阻或电抗，可减小启、制动电流，增加电梯舒适感，但会使启动转矩或制动转矩减小，使加减速时间延长。一般应调节启动转矩为额定转矩的 2 倍左右，慢速为 1.5～1.8 倍。

(1) 交流变极调速控制电路

如图 4-18 所示，交流双速电梯的主回路中 LJ 为降压启动电抗器，用于将启动电流限制在额定电流的 2.5～3 倍以内；SK 和 XK 分别为上、下行接触器触点；KK 和 MK 分别为快、慢速运行接触器触点；LZ 是制动限流电抗器；R 是制动电阻器；1K 为加速接触器触点；2K 和 3K 分别是第一级和第二级减速接触器触点。

（2）启动过程

当 SK 或 XK 以及 KK 闭合时，电动机在定子回路串电抗器 LJ 情况下启动，此时电动机工作在图 4-19 所示的人为特性 2 上。由于启动转矩 T_A 大于负载转矩 T_L，所以电动机转速由 A 点沿曲线 2 上升。随转速 n 上升，动态转矩 $T_d = T_e - T_L$ 增大，加速度也随之增大，当转速 $n = n_m$ 时，电动机转矩达到最大值 T_B。此后，随转速 n 上升，转矩有所下降。当电梯启动延时 $2 \sim 3s$ 之后，动态工作点移到 C 点，此时控制电路控制加速接触器 1K 闭合，将启动电抗器 LJ 短路，电动机就工作在自然特性曲线 1 上。如忽略电动机定子回路的过渡过程，则由于机械惯性，速度不能突变，使动态工作点由 C 跳到 C' 点，再沿特性曲线 1 加速到 Q 点，此时动态转矩为零，电动机便以额定转速 n_{nom} 稳速运行，完成了按时间原则的启动过程。

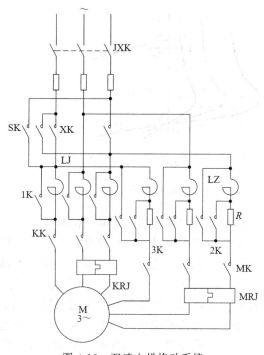

图 4-18　双速电梯拖动系统

（3）制动减速过程

当电梯到达停靠站之前，由井道感应器发出换速信号，通过控制电路使快速绕组接触器 KK 释放，慢速绕组接触器 MK 闭合。为了限制制动电流的冲击，此时电动机定子回路串入了电抗器 LZ 和电阻 R。电动机进入机械特性第 Ⅱ 象限，处于发电制动状态，如图 4-20 所示。由于运动系统的惯性，工作点由特性 1 的 Q 点跳到特性 3 的 D 点。当工作点沿特性 3 移到 B' 点时，制动转矩最大。之后，制动转矩减小。当工作点到达 E 点时，为提高制动效率，按时间原则，先使接触器 2K 闭合，将电阻 R 短路，动态工作点随之移到人为特性 4 上的 E' 点，使制动转矩发生跳变；当工作点移到 F 点时，继而使接触器

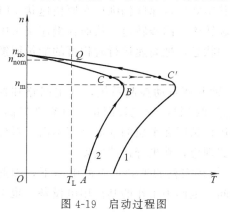

图 4-19　启动过程图

3K 闭合，将限流阻抗全部短路，工作点便跳到特性曲线 5 上的 F' 点，电动机便沿特性曲线 5 继续减速运行。这一阶段一直将高速时积蓄的能量回馈给电网。直到越过低速时的同步转速 n'_0 以后，工作点稳定在 Q' 点。这一阶段经历 $2 \sim 4s$，在运行速度曲线上出现了低速爬行段，如图 4-21 所示。在 Q' 点稳速运行 $2 \sim 3s$ 之后，便断电抱闸停梯，实现了低速平层。

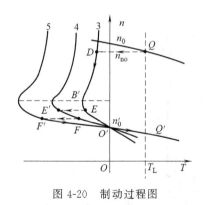

图 4-20　制动过程图　　　　　图 4-21　双速电梯的运行曲线

(4) 交流双速电梯拖动系统的特点

交流双速电梯具有两种速度，在启动与稳定运行时具有较高的速度以提高电梯的输送能力，以较低速度的平层保证了平层准确度。交流双速电梯具有以下主要特点。

① 变极调速。交流双速电梯拖动系统是通过改变电动机的极对数 p 对电梯进行调速的。交流双速电动机有两组极对数不同的绕组，极对数一般为 4∶1 的关系，极对数小的作为快速绕组，极对数大的作为慢速绕组。电梯在启动和满速运行时，接通快速绕组。慢速绕组工作在电梯制动减速、爬行、检修慢行和停车运行阶段，当电梯运行到换速点后，用慢速绕组代替快速绕组，电梯进入制动减速过程，直至平层停车。双速电梯的运行效率和性能比单速电梯大大提高。

② 回馈制动。交流双速电梯的制动和减速过程采用低速绕组的再生发电制动原理。当电梯减速至换速点时，把快速绕组从电网中断电切除，并立即把慢速绕组接入电网，此时由于电梯机械传动系统的惯性，使其实际运行速度仍维持在原快速状态时的转速，即实际转速大大高于慢速绕组对应的旋转磁场同步转速，从而在慢速绕组中产生再生发电制动减速，电动机工作在回馈制动状态，把高速运行时积蓄的能量回馈给电网。因此，这是一种比较经济的调速方案。

③ 开环控制。交流双速电梯拖动系统是一种开环自动控制系统，其主回路和控制回路中间环节较少，元器件也较少。控制线路和控制过程比较简单，可靠性较高，成本较低。但由于没有速度负反馈控制，电梯运行精度和平层的准确度都不高，对外界的干扰无自动补偿能力，整个运行曲线也不够理想，乘坐舒适感较差。

④ 工作电压。交流双速电梯的调速系统工作在完整的工频正弦波电压下，因此不会产生高次谐波，不会污染电网，不会影响同一电网中工作的其他用电设备，也不会干扰附近的通信设备。

⑤ 舒适感差。电梯的乘坐舒适感是电梯的主要运行特性之一，由电梯的加速度和加速度变化率决定，加速度和加速度变化率又由电磁转矩的变化率决定。在交流双速电梯拖动系统中，变极调速和串入电抗器及电阻调速时，都会造成电磁转矩的突变。

因此，交流双速电梯拖动系统运行性能良好，而驱动系统及其相应的控制系统又不太复杂，经济性较好，但调速性能较差，速度只能在 1m/s 以下。主要应用于提升高度不超过 43m 的低档乘客电梯、服务电梯、载货电梯、医用电梯和居民住宅电梯中，或用于要求不高的车站、码头等公共场所。当前，电器控制的交流双速电梯已不再生产，特别是电器控制的低速交流双速电梯将被淘汰。但变极调速电梯有一些较为突出的优点，若采用现代控制技术，增加人为特性曲线的条数，以减少电磁转矩的变化幅度和跳变，在启动和制动过程中就能够实现动态工作点的平滑过渡，则可改善乘坐舒适感和平层准确度。因此，对于一般性应用场合，变极调速电梯也能具有较好的技术经济性能。

4.6.2　交流多速电梯

交流多速电梯中，三相交流异步电动机的定子绕组内具有三个不同极对数的绕组。目前，国内主要有 6/8/24 极和 6/4/18 极两种形式的极对数之比。交流三速电动机（6/8/24）比一般交流双速电动机（6/24）多了一个 8 极的绕组，这一绕组主要作为电梯制动减速时的附加制动绕组，相当于交流双速电梯制动时为减少制动电流所附加的电阻或电抗器，使电梯在制动开始的瞬间具有较好的舒适感，从而减少了制动减速时的控制元器件。上海房屋设备工程公司的交流快速电梯就是采用这种调速方式。极对数之比为 6/4/18 极的交流三速电动机中，6 极绕组为启动绕组，4 极绕组为正常运行绕组，18 极绕组为制动减速和平层停车绕组。有些新型交流双速客梯就是采用这种调速方式。

4.7　交流调压调速电梯拖动系统

交流调速电梯是指在电梯的启动加速、稳速运行和减速制动的三个阶段，对电梯中的异步电动机的速度进行自动调节控制的电梯，其综合性能远高于交流双速电梯和直流快速电梯。通常交流调速电梯根据其调速的方法不同又分为交流调压调速电梯和交流变压变频调速电梯。调压调速电梯拖动系统的控制方式有模拟和数字两种形式。模拟方式是由分立元件和继电器组成的控制系统。模拟控制电路结构简单、技术成熟，但精度受元件和环境条件影响较大。数字方式是以计算机为主的控制系统。数字控制电路系统紧凑、可靠性高、灵活性和通用性好，且提高了给定速度的精度和平层的准确度。

调压调速系统中引入速度负反馈环节，形成全闭环控制系统或部分闭环控制系统。全闭环控制系统是指对电梯的启动加速、稳速运行和制动减速平层全过程进行闭环控制。部分闭环控制系统只在电梯的启动加速和制动减速平层时闭环，在电梯稳速运行时将晶闸管短接，取消这个阶段的闭环调速功能，这样做的好处在于减小这个运行段上相关器件上的功率损耗。

4.7.1　电梯的调压调速系统

从感应电动机的电磁转矩公式可知，当转差率一定时，$T \propto U_1^2$，对应不同的定子端电压可以得到不同的人为机械特性，因此改变定子端电压可以调节转速，此系统称为 ACVV（alternating current variable voltage）。

交流调速系统，相当于用可控硅取代双速电梯的启、制动用电阻、电抗器，从而控制启、制动电流，对电梯实现自动控制。因为感应电动机的工作电压不允许超过额定值，所以调节电压只能在额定电压以下的有限范围内进行，因此调压调速的实质是降压调速，并要在电梯减速时配以某种类型的制动。调压调速电梯拖动系统主要包括驱动控制及调速控制部分，实现电梯的上、下行、单、多层运行（启动运行和满速运行）、制动、平层、停车等控制功能。调压调速原理框图如图 4-22 所示。

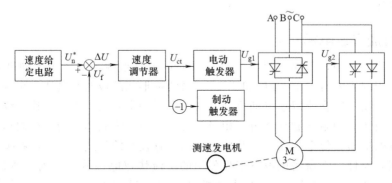

图 4-22　调压调速原理框图

实际中，交流感应电动机的电动运行和能耗制动运行的调节规律是有差别的，考虑到便于现场调试，就做了近似处理，将曳引电动机的电动控制和制动控制使用同一个速度调节器，从而也使电路得到简化。这样，由测速环节将实时测速信号 U_n 回馈到速度调节器的输入端，与速度给定信号 U_n^* 进行比较，再将偏差信号 ΔU 输入速度调节器。当电梯实际运行速度低于速度给定值时，偏差信号 ΔU 为正值，使速度调节器输出正值控制电压 U_{ct}，正值信号 U_{ct} 使电动触发器投入工作，以改变电动机主回路三相调压电路正反向并联的晶闸管控制角 α，控制电动机加速运行；反之，当电梯实际运行速度高于速度给定值时，偏差信号 ΔU 为负值，使速度调节器输出负值控制电压 U_{ct}，将其倒相之后，可使制动触发器投入工作，以改变接于电动机 16 极低速绕组的半控桥式可控整流电路晶闸管控制角 α，控制电动机实现能耗制动，使其减速运行。在电梯运行过程中，要根据实际运行状况，控制电动触发器和制动触发器分时交替工作，以使电梯能一直跟踪速度给定曲线。

电梯的交流调速系统按对曳引电动机的控制程度可分为 3 种形式：仅对电梯的制动过程进行控制；对电梯的启动与制动过程进行控制；对电梯的全过程进行控制。按照制动方法的不同，又可分为能耗制动、涡流制动、反接制动 3 种类型。调压调速系统的特点为：①可按距离制动直接停靠，无低速爬行阶段，可使电梯的平层精度控制在 ±10mm 之内，甚至可保证在 ±7mm 之内。②调速范围受限，必须采用高滑差电动机或在绕线式转子回路中串入电阻。③能耗制动的电动机一直处于转矩不平衡状态，容易导致电动机运行噪声增大及发热严重；涡流制动如同能耗制动一样需要有一定数量级的惯性矩；反接制动把动能全部消耗在电动机的转子上，需设置强迫冷风装置。④能量损耗高，因为调压调速是靠增大转差率使转速降低的，而其转差功率又不能加以利用，所以转速越低，损耗越大。由于晶闸管调压控制装置采用相位控制，输出电压、流均是非标准正弦波，产生的高次谐波影响到电动机的输出，因而选用电动机时必须适当增加容量。

　　调压调速系统的优点是线路简单，价格便宜，使用维修方便；其主要缺点是转差功率损耗大，效率低，适用于调速精度要求不高（3％）的机械上。调压调速与变极调速的配合使用可以获得较好的调速性能。因此，调压调速在风机等负载中得到应用，曾应用于 2m/s 以下的电梯，目前已被 VVVF 电梯彻底淘汰。

　　调压调速系统典型结构如图 4-23 所示。该系统适用于额定载重量为 1000kg、额定速度为 1.25 ～ 2m/s 的交流调速电梯。系统由以下各部分组成。

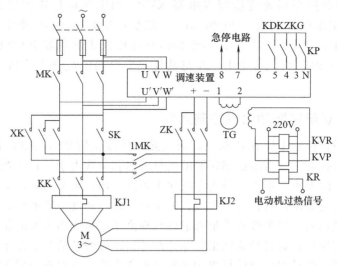

图 4-23　调压调速系统结构

　　当电梯快速运行时，图 4-23 中的检修接触器 MK、1MK 断开，快速接触器 KK 闭合，三相交流电源经调速器后，由 U′、V′、W′ 端输出可调三相交流电压，经方向接触器 XK（下行）、SK（上行）和快速接触器 KK 接至曳引电动机 4 极高速定子绕组。与此同时，直流接触器 ZK 闭合，调速器"＋""－"端的可调直流电压，经直流接触器 ZK 接至电动机的 16 极低速绕组，以备进行能耗制动。电梯的逻辑控制电路使高、低速运行继电器 KG、KD 闭合（如判断为中速运行，则继电器 KZ、KD 闭合），调速器便给出相应的速度给定信号，控制电梯按给定速度曲线启动加速、稳速运行和制动减速。在运行中，若实际转速低于给定速度，则调速器通过电动机 4 极快速绕组使其处于电动运行状态，电梯加速运行；若实测速度高于给定速度，则调速器通过电动机 16 极低速绕组使其处于制动状态，电梯减速运行。这样，便保证电梯始终跟随给定速度曲线运行。当电梯处于检修运行状态时，快速接触器 KK 和直流接触器 KK 释放，三相交流电压就不经调速器而通过闭合的检修接触器 MK、1MK 直接接至电动机 16 极低速绕组。这时，运行继电器全部释放，调速器不再起作用，电动机便以额定转速为 320r/min 的检修低速运行。电动机有双重热保护：当电动机温度达到 60℃ 左右时，利用热继电器启动冷却风机，进行强行风机制冷；当温度达到 155℃ 左右时，通过电动机内置热敏电阻控制热保护继电器，迫使电梯在最近层站停车。

测速发电动机可以是直流或交流发电动机，也可以是利用数字脉冲计数的测速装置。以双绕组永磁直流发电动机为例，它可以与电动机或曳引机轴向连接，也可以通过带轮侧向连接。根据发电动机输出电压近似与转子转速成正比的原则，可以通过测速发电动机获得能反映电动机实际运行速度的电压信号。测速发电动机的输出电压有两个去向，一是接调速装置，测量反馈电梯实际运行的速度；二是接至速度继电器，作为速度检测信号。速度继电器接收测速发电动机送来的速度反馈信号，经处理和判断后完成对电梯的超高速保护和平层功能。速度继电器分为高速超高速保护继电器 KVR 和低速平层速度检测继电器 KVP。当电梯运行速度过高时，继电器 KVR（速度整定范围为 $1000 \sim 2000 \mathrm{r/m}$，一般整定在 $1500 \mathrm{r/m}$）动作，控制急停电路强制电梯停车，以免发生危险；当电梯运行速度低于继电器 KVP 整定值（一般整定在 $150 \mathrm{r/m}$）时，继电器动作，在与其他控制电路的配合下完成电梯的平层和再平层功能。

4.7.2　ACVV 电梯拖动微机控制系统

电梯拖动模拟控制系统在技术上较为成熟，性能比较令人满意，但存在一些不足。例如，模拟控制系统不能根据轿厢的运行方向和负载大小，自动调整启动给定增量和预制动力矩的大小；不能实现变参数比例积分（PI）调节功能；更不能按更完善的现代控制算法对系统进行控制。用模拟电路产生理想速度给定曲线，以及在实现按距离原则制动减速时，在为改善乘坐舒适感和提高平层精度而采取的相应校正措施等方面，都显得很麻烦，而且稳定性也较差。此外，通过模拟信号不便于实时检测轿厢在井道中的位置。若采用微型计算机构成数字控制系统，可以充分发挥微机软件的功能，均能较好地解决上述问题，并简化系统结构，提高可靠性。同时，便于现场调试、操作和维护。

用微型计算机构成的电梯拖动数字控制系统，即微机调速器，主要包括三个环节：数字化理想速度给定曲线生成环节、变参数数字 PI 调节器以及晶闸管数字触发器。数字控制系统原理框图见图 4-24。本文重点介绍理想速度给定曲线的产生和启动增量的设定。

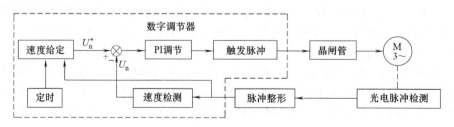

图 4-24　电梯数字调速系统原理框图

用微型计算机构成的电梯拖动数字控制系统，通常采用查表法或实时计算法产生理想速度给定曲线。为了产生速度给定曲线以及实时控制的需要，必须对电梯运行速度和运行距离（也用以表示轿厢在井道中的位置）进行检测。

(1) 轿厢运行距离和运行速度的检测

① 轿厢运行距离的检测。使用高精度光电脉冲发生器（工程上也称为光电码盘），能精确地检测轿厢的运行距离。光电脉冲发生器有一个沿圆周开有许多狭缝的圆盘（例如，开有 1024 个狭缝），与曳引电动机同轴旋转。在盘孔的一侧有一光源，对着盘孔的另一侧装有光敏三极管。当孔盘转动时，将其对光源的间断性遮挡转换为脉冲信号。旋转编码器与电动机同轴连接，随电动机转动，输出脉冲信号。由控制系统的计算机进行计算后即可得到运行速度。编码器除了能进行速度检测，还能对运行距离进行检测，并得知轿厢在井道中的实时位置。这对电梯的速度控制，尤其是按距离减速停靠是十分重要的。光电旋转编码器集光、电、机精密技术为一体，可将输给轴上的机械量、旋转位移等转换成相应的电脉冲或数字量。它由发光管、接收管、光电码盘、放大电路、整形电路和输出电路组成。光电旋转编码器由 A、B 两相脉冲输出，A、B 相是互差 90°的脉冲，将它们送入微机的转速检测回路及计数器，可识别电梯的速度、运行方向、现行位置距离及减速距离。编码器的输出有多种形式，如集电极驱动、长线驱动等，一般根据电梯的速度、曳引电动机形式、变频器型号来选用不同类型和型号的旋转编码器。编码器与电梯输出轴连接的形式也有弹性轴连接和套轴连接，现一般多选用套轴式编码器，需要了解参数如：轴径大小、每转输出脉冲数、电源电压、信号输出方式、电缆长度等。光电编码器一般安装在曳引电动机的轴上或限速器的轴上。检测电路见图 4-25。

轿厢运行距离可以表示为

$$S = \frac{\pi D}{BRi} N = KN \qquad (4-21)$$

式中　N ——总的脉冲个数；

　　　D ——曳引轮直径，mm；

　　　B ——电动机每转光电脉冲发生器发出的脉冲数；

　　　R ——钢丝绳曳引比，1∶1 时，$R=1$；1∶2 时，$R=2$；

　　　i ——传动比；

　　　K ——距离脉冲当量，$K = \frac{\pi D}{BRi}$ 表示一个脉冲对应的运行距离。

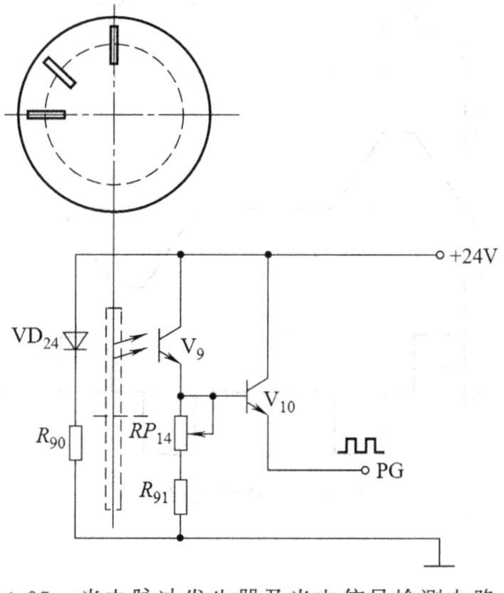

对确定的曳引机构和光电脉冲检测

图 4-25　光电脉冲发生器及光电信号检测电路

装置，K 为常数。因此，只要将光电脉冲发生器发出的脉冲信号输入到计算机，对脉冲进行计数，按式（4-21）就可求得轿厢运行距离，确定轿厢的位置。

② 轿厢运行方向的检测。为检测轿厢的运行方向，需要沿与电动机同轴旋转的光码盘边缘开出两排狭缝，并将两排狭缝在相位上相互错开 90°，见图 4-26。用这样的光码盘构成光电脉冲发生器，便可产生相位相差 90°的两相脉冲信号 u_a 和 u_b。当光码盘正向旋转时，在 u_b 的上升沿，u_a 为高电平；当光码盘反向旋转时，在 u_b 的上升沿，u_a 为低电平。

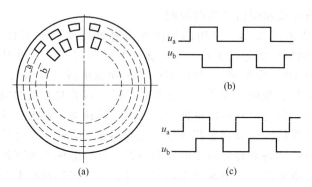

图 4-26 两相光电脉冲的产生、方向判别电路及信号波形

(2) 查表法产生速度给定曲线

查表法产生速度给定曲线，即将离线计算的速度给定曲线的有关数据，存入 EPROM 中，根据需要再读出曲线数据。为叙述方便，将抛物线-直线型理想速度给定曲线重新绘制，见图 4-27。

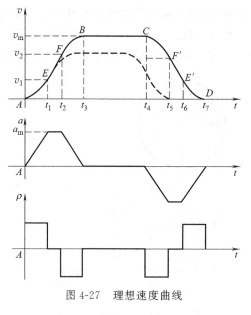

图 4-27 理想速度曲线

① 按时间原则启动加速段速度给定曲线的产生。前面已对抛物线-直线型理想速度给定曲线进行了详细分析，描述了 $AEFB$ 各段曲线的速度与时间的关系。根据各曲线段的函数关系 $v=f(t)$，便可计算各时间点 t 所对应的速度 v。尤其是根据时间 t_1、t_2 和 t_3 分别对应的 E、F 和 B 点的速度 v_1、v_2 和 v_3 值，能够正确进行各段曲线的连接。令 EPROM 存储单元的地址空间为 M，则可将按时间原则启动的速度曲线 $v=f(t)$，按 $\dfrac{t_3}{M} \times M$ 离散化之后，将各段曲线的速度数据，存入相应地址的存储单元。根据需要，按时间 t 读出相应内存的给定速度 v。按同样方法可得到中速给定曲线。

② 按距离原则制动减速段速度给定曲线的产生。按距离原则减速的速度给定曲线，是速度 v 与减速段剩余距离 S 的函数曲线 $v=f(S)$。可根据图 4-27 所示的减速段曲线 $CE'F'D$ 各段的函数关系，计算各时间 t 点对应的速度 v 以及剩余距离 S，将速度-时间关系曲线 $v=f(t)$，换算为速度-距离关系曲线 $v=f(S)$。

令 EPROM 存储地址空间为 M，减速距离为 S_0，则按 $\dfrac{S_0}{M} \times M$ 将速度-距离曲线离散化，将各段 $v=f(S)$ 曲线数据存入 EPROM 相应地址的存储单元。这样，以剩余距离为相对地址，寻找并读取相应内存的制动减速段速度给定值。

(3) 用实时计算法产生理想速度给定曲线

① 多层高速运行曲线的产生

a. 启动加速段曲线的产生。高速运行速度给定曲线如图 4-28 所示。

已知时间 t_1、$t_3 - t_2 = t_1$ 和最大加速度 a_{m1}，则可求得加速度变化率为

$$\rho_1 = \frac{a_{m1}}{t_1}, \ \rho_2 = \frac{-a_{m1}}{t_3 - t_2} = -\frac{a_{m1}}{t_1}$$

由此，采用递推计算法，可求取加速度和速度。加速度为

$$a_t = a_{t-1} + \rho_t T \tag{4-22}$$

速度为

$$v_t = v_{t-1} + a_t T \tag{4-23}$$

式中　a_t, ρ_t, v_t ——t 时刻的加速度、加速度变化率和速度；

$\qquad a_{t-1}, v_{t-1}$ ——$t-1$ 时刻的加速度和速度；

$\qquad T$ ——采样周期。

由曲线 AE 段转入 EF 段的条件为

$$a_{t1} = a_{m1}$$

在 EF 匀加速段的速度为

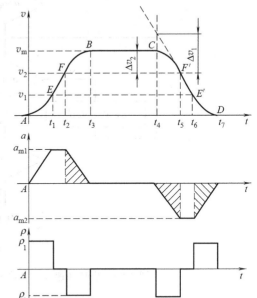

图 4-28　高速运行速度给定曲线

$$v_t = v_{t-1} + a_{m1} T \tag{4-24}$$

由曲线 EF 段转入 FB 段的条件是

$$v_m - v_2 = \int_{t_2}^{t_3} a_t \mathrm{d}t = \frac{1}{2} a_{m1}(t_3 - t_2)$$

所以

$$v_2 = v_m - \frac{1}{2} a_{m1}(t_3 - t_2)$$

当 $v_t = v_2$ 时，便 EF 段转入 FB 段。

在曲线 FB 段的加速度为

$$a_t = a_{t-1} - \rho_t T \tag{4-25}$$

在曲线 FB 段的速度为

$$v_t = v_{t-1} + a_t T \tag{4-26}$$

直到 $v_t = v_m$ 时，便进入匀速运行段。

计算机程序流程框图如图 4-29 所示。

b. 按距离原则的制动减速段曲线的产生。已知参数为：时间 $t_5 - t_4$ 和 $t_7 - t_6$、减速段最大加速度 a_{m2}、从换速点到停靠层站的减速距离 S_0。

当轿厢经过换速点并向计算机发出减速信号时，微机便根据由换速点开始的检测距离 S_1，按 $S = S_0 - S_1$ 计算轿厢运行的剩余距离 S。再根据剩余距离 S 计算制动减速段的给定速度 v_n^*，则

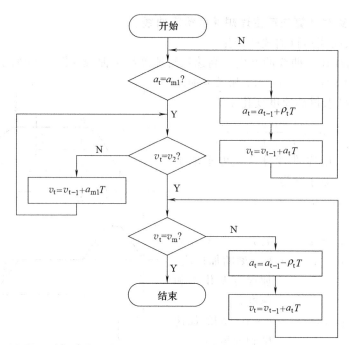

图 4-29　启动加速段速度给定曲线生成程序流程框图

$$v_n^* = \sqrt{2\,|\,a_{m2}\,|\,S}$$

在此基础上，微机判断给定速度 v_n^* 与最大速度 v_n 之间差值的大小。当 $v_n^* - v_m \leqslant \Delta v_d$ 时，便由 BC 稳速运行段转入到 CF' 减速段。其中 Δv_d 可由图 4-28 求得

$$\Delta v_d = \Delta v_1 - \Delta v_2$$

$$= |\,a_{m2}\,|\,(t_5 - t_4) - \frac{1}{2}\,|\,a_{m2}\,|\,(t_5 - t_4)$$

$$= \frac{1}{2}\,|\,a_{m2}\,|\,(t_5 - t_4) \tag{4-27}$$

在曲线 CF' 段的加速度为

$$a_t = a_{t-1} - \rho_t T \tag{4-28}$$

在曲线 CF' 段速度为

$$v_t = v_{t-1} - a_t T \tag{4-29}$$

当 $a_t = -a_{m2}$、$v_t = v_n^*$ 时，便进入 $F'E'$ 匀减速段。该段速度为

$$v_t = v_{t-1} - a_{m2} T$$

当 $v_t \leqslant \dfrac{1}{2} a_{m2}(t_7 - t_6)$ 时，便进入 $F'D$ 段，在该段的加速度为

$$a_t = a_{t-1} + \rho_t T \tag{4-30}$$

该段加速度为

$$v_t = v_{t-1} - a_t T \tag{4-31}$$

当 $v_t = 0$ 时，电梯便停车。

减速给定曲线生成程序流程框图如图 4-30 所示。

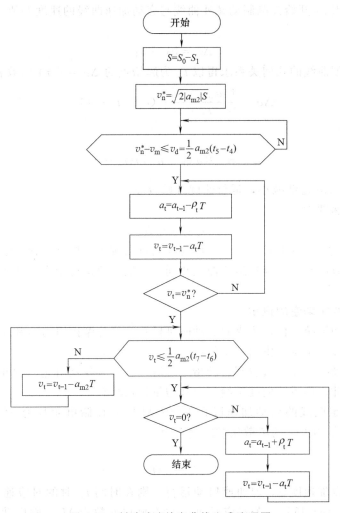

图 4-30　制动减速给定曲线生成流程图

② 单层分速度运行给定曲线的产生。当电梯单层运行经过换速点时，还未达到额定速度就开始制动减速，准备停靠。为提高单层运行效率，尤其是高速电梯，希望分速度运行给定曲线为三角形，如图 4-31 所示。

对于这种速度给定曲线，主要解决按时间原则启动加速段曲线与按距离原则制动减速段曲线的平滑连接问题。

已知时间 t_1、t_3-t_2、t_4-t_3、t_6-t_5 和加速度 a_{m1}、a_{m2}，且 $a_{m1}=a_{m2}$；令 t_2 为切换点，在此之前的曲线生成方法与多层速运行速度给定曲线生成方法

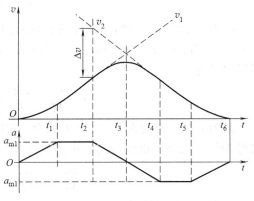

图 4-31　单层分速运行给定曲线

相同，由切换点 t_2 开始检测制动减速曲线与启动加速曲线的速度差值 Δv，速度差值 Δv 为

$$\Delta v = v_2 - v_1$$

根据加速度曲线的几何关系求得以 t_2 为起始点的 $\Delta v = f(t)$ 函数表达式为

$$\Delta v = \frac{1}{2} \frac{a_{m1} + a_{m2}}{t_4 - t_2} (t_4 - t_2 - t)^2$$

在 t_2 时为

$$\Delta v_{t2} = \frac{1}{2} (a_{m1} + a_{m2})(t_4 - t_2)$$

在此之后，Δv 逐渐减小，运行速度开始减缓。

实际运行速度为

$$v = v_2 - \Delta v$$

当 $\Delta v = 0$ 时，实际速度 $v = v_2$，则便开始进入按距离原则减速的运行段。在此之后的曲线生成方法与多层高速运行曲线相同。单层分速运行给定曲线生成程序流程框图如图 4-32 所示。

（4）启动给定增量的设定

与模拟控制系统一样，为克服启动时机械系统的静摩擦阻力矩和反向倒拉制动力矩，要求数字控制系统提供启动给定增量。

当电梯启动时，在微机收到启动指令之后，若没有收到由光电脉冲发生器发出的第一个距离脉冲，则系统便处于给定启动增量运行状态。

令速度给定曲线的启动加速段在 EPROM 中的存储单元数为 M，则如图 4-33（a）所示的启动时间 t_3 的离散化时间增量为

$$\Delta t = \frac{t_3}{M}$$

假设电梯以加速度 a_m 匀加速启动运行，则在时间 t_2 时的对应速度为最大速度 v_m，如图 4-33（a）所示。若对应时间 t_2 的存储单元数为 M'，则启动速度增量可确定为

$$\Delta v = \frac{v_m}{M'}$$

如果已知启动速度给定曲线的参数为：$t_1 = 1.25\mathrm{s}$，$v_1 = 0.6256\mathrm{m/s}$；$t_2 = 5.0\mathrm{s}$，$v_2 = 4.3756\mathrm{m/s}$；$t_3 = 6.25\mathrm{s}$，$v_m = 5.0\mathrm{m/s}$；$M = 256$。根据上述方法，可确定启动时间增量为

$$\Delta t = \frac{t_3}{M} = \frac{6.25}{256} = 24.4 \ (\mathrm{ms})$$

因为 $0 \sim t_3$ 存放在 $0 \sim 255$ 单元中，所以 $0 \sim t_2$ 存放在 $0 \sim (M'-1)$ 单元中，可求得 $M' = 204.8$。由此可确定速度增量为

$$\Delta v = \frac{v_m}{M'} = \frac{5.0}{204.8} = 2.44 \ (\mathrm{mm/s})$$

这样，如果系统处于启动给定增量状态，在收到启动指令后，即按所预选的运行

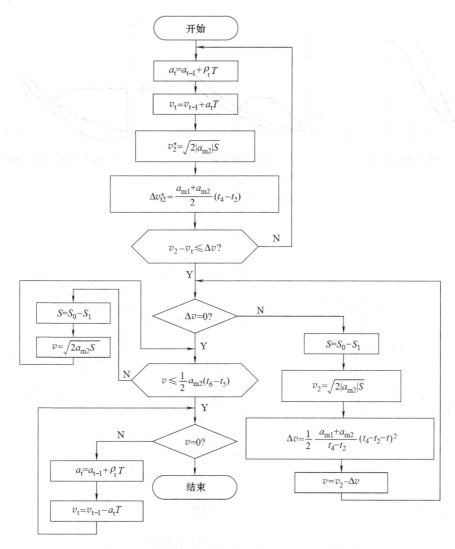

图 4-32 单层分速运行给定曲线生成程序流程框图

方向，在给定速度曲线基础上，以 Δt 为时间间隔，逐次叠加启动给定速度增量 Δv，如图 4-33（b）所示。当微机测得第一个距离脉冲时（一般距离脉冲当量小于 0.1mm），给定增量曲线开始保持，一般保持到第八个距离脉冲时，便认为电梯已进入正常启动状态。然后，需按相同时间间隔 Δt 将给定增量曲线以相同的速度增量递减，直至叠加增量减至零为止。之后，系统便开始进入正常比例积分调节状态。

　　如果在收到启动指令和机械制动抱闸松开之后，若电梯出现反向溜车现象，则由测得的第一个反向距离脉冲开始，通常给出 10 倍 Δv 的正向启动增量，并予以维持，以促使轿厢尽快恢复预选方向的启动状态，如图 4-33（c）所示。一般在维持八个预选方向的距离脉冲之后，再按时间 Δt 增量以 Δv 速度增量递减。启动给定增量微机控制程序流程图如图 4-34 所示。

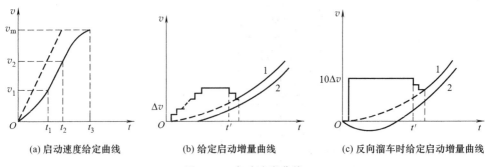

(a) 启动速度给定曲线　　　(b) 给定启动增量曲线　　　(c) 反向溜车时给定启动增量曲线

图 4-33　启动速度曲线

1—给定速度曲线；2—实际速度曲线

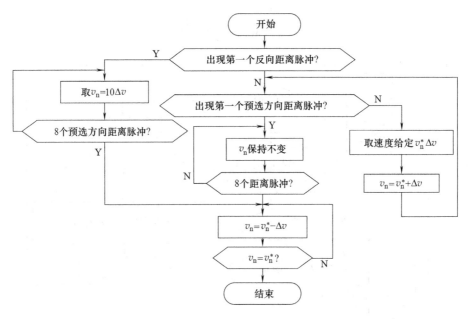

图 4-34　启动给定增量程序框图

4.8　变频调速电梯拖动系统

随着新型电力电子技术、计算机及控制技术的不断发展和完善，变频调速系统以其优良的性能在很多领域取得了成功应用，特别是在电梯拖动系统中发挥了重大作用。

4.8.1　变频调速控制技术

在过去，直流系统具有较为优良的静、动态性能指标，直流调速一直优于交流调速，因此很长的一个历史时期，直流电动机调速系统垄断这调速传动领域。但由于直流电动机构造复杂，导致使用环境及容量都受到了限制；而笼型电动机构造简单，使用环境及容量都不受约束，但采用变磁极对数调速与调转差率 s 调速，其调速性能又太差，远远不能满足控制的要求。

根据异步电动机的转速表达式可知，只要平滑地调节异步电动机的供电频率 f_1，就可以平滑调节异步电动机的同步转速 n_0，从而实现异步电动机的无级调速。从机械特性分析，其调速性能比调磁极对数和转差率好得多，近似直流电动机调压的机械特性。但电源都是固定的工频电源，无法变频，所以制造变频电源装置，即变频器就成了关键问题。

过去采用旋转变频发电动机组作为变频电源，这种电源无法实际应用。随着晶闸管的问世，逆变器的产生，静止式的变频电源，即晶闸管式变频器就应运而生，但其性能差、效率低；近年来随着功率晶体管的出现，微机控制技术的成熟，变频器调速才得到迅猛发展。特别是近 10 多年来，交流调速达到了与直流调速一样的水平，并且在某些方面超过了直流调速，操作者通过设置必要的参数，变频器就能控制电动机按照人们预想的曲线运行。例如：电梯运行的"S"形曲线、恒压供水控制、珍珠棉生产线的卷筒速度控制等。目前由于出现了高电压、大电流的电力电子器件，对 10kV 的电动机直接进行变频调速，可以达到节能的目的。

交流电动机的转速表达式

$$n = 60(f_1/p)(1-s) = n_0(1-s) \tag{4-32}$$

式中　　n ——异步电动机的转速；

　　f_1 ——异步电动机定子电源频率；

　　s ——电动机转差率；

　　p ——电动机极对数。

根据异步电动机的转速表达式，改变笼型异步电动机的供电频率 f，也就是改变电动机的同步转数 n_0，就可以实现调速，是一种理想的高效率、高性能的调速手段。当频率 f 在 $0\sim50\mathrm{Hz}$ 间变化时，电动机转速调节范围非常宽。实际应用时，不仅要实现调速，还要能满足机械特性和调速指标。

表面看来，只要改变定子电压的频率 f 就可以调节转速大小了，但是事实上只改变 f 并不能正常调速，且会引起电动机因过电流而烧毁的可能。这是由异步电动机的特性决定的。现从基频以下与基频以上两种调速情况进行分析。

(1) 基频以下恒磁通（恒转矩）变频调速

恒磁通变频调速就是调速时保证电动机的电梯转矩恒定转矩不变，因电磁转矩与磁通成正比。

三相异步电动机定子每相感应电动势有效值 E_1 为

$$E_1 = 4.44 f_1 N_1 K_1 \varphi_\mathrm{m} \tag{4-33}$$

因为电压 $U_1 = E_1 + IZ_1$，如果忽略定子电压 IZ_1，则

$$E_1 = 4.44 f_1 N_1 K_1 \varphi_\mathrm{m} \approx U_1 \tag{4-34}$$

式中　　N_1 ——定子每相绕组串联匝数；

　　K_1 ——基波绕组系数；

　　φ_m ——每极气隙磁通量。

由式（4-34）可见，在 E_1 一定时，若电源频率 f_1 发生变化，则必然引起磁通量

φ_m 变化。若磁通量 φ_m 太小，铁芯利用不充分，同样的转子电流下，电磁转矩就小，电动机的负载能力下降，要想负载能力恒定就要加大转子电流，这就会引起电动机因过电流发热而烧毁；若磁通量 φ_m 太大，则会使铁芯饱和，电动机会处于过励磁状态，使励磁电流过大，同样会引起电动机过电流发热，使电动机效率降低，严重时会使电动机绕组过热，甚至损坏电动机。因此，变频调速一定要保持磁通量 φ_m 恒定不变。为此，在改变 f_1 的同时，必须改变 E_1，以使 $E_1/f_1=\text{const}$，即保持电动势与频率之比为常数进行控制即可。但 E_1 难以直接检测和直接控制。当 E_1 和 f_1 的值较高时，定子的漏阻抗压降相对比较小，如忽略不计，即认为 U_1 和 E_1 是近似相等的，这样则可近似地保持定子相电压 U_1 和频率 f_1 的比值为常数。这就是恒压频比控制方程式。其特点是控制电路结构简单、成本较低、机械特性硬度也较好，能够满足一般传动的平滑调速要求，已在产业的各个领域得到广泛应用。

$$U_1/f_1=\text{const} \tag{4-35}$$

当频率较低时，U_1 和 E_1 都变得很小，此时定子电流却基本不变，所以定子的阻抗压降，特别是电阻压降，相对此时的 U_1 来说是不能忽略的。我们可以想办法在低速时，人为地提高定子相电压 U_1 以补偿定子的阻抗压降的影响，使气隙磁通量 φ_m 保持额定值基本不变，如图 4-34 所示。

实际上变频器装置中相电压 U_1 和频率 f_1 的函数关系并不简单地如图 4-34 一样，通用的变频器有几十种电压与频率函数关系曲线，可以根据负载性质和运行状况加以选择。

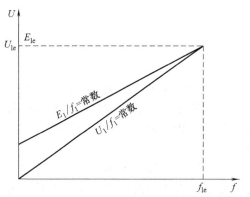

图 4-35　恒压频和恒势频的控制特性

由上面分析可知，笼型异步电动机的变频调速必须按照一定的规律同时改变其定子电压和频率，采用变压变频（variable voltagevariable frequency，VVVF）调速控制。现在的变频器都能满足笼型异步电动机变频调速的基本要求。

用 VVVF 变频器对笼型电动机在基频以下进行恒磁通变频控制时的机械特性如图 4-35 所示。其控制条件为 $E_1/f_1=\text{const}$。

图 4-36（a）表示在以 $U_1/f_1=\text{const}$ 的条件下得到的机械特性。在低速区，由于定子电阻压降的影响使机械特性向左移动，这是由于主磁通减小的缘故。图 4-36（b）表示采用了定子电压补偿后的机械特性，保证电动机具有最大转矩（或转矩恒定）。图 4-36（c）表示出端电压补偿的以 U_1 与 f_1 之间的函数关系。

（2）基频以上恒功率（恒电压）变频调速

恒功率变频调速又称为弱磁通变频调速。这是考虑由 f_{1N} 基频开始向上调速的情况，频率由额定值 f_{1N} 向上增大，如果按照以 $U_1/f_1=\text{const}$ 的规律控制，电压也必须由额定值以 U_{1N} 向上增大，但实际上电压 U_1 受额定电压 U_{1N} 的限制不能再升高，只能保持 $U_1=U_{1N}$ 不变。根据公式 $\Phi\approx U_1/(4.44f_1)$ 分析，主磁通 Φ 随着 f_1 的上

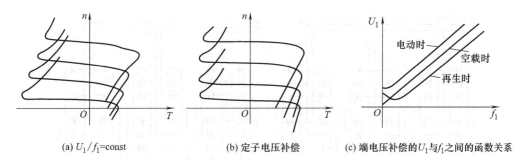

(a) U_1/f_1=const　　　　(b) 定子电压补偿　　　　(c) 端电压补偿的 U_1 与 f_1 之间的函数关系

图 4-36　变频调速机械特性

升而应减小，这相当于直流电动机弱磁调速的情况，属于近似的恒功率调速方式。证明如下。

在 $f_1 > f_{1N}$、$U_1 = U_{1N}$ 时，公式 $E_1 = 4.44 f_1 N_1 \Phi$，近似为以 $U_1 \approx 4.44 f_1 N_1 \Phi$。可见随 f_1 升高，即转速升高，ω_1 越大，主磁通 Φ 必须相应下降，才能保持平衡，而电磁转矩越低，T 与 ω_1 的乘积可以近似认为不变，即 $P_N = T\omega_1 \approx$ const。也就是说随着转速的提高，电压恒定，磁通就自然下降，当转子电流不变时，其电磁转矩就会减小，而电磁功率却保持恒定不变。对笼型异步电动机在基频以上进行变频控制时的机械特性如图 4-37 所示。综合上述，异步电动机基频以下及基频以上两种调速情况下的变频调速的控制特性如图 4-38 所示。

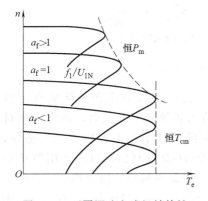

图 4-37　不同调速方式机械特性

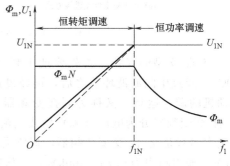

图 4-38　调频调速控制特性

4.8.2　变频器的工作原理

变频器是通过对电力半导体器件（如 IGBT 等）的通断控制将电压和频率固定不变的交流电（工频）电源变换为电压或频率可变的交流电的电能控制装置。变频器主要分为交-交变频器、交-直-交变频器两大类型。

交-交变频器为一次换能形式，没有明显的中间滤波环节，电网交流电被直接变成可调频调压的交流，又称为直接变频器。交-交变频器效率较高，但所用的元件数量较多，输出频率变化范围小，功率因数较低，只适用于低转速大容量的调速系统。图 4-39 所示为电压源型交-交变频器主电路示意图。

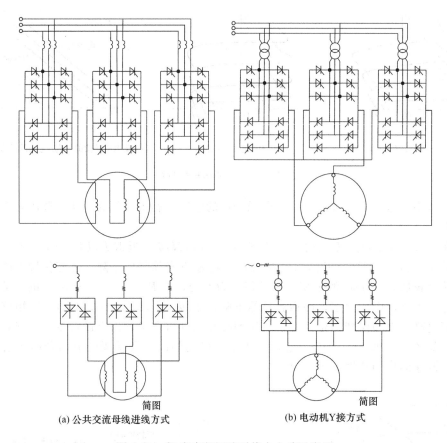

(a) 公共交流母线进线方式   (b) 电动机Y接方式

图 4-39   交-交变频调速系统主电路示意图

　　交-直-交型的变频器首先要把工频（50Hz 或 60Hz）的交流电源变换成直流电（DC），经过中间滤波环节之后，再经过逆变才转换为各种频率交流电，最终实现对电动机的调速运行，又称为间接变频器。按照中间滤波环节是电容性或是电感性，交-直-交变频器分为电压（源）型或电流（源）型交-直-交变频器。目前通用型变频器绝大多数是交-直-交型变频器，通常尤以电压型变频器为通用，输出电压为 380～650V，输出功率为 0.75～400kW，工作频率为 0～50Hz、0～60Hz 及 0～400Hz。如图 4-40 所示，通用变频器产品变频器通常包括整流电路（交-直交换）、直流滤波电路（能耗电路）、控制电路、驱动电路、逆变电路（直-交变换）等几大部分。该电路首先用二极管整流器接入电网，将交流电变成直流电，整流之后采用电容滤波，获得平直的直流电压，再由逆变器将直流能量逆变成可以调频调压的新交流电。

　　控制电路完成对主电路的控制，现代的变频器基本是用 16 位、32 位单片机或DSP 为控制核心来实现全数字化控制的。对变频器是输出电压和频率的调节提供控制信号的电路称为主控电路。主控电路主要有：频率、电压的"运算控制电路"、主电路的"电压、电流检测电路"及电动机的"速度检测电路"等。其中，"运算控制电路"一方面接收发来的检测信号，另一方面又发出控制信号至"驱动电路"，并由"驱动电路"驱动逆变器（IGBT 等）来实现对电动机的调速控制。矢量控制这类需

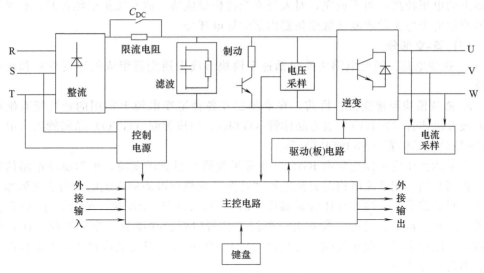

图 4-40　变频器的结构

要大量运算的变频器，有时还需要一个进行转矩计算的 CPU 以及相应的电路。

(1) 交-直部分

① 整流　由三相整流桥组成，将电源的三相交流电全波整流或直流电。当电源的线电压为 380V（AC）时，三相全波整流后平均直流电压的为 513V，峰值直流电压为 537V。

② 滤波　由于受到电解电容的电容量和耐压能力的限制，滤波电路通常由若干个电容器并联成一级，又由两个或两个以上的电容器组串联而成。因为电解电容器的电容量有较大的离散性，故电容器组的电容量常不能完全相等，这使它们承受的电压和不相等。为使电容器承受的电压和相等，应在每个电容器旁并联一个阻值相等的均压电阻。滤波电路的功能如下。

a. 滤平在整流器整流后含有电源 6 倍频率脉动直流电压的波纹。

b. 当负载变化时，逆变器产生的脉动电流也使直流电压波动，为此用电感和电容吸收脉动电压（电流），一般通用变频器电源的直流部分均采用电容滤波电路，使直流电压保持平稳。

c. 限流电阻与开关（通常是直流接触器）：当变频器刚接通电源的瞬间，滤波电容器的充电电流是很大的，过大的冲击电流将可能使三相整流桥的二极管损坏；同时，也使电源电压瞬间下降而受到"污染"。为减小冲击电流，在变频器刚接通电源后的一段时间里，先将限流电阻串接在直流电路中，将电容器的充电电流限制在允许范围以内。当充电延时到一定程度时接触器接通，将限流电阻短路掉。因接触器的电磁干扰较大，在新型的变频器里，已由功率器件（如晶闸管等）代替。

d. 在变频器的直流侧设备有电源指示，该电源指示除了表示电源是否接通以外，还有一个十分重要的功能，即监视在变频器切断电源后滤波电容器上的电荷是否已经释放完毕。由于滤波电容器组的容量较大，而切断电源又必须在逆变电路停止工作的状态下进行，所以没有快速放电的回路，其放电时间往往长达数分钟。又由于滤波电容器上的电压较高，如不放完，对人身安全将构成威胁。故在维护变频器时，必须等电源指示完全熄灭后才能接触变频器内部的导电部分。

(2) 直-交部分

① 逆变电路。逆变电路主要包括逆变模块（或由逆变管组成的逆变桥）和驱动电路。

a. 逆变模块与逆变桥。目前，在变频器及各种逆变电源上常用的逆变管有绝缘栅双极型晶体管（IGBT）、电力晶体管（GTR）、门极关断（GTO）晶闸管以及电力MOS场效应晶体管（MOSFET）等。

常见的低压变频器通常由 IGBT（也称逆变管）组成逆变桥，根据驱动电路的驱动（控制）信号把整流所得的直流电再"逆变"成频率可调的交流电。由于受到加工工艺、封装技术、大功率晶体管元器件等的影响，目前逆变模块主要由日本（东芝、三菱、三社、富士、三肯）及欧美（西门子、西门康、欧派克、摩托罗拉、IR）等少数厂家能够生产。现在的国产变频器用的 IGBT 模块一般都是进口的，主要以西门子、西门康等为主。

b. 驱动电路。驱动电路作为逆变电路的一部分，对变频器的三相输出有着巨大的影响。驱动电路一般有以下几种。

• 分立插脚式元件的驱动电路。分立插脚式元件组成的驱动电路在 20 世纪 80 年代被广泛使用。随着大规模集成电路的发展及贴片工艺的出现，这类电路因设计复杂、集成化程度低等原因逐渐被淘汰。

• 光耦驱动电路。光耦驱动电路是现代变频器设计时被广泛采用的一种驱动电路，由于线路简单、可靠性高、开关性能好，被多家变频器厂商采用。由于驱动光耦的型号很多，所以选用的余地也很大。

驱动光耦选用较多的主要有东芝的 TLP 系列、夏普的 PC 系列、惠普的 HCPL系列等。以东芝 TLP 系列光耦为例，驱动 IGBT 模块主要采用的是 TLP250，TLP251 两个型号的驱动光耦。对于小电流（15A）左右的模块一般采用 TLP251，外围再辅佐以驱动电源和限流电阻等就构成了最简单的驱动电路。而对于中等电流（50A）的模块一般采用 TLP250 型号的光耦。而对于更大电流的模块，在设计驱动电路时一般采取在光耦驱动后面再增加一级放大电路，达到安全驱动 IGBT 模块的目的。

• 厚膜驱动电路。厚膜驱动电路是在阻容元件和半导体技术的基础上发展起来的一种混合集成电路。它是利用厚膜技术在陶瓷基片上制作模式元件和连接导线，将驱动电路的各元件集成在一块陶瓷基片上，使之成为一个整体部件。使用驱动厚膜给设计布线带来了很大方便，提高了整机的可靠性和批量生产的一致性，同时也加强了技术的保密性。现在的驱动厚膜往往也集成了很多保护电路、检测电路，驱动厚膜的技术含量也越来越高。

• 专用集成块驱动电路。现在还出现了专用的集成块驱动电路，主要有 IR 的IR2111、IR2112、IR2113 等，其他还有三菱的 EXB 系列、M57956、M57959 等驱动厚膜。此外，现在的一些欧美变频器将高频隔离变压器加入到驱动电路中（如丹佛斯VLT 系列变频器），通过这些高频的变压器对驱动电路的电源及信号的隔离，增强了驱动电路的可靠性，同时也有效地防止了强电部分的电路出现故障时对弱电电路的损坏。

② 续流二极管。逆变桥中每只逆变管旁都有只续流二极管，其主要功能如下。

a. 电动机的绕组是电感性的，其电流具有无功分量。续流二极管可为无功电流返回直流电源时提供"通道"。

b. 当频率下降较快时，电动机可能处于再生制动状态，此时的再生电流将通过续流二极管整流后回馈给直流回路。

c. 进行逆变的基本工作过程是，同一桥臂的两个逆变管处于不停地交替导通和截止的状态。在这交替导通和截至的换相过程中，也不时地需要提供通路。

③ 制动。包括制动电阻和制动控制单元。

a. 制动电阻：电动机在工作频率急速下降时，被拖动系统的动能要反馈到变频器的直流回路中，使直流电压不断上升，甚至可能达到危险的地步。因此，必须将再生到直流回路的能量消耗掉，将制动电阻投入并处于再生制动状态，使直流电压保持在允许范围内。制动电阻就是用来消耗再生能量的。

b. 制动单元：制动单元通常由 GTR 或 IGBT 及其驱动电路构成。其功能是起开关的作用，为放电电流（再生能量）流经制动电阻提供通路。

(3) SPWM 逆变器的脉宽调制原理

现代变频器中，逆变电路是变频器的核心。因为二极管整流的直流电压幅度不可调节，变频器输出脉冲的幅值就是整流器的输出电压幅值，逆变器的输出电压调节靠改变电压输出脉冲的宽度来完成，所以现代变频器产品的主导设计思想是在逆变器侧采用脉冲宽度调制（plus width modulation，PWM）技术以合成变频变压的交流输出波形。脉宽调制变频的设计思想源于通信系统中的载波调制技术，1964 年由德国科学家率先提出并付诸实施。PWM 变频技术使近代交流电动机调速技术上升到了新的水平。从最初采用模拟电路完成三角调制波和参考正弦波的比较，产生正弦脉宽调制 SPWM 信号以控制功率器件的开关开始，到目前采用全数字化方案，完成优化的实时在线的 PWM 信号输出，PWM 在各种应用场合仍占主导地位，并一直是人们研究的热点。由于 PWM 可以同时实现变频变压反抑制谐波的特点，因此在交流传动乃至其他能量交换系统中得到广泛应用。PWM 控制技术大致可以分为正弦波脉宽调制（SPWM）、优化 PWM 和随机 PWM。SPWM 具有改善输出电压和电流波形、降低电源系统谐波的多重 PWM 技术，在大功率变频器中有其独特的优势。优化 PWM 所追求的则是实现电流谐波畸变率最小、电压利用率最高、效率最优、转矩脉动最小及其他特定优化目标。随机 PWM 原理是随机改变开关频率使电动机电磁噪声近似为限带白噪声，尽管噪声的总分贝数未变，但以固定开关频率为特征的有色噪声强度大大削弱。

SPWM 是把正弦波等效为一系列等幅不等宽的矩形脉冲波形。变器的功率器件工作在开关状态。当开关器件导通闭合时，逆变器输出电压的幅度，等于整流器的恒定输出电压；当开关器件截止开断时，输出电压为零。因此，逆变器输出电压为等幅的脉冲列。为使该脉冲列与正弦波等效，以便尽量减少谐波，现将正弦波形分作 N 等份，见图 4-41（a）。令正弦波的每一等份的中心线与相应的矩形脉冲波形中心线相

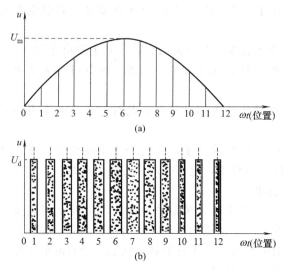

图 4-41　与正弦波等效的等幅脉冲列

重合，并使矩形脉冲波的面积与对应等份的局部正弦波面积相等，则所得到的等幅但不等宽的矩形脉冲列必然与该半周正弦波等效，即各矩形波分段平均值的包络线为等效的正弦波，见图 4-41（b）。因此，若逆变器的开关器件工作在理想状态，则开关器件驱动信号的波形也应与该脉冲列相似。显然，开关器件开、断的工作频率越高，等幅不等宽的脉冲列等效波形就越逼近对应的正弦波形。

上述等效控制方式是通过调制的方法来实现，即将所期望的正弦波形作为调制波（控制信号），将等腰三角形波作为被调制的载波（载波信号）。利用三角波线性变化的上升沿、下降沿与连续变化的正弦线的交点时刻，来控制逆变器开关器件的导通与截止。SPWM 变频器主电路原理图如图 4-42（a）所示。由整流二极管构成相不控整流电路，输出恒

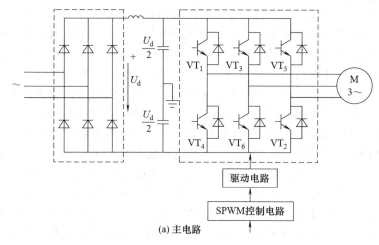

(a) 主电路

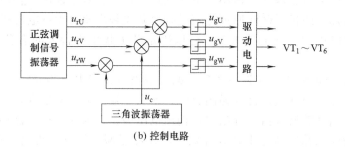

(b) 控制电路

图 4-42　SPWM 变频器原理框图

定直流电压 U_d。逆变电路由六个功率开关器件电力晶体管 GTR（giant transistor）组成。在每个 GTR 上均反并联一个续流二极管，以便连接感应电动机负载。图 4-42 (b) 为 SPWM 控制电路原理框图。将三相正弦波振荡器的输出电压 u_{rU}、u_{rV}、u_{rW} 作为调制波的参考信号，其信号频率和波形幅度均在一定范围内可调。将三角波振荡器的输出电压 u_c 作为被调制的载波信号，分别与各相参考电压进行比较。载波信号 u_c 的频率高于参考电压频率，载波信号 u_c 的最大值也大于调制波的最大值。

① 单极性 SPWM 调制规律。单极性脉宽调制方法的特征是控制信号与载波信号都是单极性弱电信号。在 U 相正弦参考信号半周期内的比较工作过程如图 4-43 所示。U 相控制信号为单极性正弦波 u_{rU}，载波为高频三角波 u_c，图中中间的倒向信号作区分正、负半周的矩形波使用，高电平表示在正半周，低电平表示在负半周。u_{dU} 即为图 4-43 (a) 中负载 U 相的交流输出信号（相对于 O 点）。U 相的输出电压 u_{dU} 主要取决于图 4-42 (a) 中 VT_1 与 VT_4 两个功率开关管的通断状态。控制信号在正半周时，当 $u_{rU} > u_c$ 时，比较器输出电压 u_{gU} 为高电平，使 VT_1 导通、VT_4 断开，u 相对于 O 点相当于获得直流电压的正一半，为 $+\dfrac{U_d}{2}$；当 $u_{rU} < u_c$ 时，u_{gU} 为低电平，应使 VT_1、VT_4 都断开，u 相对于 O 点获得电压为零，于是整个正半周的输出电压由一系列恒幅且不等宽（宽度受 u_{rU} 控制的正弦规律窄-宽-窄变化）的脉冲波列组成。当控制信号在负半周时，当 $u_{rU} > u_c$ 时，控制使 VT_4 导通、VT_1 断开，u 对 O 点相当于获得直流电压的负一半，为 $-\dfrac{U_d}{2}$；当 $u_{rU} < u_c$ 时，使 VT_1、VT_4 都断开，u 对 O 点获得电压为零；则整个负半周的输出电压也由一系列恒幅且不等宽（宽度受 u_{rU} 控制的正弦规律窄-宽-窄变化）的负脉冲波列组成。从图 4-43 中可以看出，如果加大（或减小）控制波 u_{rU} 的幅值，必然引起输出脉冲的宽度整体变宽，从而使得输出电压 u_{dU} 的有效值增大（或减小）；如果改变控制波 u_{rU} 的频率，必然改变输出脉冲的正、负半周交替周期，从而改变 U 相输出电压的频率，使得输出的新交流电既可变压又可变频（VVVF）。V、W 两相交流电的合成方法与 U 相原理相同。由

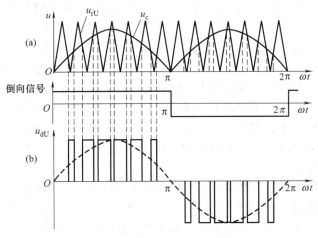

图 4-43　单极式 SPWM 波形

此可见，改变正弦调制波参考信号（控制信号）的幅值和频率，就可以调节变频器输出的脉冲列所等效的正弦波（即输出的基波）的电压和频率。即改变输出交流电压的大小，则需要改变控制波信号的幅值；对输出交流电压的变频，则要靠改变控制信号频率来实现。

②双极性脉宽调制规律。使用双极性脉宽调制时，控制信号与载波信号都是双极性弱电信号。由于参考信号本身具有正负半周，不需反向器进行正负半波控制。双极性 SPWM 的调制规律相对简单，且不需分正负半周。图 4-44 为双极性 SPWM 调制波形图，这种调制方式中，U、V、W 三相控制信号均为互差 120° 的普通正弦波 u_{rU}、u_{rV}、u_{rW}，载波为双极性高频三角波 u_c，u_{dU}、u_{dV}、u_{dW} 即为负载 U、V、W 三相的交流输出信号（相对于 O 点）。以 U 相为例，双极性 SPWM 的调制规律为不分正负半周，当 $u_{rU} > u_c$ 时，使 VT$_1$ 导通、VT$_4$ 断开，u 对 O 点相当于获得直流电压的正一半，为 $+U_d/2$；当 $u_{rU} < u_c$ 时，使 VT$_1$ 断开、VT$_4$ 导通，u 对 O 点相当于获得直流电压的负一半，为 $-U_d/2$。由图 4-44 可知，采用双极性 SPWM 控制的输出交流电 u_{dU} 尽管在正半周会出现 $-U_d/2$，负半周又会出现 $U_d/2$，但脉冲宽度仍基本上呈正弦分布。双极性脉冲宽度调制方式控制的逆变器，其调压调频方式与单极性相同。

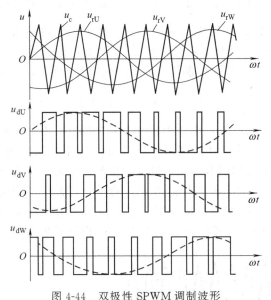

图 4-44 双极性 SPWM 调制波形

③ SPWM 波形的产生。图 4-42 (a) 所示的 SPWM 控制电路框图，采用模拟电子电路构成幅度和频率均可调的正弦波振荡器、三角波振荡器和比较器等环节，来产生 SPWM 驱动控制波形。这种方法所用元件较多，线路较复杂，控制精度也难以保证；也可以用专用集成芯片，如 HEF4752、SLE4520、MA818 和 4752LS 发生器等来产生 SPWM 控制波形；还可以通过微机软件来生成 SPWM 波形。

在实际的变频器控制中，各控制波信号及载波信号的产生及 VT$_1$～VT$_6$ 功率开关的开关点实时控制均由微机程序配合大规模专用集成电路来完成。变频器的变频范围越大，分辨率越高，计算机存储的曲线数值就越多，实时计算就越困难。若以微机为基础来生成 SPWM 波形，首先应找到确定逆变器功率开关器件开、关时刻的有效方法，即对开、关时刻的采样方法。一般可以考虑的采样方法，有自然采样法和规则采样法。

自然采样法是按三角形载波与正弦调制波的实际交点，来对脉冲宽度和脉冲间隙时间进行采样，从而生成 SPWM 波形。这种采样方法能真实准确地反映脉冲的产生与结束的时间。然而，由于求解相应三角方程的困难，以及实时计算量较大等原因，限制了该种控制模式在实际控制中的应用。

　　规则采样法是为尽量克服自然采样法的不足，同时又要尽量取得与自然采样法相接近的效果，而作了在工程应用上允许的近似处理。因此，使有关的计算得以简化，计算工作量明显减少，已被广泛采用。本节对规则采样法进行讨论。

　　自然采样法中，脉冲中点不和三角波（负峰点）重合。规则采样法使两者重合，使计算大为简化。规则采样法是设法使 SPWM 波形的每一个脉冲，都与三角波的中心线对称，并将三角载波每一周期的负峰值时刻确定为寻找正弦调制波上的采样电压值的时刻，参见图 4-45。由图可见，正弦波与三角波的实际交点为 A'、B'。现以三角波的负峰值时刻 t_D 作为采样时刻，对应正弦波上的 D 点，求得采样电压 u_c，以 u_c 水平线取代正弦波。因此，用 u_c 水平线截得三角波上的 A、B 点，用以取代 A'、B' 点，在 t_A 和 t_B 时刻控制开关器件的通断。以此确定 SPWM 波形的脉宽 δ，且间隙时间 δ'。由于 A、B 两点位于正弦调制波的上、下两侧，虽然脉宽的生成有误差，但是此误差很小，所生成的 SPWM 波形比较准确。

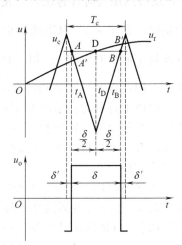

图 4-45　生成 SPWM 波形的规则采样

　　由于三角波每一周期的采样时刻都已确定，因此所生成的 SPWM 波形的脉宽和位置均可被事先计算。设正弦波幅值为 U_{rm}，三角波幅值 U_{cm} 为单位量 1，则调制为

$$\alpha = \frac{U_{rm}}{U_{cm}} = U_{rm}$$

　　若正弦波的角频率，即逆变器输出的角频率为 ω_1，则正弦调制波可表示为

$$u_r = \alpha \sin\omega_1 t$$

　　若三角载波的周期为 T_c，则根据图 4-44 的几何关系，可求得 SPWM 波形的脉宽 δ 为

$$\frac{\dfrac{\delta}{2}}{\dfrac{T_c}{2}} = \frac{1 + \alpha\sin\omega_1 t_D}{2}$$

$$\delta = \frac{T_c}{2}(1 + \alpha\sin\omega_r t_D) \tag{4-36}$$

　　三角波一周期内，脉冲两边间隙宽度

$$\delta' = \frac{1}{2}(T_c - \delta) = \frac{T_c}{4}(1 - \alpha\sin\omega_r t_D) \tag{4-37}$$

　　由于三相正弦调制波形在时间上互差 120°，而三角载波是共用的，因此，可以在同一个三角载波周期内生成三相 SPWM 脉冲波形，其各相脉宽分别为 δ_U、δ_V、δ_W，仍可用式（4-36）计算；间隙时间分别为 δ'_U、δ'_V、δ'_W，也可用式（4-37）计算。

　　用计算机实时产生 SPWM 波形时，可以有三种方法：查表法，就是以三角载波各负峰值为采样时间 t_D，根据控制需要的调制 α、频率 ω_1 以及已知的三角载波周期 T_c，用式（4-35）和式（4-36）计算出脉宽 δ 和隙时间 δ'，存入 EPROM 中，调速时通过查表法得到所需的 SPWM 脉冲波；或者使用查表法与运算相结合的方法，就是将 $\frac{T_c}{2}\sin\omega_1 t_D$ 先计算之后存入 EPROM，调速时，通过查表、加减运算，得到 δ 和 δ'；还可以用实时计算法，就是在存储器中存入采样点的正弦函数和 $\frac{T_c}{2}$ 值，在调速控制时，根据 $\omega_1 t_D$ 取出相应正弦函数值，并与所需的调制 α 相乘，根据给定的三角载波频率取出对应的 $\frac{T_c}{2}$ 值，再按式（4-35）和式（4-36）作乘、加或减运算以及右移位，即可得到脉宽 δ 和间隙时间 δ'。

用以上各种方法求出脉宽 δ 和间隙时间 δ' 之后，送入定时器，按这些时间定时中断，在输出端口输出相应的高电平和低电平，最后产生 SPWM 波形的相应脉冲列。此外，有些单片机专为能控制三相异步电动机而设置了 SPWM 波形输出功能，实用上极为方便。

④ SPWM 逆变器的驱动电路。驱动电路是电力电子主电路与控制电路之间的接口。若交-直-交逆变器的功率器件不同，则其驱动电路也不相同。以下介绍常用的电力晶体管 GTR 的驱动电路。由 SPWM 脉冲生成环节输出的 SPWM 脉冲，必须经基极驱动电路控制 GTR 的导通与截止。为防止误驱动，要求驱动电路必须具有很强的抗干扰能力，一般都使用光电耦合器件将主电路与控制电路进行隔离。GTR 的驱动电路需要提供足够大的基极驱动电流，以确保逆变器在最大负载时，甚至在瞬间过载时，GTR 均能处于饱和导通状态，防止 GTR 由于退出饱和区而损坏。为了减少 GTR 的导通时间，要求驱动电路的上升速率要足够快。现以主电路容量为 22kW 的驱动电路为例，说明的驱动电路的组成和基本功能，电路如图 4-46 所示。

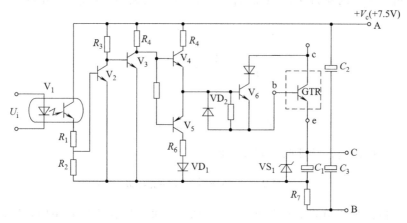

图 4-46　GTR 逆变器基极驱动电路

该电路中，电源 $+V_c$（+7.5V）加在 A、B 两端。当输入信号 U_i 为高电平时，光耦器件 V_1 导通，使三极管 V_2 导通，V_3 截止，推拉式电路 V_4 导通，V_5 截止。三极管 V_4 为射极跟随器，则电源 $+V_c$ 经 V_4 发射极以很小的输出电阻快速向三极管 V_6 提供放大了的基极电流，使 V_6 导通，经 V_6 的功率放大作用，以很小的输出电阻，快速向 GTR 基极提供足够大的导通驱动电流，使其快速饱和导通。在 GTR 导通期间，电源＋V_c 经 V_4、V_6 和 GTR 的三个发射结向电容 C_1 充电，C_1 的充电电压由稳压管 VS_1 限定。

　　GTR 在关断时，驱动电路要确保其基极电流能够快速减小，以缩短饱和存储时间和下降时间，同时要对 GTR 的发射结提供反偏电压，以使 GTR 可靠截止。当输入信号 U_i 为低电平时，光耦器件 V_1 截止，三极管 V_2 截止，V_3 导通，V_4 截止，V_5 导通，则 GTR 的基极电荷通过二极管 VD_2 和射极跟随器 V_5，在电容 C_1 和稳压管 VS_1 的电压作用下快速泄放，确保 GTR 快速截止，可靠关断。

4.8.3　变频器控制方式

　　变频器对电动机进行控制是根据电动机的特性参数及电动机运转要求，进行对电动机提供电压、电流、频率进行控制达到负载的要求。因此就是变频器的主电路一样，逆变器件也相同，单片机位数也一样，只是控制方式不一样，其控制效果是不一样的，所以控制方式是很重要的，它代表了变频器的水平。目前，变频器对电动机的控制方式大体可分为 U/f 恒定控制、转差频率控制、矢量控制、直接转矩控制、非线性控制。

　　(1)"交-直-交"变频器的控制方式

　　① 正弦脉宽调制（SPWM）控制方式。恒定控制是在改变电动机电源频率的同时改变电动机电源的电压，使电动机磁通保持一定，在较宽的调速范围内，电动机的效率、功率因数不下降。因为是控制电压与频率之比，称为 U/f 控制。它的控制电路结构简单、成本较低、机械特性硬度也较好，能够满足一般传动的平滑调速要求，已在产业的各个领域得到广泛应用。

　　U/f 恒定控制主要问题是低速性能较差。这种控制方式在低频时由于输出电压较低，转矩受定子电阻压降的影响比较显著，使输出最大转矩减小，电磁转矩无法克服较大的静摩擦力，不能恰当地调整电动机的转矩补偿和适应负载转矩的变化。另外，其机械特性终究没有直流电动机硬，动态转矩能力和静态调速性能都还需要提高，且系统性能不高，控制曲线会随负载的变化而变化，转矩响应慢、电动机转矩利用率不高，低速时因定子电阻和逆变器死区效应的存在而性能下降，稳定性变差等。其次是无法准确地控制电动机的实际转速。由于恒 U/f 变频器是转速开环控制，由异步电动机的机械特性可知，设定值为定子频率也就是理想空载转速，而电动机的实际转速由转差率所决定，所以 U/f 恒定控制方式存在的稳定误差不能控制，故无法准确控制电动机的实际转速。

　　② 电压空间矢量（SVPWM）控制方式。它是以三相波形整体生成效果为前提，以逼近电动机气隙的理想圆形旋转磁场轨迹为目的，一次生成三相调制波形，以内切多边形逼近圆的方式进行控制的。经实践使用后又有所改进，即引入频率补偿，能消除速度控制的误差；通过反馈估算磁链幅值，消除低速时定子电阻的影响；将输出电压、电流闭环，以提高动态的精度和稳定度。但控制电路环节较多，且没有引入转矩的调节，所以系统性能没有得到根本改善。

③ 转差频率控制。转差频率是施加于电动机的交流电源频率与电动机速度的差频率。根据异步电动机稳定数学模型可知，当频率一定时，异步电动机的电磁转矩正比于转差率，机械特性为直线。转差频率控制就是通过控制转差频率来控制转矩和电流。转差频率控制需要检出电动机的转速，构成速度闭环，速度调节器的输出为转差频率，然后以电动机速度与转差频率之和作为变频器的给定频率。与 U/f 控制相比，其加减速特性和限制过电流的能力得到提高。另外，它有速度调节器，利用速度反馈构成闭环控制，速度的静态误差小。然而要达到自动控制系统稳态控制，还达不到良好的动态性能。

④ 矢量控制（VC）方式。矢量控制，也称磁场定向控制。它是 20 世纪 70 年代初由 F. Blasschke 等首先提出，以直流电动机和交流电动机比较的方法阐述了这一原理，由此开创了交流电动机和等效直流电动机的先河。矢量控制在各类电动机的控制中均获得普遍应用。矢量变换控制对于三相异步电动机，主要用于变频器-电动机调速系统或交流伺服系统（尤其是在大功率伺服场合）。

由三相异步电动机的原理知，当定子三相绕组在空间分布上互差 120°，并通以时间上互差 120°的三相正弦交流电 i_U、i_V、i_W 时，在空间上会建立一个转速为 n_0 的旋转磁场，如图 4-47（a）所示。事实上，产生旋转磁场不一定非要三相绕组，取空间上相互垂直的两相绕组 α、β，且在 α、β 绕组中通以互差 90°的两相平衡交流电流 $i_α$、$i_β$ 时，也能建立一个旋转磁场，如图 4-47（b）所示。当该旋转磁场的大小和转向与三相绕组产生的旋转磁场相同时，则认为 $i_α$、$i_β$ 与 i_U、i_V、i_W 等效。

因上述两图中产生两个旋转磁场的定子绕组都是静止的，因而可将图 4-47（a）称为三相静止轴系，将图 4-47（b）称为两相静止轴系，这是从三相静止轴系 i_U、i_V、i_W 等效变换到两相静止轴系 $i_α$、$i_β$ 的变换思路。

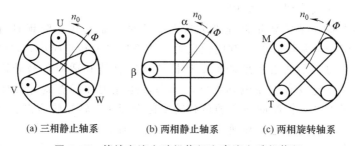

(a) 三相静止轴系　　(b) 两相静止轴系　　(c) 两相旋转轴系

图 4-47　等效交流电动机绕组和直流电动机绕组

图 4-47（c）中也有两个空间上相互垂直的绕组 M、T，如分别通入直流电流 i_M、i_T，则可以建立一个不会旋转的磁场，但如果让 M、T 轴都以 n_0 的同步速旋转起来，也可以获得与上述两图同样效果的旋转磁场。图 4-47（c）称为两相旋转轴系，在该轴系中，因为使用两个互相独立的直流电流 i_M、i_T 进行控制，i_M 为励磁分量，i_T 为转矩分量，所以可以实现类似于直流电动机的控制性能。

矢量控制变频调速的基本思想是将异步电动机在三相坐标系下的定子交流电流 i_U、i_V、i_W，通过三相-两相变换，等效成两相静止坐标系下的交流电流 $i_α$、$i_β$，再通过按转子磁场定向旋转变换，把两相交流电流 $i_α$、$i_β$ 等效变换成两相旋转轴系 M、

T 的直流电流 i_M、i_T。i_M 相当于直流电动机的励磁电流，i_T 相当于直流电动机的电枢电流，然后模仿直流电动机的控制方法，求得直流电动机的控制量，经过相应的坐标反变换实现对异步电动机的控制。其实质是将交流电动机等效为直流电动机，分别对速度、磁场两个分量进行独立控制。通过控制转子磁链，然后分解定子电流而获得转矩和磁场两个分量，经坐标变换，实现正交或解耦控制。实质上就是通过数学变换把三相交流电动机的定子电流 i_U、i_V、i_W 分解成转矩分量和励磁分量，以便像直流电动机那样实现精确控制。矢量控制方法的提出具有划时代的意义。然而在实际应用中，由于转子磁链难以准确观测，系统特性受电动机参数的影响较大，且在等效直流电动机控制过程中所用矢量旋转变换较复杂，这使得实际的控制效果难以达到理想分析的结果。矢量控制方法的出现，使异步电动机变频调速在电动机的调速领域里全方位地处于优势地位。但是，矢量控制技术需要对电动机参数进行正确估算，如何提高参数的准确性一直是研究话题。要进行矢量变换控制的矩阵运算，除了需要实时检测定子的三相电流之外，还需要直接或间接检测转子速度、磁通等许多变量，需要多位、高速的微处理器才能完成运算。

⑤ 直接转矩控制（DTC）方式。1985 年，德国鲁尔大学的 DePenbrock 教授首次提出了直接转矩控制理论，该技术在很大程度上解决了上述矢量控制的不足，并以新颖的控制思想、简洁明了的系统结构、优良的动静态性能得到了迅速发展。目前，该技术已成功地应用在电力机车牵引的大功率交流传动上。

直接转矩控制不是通过控制电流、磁链等量间接控制转矩，而是把转矩直接作为被控量来控制。转矩控制的优越性在于转矩控制是控制定子磁链，在本质上并不需要转速信息，控制上对除定子电阻外的所有电动机参数变化鲁棒性良好，所引入的定子磁链观测器很容易估算出同步速度信息，因而能方便地实现无速度传感器，这种控制称为无速度传感器直接转矩控制。

直接转矩控制直接在定子坐标系下分析交流电动机的数学模型，控制电动机的磁链和转矩。它不需要将交流电动机等效为直流电动机，因而省去了矢量旋转变换中的许多复杂计算；它不需要模仿直流电动机的控制，也不需要为解耦而简化交流电动机的数学模型。

上述的 V/F 变频、矢量控制变频、直接转矩控制变频都是交-直-交变频中的控制方式。其共同缺点是输入功率因数低、谐波电流大，直流电路需要大的储能电容，再生能量又不能反馈回电网，只能通过制动单元消耗掉，即不能进行四象限运行。

(2) 变频器的矩阵式交-交控制方式

矩阵式交-交变频器（装置）省去了中间直流环节，也省去了体积大、价格贵的电解电容，这种变频器的功率因数可达到"1"，输入电流为正弦且能四象限运行，系统的功率密度大。其实质不是间接的控制电流、磁链等量，而是把转矩直接作为被控制量来实现的。具体方法如下。

① 控制定子磁链引入定子磁链观测器，实现无速度传感器方式。

② 自动识别（ID）依靠精确的电动机数学模型，对电动机参数自动识别。

③ 根据定子阻抗、互感、磁饱和因素、惯量等算出实际的转矩、定子磁链、转子速度进行实时控制；实现 Band-Baod 控制按磁链和转矩的 Band-Band 控制产生

PWM 信号，对逆变器开关状态进行控制。

矩阵式交-交变频具有快速转矩响应（<2ms）、很高速度精度（±2%，无 PG 反馈）、高转矩精度（<+3%）；还具有较高的启动转矩及高转矩精度，尤其低速时（包括 0 速度时），可输出 150%～200%转矩。

4.8.4 VVVF 电梯调速系统设计

(1) VVVF 电梯调速系统性能和特点

① 变频调速电梯的启动和制动减速过程非常平稳、舒适。电梯按距离制动，直接停靠停层准确度可在±5mm 之内。

VVVF 电梯启动多采用降频软启动，电动机启动电流很小，不超过额定电流。在电梯的制动段，电梯调速系统工作在发电制动状态，不需从供电网中取得电能，从而降低了电能的消耗，避免了电动机过热，调速系统的功率因数较高（接近 1）。用工频电源直接启动时，启动电流为 6～7 倍，会对配电系统产生冲击。采用变频器运转时，随着电动机的加速相应提高频率和电压，启动电流一般是被限制在 150%额定电流以下（根据变频器种类的不同，为 125%～200%）。采用变频器传动可以平滑地启动（启动时间变长），启动电流为额定电流的 1.2～1.5 倍，启动转矩为 70%～120%的额定转矩；对于带有转矩自动增强功能的变频器，启动转矩为 100%额定转矩以上，可以带全负载启动。

② VVVF 系统是高效率、低损耗的电梯驱动系统。驱动系统不仅可以工作在电动状态（即工作在第Ⅰ、Ⅲ象限），也可工作在再生发电状态（即工作在第Ⅱ、Ⅳ象限），即 VVVF 调速系统可在"四个象限"内工作，降低了系统的电能消耗。同时由于驱动系统完全采用电力半导体器件，工作效率高。

③ 控制系统全部使用半导体集成器件，系统工作十分可靠。

④ VVVF 系统维持了磁通与转矩恒定的静态稳定关系，自"矢量控制"技术发明以来，VVVF 调速系统的性能完全赶上甚至超过了直流调速系统。

(2) 矢量变换 VVVF 电梯控制系统

由于进行坐标变换的量，是电流（代表磁动势）的空间矢量，所以这种通过坐标变换来实现控制的系统，就叫做矢量控制系统。

图 4-48 是一种应用 SPWM 和矢量变换技术的 VVVF 电梯控制系统框图。其主回路由双微机进行控制。主微机主要用于产生速度给定曲线、矢量控制、故障诊断和信号显示。主微机将来自光电脉冲发生器的电动机实测速度反馈信号与速度给定信号相比较，进行矢量变换运算，产生对应于所需电磁力矩的电流指令 $I_{\check{U}}$、$I_{\check{V}}$、$I_{\check{W}}$。这一电流指令与电动机的电流反馈信号相比较，形成 PWM 控制信号，经基极驱动电路控制 GTR 逆变器工作。主微机还根据装在轿厢底部的差动变压器检测的负载信号进行负载补偿，以改善乘坐舒适感。系统的副微机主要进行内、外指令信号的采集与运行逻辑控制，并与主微机并行通信。

系统的主回路有泄放电阻 R 和控制三极管。在电梯回馈制动过程中，通过电压检测电路和回馈制动控制电路使三极管自动导通，以泄放制动能量。为更利于节能，有时在主回路的整流器中，设置由晶闸管组成的将制动能量返回电网的变换电路。采用微机

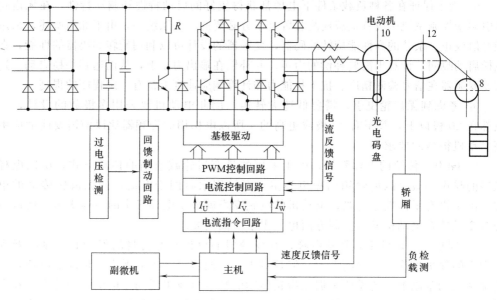

图 4-48　矢量变换 VVVF 电梯控制系统框图

控制的 SPWM 和矢量变换技术的 VVVF 电梯，其调速性能得到了明显改善，乘坐舒适感良好，使电梯运行平稳，节约能量，降低了噪声，并大大提高了可靠性和安全性。

（3）电梯变频驱动装置的设计要求

① 由于是无齿轮减速直接曳引，电动机的响应变化将通过钢丝绳直接作用在电梯轿厢上，因此为考虑电梯的振动、舒适感等指标，需要设计控制精度高，响应速度快的高性能变频调速控制器。特别是电流环的检测精度和计算响应的速度。

② 旋转编码器。在永磁同步电动机的控制系统，编码器除了反馈电动机的转速，还需要检测电动机的磁极位置，所以编码器需要能够反馈磁极位置信号。另外，无齿轮曳引方式，电动机转速较低，因此要求编码器的分辨率更高，一般要求在 4096c/t 以上才能使系统有良好的控制性能。所以这种电梯系统一般会选用绝对值或正、余弦的高性能旋转编码器。而目前一般的变频器标准配置为 a、b 相的增量式旋转编码器，这就要求在变频器的设计中要考虑新的旋转编码器的接口和应用设计。

③ 与交流异步电动机比较，永磁同步电动机在额定频率下并不能自启动，需要在变频器驱动下启动。这是因为永磁同步电动机的转子是永磁体，其转子磁场是恒定的，所以定子磁场的产生需要配合转子磁场磁极的位置，以产生电动机运转所需要的转矩。因此在永磁同步电动机的电梯系统中，变频器需要设计有通过编码器反馈检测磁极位置信号，并根据磁极位置、电动机的转速、所需转矩等产生定子旋转磁场的功能。

④ 在目前的系统中，对永磁同步电动机的磁极检测，在变频器的设计上，需要对变频器参数进行初始化设定。通常变频器需要对电动机进行空载运转来进行设定，但是对于电梯产品，当一台电梯安装完成后，电动机上已经挂上了轿厢、对重等负载，再进行空载运转来进行磁极位置初始化设定并不实际，所以在这种电梯系统中，变频器需要有不需空载运转来进行磁极位置初始化设定的功能。

⑤ 为了保证在各种负载条件下电梯都获得较好的启动特性和制动特性，在无齿轮曳引驱动控制系统中设置负载检测装置是十分必要的。在系统中，由于如前所述，采用绝对值或正、余弦的高性能旋转编码器，变频器的设计可以利用旋转编码器的性能，在电梯启动瞬间，计算出需要补偿的力矩，并补偿在输出力矩上，从而达到平稳启动。这需要变频器在信号检测精度、抗干扰能力和计算响应速度上都有一定程度的提高。

⑥ 考虑到无齿轮曳引，需要低速大转矩，因此电动机要采用多极数的设计，一般都在 20 极以上，甚至有 40 极或更高的。所以电梯用的变频器比以前需要能适应更高电动机极数的要求。

⑦ 噪声。传统的电梯系统，由于采用的是有齿轮减速箱的传动方式，所以电梯机房的噪声一般是以齿轮箱的噪声为主。而采用永磁同步电动机的无齿轮传动的电梯，由于没有了齿轮减速箱，电动机的电磁噪声就成了电梯机房的主要噪声。所以系统对变频器在电动机噪声抑制方面也提出了更高的要求。

⑧ 保护。一般的变频调速电梯，其变频器的设计在对自身的保护和对系统及安全方面的保护都作了不少的考虑，但是对于永磁同步电动机的无齿轮传动的电梯，在传统系统的基础上，还需要根据无齿轮传动的特点以及永磁同步电动机的特点，在电梯的安全性方面进行新的设计。如对电动机可能因磁极位置检测错误而发生的失速动作进行保护，这需要变频器有专门的设计，同时有更高的检测和计算速度。

⑨ 能量回馈。电梯作为垂直运输的交通工具，其特点决定其运行过程中必然存在电动和发电两种状态。传统的电梯变频器在设计上，一般是将电梯在发电状态运行时反馈的能量通过电阻消耗掉。一方面，变频器这样的设计会比较简单，成本较低；另一方面，传统的电梯采用有齿轮减速箱的传动方式，效率较低，所以反馈的能量也较少。但是采用永磁同步电动机的无齿轮传动的电梯，由于没有齿轮减速箱，效率提高了，所以反馈的能量也相应增加了不少。如果还是采用传统的方法，通过电阻消耗，电阻的功率、体积和成本都大幅提高，而且在能源紧缺的今天，也不符合节能环保的趋势。因此在永磁同步电动机的无齿轮传动电梯系统中，变频器的设计需要有能量回馈的功能，将这些反馈的能量通过变频器回馈到电网。

(4) 变频器选择

变频器对所驱动的电动机进行自学习，即将曳引机制动轮与电动机轴脱离，使电动机处于空载状态，再启动电动机，变频器便可自动识别并存储电动机有关参数，对该电动机进行最佳控制。

① 变频器的容量选择。变频器的容量可根据曳引电动机功率、电梯运行速度、电梯载重与配重进行选取。设电梯曳引电动机功率为 P_1，电梯运行速度为 v，电梯自重为 W_1，电梯载重为 W_2，重力加速度为 g，则

$$P_1 = K_2 v (1 + K_1)(W_1 + W_2) g$$

式中，K_1 为摩擦因数；K_2 为可靠系数。确定曳引电动机功率后，根据变频器额定电流大于电动机最大工作电流原则，则可选定变频器的容量。

② 变频器的接线及功能。变频器接线如图 4-49 所示。变频器的上下行驶信号及高低速信号，由 PLC 的输出触点进行控制。当 Y4 闭合时，电梯上行，Y5 闭合时电梯下行；Y6、Y7 的通断控制着电梯的运行速度。另外，在变频器内部可通过参数设

置，决定电梯的加减速曲线、加减速时间、各种运行速度、过流过载保护和电流、速度、频率显示功能。

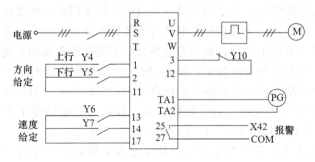

图 4-49　变频器接线图

目前，电梯专用变频器价格较高，对要求不高的场所，可以采用通用型变频器，通过合理设计，使其达到专用变频器的控制效果。为满足电梯控制上的要求，参数设置比专用型变频器要复杂得多。为减少启动冲击及增加调速的舒适感，其速度环的比例系数宜小些（3s），而积分时间常数宜大些（5s）。为提高运行效率，快车频率应选为工频（50Hz），爬行频率要尽可能低些（4Hz），以减少停车冲击，检修慢车频率可选 10Hz。为保证平层精度及运行的可靠性，曳引电动机的转速采用闭环控制，其转速由旋转编码器检测。

电梯调速控制的目的是对电梯从启动到平层整个过程中速度的变化规律进行控制，减轻人们在乘坐电梯时由于启、制动过程中加、减速产生的不舒适感（上浮、下沉感），并保证呼层停车准确可靠。电梯的运行可分为启动、稳速、制动三个阶段。稳速运行时考虑到节能和对电网的干扰，系统采用开环控制，而启、制动运行时为使运行速度跟随给定理想速度运行，采用闭环控制。理想速度运行综合了舒适感（满足人体对加速度及加速度变化率要求）、运行效率及电动机调速性能，按位置原则存储于程序存储器中。

通常电梯运行速度曲线是由速度曲线卡生产的。如蓝光自动化有限公司的 G5-PCB 型速度曲线卡是专为 616G5（676VG3）型变频调速器配套生产的，能够生成电梯启、制动曲线。该卡以 MCS-51 单片机为核心，分别按照时间原则、位置原则产生电梯起、制动曲线，并能给出必要的异常保护。安川变频器在电梯控制系统中采用速度闭环控制方式，因此必须配接安川公司生产的 PG-B2 测试脉冲卡，用于检测电动机转速，G5-PCB 型速度曲线卡利用变频器模拟给定输入端口。在电梯启动段发出 S 形时间原则的启动曲线。在电梯制动段，根据 PG-B2 卡脉冲分频输出信号产生电梯位置原则的制动曲线，但电梯检修运行的速度给定是由变频器内部参数决定，与该位置曲线无关。

4.9　无机房电梯拖动系统

随着建筑业的发展，20 世纪 90 年代世界各大电梯公司纷纷研制出无机房电梯，并分别在 1997 年上海第二届和 1998 年北京第三届中国国际电梯设备及技术展览会上先后推出无机房电梯实物展品或录像介绍。它不是电梯无机房的简单局部改进，而是电梯技术的一次意义深远的变革。这是因为目前无机房电梯采用的一些关键技术，将会推广应用到其他电梯产品上，进而带动整个电梯行业的技术进步。如今，各大电梯公司推出的无机房电梯，要么申请了专利，如通力电梯公司采用碟形无齿同步曳引机制造的无机房电梯；要么采用了自己的专有技术，如 OTIS 公司最近推出的 GEN2 无机房电梯，采用钢丝带取代了钢丝绳，使得主机的驱动轮直径也相应减少，曳引机体积更小。

国际上无机房电梯的发展经历了四代。第一代无机房电梯诞生于意大利，其诞生的主要原因是欧洲对古建筑的保护以及与液压电梯的竞争。第一代为下置式，蜗轮蜗杆曳引机，井道面积大；第二代无机房电梯也是井道底置式，是将电梯曳引机合理安排后，增加导向轮，而使曳引机安装在电梯井道中间。这两代无机房电梯目前在欧洲已经淘汰，淘汰的原因是安全隐患严重，在 1997 年开始几乎没有欧洲公司再使用该类无机房电梯。

第三代无机房电梯是由 KONE 发明的，采用碟式电动机的永磁同步曳引机，使无机房电梯有了根本性的发展，主要有主机放在导轨上和主机放在轿厢顶上两种主机的放置形式，但是由于电梯曳引机放在导轨上，使电梯噪声与振动很大。第三代无机房电梯属于改变前两代无机房电梯的新产品，所以一时受到青睐。但是主机放在轿厢顶部的安全问题及噪声是两大缺憾，所以在欧洲没有得到发展。通力的产品虽然比前两代有了技术方面的突破，特别是主机的突破应该说对无机房技术的普遍应用提供了十分好的契机；不过共振共鸣问题没有彻底解决，成为一个重要的技术设计缺陷。同时该种技术限制了速度及提升高度的增大。图 4-50 所示为主机安装在导轨上的无机房电梯。

第四代无机房电梯是最先进的无机房电梯，由 WA-LESS 发明，并弥补了前三代的缺陷，首先是安全隐患得到解决，其次是共振共鸣问题的解决，第三是速度上只要主机生产企业能够供应，提升高度及速度不存在技术问题。所以第四代无机房电梯是目前世界上最先进的无机房电梯。目前只有 WALESS 采用第四代无机房电梯，而且由于该技术只提供中国，所以目前世界上只有中国的 WA-LESS 供应商能够提供第四代无机房电梯。第四代无机房电梯不只是无机房电梯技术已经得到完美体现，最关键的是整体技术在中国达到最先进的程度。该技术在 2002 年 3 月进入中国寻找合作企业时，许多电梯企业均基本回绝该电梯技术的合作。只有中国的两个企业为该最新技术提供了运转场所，而且在半年多时间中已经有三大系列、数十个型号。目前在很多国家招标项目及房地产商使用。由于其技术为 2002～2003 年世界最新技术。所有载人垂直升

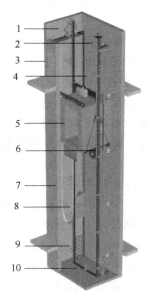

图 4-50 主机安装在导轨上的无机房电梯

1—曳引机；2—限速器；3—控制柜；4—轿顶检修装置；5—轿厢；6—井道照明；7—随行电缆；8—对重；9—地坑防护栏；10—轿厢缓冲器

降电梯全部采用双向安全钳与双向限速器，该双向安全系统是目前中国电梯标准修改中选择的安全系统标准，也是欧洲已经采用的安全标准。

4.9.1　无机房电梯的性能特点

无机房电梯摒弃了传统的又大又重的曳引机，应用全新的电动机拖动技术，其核心部件就是碟式电动机，它完美地实现了无齿轮的驱动。合理利用行星齿轮传动装置的优点，从而使小型化的曳引机可紧贴井道，扁平的控制屏可设置在顶层的电梯门旁，解决了传统电梯必须有单独机房的问题。表 4-1 为载重量 1000kg、速度 1m/s 的液压电梯、双速电梯、VVVF 电梯与无机房电梯的性能比较。

表 4-1　不同电梯的性能比较

比较项目		液压电梯	双速电梯	VVVF 电梯	无机房电梯
启动电流/A		80	100	35	18
主保险丝/A		80	50	35	25
年耗能 /(kW·h/a)	一年启动 100000 次	10000	4700	3700	2800
	一年启动 200000 次	1800	7500	6200	3500
	一年启动 300000 次	26000	10000	7500	4400
热损失/kW		6.0	4.2	3.5	1.0
耗油量/L		300	3.5	3.5	0
质量/kg		1200	650	650	330
噪声/dB		65～70	65～70	65～70	50～55
典型机房面积/m²		10	15	15	0
速度/(m/s)		1.0	1.0	1.0	1.0
电动机功率/kW		27	10	10	5.7
额定电流/A		65	30	25	12

通过以上电梯的性能比较，可得出无机房电梯具有以下优点。

① 节省空间、简化建筑设计。不需要建造普通意义上的机房，既节省空间，又节约了机房的建造费用，还提高了井道上层空间的利用率。从设计的角度来讲，减少因要考虑机房而对建筑设计造成的限制，将建筑师从需要考虑电梯机房的痛苦中解脱出来，从而设计出更完美的建筑方案。不需要机房和井道顶部无荷载的特点，使电梯可以方便地和建筑设计融为一体。无机房可以解决结构噪声问题，使电梯可以自由地安排在建筑物内的任何位置。井道壁不再承受电梯的质量，超载与轻载现象将得到缓解。

② 高效节能、减少火灾隐患。无机房电梯高效节能，污染大大减少，符合绿色电梯发展的趋势。

电梯曳引机行星齿轮箱的对称平衡力分布和瞬间多重齿合，使曳引机能产生极大的转矩，有效功率达到 95% 以上，并且采用变频驱动技术。这样，使电梯用较小功率的电动机就能达到所要求的运行速度和载重能力。在同样速度、载重条件下，与蜗轮蜗杆电梯相比能节约能耗 40％～50％。小曳引机经济节能，消耗能量为传统曳引机所需的一半。一部电梯每年可节电几千千瓦时，启动峰值电流只是液压和其他曳引系统的 20％～40％。无机房曳引机不仅耗能低，而且不需润滑，从而消除了液压系统中油的污染和火灾的潜在危险。

③ 平稳舒适、低噪运行。行星齿轮间良好的啮合性促进了电梯的平稳、低噪声运行。电梯的伺服电动机驱动系统使电梯运行精度更高、响应更快。

④ 减少维护。采用的曳引机为全封闭自润滑的长寿命曳引机，其齿轮磨损系数小，在通常情况下连续运行 10 年不需检修，不需要因齿轮磨损而进行校正，不需要换油和经常性的维修保养。这种无齿轮结构以非常低的速度转动，从而保证了电梯长时间的可靠运行。

小型曳引机可固定在导轨上，可内置于通用井道，而控制柜又可在顶层任意地方设置，这就使电梯只需井道而不需要独立机房，无机房电梯结合了传统曳引驱动电梯和液压驱动电梯优点。

⑤ 节约建筑成本。由于无机房电梯取消了电梯机房，也不需在井道上方设置承重结构以支撑曳引机，令建筑结构的设计简化，减少建造机房的费用，节约建造时间和人工、材料等建筑成本。安装时不需脚手架和特殊起吊设施，可以降低安装费用，缩短安装工期。

同时，无机房电梯的价格普遍低于同规格、同性能的其他电梯。

4.9.2 无机房电梯拖动控制系统

无机房电梯省去了传统的电梯机房，一般情况下，将电梯驱动主机和控制系统以及一些其他部件统统放到了井道中。

(1) 电梯驱动主机和控制系统的特殊要求

① 对主机的要求

a. 结构紧凑，功率密度高，适于安装在井道内。

b. 噪声低，振动小，运行平稳舒适。

c. 可靠性高，平均无故障时间长。

d. 高效率，维护费用少，运行成本低。

e. 价格低。

② 对电梯控制系统的要求

a. 结构紧凑，体积小，便于安装。

b. 抗干扰，可靠性高，安全裕量大。

c. 检修方便。

d. 省电高效。

(2) 无机房电梯常见的井道布置形式

① 主机上置式。这种布置方式中，主机放在井道顶层轿厢和电梯并道壁之间的空间，为了使控制柜和主机之间的连线足够短，一般将控制柜放在顶层的厅门旁边，也便于检修和维护。

② 主机下置式。主机放在井道的底坑部分，放在底坑轿厢和对重之间的投影空

间上，控制柜一般采用壁挂形式。这种放置方式给检修和维护也提供了方便。

③ 主机放在轿厢上。主机放在轿厢的顶部，控制柜放在轿厢侧面，这种布置方式，随行电缆的数量比较多。

④ 主机和控制柜放在井道侧壁的开孔空间内。这种方式对主机和控制柜的尺寸无特殊要求，但是要求开孔部分的建筑要有足够厚度，并要留有检修门。

(3) 无机房电梯的驱动方式

从驱动系统看，无机房电梯除了液压驱动方式外，还有下列几种方案。

① 钢丝绳曳引驱动。这种驱动方式与传统钢丝绳曳引驱动有两大变化：采用 2：1 曳引比，通过使曳引驱动转矩减小和曳引轮转速提高来压缩驱动主机外形尺寸；研制扁形盘式同步无齿驱动主机，以便能够安放在井道上端轿厢和井道壁之间。

② 钢丝带曳引驱动。这种驱动方式的重大改进是采用扁形钢丝带代替圆形钢丝绳，这样在同样绳径比条件下，大大减小了曳引轮直径，再加上采用 2：1 曳引比，使曳引驱动转矩进一步减小和曳引轮转速更加提高，因此大大压缩了驱动主机外形尺寸，以致可以容易地将其安放在井道顶层轿厢和井道壁之间。

③ 直线电动机驱动。这种驱动方式可以不要对重，将永久磁铁直接安装在轿厢上而把线圈固定在对应侧的井道壁上，通过组成的直线电动机直接驱动轿厢上下运动。另外也可将线圈安装在对重上而把永久磁铁固定在对应侧的井道壁上，通过组成的直线电动机间接驱动轿厢运动。直线电动机驱动的无机房电梯省掉了机房。这样便于建筑物外观造型的美学设计，而且占用较小的井道面积。但其最大的缺点是在电梯井道内需要安装很长的原、副绕组，很难保证定、转子之间气隙均匀，进而会影响电动机的运行性能。另外，直流电动机工作电流比较大，功耗也较大，因此，此方案至今尚未形成商品。

④ 外转子电动机驱动。电动机为内定子，转子在外部，与定子共轴。其曳引轮直接安装在转子上，不需要单独的变速装置或曳引轮。从曳引钢丝绳到轿厢间曳引力的传递是直接的，同传统的装置相比，它的损耗相对较小，电动机采用变压变频 VVVF 驱动。但为了产生足够的转矩，它的径向和轴向尺寸都较大，而且轴伸的支撑增加了电动机的长度、质量和体积，这将给它用作无机房电梯的曳引机带来一定的影响。

⑤ 摩擦轮轮驱动。这种驱动方式是把带有摩擦轮的驱动主机直接安装在轿厢底部，使其与特制的轿厢导轨接触并借助压轮施加一定的正压力，这样通过驱动主机带动摩擦轮旋转时产生的摩擦力来驱动轿厢沿着导轨上下运动。

⑥ 交流永磁同步电动机（无齿轮）驱动。交流永磁同步电动机是无机房电梯曳引机的一种较为理想的选择方案，它主要由三部分组成：盘式永磁电动机、制动器和曳引绳轮。电动机的励磁部分为稀土永磁材料制成。稀土永磁材料的磁能大，因此电动机体积小、质量小。因为无滑差损耗，无励磁损耗且定子铜耗也相对较小，功率因数近似等于 1，效率高、发热量小、噪声低。永磁同步电动机提高转矩的主要措施如下。

• 永磁同步电动机采用碟式扁平结构，可以增大电动机的等效直径，在同样的电磁力下增大了电动机的输出转矩；其次，扁平结构也是能将曳引机置于井道中导轨后面的必要条件；再次，扁平结构的采用有利于电动机的散热，这就为尽量增加电动机中的电流创造了条件。这个设计方案可以增加的转矩倍数接近 2.0。

- 可以将曳引轮的直径降至最小，使所需电动机的输出转矩减小。但曳引轮直径减小后，钢丝绳的直径也应相应减小，以满足两者直径之比大于 40。这一措施相当于增大电动机转矩的倍数（接近 2.0）。

- 采用 2：1 的绕绳方式，在不过多增加曳引轮绳槽数量的情况下，这是保证钢丝绳安全系数的必要措施，这也相当于增大电动机转矩 2.0 倍。

- 提高了功率因数。使用同步电动机驱动，电动机转子中采用最新的稀土永磁材料取代励磁系统。同步电动机的功率因数可以接近甚至达到 1.0，而功率因数的提高意味着在其他电参数不变的情况下，电动机有效转矩的提高。功率因数的提高以及励磁系统的取消也大大提高了电动机的运行效率。同时如前所述，同步电动机中的磁场也可以比异步电动机中的更强。综合磁场和功率因数两个方面使得电动机转矩可增加的倍数约为 2.0。

- 增大承载能力。不管是直流电动机还是交流电动机，其额定转矩与最大转矩之间都还有一定的裕量，也就是电动机转矩过载倍数。一般情况下，直流电动机的过载倍数为 1.5～2.0，笼型感应电动机的过载倍数为 1.8～2.0，绕线型感应电动机为 2.0～2.5，而同步电动机为 2.0～2.5。如果采取某些特殊措施，转矩过载倍数还可更高。在满足电梯启、制动的要求和电动机发热两个前提下，尽量使电动机的额定转矩接近其最大转矩，以充分利用电动机产生转矩的能力。同步电动机在过载倍数太小的情况下，由调速系统来解决振荡和失步的问题。由于在电梯中同步电动机的供电并非恒定频率的交流电，而是通过闭环控制能自动根据电动机转速进行变频的电源，因此同步电动机在运行过程中始终保持稳定的同步，完全不会发生失步的问题。此项措施电动机转矩可以挖掘的倍数约为 2.0。

通过估算，以上 5 条措施的综合采用使得电动机的转矩相当于增大了约 30 倍，显然这已使得无齿轮的驱动变成了现实的可能。

通力公司（KONE）研发的碟式电动机技术，不仅是一种实用的方案，而且由于它采用了众多综合技术，还实现了无齿轮驱动，无论从节能经济性、结构紧凑性、坚固可靠性、低成本可扩充性，还是从安全性等方面来看它都是目前最好的方案。对电动机的调速控制其实质是对电动机转矩的控制，而对转矩的控制归根到底是对电流的控制。电流的控制包含两个方面，即大小和相位，矢量控制的高明之处就是增加了对电流相位的控制。根据电动机的统一理论，在对电动机的转矩（电流）进行控制时，变压变频（VVVF）只不过是自然产生的附加结果，是表面而不是核心。因此不管是直流电动机、直线电动机、交流异步电动机，还是交流同步电动机，最终都必须采用"变压变频"的调速方式。对于同步电动机来说，这一技术还从根本上解决了其振荡和失稳的问题，并为进一步提高其承载能力开辟了道路。

无机房电梯利用小型曳引机驱动，这种扁平盘式曳引机，可以安装在井道内任何地方，易维护、无须加油、机械特性好。这种优越的曳引机能合理利用空间、节约建筑成本、提高长期运行效益等，符合当今环保意识日渐增强的市场设计要求，使之成为建筑业电梯市场新的选择。尽管这种电动机目前价格尚高，但其性价比高，已经得到了市场的认可。我国稀土永磁材料矿藏丰富，今后随着技术的进步，永磁电动机的价格将会下降，故我国采用稀土永磁电动机作为电梯（不仅只是无机房电梯）的驱动电动机有着非常广阔的前景。

由于无机房电梯发展的时间不长，无机房电梯尚有很多缺点和不足，一些装置的性能和安全系数正在研究和调试阶段。无机房电梯的提升速度目前最高只有 1.5m/s、提升高度在 45m 以下等，通过不断发展和改进，相信无机房电梯将会成为电梯市场历史上最快的变革。

4.10 电梯控制系统设计计算

以 WISH 8000 系列电梯为例，该电梯控制柜采用先进的控制和驱动一体化技术，从根本上提高了电梯的运行性能和可靠性。

(1) 驱动部分

本系统采用变压变频调速系统，由 NICE 3000 电梯驱动器控制电梯的运行，实行距离原则运行。

为得到优良的调速性能，该系统选用苏州默纳克控制技术有限公司生产的高性能的 NICE 3000 电梯驱动器。适配电动机的最大功率为 55kW，电梯最大速度可达 4m/s。驱动器功率的设定以驱动器额定输出电流不小于电动机额定电流为原则。

① 制动电阻、制动单元的计算。从能量角度分析，驱动器在从高速减至零速的过程当中，大量机械动能和重力位能转化为电能，除部分消耗在电动机内部铜损和铁损上外，大部分电能经逆变器反馈至直流母线，这时，需要靠制动单元将过量的电能消耗在制动电阻上。电阻功率选择是基于电阻能安全地长时间工作。

WISH 8000 系列电梯驱动器采用 38V 标准交流电动机，其基本参数如下。

P——电动机功率，kW；

k——回馈时的机械能转换效率；

V——制动单元直流工作点，一般可取值 700V；

R——制动电阻等效电阻值，Ω；

s——制动电阻功率安全系数，一般可取值 1.4；

W——电动机再生电能，kW；

Q——制动电阻额定耗散功率，kW；

K_c——制动频度，指再生过程占整个电动机工作过程的比例，要根据负载特点估算，电梯 K_c 取值为 30%。

电阻计算是基于电动机再生电能被电阻完全吸收

$$W = 1000Pk = \frac{V^2}{R} \tag{4-38}$$

在此，机械损耗可忽略，即认为机械效率 k 等于 1，使电气制动功率留有裕量。

变换式（4-38）得到制动电阻值：

$$R = \frac{V^2}{1000Pk} = \frac{490}{P} \tag{4-39}$$

电阻功率计算是基于电动机再生电能能被电阻完全吸收并变为热能释放，即：

$$Q = PkK_c s = P \times 1 \times K_c \times 1.4$$

可近似为：

$$Q = PK_c \tag{4-40}$$

根据式（4-38）与式（4-39）可得出表4-2。

表 4-2　制动电阻计算

电动机功率/kW	制动电阻功率/W	制动电阻阻值/Ω
5.5	1650	89
7.5	2250	65
11	3300	45
15	4500	33
18.5	5550	26
22	6600	22
30	9000	16
37	11100	13
45	13500	11
55	16500	9

② 制动电阻推荐选型。根据以上计算结果，结合默纳克 NICE 3000《电梯一体化控制器用户手册 V3.3》的推荐值，得到驱动器对应的制动电阻、制动单元的推荐选型，如表4-3所示。

表 4-3　制动电阻推荐选型

适配电动机功率	型号	制动电阻规格	制动单元
5.5kW	NICEL-A/B-4005	1690W,90Ω	标准配置
7.5kW	NICE-L-A/B-4007	2400W,65Ω	
11kW	NlCE-L-A/B-4011	3600W,43Ω	
15kW	NICE-L-A/B-4015	4500W,32Ω	
18.5kW	NICE-L-A/B-4018	6000W,25Ω	
22kW	NICE-L-A/B-4022	7200W,22Ω	
30kW	NICE-L-A/B-4030	9600W,16Ω	
37kW	NICE-L-A/B-4037	11700W,13Ω	外置
45kW	NICE-L-A/B-4045	13500W,10Ω	
55kW	NICE-L-A/B-4055	16500W,9Ω	

③ 主回路接触器容量的计算。选用法国施耐德（Schneider）系列接触器，如表4-4所示。接触器触点额定电流按电动机额定电流选用。同时考虑产品的系列性，对某些型号的适用范围作了覆盖。

计算公式：接触器触点电流≥1.15×电动机额定电流。

表 4-4　主回路接触器容量

系统型号	主空开/A	额定输出/A	接触器型号	触点额定电流/A
NICE-L-A/B-4005	32	13.0	LC1D18F7C	18
NICE-L-A/B-4007	40	18.0	LC1D25F7C	25
NICE-L-A/B-4011	63	27.0	LC1D32F7C	32
NICE-L-A/B-4015	63	33.0	LC1D40F7C	40

续表

系统型号	主空开/A	额定输出/A	接触器型号	触点额定电流/A
NICE-L-A/B-4018	100	39.0	LC1D50F7C	50
NICE-L-A/B-4022	100	48.0	LC1D65F7C	65
NICE-L-A/B-4030	125	60.0	LC1D65F7C	65
NICE-L-A/B-4037	160	75.0	LC1DD80F7C	80
NICE-L-A/B-4045	200	91.0	LC1D95F7C	95
NICE-L-A/B-4055	20p	112.0	LC1D115F7C	115

④ 主回路电缆选择。选用上海长顺系列电缆，如表 4-5 所示。

表 4-5　电缆线径根据控制柜额定功率选择

系统型号	主空开/A	输入侧主回路导线/mm²	输出侧主回路导线/mm²	控制回路导线/mm²	接地线导线
NICE-L-A/B-4005	32	4	4	0.75	4
NICE-L-A/B-4007	40	4	4	0.75	4
NICE-L-A/B-4011	63	6	6	0.75	4
NICE-L-A/B-4015	63	6	6	0.75	4
NICE-L-A/B-4018	100	10	10	0.75	6
NICE-L-A/B-4022	100	10	10	0.75	6
NICE-L-A/B-4030	125	16	16	0.75	10
NICE-L-A/B-4037	160	16	16	0.75	10
NICE-L-A/B-4045	200	25	25	0.75	16
NICE-L-A/B-4055	200	35	35	0.75	25

（2）控制部分

采用苏州默纳克控制技术有限公司生产的 MCB-B 控制板，通过电磁兼容标准测试。大部分井道信息采用 RS-485 接口标准，轿厢通信采用 CAN 通信，不受楼层限制，传输距离远，安装调试简便。

① 控制变压器容量计算。AC220V 绕组承载功率为

AC220V 绕组承载功率＝门电动机功率＋光幕功率＋开关电源消耗功率

普通净开门宽度小于等于 1800mm 时，门电动机功率约为 100W；

光幕以微科 917A 系列为例，消耗功率低于 4W；

开关电源的消耗功率，选择功率最大为 200W。

由上述参数可得：AC220V 绕组承载功率＝100＋4＋200＝304W。

AC110V 绕组承载功率为

AC110V 绕组承载功率＝相关接触器线圈消耗功率＋安全回路和
门锁回路线间消耗功率

运行接触器，根据不同的功率选择不同的接触器，以施耐德 LC1D 系列接触器为例，线圈消耗功率见表 4-6。

表 4-6　施耐德 LC1D 系列接触器线圈消耗功率　　　　　　　　W

系统型号	运行接触器	启动吸合瞬间线圈消耗功率	维持时线圈耗功率
WISH8000-A/B-4005	LC1D18F7C	70	7
WISH8000-A/B-4007	LC1D25F7C	70	7

续表

系统型号	运行接触器	启动吸合瞬间线圈消耗功率	维持时线圈耗功率
WISH8000-A/B-4011	LC1D32F7C	70	7
WISH8000-A/B-4015	LC1D40F7C	200	20
WISH8000-A/B-4018	LC1D60F7C	200	20
WISH8000-A/B-4022	LC1D65F7C	200	20
WISH8000-A/B-4030	LC1D65F7C	200	20
WISH8000-A/B-4037	LC1D80F7C	200	20
WISH8000-A/B-4045	LC1D95F7C	200	20
WISH8000-A/B-4055	LC1D115F7C	300	20

另外，门锁、抱闸接触器触点电流一般选择为 6A 的接触器，如施耐德品牌的 LC1D0601F7N，接触器吸合瞬间功率为 70W，维持功率为 70W，动作时间为 12～22ms。考虑运行、抱闸、门锁接触器同时吸合的情况（一般不会出现），启动吸合瞬间对应功率和维持时消耗功率见表 4-17。

表 4-7 运行、抱闸、门锁接触器同时吸合的消耗功率

系统型号	启动吸合瞬间接触器圈总功率/W	维持时接触器线圈总功率/W
WISH8000-A/B-4005	210	21
WISH8000-A/B-4007	210	21
WISH8000-A/B-4011	210	21
WISH8000-A/B-4015	210	21
WISH8000-A/B-4018	340	34
WKH8000-A/B-4022	340	34
WISH8000-A/B-4030	340	34
WISH8000-A/B-4037	340	34
WISH8000-A/B-4045	340	34
WISH8000-A/B-4055	440	36

根据表 4-7，考虑运行、抱闸、门锁接触器同时吸合的情况（一般不会出现）：

a. 接触器维持总功率为 21W 时，对应的启动瞬间（功率为 210W），考虑到变压器的特性，变压器在设计时，输出绕组功率在瞬间至少可承受输出功率的 3 倍，则此时选择变压器 AC110V 输出电流为 0.8A，对应功率为 88W。

b. 维持总功率在 34W 时，对应的启动瞬间（功率为 340W），选择变压器 AC110V 输出电流为 1.1A，对应功率为 121W。

c. 维持总功率为 36W 时，对应的启动瞬间（功率为 440W），选择变压器 AC110V 输出电流为 1.4A，对应功率为 154W。

线间电缆消耗功率如下。

电阻率的计算公式为。

$$\rho = \frac{RS}{L} \tag{4-41}$$

式中　ρ——电阻率，$\Omega \cdot m$；

　　　S——横截面积，mm^2；

　　　R——电阻值，Ω；

　　　L——导线的长度，m。

常温时，铜的电阻率为 $0.0172\Omega \cdot mm^2/m$，安全回路及门锁回路上的信号线截面积为 $S = 0.75mm^2$，则由公式（4-41）计算得信号线单位长度（1m）电阻值 $R = 0.023\Omega$。

楼层为 10 层时，其安全回路与门锁回路线长约为 200m，其线上电阻为：
$$R_1 = R_0 L = 0.023 \times 200 = 4.6 \ (\Omega)$$

楼层为 20 层时，其安全回路与门锁回路线长约为 400m，其线上电阻为：
$$R_2 = R_0 L = 0.023 \times 400 = 9.2 \ (\Omega)$$

楼房为 30 层时，其安全回路与门锁回路线长约为 600m，其线上电阻为：
$$R_3 = R_0 L = 0.023 \times 600 = 13.8 \ (\Omega)$$

交流接触器制造标准规定，当线圈电压太于其额定电压的 80％时，交流接触器的铁芯应该可靠吸合，因此，维持交流接触器吸合状态的最小电压不应低于线圈额定电压的 80％，电压应不低于 88V，那么在安全回路和门锁回路间线间压降不能大于 22V。

根据上述楼层不同时算出的电阻值，可得出回路线上电阻产生的压降，如表 4-8 所示。

表 4-8　不同楼层回路线上电阻产生的压降

楼层	AC110V 输出电流/A	回路线上电阻产生压降/V
1～10	0.8	3.66
	1.1	5.06
	1.4	6.44
11～20	0.8	7.36
	1.1	10.12
	1.4	12.88
21～30	0.8	11.4
	1.1	15.16
	1.4	19.32

根据上述计算，线路上的压降在接触器的允许吸合的正常承受范围之内，可不予考虑。

综合上述计算，就 AC110V 绕组而言，系统功率小于等于 15kW 时，可选择 AC110V/1A，其余功率段可选择 AC110V/1.5A。

DC110V 绕组消耗功率 DC110V 绕组消耗功率等于制动器功率普通客梯制动器，常用制动器功率如下：通润 GTW 系列为 220～330W，KDS 的 WJ 系列为 220W，西子富沃德 GETM 系列为 160～390W。综合上述情况制动器功率可选择 250W。

控制变压器的选择各路绕组承载电流（留有余量）如下：系统功率小于等于 15kW 时，推荐选择变压器规格：输入 AC380V，输出 AC220V/2A。AC110V/1A、DC110/2.5A，如联创 TDB-920-01 型变压器。系统功率大于 15kW 时，推荐选择变压器规格：输入 AC220V/2A，输出 AC220V/2A、AC110/1.5A、DC110V/2.5A，如联创 TDB-920-01 型变压器。

② DC24V 开关电源容量计算

a. DC24V 绕组承载功率。WISH 8000 控制系统配套产品消耗功率如表 4-9 所示。

表 4-9 WISH 8000 控制系统配套产品消耗功率

部件	型号	额定电压/V	额定电流/A	额定功率/W
点阵显示板	HCB-H	DC24	0.075	1.8
液晶显示板	HCB-D	DC24	0.07	2.52
液晶显示板	HCB-K	DC24	0.15	3.6
指令板	CCB-A	DC24,DC5	0.075	1.8
主控板	MCB-B	DC5	0.075	0.375
轿顶板	CTB-A	DG24	0.105	2.52
控制按钮		DC24	0.02	0.5

$$DC24V 绕组承载功率 = 主控板消耗功率 + 轿顶板消耗功率 + 指令板消耗功率$$
$$+ 显示板消耗功率 \times (n+1) + 控制按钮 \times (3n+6)$$
$$(n 代表楼层数)$$

楼层小于 8 层：

DC24V 绕组承载功率 $= 0.5 + 2.5 + 1.8 + 2.5 \times 9 + 0.5 \times 30 = 42.3$（W）

楼层为 8～16 层：

DC24V 绕组承载功率 $= 0.5 + 2.5 + 1.8 + 2.5 \times 17 + 0.5 \times 54 = 74.3$（W）

楼层为 17～30 层：

DC24V 绕组承载功率 $= 0.5 + 2.5 + 1.8 + 2.5 \times 31 + 0.5 \times 96 = 130.3$（W）

楼层为沿 31～40 层：

DC24V 绕组承载功率 $= 0.5 + 2.5 + 1.8 + 2.5 \times 41 + 0.5 \times 126 = 170.3$（W）

b. 开关电源选型。根据上述计算，以施耐德品牌和明纬品牌的开关电源为例，推荐选择的电源型号如表 4-10 所示。

表 4-10 开关电源推荐选型

楼层	开关电源额定输出电流/A	施耐德品牌	明纬品牌
1～8	4.5	ABL2REM24045	S-100-24
8～16	6.0	ABL2REM24065	S-150-24
17～30	8.0	ABL2REM24085	S-201-24
31～40	10.5	ABL2REM24100	S-350-24

第5章
电梯的运行逻辑控制系统

电梯的电力拖动控制系统是保证电梯在运行效率和乘坐舒适感等方面具有良好性能的速度调节系统。除此之外，还需要对电梯运行进行逻辑控制，即对轿内指令、厅召唤信号和井道信号等多种外来信号按一定逻辑关系自动进行综合处理，并通过拖动控制系统操纵电梯的运行，电梯控制的自动化程度主要反映在运行逻辑控制系统上。电梯的运行逻辑控制系统与拖动控制系统各自有明确的控制任务，但两者又是相互联系紧密相关的，它们共同构成一个电梯控制系统的有机整体。

传统的电梯运行逻辑控制系统采用继电器逻辑控制线路。这种控制线路，存在易出故障、维护不方便、运行寿命较短、占用空间大等缺点。传统的继电器控制系统已退出了历史的舞台，所以许多电梯从业者对继电器控制系统已非常陌生。但电梯的控制逻辑还是从继电器控制系统逐渐进化而来的，特别 PLC 梯形图结构与继电器回路图极为相似，而且电梯控制系统中多少还有一些继电器回路，所以也有必要了解继电器控制系统。目前，市场上主流的变频电梯的控制方式主要有 PLC 控制和微机板控制两种。PLC 控制又分为全并行控制电梯（点对点）和串行控制电梯。对于全并行控制电梯（点对点），低楼层四五楼的就可以用 60 点、80 点；如果是高楼层就可以用 128 点或者更多点数的 PLC。串行控制电梯，如三菱小点数 PLC，60 点加 485 通信卡（另加一块串行微机板），所有外呼以及轿内信号通过 485 通信给 PLC。微机板控制又分为并行微机板控制和串行微机板控制。并行微机板与 PLC 使用类似，所有外呼以及轿内信号通过直连方式给主机，它们区别在于微机板硬件和软件固

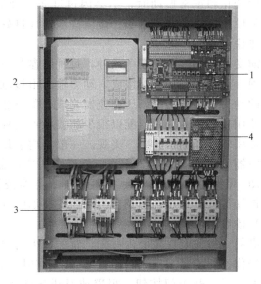

图 5-1　微机控制板控制柜

1—微机控制板；2—变频器；

3—交流接触器；4—相序继电器

定，硬件资源不开放，工艺控制要求通过底层语言固化在微机板内，使得用户无法对工艺以及硬件资源修改和重新定义。串行微机板，所有外呼以及轿内信号通过 CAN 总线通信方式传递到主机，一般的微机板是用 DSP，ARM 芯片，嵌入式系统开发，特点是工艺固化，软件和硬件资源不对外开放。采用微机控制的电梯可靠性高、维护方便、开发周期短，具有很大的灵活性，可以完成更为复杂的控制任务，其许多功能是传统的继电器控制系统无法实现的。微机控制板控制柜见图 5-1。

5.1　电梯电气控制主要器件

电梯电气控制系统主要装置有控制柜、操纵箱、指层器、召唤盒、层站位置显示装置、平停层装置（换速、平层装置）、选层器、井道底坑检修箱、轿顶检修箱、机房电源箱、速度回馈装置等。

(1) 控制柜

控制柜是集中装配安装电梯控制系统中的过程管理和中间逻辑控制的电工、电子器件及相关器件的装置，是电梯控制系统的控制中心，是管理控制电梯和分析判断电梯故障的平台。控制柜由柜体和装设的电梯过程管理控制器件组成。电梯的运行过程管理控制器件的种类、数量和规格，因电梯拖动方式、控制方式、额定载荷、额定运行速度、层站数等不同而异。柜体安装时应用螺栓固定在基础上，垂直偏差不应大于 5%，而且离门窗的距离不小于 600mm，控制柜柜体应接 PE 线。为了防尘和防小动物入内，柜体除通风孔相通向线槽、井道的开口外，应是封闭的。控制柜中各种电器组件必须安装牢固，并在明显位置有清楚的代号，所有连接导线必须有清晰的线号，代号和线号不易模糊和脱落。导线在元器件和接线排上应连接牢固，导线的长度应保证在温度变化和正常振动时，不会因过度张紧而影响连接。动力线在接线排上连接时，必须使用合格的接线端子。接线排应绝缘良好，有足够的电气间隙，其材料应有足够的热稳定性。

目前交流电梯主要有三个品种，每种因参数不同而略有区别。交流双速电梯，控制系统现一般由微型计算器组成，动力输出由接触器完成，接触器较多，交流调压调速电梯的动力输出由交流调压调速器完成，配以相对较少的接触器。变频变压调速电梯目前使用较多，由变频器配以很少的接触器完成电梯的动力输出，由微型计算机控制，故障率较低，结构紧凑、美观。一般柜内装设的电工、电子器件有继电器、接触器、熔断器、断路器、空气开关、整流器、变压器、PLC 或专用微机、电抗器或变频器、RC 保护器、开关电源、接线端子、急停按钮、紧急电动运行开关、检修慢上和慢下按钮等。电梯控制柜及在机房的安装如图 5-2 所示。

(2) 操纵箱

操纵箱一般安装在轿厢内右侧，轿厢较大时也有在两侧都安装的，安装高度应以一般人操作方便为准。操纵箱面板上必须有各层站的选层按钮，在信号控制时应有层外召唤的指示、开关门按钮、报警或对讲按钮和超载指示，如图 5-3 所示。检修开关、停止开关、有无操作人员转换开关、直驶开关等必须设在下部有锁的盒内。

操纵箱常见各个开关、按钮的功能和使用方法如下。

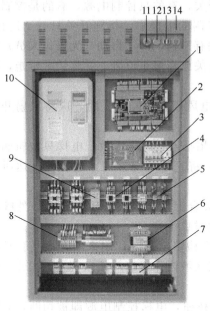

(a) 电梯控制柜　　　　　　　　　　(b) 电梯控制柜在机房的安装

图 5-2　电梯控制柜及在机房的安装

1—微机板；2—开关电源；3—断路器；4—接触器；5—继电器；6—变压器；7—信号接线端子；8—动力电接线端子；9—相序继电器；10—变频器；11—急停按钮；12—按钮；13—紧急电动运行开关；14—柜体

① 按钮组。操纵箱面板上装有单排或双排按钮组，按钮的数量由楼层的多少确定。按钮在压力下接通，使层楼指令继电器自我保护，按钮失压后会自动复位。操作人员操作时，可以根据需要按下一个或几个欲去层站的按钮，轿厢停层指令被登记，关门启动后轿厢就会按被登记的层站停靠。

② 启动按钮。一般在盘面左、右各装一个启动按钮，一个用于向上启动，一个用于向下启动。当操作人员按下选层指令按钮，选好要去的层站，再按所要去的方向按钮，轿厢就会驶向欲去的楼层。有的电梯不用按钮启动而采用手柄左右旋转的办法启动，其效果相同，一般多用于货梯。

③ 照明开关。照明开关是控制轿厢内照明电路的。轿厢内照明，是由机房专用电源供电，不受电梯其他供电部分控制。一旦电梯主电路停电，轿厢内照明电路也不会断电，便于操作人员或维修人员检修；不过维修人员处理故障时，要特别注意照明电路和开关仍带电，以免触电。

④ 钥匙开关。一般采用汽车钥匙开关，其作用

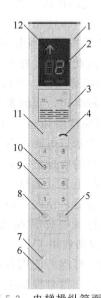

图 5-3　电梯操纵箱面板

1—面板；2—楼层显示；3—铭牌；4—对讲按钮；5—关门按钮；6—暗盒；7—暗盒锁；8—开门按钮；9—已登记的轿内指令按钮；10—未登记的轿内指令按钮；11—警铃；12—运行方向指示

是控制电梯运行状态，一般用机械锁带动电气开关，有的只控制电源，有的是控制电梯快速运行状态的检修（慢速）状态。在信号控制的电梯中，钥匙开关只有"运行"和"检修"两挡；而在集选控制电梯中钥匙开关有三挡，即"自动（无操作人员）"、"司机"和"检修"。操作人员离开轿厢，应将开关放在停止位置，并将钥匙带走，防止他人乱动设备（无操作人员电梯除外）。

⑤ 通风开关。通风开关用来控制轿厢内的电风扇。轿厢无人时，应将风扇开关关闭，以防时间过长烧坏风扇或引起火灾。

⑥ 直驶按钮（专用）。开启直驶按钮，厅外招呼停层即告无效，电梯只按轿厢内指令停层。尤其在满载时，通过轿厢满载装置，将直驶电路接通，电梯便直达所选楼层。

⑦ 独立服务按钮（或专用按钮）。当此开关合上后，只应答轿内指令，外呼无效，即电梯专用。有的电梯甚至厅外楼层显示此时也没有。

⑧ 检修开关。检修开关也称慢车开关，是在检修电梯时，用来断开电气自动回路的手动开关。在操作人员操作时，只可在呼层区域内作慢速对接（调平）操作，不可用于行驶。

⑨ 急停按钮（安全开关）。按动或扳动急停按钮，电梯控制电源即被切断，立即停止运行。当轿厢在运行中突然出现故障或失控现象，为避免重大事故发生，操作人员可以按动急停开关，迫使电梯立即停驶。检修人员在检修电梯时，为了安全，也可以使用它。

⑩ 开关门按钮。在轿厢停止行驶状态时，开关门按钮才能起开关作用，在正常行驶状态下，该按钮将不起作用。有的电梯，开关门按钮只在检修时起开关门作用。

⑪ 警铃按钮。当电梯运行中突然发生事故停车，操作人员与乘客无法从轿厢中走出，可按此开关向外报警，以便及时解除困境。

⑫ 召唤蜂鸣器。当厅外有人发出召唤信号时，接通装于操纵箱内的蜂鸣器电源，将会发出蜂鸣声，提醒操作人员及时应答。

⑬ 召唤楼层和运行方向指示灯。当乘客发出召唤信号时，与其相应的继电器吸合，接通指示灯电源，点亮相应的召唤楼层指示灯，电梯轿厢应答到位后，指示灯自行熄灭。有的电梯把指示灯装在操纵箱上楼层选择按钮旁边，有的电梯把指示灯横装在操纵箱的上方。运行方向指示灯装在操纵箱盘面上，用箭头图形表示，当向上方向继电器吸合后，使向上箭头指示灯点亮，当向下方向继电器吸合后使向下箭头指示灯点亮，以标示电梯轿厢运行方向。指示灯电压各不相同，一般采用 6.3V、12V、24V，灯泡则选用 7V、1 4V、26V，即灯泡额定电压略高于线路给定电压，这样可以延长指示灯泡的使用寿命。

另外，在信号控制电路操纵箱面板上，不设超载信号指示，而在集选控制电梯操纵箱面板上，设有超载指示灯和讯响器。

轿厢内轿门上方的上坎装设有楼层指示灯，用以显示轿厢所在楼层位置。旧式指层装置采用低电压（6.3V、12V、24V）等小容量指示灯显示，由楼层继电器驱动，每层由一只指示灯显示。旧式指层装置体积大，灯泡寿命短，维修量大。新式楼层指示装置采用 LED 发光二极管显示，它具有体积小、美观清晰、寿命长等优点，在电梯上得到了广泛的使用。

（3）指示灯

指层灯箱是给操作人员、轿厢内、外乘用人员提供电梯运行方向和所在位置指示灯信号的装置。位于层门上方的指层灯箱称为厅外指层灯箱，位于轿门上方的指层灯箱称为轿内指层灯箱。同一台电梯的厅外指层灯箱和轿内指层灯箱在结构上是完全一样的。

指层灯箱内装置的电气元器件一般有两种：梯上下运行方向灯和电梯所在层楼指示灯。除杂物电梯外，一般电梯都在各停靠站的层门上方设置有指层灯箱。但是，当电梯的轿厢门为封闭门，而且轿门没有开设监窗口时，在轿厢内的轿门上方也必须设置指示灯箱。指层灯箱上的层数指示灯，一般采用信号灯和数码管两种。

① 信号灯。在层楼指示器上装有和电梯运行层楼相对应的信号灯。每个信号灯外，都有数字表示。当电梯运行中经过某层时，此时层数指示灯亮，电梯通过后，指示楼层的信号灯就熄灭。也就是说：当电梯轿厢运行过程中，进入某层，该层的层楼信号灯就发亮，离开某层后，则该层的层楼信号灯就灭，它可以告诉操作人员和乘客轿厢目前所在的位置。其电路接法是：把所要指示同一层的灯并联在一起，再将同一层楼层楼继电器动合（常开）触点接到电源上。每层均是这种接法。当电梯在某一层时，该层的层楼继电器通电，其动合触点闭合，使安在这层厅外及轿厢内指示灯箱内的指示灯发亮；同理，装在指层灯箱内的上、下方向指示灯，根据选定方向指示。

② 数码管。数码管层灯，一般在微机控制的电梯上使用，层灯上有译码器和驱动电路，以数字显示轿厢位置。其形式多采用七段发光体 a、b、c、d、e、f、g 组成。若电梯运行楼层超过 9 层后，则在每层指示用的数码管需用两个（层门外上方和轿厢上方均用两个），可显示 00～99 这 100 个不同的层楼数。同理，装于指层灯箱内上、下方向指示灯，一般装在厅外门上方，用塑料凸出上、下行三角。指示灯一般为白炽灯，有的为提醒乘客和厅外候梯人员，电梯已到本层，在指示灯箱内，装有喇叭（俗称到站钟），以声响来传达信息。

有的电梯，除一层层门装有层楼指示器层灯外，其他层楼门仅有无层灯的层楼指示器，它只有上、下方向指示灯和到站钟。

（4）层站呼梯召唤盒

层站召唤盒装设在各层站电梯层门口旁，是供各层站电梯乘用人员召唤电梯、查看电梯运行方向和轿厢所在位置的装置。各层站召唤盒上装设的器件因控制方式和层站不同而异。单台集选控制时，除上、下端站只有向下或向上的召唤按钮外，其他层站均有上、下方向的按钮。在下集选时除基站外，各层站只有下方向的按钮。在并联和群控时可以几台电梯共享一对或几对同时动作的按钮。各按钮内均装有指示灯，或发有红光、蓝光的发光管，基站召唤盒增设一只钥匙开关。召唤箱上装设的电梯运行方向和所在位置显示器件与操纵箱相同。常见的层站召唤盒如图 5-4 所示。

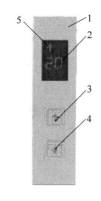

图 5-4　层站呼梯召唤盒
1—面板；2—楼层显示；
3—上呼梯按钮；4—下呼梯
按钮；5—运行方向指示

当厅外候梯人员按下向上或向下按钮时（只许按一个按钮），相应的指示灯也亮，于是操作人员和乘客便知某层楼有人要梯。当要梯人所在的层站在运行电梯的前方，而且是顺向时，则电梯到达该层时，立即停车，开门，厅外候梯人员上梯；若要梯人所在的层站在运行电梯的后方，而且其要求与运行中电梯方向相反，则电梯只作记忆（从轿厢内操作盘上可知），等到做完这个方向运行后，再按要求接这个方向运行的乘客。若电梯的呼梯登记（即呼梯系统）是采用继电器控制的，则每一个呼梯按钮对应于相应的一只继电器，按钮与对应继电器动合触点并联构成自保持环节。若电梯的呼梯登记（即呼梯系统）是采用计算机控制时，则呼梯按钮对应的是专用的呼梯记忆系统。当电梯到达厅外候梯人员所等候的层站时，此层呼梯信号就被取消。

（5）轿顶检修箱

轿顶检修箱位于轿顶，一般安装在轿厢上梁或门机左右侧，方便在轿顶出入操作。轿顶检修箱是为维护修理人员设置的电梯电气控制装置，以便维护修理人员点动控制电梯上、下运行，安全可靠地进行电梯维护修理作业。

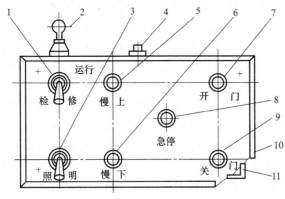

图 5-5　独立设置的轿顶检修箱

1—运行检修转换开关；2—检修照明灯；3—检修照明灯开关；
4—电源插座；5—慢上按钮；6—慢下按钮；7—开门按钮；
8—急停按钮；9—关门按钮；10—面板；11—底盒

检修箱上装设的电器组件包括急停（红色）按钮、正常和检修运行转换开关、点动上、下慢速运行按钮开关、电源插座、照明灯及控制开关。有些也装有开门和关门按钮、到站钟等。上述器件有时制造厂家将它们与轿顶接线箱合并为一体，有的独立设置，独立设置的轿顶检修箱如图 5-5 所示，实物及在轿顶的安装位置见图 5-6。

图 5-6　轿顶检修箱实物及在轿顶的安装位置

（6）换速平层装置

为使电梯实现到达预定的停靠站时，提前一定的距离，把快速运行切换为平层前的慢速运行，并使平层时能自动停靠的控制装置。这种装置通常分别装在轿顶支架和轿厢导轨支架上，所装的平层部件配合动作，来完成平层功能。位置传感器在中低速电梯中，以干簧管传感器使用为多，它安装在轿顶上，隔磁板安装在井道规定的位置。在中高速电梯中广泛使用光电开关，形状与干簧管开关相似，但它的两个臂中一个是发光的光源，另一个是接收的光敏组件。在井道中装有薄板制作的道板，当轿厢运行到规定位置时，道板插入光电开关的两臂之间，遮断光线，就会有轿厢位置的信号进入控制装置。常用的换速平层装置有以下三种。

　　① 干簧管传感器换速平层装置。在中低速电梯中，以干簧管传感器使用为多。这种干簧管传感器换速平层装置自 20 世纪 70 年代以来，是国内生产交直流电梯运行过程中，实现到达准备停靠站提前换速、平层时停靠开门的常用控制装置。这种装置由装设在井道内轿厢导轨上的平层隔磁板及换速干簧管传感器和装设在轿厢架直梁上的换速隔磁板及平层干簧管传感器构成，如图 5-7 所示。

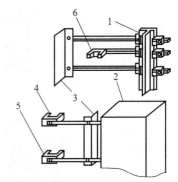

图 5-7　干簧管传感器换速平层装置
1—导轨；2—轿厢；3—隔磁板；
4—上平层干簧管；5—下平层
干簧管；6—换速干簧管

　　电梯运行过程中，通过装设在轿架上的传感器和隔磁板依次插入位于井道轿厢导轨上相对应的隔磁板或传感器，通过隔磁板（隔磁铁板）旁路磁场的作用，实现到站提前换速、平层时停靠开门的任务，干簧管与隔磁板的作用过程如图 5-8 所示。电梯在正常运行过程中，电梯电气控制系统就是通过合理设置、实施干簧管传感器与隔磁板之间的这种相互作用原理，实现按预先设定的要求，控制电梯完成上下运送任务的。

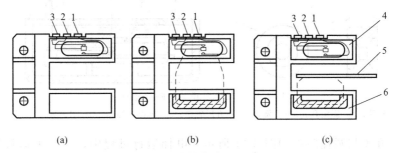

(a)　　　　　　　　　(b)　　　　　　　　　(c)

图 5-8　干簧管传感器与隔磁板
1～3—接点；4—干簧管传感器；5—隔磁板；6—永久磁铁

　　图 5-8（a）表示把干簧管传感器中的永久磁铁取出后，传感器另一侧的干簧管在没有磁场力作用的情况下，干簧管的接点 2 和 3 是接通的，接点 1 和 2 是断开的。图5-8（b）表示把永久磁铁放回传感器内，传感器另一侧的干簧管在永久磁铁所建立的磁场力作用下，出现接点 2 和 3 断开、接点 1 和 2 闭合的情况。图 5-8（c）表示把一块具有导磁功能的铁板放到干簧管和永久磁铁中间时，由于永久磁铁所产生的磁场，

绝大部分通过铁板构成闭合磁回路，由于这时的干簧管又失去磁场力的作用而恢复图5-8（a）所示的状态。干簧管传感器实物如图5-9所示。

② 双稳态开关换速平层装置。双稳态换速平层装置，是以双稳态磁性开关和与其配合使用的圆柱形磁铁及相应的装配机件构成。如图5-10所示，这种装置广泛应用在20世纪80年代初期的合资电梯中。该装置与干簧管传感器换速平层装置比较，具有电气线路敷设简便（井道内墙壁上不敷设相关控制线路）、辅助机件轻巧等优点。因此，在交流调压调速电梯上应用也较为广泛。

图 5-9　干簧管传感器实物

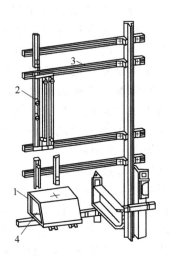

图 5-10　双稳态开关换速平层装置
1—双稳态开关；2—圆形永久磁铁；
3—圆形磁铁支架；4—双稳态开关支架

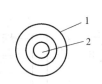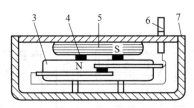

图 5-11　双稳态开关与圆柱磁铁
1—外径；2—固定孔；3—干簧管；4—方形磁铁；5—定位弹性体；6—引出线；7—壳体

双稳态开关与圆柱磁铁如图5-11所示。电梯运行过程中，当向上运行时，双稳态开关接近或路过圆柱形磁体的S极时开关动作（常开接点接通），接近或路过圆柱形磁性体的N极时开关复位（常开接点断开）。因此新安装竣工的电梯投入快速试运行前，应以检修慢速上、下运行一次，检查一下井道内装设的圆柱形磁性体的N、S极性摆放是否符合控制系统的控制要求，然后再进行电梯的快速运行调试工作。双稳态开关与干簧管传感器相比，优点是开关动作可靠、速度快，安装方便，不受隔磁板长度的限制。对某一双稳态开关来讲，需开关动作的地方若放N极的话，在开关复位的地方就放S极即可。双稳态开关与圆柱磁铁实物如图5-12所示。

图 5-12　双稳态开关与圆柱磁铁实物　　　　图 5-13　光电开关

③ 光电开关减速平层装置。随着电梯拖动控制技术的进步，人们对电梯提出了更高的要求，近年来不少电梯制造厂家和电梯安装改造维修企业采用反应速度更快、安装调整和配接线更简单、使用效果更好的光电开关和遮光板作为电梯减速平层停靠控制装置的情况也很普遍，采用固定在轿架上的光电开关和固定在轿厢导轨上的遮光板，实现电梯上、下运行过程中位置的确认。通过光电开关路过遮光板时，遮光板隔断光电开关的光发射与光接收电路之间的光联系，实现按设定要求给电梯电气控制系统提供电梯轿厢所在位置信号，再由控制系统的管理控制微机，依据位于曳引电动机上的旋转编码器提供的脉冲信号，实时计算实时控制电梯按预定要求减速、平层时停靠开门，完成接送乘客的任务。

实际使用过程中，电梯安装完工后，进行快速试运行前，做好必要的准备，通过操作控制电梯自下而上地运行一次，控制系统的微机系统就可根据采集到的轿厢位置和旋转编码器提供的脉冲信号记忆并储存起来，作为井道楼层距离、换速距离的依据，控制电梯按预定要求运行。这种装置结构比较简单，调试也比较方便，其外形见图 5-13。

要获得良好的停层舒适感和平层精度，旋转编码器和楼层感应器这两者是互生共成的。旋转编码器提供精确的楼高数据以供换速和平层，楼层感应器提供更准确的平层微调与缓和的爬行速度。以广日 GVF 系列减速过程为例说明其工作流程：对于 D312、D333 和 D321、D323 的数值可以修改，D312 是电梯由高速转入平层速度的切入点，即减速开始，它在长站运行中运用（即电梯能处于满速状态）。它的数值根据电梯速度设定，在运行中该数值与由旋转编码器经过分频（四分频）后，在 C237 中（高速计数器）获得的楼高数值（脉冲值）进行比较，在到达目的地前，两项数值相同，PLC 即发出减速指令，进入平层减速速度。D333 为中速运行减速给出，其工作过程与上述相同，只不过它在电梯未能达到满速时工作，即电梯短站运行。

电梯速度进入平层减速运行，并经过多段减速后，楼层位置感应器开始进入隔磁板，即进入 125mm 爬行。上行时 D321 设定数值与爬行开始的脉冲值进行比较，两数值相等后，爬行停止，电梯平层过程结束，进入开门状态。下行时 D323 工作过程与上行相同。

注：125mm 爬行是由于日立隔磁板长度为 250mm，取中为 125mm 而言。楼高数据表在电梯进行了层高测定后分配并存储。

可见，D312、D333、D321、D323 的数值对调整电梯的平层是非常关键的，前两数值会导致电梯停层出现较大幅度过高或过低现象，后两数值对平层精确微调影响较大。

(7) 选层器

选层器也叫楼层选择器。由于工业的发展，特别是电子技术的发展，选层器的控制方法、构造也有较大的改进，使电梯故障率降低，控制精度提高。选层器可分为机械式选层器、电动式选层器、电气式选层器、数字选层器等。

① 机械式选层器。这种选层器实质上是一种以机械传动模拟轿箱运动状态，按缩小比例准确反映轿箱运动位置，并通过电气触头的信号实现多种控制功能的装置。其作用多为发出减速指令、指示轿厢位置、消除应答完毕的召唤信号、确定运行方向和控制开门等。常用的机械式选层器传动系统如图 5-14 所示，当轿箱上下运动时，带动穿孔钢带钢运动，带轮带动链条运动，再经减速器、链条带动一个选层箱的滑动拖板上下运动，以模拟轿箱运动。将电梯井道中的电器组件和各个层楼的位置关系集中于选层箱内，这样，电梯根据拖板上动触点的位置就能决定电梯的运行方向。但由于选层器是按比例缩小的电梯井道，选层器机械制造上的误差就可能导致电梯运行的很大误差，故障也多，目前已很少使用。而目前使用的都是选层钢带带动旋转编码器来确定轿厢位置。

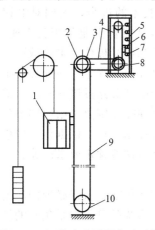

图 5-14　机械式选层器传动系统
1—轿厢；2—链轮；3—钢带；4—链条；
5—层站静触头；6—动拖板（触点）；7—选层器
箱；8—减速器；9—穿孔钢带；10—张紧轮

② 电动式选层器。电动式选层器又称刻槽式选层器，可装在控制柜内，由伺服电动机、螺杆、螺母和继电器接点组成。其工作过程是，当电梯轿厢在井道内移动时，井道内安装的遮磁板和轿厢上安装的感应器相互插入时便发出信号。此信号送给伺服电动机，伺服电动机便转动一定的角度（90°或 180°等），螺杆上的螺母（不转动）向上或下移动一定的距离（一楼层或几楼层），与轿厢位置成比例同步运动，螺母的移动便拨动继电器的接点使之接通或断开，达到选层的目的。

③ 电气式选层器。电气选层器（继电器式选层器）实际上是一个步进开关装置，可代替机械式选层器。对于电气式选层器来说，必须特别注意依次顺序前进和后退的规定。这种选层装置，通常由双稳态磁性开关、圆形永久磁铁、选层器方向记忆继电器、选层器步进限位器、记忆选层继电器以及选层器的端站校正装置等组成。井道信息是由装在轿厢导轨上各层支架上的圆形永久磁铁和装在轿厢顶上的一组双稳态磁开关来完成。各层选层信号是由机房内控制屏上的层楼继电器来执行。

④ 数字选层器。数字选层器实际上就是利用旋转编码器得到的脉冲数来计算楼层的装置。这在目前大多数变频电梯中较为常见。它是利用装在电动机尾端（或限速器轴）上的旋转编码器，跟着电动力同步旋转，电动机每转一转，旋转编码器能发出一定数量的脉冲数（一般为 600 个或 1024 个）。在电梯安装完成后，一般要进行一次楼层高度的写入工作，这个步骤就是预先把每个楼层的高度脉冲数和减速距离脉冲数存入电脑内，在以后运行中，旋转编码器的运行脉冲数再与存入的数据进行对比，从而计算出电梯所在的位置。一般，旋转编码器也能得到一个速度信号，这个信号要反馈给变频器，从而调节变频器的输出数据。对于这类电梯，旋转编码器损坏（无输出）时，变频器不能正常工作，变得运行速度很慢，而且变频器保护进入保护状态 1，显示 "PG 断开" 等信息。如果旋转编码器部分光栅坏时，运行中会丢失脉冲，电梯运行时有振动，舒适感差。旋转编码器的接线要牢靠，走线要离开动力线以防干扰。有时因为旋转编码器被污染、光栅堵塞等情况，可以拆开外壳进行清洁。由于旋转编码器是精密的机电一体设备，拆开时要小心。

(8) 断电平层装置

电梯断电平层装置也称应急自动平层控制装置，适用于电网异常时电梯的应急运行。它依靠自身配置的蓄电池存储能量，在电梯因突然停电、缺相等原因被困于井道时，自动测试，自动投入运行，输出低频的三相正弦电流驱动电梯电动机，使轿厢合理地运行至平层，打开轿门及厅门，让乘客安全离开。

下面以沈阳蓝光电梯 SJT-YJ 型电梯应急自动平层控制装置为例，介绍断电平层装置。

① 结构

a. 自动充电电路。自动充电电路由结构简单、安全可靠的浮充电电路组成，以提高蓄电池的使用寿命。该电路自动检测蓄电池电压，当电压低于一定值时，自动开始充电，当蓄电池充足电（即电压高于一定值）后，自动停止充电，如此循环，保证了电梯应急运行的能量供应。

b. 单相逆变电路。该电路采用了先进的中频开关电源技术，变压器的工作频率很高，在容量相等的情况下变压器体积大为减小，简化了系统电源结构，增加了可靠性，用以产生 110V 直流电和提供三相逆变部分的隔离驱动电源。

c. 接口电路。接口电路由单片机输入、输出接口及接触器、继电器接口电路组成，具有可靠的电气互锁结构。单片机输入接口全部采用光电隔离，输出接口均具有功率驱动。接口部分简单、灵活、可靠。

d. 控制部分。该部分以单片计算机为核心，配合专用集成电路及接口电路，在精心设计的软件控制下，实现电梯状态信息的获取，完成应急运行全部功能。单片机较为先进的具有电压失效保护功能的 "看门狗" 电路，以避免程序的 "跑飞" 和 "死机" 现象，软件设计中采用数字滤波、程序冗余等技术。

e. 蓄电池组。蓄电池由 4 块 12V 高质量免维护蓄电池组成。

② 功能

a. 可靠的电气互锁结构使电梯正常运行时，该装置与电梯控制柜信号可靠隔离，并确保电梯应急运行时不受外电网突然恢复的影响，待应急运行结束后，电梯方可恢复正常运行。

b. 本装置的切入条件：电网停电或缺相且电梯不处在检修状态且开门 5s。

c. 本装置的运行条件：切入条件成立，且电梯不在门区，安全回路及门联锁信号正常，电梯才可运行。

d. 若装置切入条件成立，电梯已在门区，安全回路及门联锁信号正常，则电梯立即开门。

e. 应急运行时具有自动重载检测功能，当检测到当前运行方向重载时，自动换向，向轻载的方向就近平层。

f. 具有平层准确度调整功能，平层精度可达±15mm。

g. 具有最长运行时间、开门时间及切入时间调整功能。

h. 可提供应运行时的轿厢应急照明。

i. 本装置的断开条件：完成一次应急运行或最长运行时间（120s）到达。后者即为应急运行时间保护功能。

j. 本装置应总运行结束后，自动进入守候状态。

k. 具有自动检测蓄电池容量功能，开始和停止充电由系统自动控制，对蓄电池具有低压保护功能。

l. 通用的逻辑判断及处理模块设计可使该装置与多梯种配套使用，通用性强。

(9) 紧急电动运行的电气操作装置

紧急电动运行的电气操作装置在机房中，与检修装置结构、功能类似，也是靠持续按压按钮来控制。但主要区别是检修运行操作是在安全回路正常条件下进行，而紧急电动运行操作则可在安全回路局部发生故障情况下进行，如限速器、安全钳开关动作后。电梯的紧急操作装置看似是电梯上的一个简单附件，但它却是电梯设备以人为本的重要体现，应引起电梯设计制造、安装维修人员的重视，以保证电梯停电或发生故障救援乘客时发挥重要作用。

现在，电梯采用无齿轮曳引机渐多，移动轿厢的力大多超过 400N。但这类电梯所配的紧急电动运行的电气操作装置仅能在短接限速器、安全钳开关情况下运行，但当轿厢、对重发生蹾底或冲顶时，紧急电动运行操作不能运行，影响了紧急救援效率。无机房电梯由于占用空间少而备受用户欢迎，但目前的无机房电梯紧急操作装置普遍采用手动松闸，靠轿厢对重不平衡力矩的作用而移动。但当两者重量相当，不平衡力矩差较少时，疏散乘客就比较困难。由于井道顶部空间小，无法实现人工手动盘车，因此，无机房电梯应配置紧急电动运行的电气操作装置。

(10) 底坑检修盒图

底坑检修箱位于井道底坑，一般安装在井道底坑侧壁易于接近的地方。井道底坑检修箱是为维护修理人员下井道底坑，维护修理电梯时的安全而设置的电梯电气控制装置。底坑检修箱上装设的器件包括停止电梯运行的急停按钮（红色蘑菇按钮），用于切断电梯行控制电路，当离开坑底时应将其手动复位，检修照明灯、接通/断开照明灯电路的控制开关、井道照明开关、插座等。常见的井道底坑检修箱结构、实物图分别如图 5-15、图 5-16 所示。

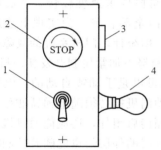

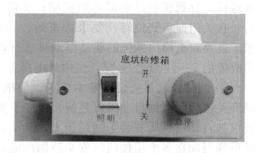

图 5-15 井道底坑检修箱结构

图 5-16 井道底坑检修箱实物

1—检修开关；2—急停按钮；3—电源插座；4—照明灯

(11) 机房电源箱

机房电源箱位于机房内便于操作的位置，作为动力和照明电源进入电梯的总控制台。它包括下列低压电器：一定负载容量的自动空气开关、断路器、漏电照明开关、电源插座、接地端子等。机房电源箱作为电梯通电的总开关，当出现电梯故障维修人员断电维修时，应有防止他人误送电的措施！机房电源箱实物及在墙上的安装位置如图 5-17 所示。

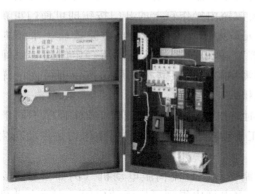

图 5-17 机房电源箱实物及其在墙上的安装位置

5.2 电梯门机控制系统

电梯门机是集光机电技术为一体的电梯设备的一个重要组成部分，是电梯平层停梯后，乘客进出轿厢的通道。由于门机使用频繁，门机运行的快速性和可靠性对保证电梯的正常工作十分重要，其质量和性能直接影响整部电梯的质量和运行效果。

电梯的门机控制系统一般使用电动机为动力，通过减速机构和开门机构带动轿厢门和厅门完成开关门的过程。为了使轿厢门开闭平稳迅速而又不产生撞击，要求轿厢门的开门和关门过程是一个变速运动过程：开门时，初始阶段要求速度较慢以求开门平稳，然后加快速度以求开门迅速，在开门即将到位时，为避免产生撞击，又要求低速运行，直到轿厢门全部开启完毕；关门时，初始阶段要求速度较快，然后减速运行，在关门即将到位时，要求低速运行，直到轿厢门全部合拢。为实现上述运行要求，就要对电梯门系统的驱动电动机进行调速控制。据统计，门机系统的故障占电梯总故障的 75% 以上。为此，国内外电梯业一直在不断努力加紧研制开发新门机。

① 门机控制系统设计基本要求。门机动作机构可以是手动或自动的。电梯对自动开关机构（或称自动门机系统）有如下要求：自动门机构必须随电梯轿厢移动，即要求把自动门机构安装于轿厢顶上，除了能带动轿厢门启闭外，还应能通过机械方法使电梯轿厢在各个层楼门区安全范围内能方便地使各层的外层门也能随着轿厢门的启闭而同步启闭；当轿厢门和某层楼的层门闭合后，应由电气机械设备予以确认和显示；开关门动作应当平稳，不得有剧烈的抖动和异常响声。国家标准规定，开关门系统在开关过程中其运行噪声不得大于 65dB（A）；关门时间一般为 3～5s，开门时间一般为 2.5～4s；门电动机要具有一定的堵转能力；自动门系统要求调整简单，维修方便。

② 开关门的操作方式。电梯门故障多表现为关门过程中的夹人现象，尽管现代电梯都装设了夹人重开门等保护装置，开关门过程仍是特别值得关注的过程。自动开关门的操作可分以下几种情况。

a. 有操作人员操作：当电梯运行确定方向，操作人员按下轿内操作箱上已亮的方向按钮，即可使电梯自动进入关门控制状态。在电梯门尚未完全闭合之前，如发现有乘客进入电梯轿厢，操作人员只要按轿内操作箱上的开门按钮即可使门重新开启。

b. 无操作人员操作：当无操作人员操作时，当电梯响应完最后一个轿内指令又无外唤信号时，轿厢应当"闭门候客"，即电梯到达某层站后一定时间（时间事可先设定），则自动关门，若该层有乘客需用电梯，只需按下层站按钮即可使电梯门开启（此时，电梯无指令，关门停在该层楼）。

c. 检修状态下操作：电梯检修时，电梯的开关门动作和操作程序不同于正常时的动作程序。此时电梯门完全由人工手动控制，开门和关门动作均是点动断续工作。

③ 几种典型门机控制系统

a. 直流伺服电动机自动门机控制系统。直流伺服电动机（例如型号 1SZ56）的自动开关门控制系统曾在国内外的很多电梯中得到了广泛的应用。直流电动机调速方法简单，低速时发热较少。

自动门机安装于轿厢顶上，门电动机是门关闭、开启的动力源，它通过传动机构驱动轿门实现开关运动，并通过机械联动机构带动层门与轿门同步开关。小型直流伺服电动机驱动自动门机时，可用电阻的串并联调速方法，即电枢分流法。直流伺服门机系统电气控制原理图见图 5-18，其工作原理如下（以关门为例）。

当关门继电器 KA83 吸合后，直流 110V 电源的"＋"极（04 号线）经熔断器 FU9，首先供电给直流伺服电动机（MD）的励磁绕组 MD0，同时经可调电阻 $R_{D1} \rightarrow$ KA82 的 1、2 常开触点 → MD 的电枢绕组 → KA83 的 3、4 常开触点至申源的"—"极（01 号线）。另一方面，电源还经开门继电器 KA82 的 13、14 常闭触点和 R_{83} 电阻进行"电枢分流"，而使门电动机 MD 向关门方向转动，电梯开始关门。

当门关闭到门宽的 2/3 时，SA831 限位开关动作，使 R_{83} 电阻被短接一部分，使

流经 R_{83} 电阻中的电流增大，总电流增大，从而使限流电阻上的压降增大，即使 MD 电动机的电枢端电压下降，此时 MD 的转速随端电压的降低而降低，关门速度自动减慢。当门继续关闭至尚有 10～15cm 的距离时，SA832 限位开关动作，短接了 R_{83} 电阻的很大一部分，使分流增加，R_{D1} 上的电压降更大，电动机 MD 电枢端的电压更低，电动机转速更慢，直至轻轻平稳地完成关闭动作，此时关门限位开关动作，使 KA83 失电复位。至此关门过程结束。

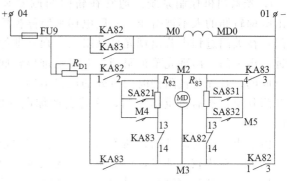

图 5-18　直流伺服门机系统电气控制原理图

开门情况完全与上述的关门过程相似，不再赘述。当开关门继电器（KA82，KA83）失电复位后，则电动机 MD 所具有的电能将消耗在 R_{83} 和 R_{82} 电阻上，也即进入强能耗（因 R_{83} 电阻由于 SA832 开关仍处于被接通状态，其阻值很小）制动状态，很快使 MD 电动机停车，这样直流伺服电动机的开关门系统中就不需机械制动器来迫使电动机停转。

b. 交流电动机驱动的自动门机控制系统。直流门机调速系统运行时能耗高，调节困难，故障率高。近年来，随着交流变频调速技术的广泛应用，门机调速系统性能大为提高，出现了多种有效的新方法。采用小型三相交流力矩电动机作自动门机的驱动力时，常用施加涡流制动器的调速方法。在关门（或开门）过程中，为降低门闭合时的撞击和提高其运行平稳性而需调节门电动机的速度，这时只要通过改变其与电动

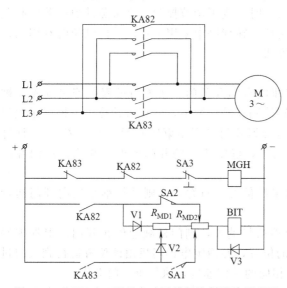

图 5-19　QKS9/10 型的自动开关门控制线路原理图

机同轴的涡流制动器绕组"BIT"内的电流大小即可达到调速的目的，其运行性能不亚于直流电动机系统。因此，在瑞士讯达电梯公司各类自动门的控制中大多采用了这种门机系统控制方法。瑞士讯达电梯公司的 QKS9/10 型自动开关门控制系统如图 5-19 所示。

QKS9 门机控制系统的控制工作原理如下（以关门为例）。接到关门指令→KA83 吸合→使三相交流电动机 M 得电而向关门方向转动。与此同时，与电动机同轴的涡流制动器绕组 BIT 经 KA83 常开触点和二极管 V2，减速电阻 R_{MD1} 和 R_{MD2} 得电，产生一定的制动转矩，使电

动机 M 平滑启动、运行，从而使关门过程平稳而无噪声。当门关至门宽的 3/4 距离

时，SA1 开关闭合，短接了全部 R_{MD1} 电阻和部分 R_{MD2} 电阻，使流经 BIT 的电流增大，产生的涡流制动力矩增大，门电动机 M 的输出转速大大降低，同时继续关门，直至关门限位开关动作→KA83 断电→电动机 M 断电停车。然后使锁紧线圈 MGH 得电，门电动机 M 牢牢锁紧在现已停车的位置。因此这种门机系统与前述的直流门机系统一样，均不需要用机械制动器。开门情况则与上述情况相反。

c. 光幕门机控制系统。通常在轿门两侧安装光幕信号，以保证在关门过程中，进出电梯轿厢的人不被挤压。一般电梯平层停梯后自动开门，并在延时 6~9s 后自动关门，在关门过程中若出现光幕被阻挡，则立即停止关门并重开门，开门到位延时几秒钟后再关门。出现光幕被阻挡，有时是进出轿厢人多造成的，有时则是其他偶然原因造成的，且光幕被阻挡时门所处的位置不确定。若不分情况，对每次光幕阻挡都反向开门到位，然后再重新关门，这就会增加电梯的开关门运行时间，延长乘客候梯时间。

由于重开门时的开门距离不确定，若仍按原速重开门，会出现开门到位时门机速度不为零，造成较大冲击，产生噪声。为减少开门到位时速度冲击所产生的噪声，有时采用降低重开门速度的方法来解决，门机低速运行减缓了开门到位时的速度冲击力，降低了噪声，但仍不能实现开门到位时零速停门机。为使开关门到位时零速停门机，在开门到位前加装开门减速开关，并在关门到位前加装关门减速开关，这种方法需设置开门减速、开门限位、关门减速和关门限位 4 个位置检测开关。

由于电梯开关门动作频繁，开关门减速、限位开关频繁动作，使开关门噪声增大，故障增多。光幕门机控制方法解决了这些问题，取消了限位开关，根据门位置信号对电梯门机实施实时控制，即依据光幕信号被阻挡状况及门所处的位置，控制相应门机动作的方向及动作速度。由于开关门动作频繁，并且在关门过程中，设定门机在正常开关门运行时为额定速度，重开关门时速度可调节控制。为避免计数误差引起关门不到位的现象，实现门位置的精确定位，在程序中采用了每次关门到位时利用门锁信号对门位置计数器进行清零置位的方法。

ⓐ 重开门动作控制原则

• 正常平层停梯后，电梯以额定速度自动开关门。在关门过程中若出现光幕被阻挡现象，则立即停止关门。根据旋转编码器的计数值，计算机计算出电梯停止关门时的位置，并确定电梯门机由此位置运行到开门过程结束所需运行的距离 l_{op}，计算机根据该距离与正常开门满行程距离之比，确定相应的开门速度，并执行反向开门动作。

• 在反向开门过程中，若光幕被阻挡信号一直存在，则系统继续反向开门运行直至开门过程结束。

• 若在反向开门过程中光幕被阻挡信号消失，则门机减速停止开门。根据编码器的计数值，计算出电梯停止开门时的位置，并确定电梯门机由此位置运行到关门过程结束所需运行的距离 l_{cl}，由此确定相应的关门速度，执行重关门动作。

• 在重关门过程中，若无光幕被阻挡信号，则系统继续执行关门动作直至关门过程结束到位。若在重关门过程中，出现光幕被阻挡信号，重复执行上述步骤。

ⓑ 门机运行速度确定。在重开关门过程中，门机运行速度由下式确定。

$$v = \frac{v_0 l}{l_0}$$

式中　v_0——门机额定速度；

　　　l_0——门机满行程运行距离；

$l = l_{op}$，重开门时；$l = l_{cl}$，重关门时。

在电梯关门过程中出现光幕被阻挡现象时，若此时门所处位置到开门过程结束之间的距离较小，则采用较低的速度反向开门；反之，则采用较高的速度反向开门。同理，电梯反向开门过程中系统检测到光幕被阻挡信号已消失时，门所处位置到关门过程结束之间的距离较小时，则采用较低的速度重新关门；反之，则采用较高的速度重新关门。

　　d. 变频门机控制系统

　　ⓐ 门机换速接点控制系统。EV/TD3200 变频器其中一个方式为速度控制，它是利用换速接点来换速、限位信号实现到位的判断处理。图 5-20 为其控制系统接线图。

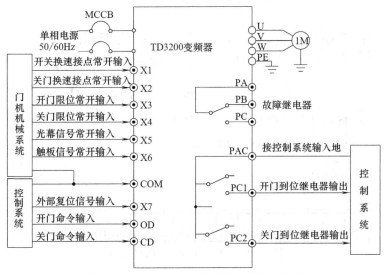

图 5-20　EV/TD3200 速度控制系统接线图

　　ⓑ 门机距离控制系统 。EV/TD3200 变频器另外一个控制方式为距离控制，它是根据实际行走的编码器脉冲计数来进行速度的切换和开关门到位的判断。图 5-21 为其控制系统接线图。在距离控制的调试过程中，编码器的参数必须正确输入，同时在门机手动调试模式中进行门宽自学习，自学习完成后，变频器会自动存储门宽信息。

　　ⓒ 变频门机 PLC 控制系统。以黄石科威公司 LP-08M08R 型 PLC 对变频门机控制为例介绍门机控制过程。自动门机接受电梯控制器的开门、关门指令，并自动按开关门过程进行加减速，同时将门的状态信号报告到电梯控制器（并行微机板）。LP-08M08R 型 PLC 面板如图 5-22 所示，其变频门机控制系统原理图如图 5-23 所示。

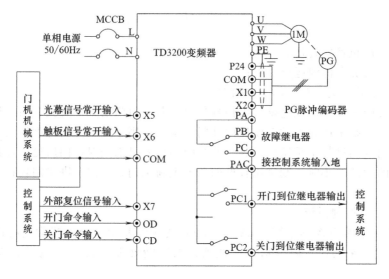

图 5-21　距离控制系统接线图

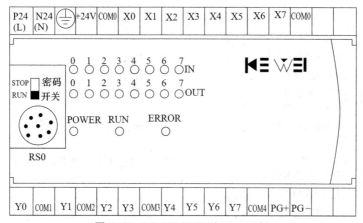

图 5-22　LP-08M08R 型 PLC 面板

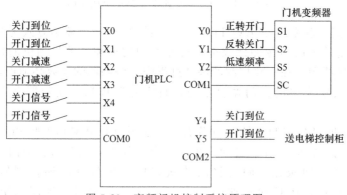

图 5-23　变频门机控制系统原理图

程序示例如图 5-24 所示。

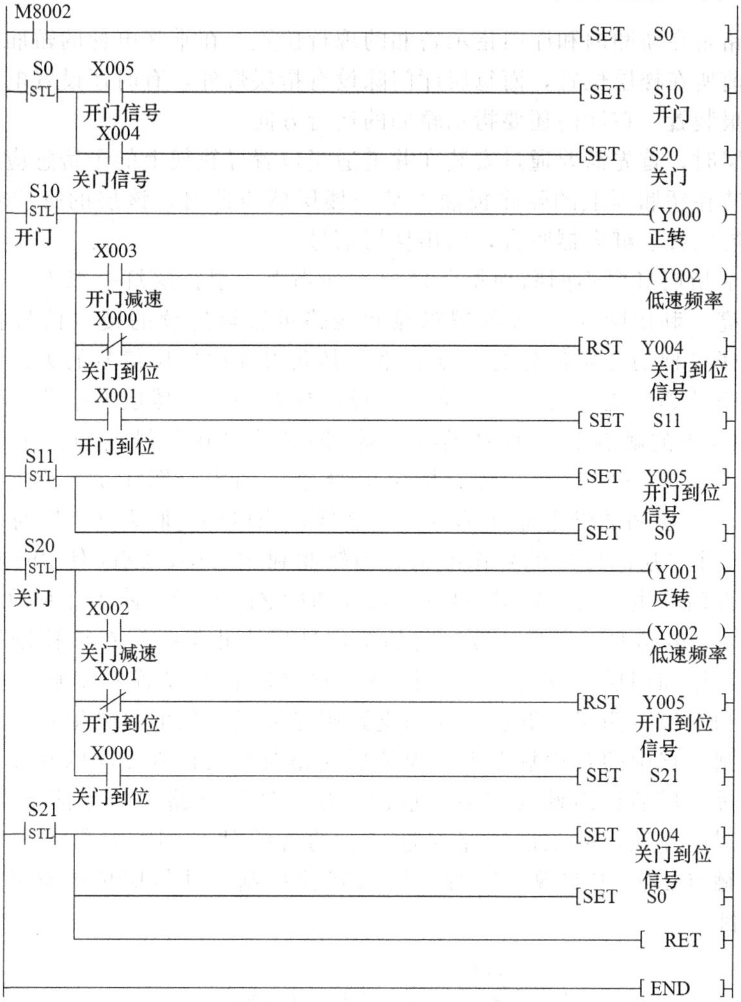

图 5-24　电梯开关门控制程序

5.3　电梯的继电器逻辑控制系统

电梯安全可靠运行的充分与必要条件有如下几种：必须把电梯的轿厢门和各个层楼的电梯层门全部关好，这是电梯安全运行的关键，是保障乘客和操作人员等人身安全的最重要保证之一；必须要有明确的电梯运行方向（上行或下行），这是电梯的最基本的任务，即把乘客（或货物）送上或送下到需要停层的层楼；电梯系统的所有机械及电气机械安全保护系统有效而可靠，这是确保电梯设备工作正常和乘客人身安全的基本保证。

根据上述电梯安全可靠运行的充分与必要条件以及电梯的运行工艺过程，下面对一般电梯的控制系统的各个主要控制环节及其结构原理进行说明。

5.3.1 电梯的指层电路

指层电路是在轿厢内和厅门指示轿厢的现行位置。在乘客电梯的轿厢内尤其需要指示轿厢当前所在楼层位置，而每层厅门除设有指层灯外，有时还设置电梯轿厢到达时的声光预报装置。在厅门还要指示轿厢的运行方向。

进行指层时，首先需要通过安装在井道适当位置导轨架上的干簧感应器获得楼层信号。当安装在轿厢顶上的隔磁板插入某一楼层感应器时，该层的感应器触点便闭合，驱动该层的楼层继电器吸合，给出楼层信号。

通常要求指层灯要不间断地指示楼层，即当上一层指层灯一熄灭，下一层指层灯就立即点亮。利用图 5-25 所示逻辑控制线路可获得连续的楼层信号指示。该图给出了 6 层楼电梯的楼层信号的控制线路。其获得连续楼层信号的关键是采取了本层继电器自锁及邻层继电器互锁的措施。设电梯在一楼，楼层继电器 1ZJ 吸合，于是其在图 5-25 中的触点 $1ZJ_1$ 使辅助继电器 1FJ 吸合并由其触点 $1FJ_1$ 自锁保持。这样，即使轿厢离开一层时，一层的楼层信号也不消失。图中的常闭触点 $1ZJ_2$ 和 $2ZJ_2$ 便是一、二层间的继电器互锁触点。这样，当电梯轿厢离开一层时，触点 $1ZJ_2$ 便闭合，给产生二层的楼层信号作准备。当轿厢到达二层，$2ZJ_2$ 使 2FJ 吸合，并由 $2FJ_1$ 自锁，此时产生二层的楼层信号；与此同时 $2ZJ_2$ 开断，使 1FJ 释放，使一层的楼层信号消失。电梯上行到其他楼层时的工作过程依此类推。在该控制线路中，一层和二层、三层和四层、五层和六层控制支路之间相互设置常闭触点实现互锁控制，而二层和三层、四层和五层的控制支路则是通过本层的自锁触点，借助邻层支路在隔层控制支路中的互锁触点来实现邻层支路对本层控制支路的互锁。例如，二层支路是通过二层的自锁触点 $2FJ_1$，借助三层在四层支路中的互锁触点 $3ZJ_2$ 来实现三层对二层的互锁，而三层支路通过三层的自锁触点 $3FJ_1$，借助二层在一层支路中的互锁触点 $2ZJ_2$ 来实现二层对三层的互锁控制。其他层依此类推，这样可以减少触点数目。

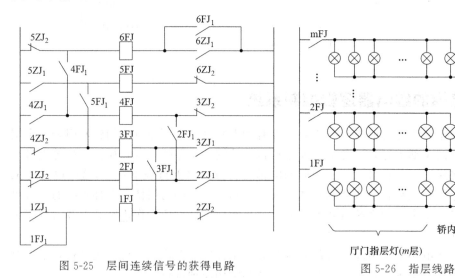

图 5-25　层间连续信号的获得电路　　　　图 5-26　指层线路

　　该线路下行工作过程，读者可自行分析。只要用各楼层辅助继电器的触点直接控制相应指层灯即可实现楼层指示，如图 5-26 所示。

　　目前，常采用七段发光数码管来显示轿厢的楼层位置，其一位数字指层显示环节的结构如图 5-27 所示。其中的线路板电路可用 SSI 或 MSI 相关芯片构成。

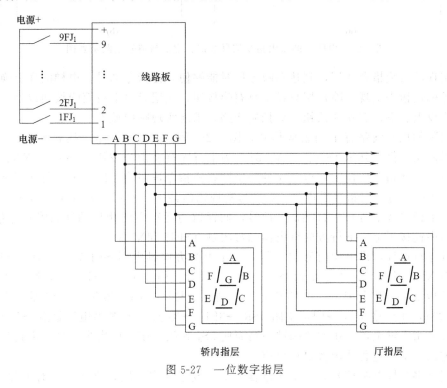

图 5-27　一位数字指层

5.3.2　电梯的内外召唤指令的登记与消除

(1) 轿内指令信号登记、记忆与消号

　　轿内指令是指由操作人员或乘客在轿厢内操纵电梯运行，使其按正确方向到达某一层站。

　　在轿厢内面向门的右侧都装有操纵屏。在操纵屏上对应每一楼层都设有一个带指示灯的指令按钮。要求当按下某一楼层指令按钮时，只要轿厢不在该楼层，则该按钮指示灯燃亮，表明该轿内指令信号已被登记。当轿厢到达被登记楼层时，指示灯熄灭，表明被登记的轿内指令信号被清除，称为消号。

　　轿内指令线路应具有上述功能。一般常见的轿内指令线路如图 5-28（a）所示。图中 iA 对应第 i 层的轿内指令按钮，当 iA 被按下时，对应的轿内指令继电器 iJ 吸合，用其触点 iJ_1 自锁，轿内指令被登记；用触点 iJ_2 驱动该按钮指示灯 iJD 燃亮，如图 5-28（b）所示。当到达第 i 层时，该层的楼层继电器 iZJ 吸合，使 iJ 释放、指令被消号。该线路采用将 iZJ_1 串接在 iJ 支路中的方式来实现消号，称串联消号方式。

(2) 厅召唤信号的登记、记忆与消号

　　厅召唤是指使用电梯人员在厅门召唤电梯来到该楼层并停靠开门。要求厅召唤线

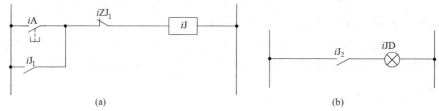

图 5-28 串联式的轿内指令信号登记、记忆与消号电路示意图

路能实现厅召唤指令登记，到达召唤楼层时能够使登记指令消号。电梯的厅召唤通过厅门呼梯按钮来实现。除顶层只设下行召唤按钮、底层只设上行召唤按钮以外，其余各层均设上、下行召唤梯按钮。对控制线路要求能实现顺向截停。

实际的控制线路有不同组成形式，图 5-29 所示厅召唤线路是比较典型的线路。该图以四层为例，其中 1SA、2SA、3SA 为上行厅召唤指令按钮，2XA、3XA、4XA 为下行厅召唤指令按钮，对应各层的每个厅召唤指令按钮均控制一个上行厅召指令继电器 iSJ 或下行厅召指令继电器 iXJ。为实现顺向截停，使得电梯在下（或上）行时只响应下行（或上行）厅召唤指令信号，而保留与运行方向相反的厅召唤指令信号，在线路中连接了上、下行方向继电器的常闭触点 SFJ_1 和 XFJ_1。

其运行过程：设电梯由底层上行，由于上行方向继电器 SFJ 吸合，触点 SFJ_1 开断，而 XFJ_1 闭合。这时若按下 3SA，使 3SJ 吸合，用 $3SJ_1$ 使 3SJ 自锁，则三楼上行厅召唤指令信号被登记。当电梯轿厢上行到达三楼时，则三楼辅助继电器 3FJ 吸合（图 5-29），使支路 3SA →限流电阻 3SR →$3FJ_1$ →XFJ_1 →直驱继电器触点 ZSJ_1 导通。由于呼梯指令继电器 3SJ 的线圈被短路而使 3SJ 释放，使登记指令消号，称其为并联消号方式。下行过程请读者自行分析。

当有多个厅召唤信号时，工作过程如下：设电梯在一层，当在三楼有上呼信号，即在三楼按下 3SA，使 3SJ 吸合时，又在二楼按下 2SA 和 2XA，则 2SJ 和 2XJ 均吸合，且通过$2SJ_1$和$2XJ_1$使其自锁，即该层上、下厅召唤信号也被登记。这样，当电梯到达二楼时，2FJ 吸合（参见图 5-29），支路$2FJ_1$ →XFJ_1 →ZSJ_1 导通，使 2SJ 释放消号。由于电梯已选上行方向，SFJ 吸合，其触点 SFJ_1 开断，使下行召唤信号 2XA 被保留。由此可知，上行时只响应上呼信号，保留下呼信号，下呼信号只在下行时才被一一响应。反之亦然。这种在多个厅召信号情况下，先执行与现行运行方向一致的所有呼梯执令之后，再执行反向的所有呼梯执令的功能称为"厅召指令方向优先"功能。由于具有上述功能，该电路可用于集选电梯控制。

在该线路中接有直驱继电器触点ZSJ_1，当电梯为有操作人员操作时，若暂时不响应厅召唤截停信号时，只需按下操纵屏上的"直驱"按钮，则直驱继电器 ZSJ 吸合。从图 5-29 可见，由于ZSJ_1开断，使得所有被登记的厅召唤信号均不能被响应消号，而均被保留，电梯也就不会在有厅召唤信号的楼层停靠。

5.3.3 电梯的选向、选层环节

电梯选向是根据电梯当前的位置和轿内指令所选定的楼层或厅召信号楼层自动地选择电梯运行方向。电梯的自动选向通常是通过设置在控制回路中的方向继电器来

实现。

电梯选层是根据轿内指令或上、下行厅召指令自动地正确选择停靠层站。当电梯到达选层层站时，便换速并停靠。对无内外选层指令的层站虽然电梯也经过其换速点，但并不换速停靠。

在此以五层楼控制线路为例来说明电梯的选向、选层控制主要过程，线路如图 5-30 所示。该线路具有自动选向、操作人员选向、自动选层和无方向换速等功能。

(1) 自动选向

为了自动选向，在控制线路中设置了上行方向继电器 SFJ 和下行方向继电器 XFJ。此外，在线路中将各层的楼层辅助继电器常闭触点 $i\mathrm{FJ}_1$、$i\mathrm{FJ}_2$ 联成串联控制链，接于上行方向继电器 SFJ 和下行方向继电器 XFJ 的线圈回路。同时，将各层的轿内指令继电器触点 $i\mathrm{J}_1$ 与本层的 $i\mathrm{FJ}_1$ 和 $i\mathrm{FJ}_2$ 接成 T 形电路，如图 5-30 虚线框 I 所示。

设电梯停在二楼，则 2FJ 吸合，使 $2\mathrm{FJ}_1$ 和 $2\mathrm{FJ}_2$ 开断。这时，当有高

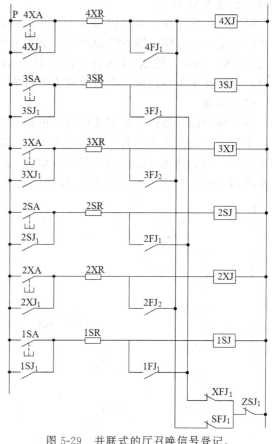

图 5-29　并联式的厅召唤信号登记、记忆与消号电路示意图

于二层的楼层指令，即有 $(2+i)\mathrm{J}_1$ 闭合时，只能使上行方向继电器 SFJ 吸合，而下行方向继电器 XFJ 处于释放状态，则电梯自动选上行方向。例如：操作人员按下三楼内指令按钮，则 3J 吸合，支路 $3\mathrm{J}_1 \to 3\mathrm{FJ}_1 \to 4\mathrm{FJ}_2 \to 4\mathrm{FJ}_1 \to 5\mathrm{FJ}_2 \to 5\mathrm{FJ}_1 \to \mathrm{XQJ}_2 \to \mathrm{XC}_1 \to \mathrm{XFJ}_2 \to \mathrm{SFJ}$ 导通，使 SFJ 吸合，电梯选上行方向。

当电梯在二楼时，如果既有上选层指令又有下选层指令，例如，4J、5J 和 1J 吸合时，由于在 SFJ 和 XFJ 线圈回路中有互锁触点 XFJ_2 和 SFJ_2，则指令动作在先者，就先行选向。令 4J 指令早于其他指令，则先选上行，SFJ 吸合，使 SFJ_2 开断，XFJ 处于释放状态。因此，只待电梯到达五楼，5J 释放，使 SFJ 释放后才能选下行方向。

(2) 操作人员选向

为在电梯已自动选向情况下，能根据需要人为地改变其运行方向，在图 5-30 线路中设置了操作人员上、下选向按钮 SA、XA，以及分别由其控制的操作人员上、下启动继电器 SQJ、XQJ，如图 5-30 虚线框 II 所示。为能手动选向，将常闭触点 SQJ_2 串接在 XFJ 支路，将常闭触点 XQJ_2 串接在 SFJ 支路。为只能在电梯停止时操作人员才能选向，在图 5-30 虚线框 II 所示环节串接一运行继电器 YXJ 的常闭触点 YXJ_1，

电梯停止时 YXJ 释放。

设电梯停在二楼，有轿内指令 4J、5J、1J，既有上选层指令又有下选层指令，且电梯已选定上行方向，即 SFJ 已吸合。如果在电梯启动前按下下行选向按钮 XA，由于此时 YXJ_1 闭合，使 XQJ 吸合，由其触点 XQJ_2 使 SFJ 释放，其触点 SFJ_2 使 XFJ 吸合，电梯就由上行选向人为地改选为下行方向。

(3) 选层

当电梯被内、外指令选定楼层时，电梯在到达选层层站之前应先换速。为此，在井道中每个层站的适当位置（即换速点上），都设有井道换速干簧感应器，提供井道换速信号。当到达每一层站时，楼层继电器 iZJ 都要吸合。在控制线路中，设置了换速继电器 HSJ。然而，换速继电器 HSJ 是否吸合，从而控制电梯换速，还取决于提

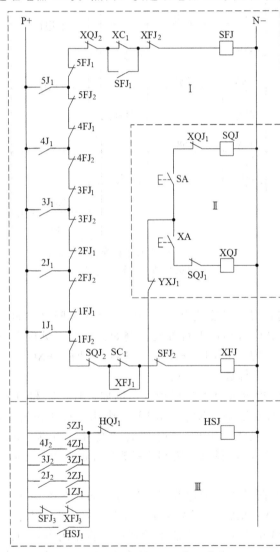

供换速信号 iZJ 和指令选层信号 iJ 这两个条件是否同时具备，即该两个继电器是否都吸合。因此，需要在控制电路中将 iZJ 和 iJ 的常开触点进行"与"逻辑运算，即将该两个触点串联，如图 5-30 中虚线框Ⅲ所示。

设内指令选层为三层，3J 吸合；当电梯到达三层时，3ZJ 吸合，则支路 $3J_2 \rightarrow 3ZJ_1 \rightarrow HQJ_1 \rightarrow$ HSJ 导通，使 HSJ 吸合，并通过 HSJ_1 自锁，电梯换速，准备到达三楼层站停靠，从而实现对三楼的选层。HSJ 为换速消除继电器，在电梯平层之后 HQJ 吸合，使 HSJ 释放。而当电梯到达底层或顶层时，不论有无轿内指令都必须换速，因此，一层和五层只需换速信号 $1ZJ_1$、$5ZJ_1$，一个条件即可使 HSJ 吸合。

(4) 无方向换速

对控制线路的设计应尽量考虑到某些不利因素的影响。在此，考虑到电梯在运行过程中，如果由于人为的原因或其他原因使轿内指令继电器 1J~5J 出现全部释放的故障，即失去了全部内指令，则从图 5-30 中虚线框Ⅰ可见，不论电梯正处于上行还是下行，上、下行方

图 5-30 有操作人员操作电梯的
选向、选层电路示意图

向继电器 SFJ、XFJ 均要释放。由于此时电动机主回路中的方向接触器触点 SK、XK 仍保持原来的状态，即电梯已失去方向控制。这时，如果不采取措施，电梯将按当前方向一直运行下去，直到终端保护环节动作为止。因此，应使电梯进入换速状态，以便在最近层站平层停靠，即无方向换速。为实现上述要求，在图 5-30 虚线框Ⅲ所示电路设置了常闭触点 SFJ_3 和 XFJ_3 串联支路。当 $1J \sim 5J$ 全部释放时，SFJ 和 XFJ 释放，通过支路 $SFJ_3 \rightarrow XFJ_3 \rightarrow HQJ_1$ 使 HSJ 吸合，发出换速信号。

5.3.4　集选控制电梯选向、选层线路

在简单的选向、选层控制线路的基础上，介绍一种用于集选控制电梯的选向、选层线路，见图 5-31。本线路以四层四站为例，对于集选控制电梯，通常具有"有/无操作人员"操作功能。通过轿内操纵屏上的转换开关或钥匙开关控制一个无操作人员继电器 WSJ，用于"有/无操作人员"选择操作。若 WSJ 吸合，选择"无操作人员"操作；若 WSJ 释放，选择"有操作人员"操作。

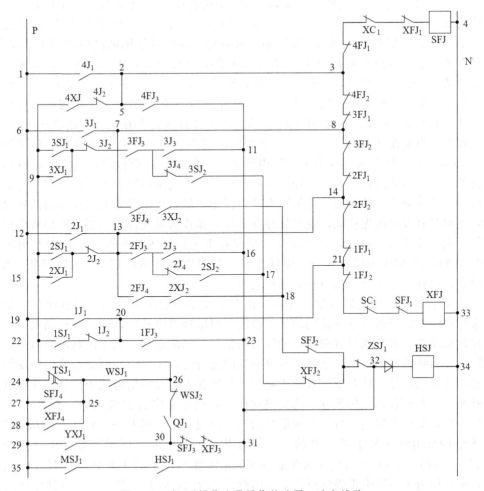

图 5-31　有/无操作人员操作的选层、选向线路

(1)"有操作人员"状态下的功能

电梯在有操作人员操纵状态下有选向、选层、顺向截梯和直驶等功能。

① 选向。在"有操作人员"状态下,只由操作人员进行电梯选向操作。在图 5-31中,位于支路 19-20 中的 $1J_1$、支路 12-13 中的 $2J_1$,支路 6-7 中的 $3J_1$ 和在支路 1-2 中的 $4J_1$ 为各层内指令信号,而在支路 22-20 中的 $1SJ_1$、在支路 15-13 中的 $2SJ_1$ 和 $2XJ_1$、在支路 9-7 中的 $3SJ_1$ 和 $3XJ$ 以及在支路 9-5 中的 $4XJ_1$ 为各层上、下厅召指令信号。由在支路 3-4 中的上行方向继电器 SFJ、在支路 21-33 中的下行方向继电器 XFJ 以及各辅助楼层继电器常闭触点 iFJ、iFJ_2 等组成的选向控制环节及其工作原理,与图 5-30 所示电路相似。在电梯静止时,运行继电器 YXJ 和启动继电器 QJ 释放,其在支路 29-30 中的触点 YXJ_1 和在 30-26 中的触点 QJ_1 开断;由于是"有操作人员"状态,WSJ 释放,在支路 25-26 中的触点 WSJ_1 开断。因此,只能由内指令$1J_1$~$5J_1$来选定电梯运行方向,而上、下行厅召唤指令虽使 iSJ、iXJ 吸合(见图 5-29),但在此却不参与选向。

② 轿内指令选层。在图 5-31 支路 32-34 中接有换速继电器 HSJ,在对应一~四层的支路 19-23-34、12-16-34、6-11-34 和 1-11-34 中均串联有内指令信号 iJ_1 和楼层换速信号 iFJ_3。尽管电梯到达各层层站时对应每一层的楼层辅助继电器 iFJ 都吸合,但只有某一层的内指令触点 iJ_1 闭合有效时才能使 HSJ 吸合,电梯换速,并在所选的第 i 层站平层停靠。例如,设电梯在一楼,操作人员按下三楼内指令按钮,使 $3J_1$ 闭合。当电梯到达二楼时,虽然 $2FJ_3$ 闭合,但由于 $2J_1$ 开断,HSJ 并不能吸合。只有到达三楼时,经 $3J_1 \rightarrow 3FJ_3 \rightarrow 3J_3$ 使 HSJ 吸合,电梯才换速,并在三楼层站停靠。

此外,由于在选向回路中的上、下方向继电器 SFJ、XSJ 之间设置了互锁触点 XFJ_1 和 SFJ_1,在操作人员按下某层轿内内指令选层按钮从而自动定向之后,该运行方向的方向继电器闭合,通过互锁触点必然使另一方向继电器释放。在有多个选层指令时,必然在响应与选向同方向的所有轿内指令之后,才能开始响应反方向的轿内指令,表明具有方向优先功能。设电梯停在二楼,操作人员先按下三层、四层轿内指令按钮,则 SFJ 吸合。这时,如果操作人员又按下一层轿内指令按钮,由于互锁触点 SFJ_1 开断,使 XFJ 为释放状态,电梯上行。只当电梯到达四层时,SFJ 释放,XFJ 才吸合,电梯开始下行,响应一层选层信号。

③ 顺向截梯。由上述可知,在有操作人员操作的情况下,上、下厅召唤信号不参与选向。但与运行方向相同的厅召唤信号对电梯可以截停,即集选控制电梯具有顺向截梯功能。对与现行方向相反的厅召唤信号,只能登记,而不能对电梯截停,只待同向厅召唤信号都被响应之后,在电梯反向运行时,才响应与原运行方向相反的已登记的厅召唤信号。厅召唤信号能否截梯,关键在于厅召唤信号能否控制换速继电器 HSJ 吸合,从而控制电梯换速。为使顺向厅召唤信号能控制 HSJ 吸合,在图 5-31 所示线路中,对应各层的上行厅召唤信号 iSJ_1,通过 $iSJ_1 \rightarrow iFJ_3 \rightarrow iFJ_2 \rightarrow$ 下行方向继电器 XFJ 的常闭触点 XFJ_2 等主要触点与 HSJ 构成回路;而下行厅召唤信号 iXJ_1 则通过 $iXJ_1 \rightarrow iFJ_4 \rightarrow iXJ_2 \rightarrow$ 上行方向继电器 SFJ 常闭触点 SFJ_2 等主要触点与 HSJ 构成回路,即在该两个回路中正确地设置了常闭触点 SFJ_2 和 XFJ_2。这样,当电梯已选向为上行时,上行方向继电器 SFJ 吸合。在电梯启动运行时,触点 QJ_1 和 YXJ_1 闭合。此

时，如果某层有上、下行厅召唤信号 iSJ_1、iXJ_1，当到达该层时，楼层辅助继电器 iFJ 吸合。由上述回路构成的方式可知，上行厅召唤信号 iSJ_1 通过支路 29-30-26 中的触点 YXJ_1、QJ_1、WSJ_2 能使 HSJ 吸合，从而被响应，实现了顺向截梯，而下行厅召唤信号 iXJ_1 却不能使 HSJ 吸合。iXJ_1 只被登记，不被响应。只有电梯下行时，原已被登记的下行厅召唤信号才被响应。电梯下行时的顺向截梯与上述情况相似。

④ 直驶功能。操作人员操纵时，因轿内满载等原因，操作人员不想让厅召唤信号截梯，而只根据轿内指令停靠时，可按下操纵屏上的"直驶"按钮，使直驶继电器 ZSJ 吸合。在线路中，支路 17-32 设有常闭触点 ZSJ_1，则厅召唤信号对 HSJ 失去控制，只有内指令信号能使 HSJ 吸合，让电梯换速停靠，实现了直接驶向操作人员选层的层站停靠的直驶功能。

(2)"无操作人员"状态下的功能

通过轿内操纵盘上的钥匙开关，使 WSJ 吸合，电梯工作在"无操作人员"状态。此时，具有内、外指令选向和选层、顺向截梯、最远反向截梯、反向截梯轿内指令优先和无方向换速等功能。

① 选向与选层。由于电梯在"无操作人员"状态下工作，WSJ 吸合，在图 5-31 中支路 25-26 的触点 WSJ_1 闭合。当电梯在某层站停靠之后，停梯时间继电器 TSJ 延时数秒之后释放，则各层厅召指令 iSJ_1、iXJ_1 均可通过触点 WSJ_1、TSJ_1 接于电源母线 P。因此，厅召指令可像各层轿内指令 iJ_1 一样能控制选向。设电梯停在一层，在三楼厅门按下上行召唤按钮，3SJ 吸合，使上行方向继电器 SFJ 吸合，电梯选为上行方向，完成选向控制。当电梯由一楼启动上行至三楼时，$3SJ_1 \rightarrow 3J_2 \rightarrow 3FJ_3 \rightarrow 3J_4 \rightarrow 3SJ_2 \rightarrow XFJ_1 \rightarrow ZSJ_1 \rightarrow HSJ$ 导通，HSJ 吸合，电梯换速停靠，实现厅召唤信号选层。如果电梯选向之后已启动运行，则与"有操作人员"操纵的状态一样具有顺向截梯功能。

② 最远反向截梯。如前所述，与电梯运行方向相同的厅召唤信分别为顺向截梯信号，与电梯运行方向相反的厅召唤信号即为反向截梯信号。设电梯在一层时，在二、三层分别有下行厅召唤信号 $2XJ_1$ 和 $3XJ_1$，因为与由一层运行到二、三层的方向相反，所以 $2XJ_1$、$3XJ_1$ 即为反向截梯信号。在集选控制中，电梯优先响应最远楼层的反向截梯信号，这种功能即为最远反向截梯功能。

对于上述出现 $2XJ_1$ 和 $3XJ_1$ 等多个反向截梯信号的情况，由图 5-31 可知，$2XJ_1$ 和 $3XJ_1$ 均可使 SFJ 吸合，电梯选为上行方向。由前述分析可知，电梯到达某一层站能否停靠，取决于电梯到达该楼层时是否能使换速继电器 HSJ 吸合。由线路分析可知，电梯到达二层时，尽管楼层辅助继电 2FJ 吸合，然而 SFJ 却仍为吸合状态，其在支路 18-32 中的常闭触点 SFJ_2 开断，不能使 HSJ 吸合，$2XJ_1$ 不被响应，电梯直达三层。当电梯到达三层时，3FJ 吸合，使 SFJ 释放，同时 3XJ 消号，则经支路 29-31 上的 $YXJ_1 \rightarrow SFJ_3 \rightarrow XFJ_3$ 使 HSJ 吸合，电梯在三层换速停靠，使最远的反向截梯信号 $3XJ_1$ 被优先响应。此后，当电梯下行时再响应二楼的下行厅召唤信号 $2XJ_1$。此时，$2XJ_1$ 已是顺向截梯信号。

③ 反向截梯轿内指令优先。电梯在响应最远层站反向截梯信号时，便在该层站停靠。电梯响应最远反向截梯信号的目的是要先运送该层站的乘客，使电梯合理运行。因此，应该让该层站乘客有充分时间进入轿厢，并通过轿内指令优先于其他厅召

唤信号选层选向，这就是"反向截梯轿内指令"优先功能。设电梯在一层，现有三层反向截梯信号 $3XJ_1$，当电梯到达三楼层站时，3FJ 吸合，使 SFJ 释放，电梯换速，在三楼层站停靠。为实现在三楼轿内指令优先选层选向，防止高于三层的厅召唤信号选向，就需要在此时将所有厅召唤信号触点对线路中的电源母线 P 开路，以使其不能选向，但全部轿内指令又不能受影响。为此，在图 5-31 中支路 24-25 设置了停梯时间继电器 TSJ 的延时闭合常闭触点 TSJ_1。电梯运行时 TSJ 吸合，电梯停止开门后，TSJ_1 经数秒延时后闭合，而电梯到达三楼开始换速，启动继电器 QJ 就已经释放，其设在支路 26-30 中的触点 QJ_1 开断。此时，已使全部厅召唤信号不起选向作用，而所有轿内指令却不受任何影响。三楼的乘客就可以利用开门后 TSJ_1 经数秒钟延时闭合这段时间，通过轿内指令优先选向。

此外，图 5-31 中支路 29-31 接有运行继电器常开触点 YXJ_1 和上、下行方向继电器常闭触点 SFJ_3 和 XFJ_3。因此在电梯运行过程中，由于故障等意外原因一旦失去全部内外指令时，电梯可无方向换速。

5.3.5 平层控制线路

平层线路的控制功能是当电梯在换速之后进入平层区时，控制电梯平层，以保证电梯平层准确度。现以交流双速电梯常用的平层控制线路为例来进行分析。

为保证电梯的平层准确度，一般在轿顶设置由三个干簧感应器构成的平层器，如图 5-32 所示。图中 SPG、XPG 分别为上、下平层感应器，MQG 为门区感应器。利用干簧感应器触点分别控制上、下平层继电器 SPJ、XPJ 和门区继电器 MQJ，线路如图 5-33 所示。当轿厢上行（或下行）时，装于井道的隔磁板先插入上平层感应器 SPG（或下平层感应器 XPG），与此同时，上平层继电器 SPJ（或下平层继电器 XPJ）吸合。随着轿厢的移动，当隔磁板也插入下平层，感应器 XPG（或上平层感应器 SPG）并使下平层继电器 XPJ（或上平层继电器 SPJ）吸合时，就表明电梯轿厢门底部与厅门地坎对齐的程度已满足平层准确度要求，电梯平层结束，应立即停车。

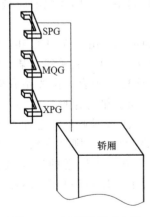

图 5-32 轿顶平层感应器

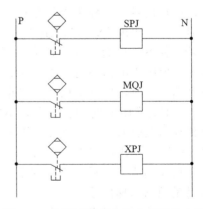

图 5-33 上下平层继电器和门区继电器

双速电梯的平层控制线路见图 5-34，图中，SC、XC 分别为上行、下行方向接触器，通过其触点 SC_1 和 XC_1 设置互锁保护。设电梯选向为上行，则上行方向继电器触点 SFJ_1 闭合。电梯启动时，启动继电器触点 QJ_1 闭合，使快速接触器 KC 吸合。之后，时间继电器 KJ 吸合（控制线圈在其他控制线路中），$KJ_1 \rightarrow QJ_1 \rightarrow SFJ_1 \rightarrow XC_1 \rightarrow SC$ 导通，使 SC 吸合，电梯上行。当电梯换速时，QJ、KC 释放，慢速接触器 MC 吸合，则经 $MQJ_1 \rightarrow MC_1 \rightarrow$ 自锁触点 $SC_2 \rightarrow XC_1$ 使 SC 保持吸合状态。在 QJ、KC 释放时，KJ 释放。在 KC 释放与 MC 吸合的转换过程中，为保证 SC 持续吸合的可靠性，而在串联支路 KJ_1-QJ_1 并联了触点 KJ_2，利用 KJ_2 的延时开断，保证了在 KC 释放到 MC 吸合的正常过渡中使 SC 持续保持吸合状态。当进入平层区，井道隔磁板插入上平层感应器 SPG 时，便经 $KC_1 \rightarrow XPJ_2 \rightarrow QJ_1 \rightarrow SPJ_1 \rightarrow XC_1$ 继续保持 SC 吸合，电梯继续以慢速上行。当井道隔磁板插入门区感应器 MQC 时，触点 MQJ_1 开断，经自锁触点 SC_2 保持 SC 吸合的通路开断，但不影响 SC 持续吸合。最后，当隔磁板插入下平层感应器 XPG 时，上、下平层继电器 SPJ 和 XPJ 均为吸合状态，其常闭触点 SPJ_2、XPJ_2 断开，使上、下行方向接触器 SC 和 XC 释放，电梯停车，平层结束。

如由于某种不应有的原因使电梯上行超越了平层位置，则 SPG 离开隔磁板，使 SPJ 释放。因 XPJ 吸合，所以 $KC_1 \rightarrow SPJ_2 \rightarrow QJ_1 \rightarrow XPJ_1 \rightarrow SC_1 \rightarrow XC$ 导通，使 XC 吸合，电梯便反向平层直至使 SPJ 再次与 XPJ 同时吸合为止。

若在电梯上行平层过程中，由于 SPG 故障或其他原因使 SPJ 不能吸合，则当隔磁板插入门区感应器 MQG 时，常闭触点 MQJ_1 断开，

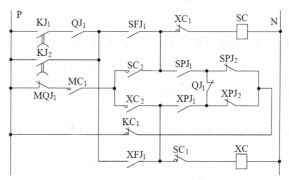

图 5-34　双速电梯的平层控制线路

此时，由于 SC 再没有导电回路而释放，电梯便停车。这时，电梯平层欠准确对某些电梯也可以不用采取反向平层措施，以使其控制线路得以简化。

5.3.6　超载信号指示灯及音响

根据电梯安全规范的规定，必须设置电梯轿厢的超载保护装置，以防止电梯轿厢严重超载而出现意外人身伤害事故。超载装置一般设置在电梯轿厢底，这一超载装置可以是有级的开关装置，也可以是连续变化的压磁装置或应变电阻片式的装置，但无论何种结构形式的超载装置，电梯超载时均应发出超载的闪烁灯光信号和断续的铃声，与此同时使正在关门的电梯停止关门并开启，直到多余的乘客退出电梯轿厢为止，不再超载时，才会熄灭灯光信号和铃声，并可重新关门启动运行。

一般电梯中，最常用的超载保护装置是磅秤式的开关结构。杠杆式称重超载装置结构示意图如图 5-35 所示。超载信号灯及铃声（蜂鸣器）均装置在轿厢内的操纵箱内部，在其面板上有"OVER LOAD"红色灯光显示板。

当超载开关 SA74 动作 $\rightarrow$ KA74↑（高电平），使继电器 KA75 延时吸合（因该继电器线圈两端并联的电容 C75 充电需要时间，即充电达到继电器的吸引电压时 KA75

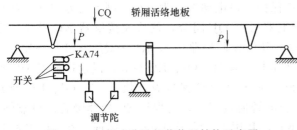

图 5-35　杠杆式称重超载装置结构示意图

吸合)→超载灯 HL74 点亮，HA 铃发声，在 KA75 吸合后，其本身的常闭触点又断开其吸合线圈的电路，但 KA75 不会立即释放，一旦释放后，灯立即不亮，铃也不响，而 KA75 的本身常闭触点又再次复位，再次接通 KA75 的吸合电路，即又重新开始对电容器 C75 充电，充电达到 KA75 吸合电压时又使灯亮、铃响，如此周而复始，直至 SA74 开关复位（即不超载）→KA74 ↓（低电平）→切断 KA75 继电器线圈电路接通的可能性。

5.4　电梯微机控制系统

5.4.1　双速电梯 PLC 控制系统

电梯的 PLC 控制系统组成框图见图 5-36，以 PLC 主机为控制核心，来自操纵箱、呼梯盒、井道装置及安全装置的外部信号通过输入接口送 PLC 内部进行逻辑运算与处理，再经过输出接口分别向指层灯、呼梯信号灯发出显示信号，向主回路和门机电路发出控制信号，实现电梯运行状态的控制。

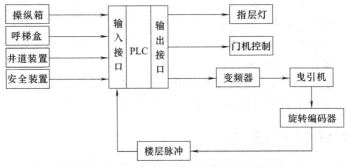

图 5-36　电梯 PLC 控制系统组成框图

(1) 设计方法及步骤

① PLC 的 I/O 点数。根据电梯的层站数、梯型、控制方式、应用场所，计算出 PLC 的输入信号与输出信号的数量。

a. 现场输入信号。电梯作为一种多层站、长距离运行的大型机电设备，在井道、厅外及轿厢内有大量的信号要送入 PLC，现以五层五站电梯为例计算其现场输入信号数量。

- 轿内指令按钮 1AN～5AN，共 5 个，用于操作人员下达各层轿内指令。
- 厅外召唤按钮 1AS7～4AS7、2AXZ～5AXZ，共 8 个，用于厅外乘客发出召唤信号。

• 楼层感应干簧管 1G～5G，共 5 个，安装在井道中每层平层位置附近，在轿厢上安装有隔磁钢板，当电梯运行时，使隔磁钢板进入干簧管内时，干簧管中的触点动作发出控制信号，见图 5-37。干簧管一方面发出电梯减速信号，另一方面发出楼层指示信号。

• 平层感应干簧管有 SPG、XPG、MQG，共 3 个，安装在轿厢顶部，在井道相应位置上装有隔磁钢板，当钢板同时位于 SPG、XPG 和 MQG 之间时，电梯正好处于平层位置。

• 厅门开关 1TMK～5TMK、轿门开关 JMK，共 6 个，分别安装在厅门、轿门上。当它们全部闭合时，说明所有门都已关好，电梯允许运行；若上述开关有任何一个没有闭合，说明有的门是打开的，这时不允许电梯运行。

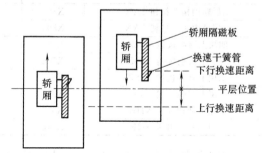

图 5-37　楼层感应干簧管动作示意图

• 开门按钮 AKM，关门按钮 AGM。用于操作人员手动开、关门控制。

• 强迫换速开关 SHK、XHK，共 2 个，SHK 和 XHK 分别装在井道中对应最高层站（5 层）和最低层站（1 层）的相应位置。如果电梯运行到最高层或最低层时，正常的换速控制没有起作用，则碰撞这两个开关使电梯强迫减速。

b. 现场输出信号。由交流双速电梯的拖动原理可知，以下部分需要由 PLC 输出信号进行控制。

• 接触器 SC、XC、KC、MC、KJC、1MJC、2MJC，共 7 个。

• 楼层指示灯 1ZD～5ZD 共 5 个。自动开、关门控制信号，共 2 个。厅外呼梯信号指示灯 1S7D～4SZD、2XZD～5XZD，共 8 个。

② 机型选择及 I/O 分配。综上分析，现场输入信号共 29 个，输出信号共 22 个，故选择三菱 F1-60MR 型 PLC，该 PC 基本单元输入 32 点，输出 24 点，所以能满足要求。表 5-1 是 PLC 的 I/O 分配表。

表 5-1　PLC 的 I/O 分配表

输　　入		输　　出	
五层下召唤按钮 5AXZ	X000	开门按钮 AKM	X514
四层下召唤按钮 4AXZ	X001	关门按钮 AGM	X515
三层下召唤按钮 3AXZ	X002	五层位置显示灯 5ZD	Y030
二层下召唤按钮 2AXZ	X003	四层位置显示灯 4ZD	Y031
下平层感应干簧管 XPG	X004	三层位置显示灯 3ZD	Y032
上平层感应干簧管 SPG	X005	二层位置显示灯 2ZD	Y033
门区感应干簧管 MQG	X006	一层位置显示灯 1ZD	Y034
门联锁回路	X007	一层上召唤指示灯 1SZD	Y035
五层感应干簧管 5G	X400	二层上召唤指示灯 2SZD	Y036
四层感应干簧管 4G	X401	三层上召唤指示灯 3SZD	Y037
三层感应干簧管 3G	X402	四层上召唤指示灯 4SZD	Y530
二层感应干簧管 2G	X403	二层下召唤指示灯 2XZD	Y531

续表

输　　入		输　　出	
一层感应干簧管 1G	X404	三层下召唤指示灯 3XZD	Y532
五层轿内指令按钮 5AN	X500	四层下召唤指示灯 4XZD	Y533
四层轿内指令按钮 4AN	X501	五层下召唤指示灯 5XZD	Y534
三层轿内指令按钮 3AN	X502	自动开门输出信号	Y535
二层轿内指令按钮 2AN	X503	按钮关门输出信号	Y536
一层轿内指令按钮 1AN	X504	上行接触器 SC	Y430
四层上召唤按钮 4ASZ	X505	下行接触器 XC	Y431
三层上召唤按钮 3ASZ	X506	快速接触器 KC	Y432
二层上召唤按钮 2ASZ	X507	慢速接触器 MC	Y433
一层上召唤按钮 1ASZ	X510	快加速接触器 KJC	Y434
下强迫换速开关 XHK	X511	第一慢加速接触器 1MJC	Y435
上强迫换速开关 SHK	X513	第二慢加速接触器 2MJC	Y436

　　③ PC 外部接线设计。图 5-38 是采用 F1-60MR 的 PLC 接线原理图。从图中输入端可见，各层厅门开关触点串联后输入 X007，只要任何一层门关不好，X007 就不能输入信号，这样做的好处是节省了输入点。从输出端可见，输出负载采用两种电压等级以满足不同需要。

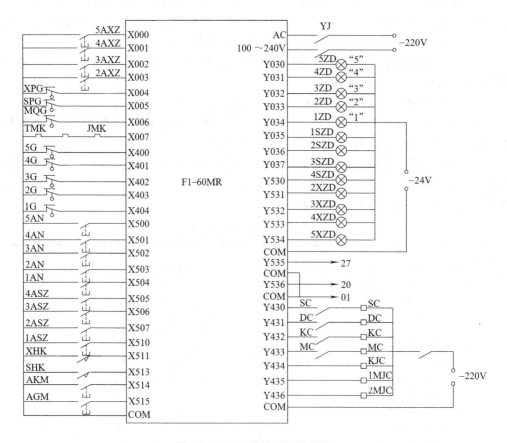

图 5-38　PLC 接线原理示意图

(2) 梯形图设计

电梯要求实现的控制功能比较多，梯形图较长，所以此处按不同功能分别分析其梯形图的原理。

① 楼层信号控制环节。图 5-39 所示的控制环节产生的楼层信号用来控制楼层指示灯、选向、选层等。根据控制要求，楼层信号应连续变化，即电梯运行到使下一层楼层感应器动作之前的任何位置，应一直显示上一层的楼层数。例如电梯原在一层，X404↑（高电平）、Y034↑，由 I/O 接线图知指示灯 1ZD 亮，显示"1"。当电梯离开 1 层向上运行时，由于 1G↓（低电平）使 X404↓，但 Y034 通过自锁维持"ON"态，故 1ZD 一直亮。当到达 2 层 2G 处时，由于 X403↑，使 Y033↑（2ZD 亮），Y033 常闭触点使 Y034↓，即此时指示灯"2"亮，同时"1"熄灭。在其他各层时，情况与此相同。

② 轿内指令信号控制环节。图 5-40 为轿内指令信号控制环节梯形图，可以实现轿内指令的登记及消除。中间继电器 M112～M116 中的一个或几个为"ON"时，表示相应楼层的轿内指令被登记，反之则表示相应指令信号被消除。

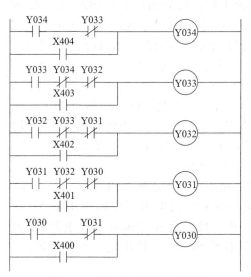

图 5-39　楼层信号控制梯形图

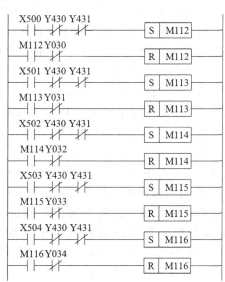

图 5-40　轿内指令信号控制梯形图

本梯形图对 M112～M116 均采用 S/R 指令编程，从图中可见，各层的轿内指令登记和消除方式相同。现设电梯在 1 层处于停止状态，Y430（SC）↓、Y431（XC）↓，操作人员按下 2AN、4AN，则 X503↑、X501↑，从而使 M115↑、M113↑，即 2、4 两层的轿内指令被登记。当电梯上行到达 2 层的楼层感应器 2G 处时，由楼层信号控制环节知 Y033↑，则 M115↓，即 2 层的轿内指令被清除，表明该指令已被执行完毕。而 M113 由于其复位端的条件不具备，所以 4 层轿内指令仍然保留下来，只有当电梯到达 4 层时，该信号才能被消除。

③ 厅外召唤信号控制环节。图 5-41 为厅外召唤控制环节的梯形图，可以实现厅外召唤指令的登记及消除，其编程形式与轿内指令环节基本相似。

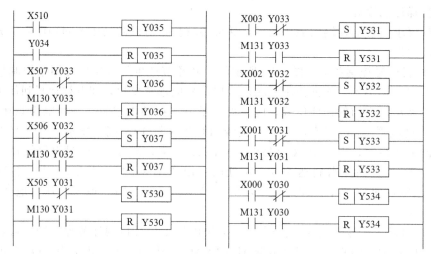

图 5-41　厅外召唤控制梯形图

设电梯在一层，二、四层厅外乘客欲乘梯上行，故分别按下 2ASZ、4ASZ，同时二层还有乘客欲下行，按下 2AXZ，于是图 5-41 中 X507↑、X505↑、X003↑，输出继电器 Y036↑、Y530↑，分别使呼梯信号灯 2SZD、4SZD、2XZD 亮。操作人员接到指示信号后操纵电梯上行，故 M130↑。当电梯到达二层停靠时 Y033↑，故 Y036↓，2SZD 灯熄灭。由于四层上召唤信号 Y530 仍然处于登记状态，故上行控制信号 M130 此时并不释放（具体在选向环节中分析）。因此，电梯虽然目前在二层，但该层下召唤信号 Y531 仍然不能清除，灯 2XZD 仍然亮。只有当电梯执行完全部上行任务返回到二层时，由于 M131↑、Y033↑，下召唤信号 Y531 才能被清除。这就实现只清除与电梯运行方向一致的召唤信号这一控制要求。

④ 自动选向控制环节。选向就是电梯根据操作人员下达的轿内指令自动地选择合理的运行方向。自动选向控制的梯形图见图 5-42。图中内部中间继电器 M130/M131 分别称为上/下方向控制中间继电器，其直接决定着方向输出继电器 Y430/Y431 的"ON"或"OFF"状态，从而控制接触器 SC/XC，即决定着电梯的运行方向，下面分析其选向原理。

设电梯位于 1 层，轿内乘客欲前往 3 层和 5 层，故操作人员按下 3AN、5AN、X502↑、X560↑，则轿内指令环节知 M114↑、M112↑。又因为电梯位于 1 层，由楼层信号环节知 Y034↑，图 5-42 中动断触点打开，则已闭合的 M114 和 M112 只能使上行控制继电器 M130↑，而不会使 M131 回路接通，即电梯自动选择了上行方向。

接着电梯上行到 3 层停下来，Y032↑，轿内指令 M114↓，但 M112 仍然登记。此时 M130 保持 ON 状态，即仍然维持着上行方向。只有电梯到达 5 层，Y030↑，才使 M130↓，此时已执行完全部上行命令。

⑤ 启动、换速控制环节。电梯启动时快速绕组接通，通过串入和切除电抗器改善启动舒适感。电梯运行到达目的层站的换速点时，应断开高速绕组，同时接通低速绕组，使电梯慢速运行，即为换速。换速点是楼层感应干簧管所安装的位置，见图 5-43。图 5-43 和图 5-44 为启动、换速控制的梯形图。

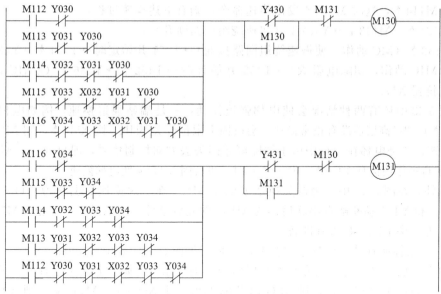

图 5-42　自动选向控制梯形图

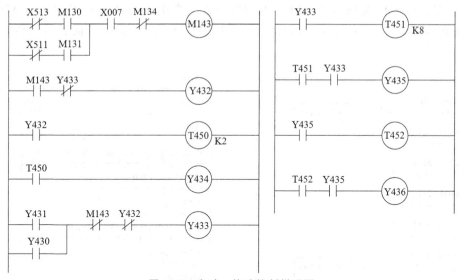

图 5-43　启动、换速控制梯形图

图 5-43、图 5-44 中，当电梯选择运行方向后，M130（M131）↑，Y430（Y431）↑，操作人员操纵使轿、厅门关闭，若各层门均关好，则 X007↑，则运行中间继电器 M143↑，有下述过程。

M143↑→Y432↑（KC 接通快速绕组）→T450 开始计时→T450↑→Y434↑（KJC 动作，切除启动电抗器 XQ）。显然，T450 延时的过程中，电动机串入 XQ 进行降压启动。

当电梯运行到有轿内指令的那一层换速点时，由图 5-44 可见，换速中间继电器 M134↑，发出换速信号。例如有三层轿内指令登记，Y032↑，只有当电梯运行到三层时，M114↑，这时 M134↑发出换速命令，则有下述换速过程：

M134↑→M143↓→Y432↓（快速绕组回路断开）。

Y433↑（MC 动作，使慢速绕组回路接通）→T451 开始定时→T451↑→Y435↑。（1MJC 动作，切除电阻 R）→T452 开始计时→T452↑→Y436↑（2MJC 动作，切除电抗器 XJ）。

图 5-43 中还有两种情况会使电梯强迫换速：一是端站强迫换速，例如电梯上行（M130↑）到最高层还没有正常换速，会碰撞上限位开关 SHK，则 X513↑，则 M143↓，电梯换速；二是电梯在运行中由于故障等原因失去方向控制信号，即 M130↓，M131↓（但由于自锁作用仍有 T450↑，T451↑）时，也会因 M143↓使电梯换速。

另外，在图 5-44 中，为避免换速继电器 M134 在一次换速后上直为"ON"，故用 Y430 和 Y431 动断触点串联后作为 M134 的复位条件，即电梯一旦停止，M134 就复位，为电梯下次运行做好准备。

⑥ 平层控制环节。电梯平层控制的梯形图见图 5-45，其中，X004、X005、X006分别为下平层信号、门区信号和上平层信号。平层原理：如果电梯换速后欲在某层停靠时上行超过了平层位置，则 SPG 离开隔磁板，使 X005↓、M140↓，则 Y431 由Y432、M140、M143 动断触点和 M142 常开触点接通。电梯在接触器 XC 作用下反向运动，直至隔磁板重新进入 SPG，使 M140↑。当电梯位于平层位置时，M140、M141 和 M142 均为"ON"，Y430、Y431 均变为"OFF"，即电动机脱离三相电源，并抱闸制动。

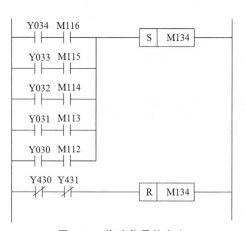

图 5-44　换速信号的产生

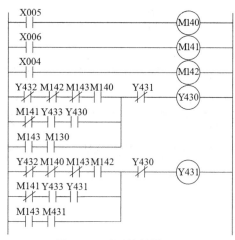

图 5-45　平层控制梯形图

⑦ 开关门控制。电梯在某层平层后自动关门，操作人员按下开、关门按钮应能对开、关门进行手动操纵。图 5-46 为相应的梯形图。图中 M136 是平层信号中间继电器，当电梯完全平层时，M136↑，紧接着 Y430↓、Y431↓，其动断触点复位，则 Y535↑。由 PLC 接线图 5-38 可见，Y535↑意味着 27 号线与 01 号线接通，因此，开门继电器 KMJ 得电，电梯自动开门。X514 是开门按钮输入，门关好后重新使其打开。X515 是关门按钮输入，当操作人员按下 AGM 时，X515↑、Y536↑，20 号线

与 01 号线接通，故 GMJ 得电，电梯关门。另外，由图 5-46 可见，电梯在运行中由于 Y430↑或 Y431↑，因此，任何因素都不能使其开门。这是电梯安全运行的一个原则，在实现控制时必须予以保证。

通过以上 7 个环节，说明了实现各主要功能控制的梯形图原理，将这些梯形图合并起来就构成了电梯 PLC 控制梯形图程序的主要部分。此外，完整的梯形图中还应包括检修、消防、有/无操作人员转换等功能环节，请读者按照有关要求进行。

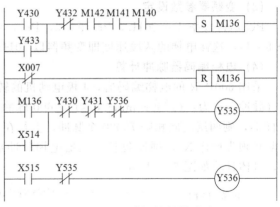

图 5-46　开关门控制梯形图

5.4.2　简易电梯 PLC 控制系统

(1) 控制系统的要求

① 电梯所停在楼层低于呼叫层时，则电梯上行至呼叫层停止；电梯所停在楼层高于呼叫层时，则电梯下行至呼叫层停止。

② 电梯停在一层，二层和三层同时呼叫时，则电梯上行至二层停止时间 t，然后继续自动上行至三层停止。

③ 电梯停在三层，二层和一层同时呼叫时，则电梯下行至二层停止时间 t，然后继续自动下行至一层停止。

④ 电梯上、下运行途中，反向招呼无效，且轿厢所停位置层召唤时，电梯不响应召唤。

⑤ 电梯楼层定位采用旋转编码器脉冲定位（0VW2-06-2MHC 型旋转编码器，脉冲为 600P/R，DC 24V 电源），不设磁感应位置开关。

⑥ 电梯具有快车速度 50Hz、爬行速度 6Hz，当平层信号到来时，电梯从 6Hz 减速到 0；即电梯到达目的层站时，先减速后平层，减速脉冲数根据现场确定。

⑦ 电梯上行或下行前延时启动，具有上行、下行定向指示，具有轿厢所停位置楼层数码管显示。

(2) I/O 端口分配（见表 5-2）

表 5-2　I/O 端口分配

端　　子		功　　能
输入	X0	C235 计数端
	X1～X3	一～三层呼叫信号
	X7	计数在一层时强迫复位
输出	Y1～Y3	一～三层呼叫指示灯
	Y6	电梯上升箭头指示
	Y7	电梯下降箭头指示
	Y10	电梯上升信号（变频器 STF 信号）
	Y11	电梯下降（变频器 STR 信号）
	Y12	RH 信号（爬行速度 6Hz 信号）
	Y20～Y26	电梯轿厢位置数码显示

（3）变频器参数设定

PU 运行频率 F＝50Hz，Pr.79＝3，Pr.4＝6Hz（电梯爬行速度），Pr.7＝2s，Pr.8＝1s，这样电梯的两段速度即变频器以 50Hz 和 6Hz 速度运行。

（4）电梯编码器脉冲计算

采用 600P/R 的电梯编码器，4 极电动机的转速按 1500r/min，则 50Hz 时的脉冲数（脉冲/s）为：（1500r/min÷60s）×600 脉冲＝15000 脉冲/s。设电梯每两层之间运行 5s，则两层之间相隔 75000 个脉冲，上行在 60000 个脉冲时减速为 6Hz，电梯运行前必须先操作 X7，强制复位。三层电梯脉冲数的计算，每层运行 5s，提前 1s 减速，具体计算如图 5-47 所示。

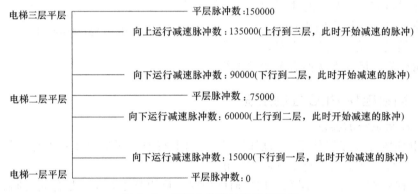

图 5-47　三层电梯脉冲计算示意图

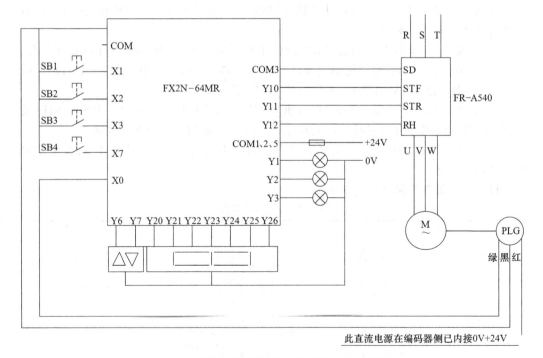

此直流电源在编码器侧已内接0V+24V

图 5-48　带编码器的三层电梯控制系统接线图

(5) 三层电梯控制综合接线（见图 5-48）

注：上图接线时，编码器 PLC 上的 DC24V 电源不用再外接；编码器的 0V 一定要和 PLC 的输入端 COM 相连；编码器上的脉冲 A 或 B 只接其中的一个。

(6) 电梯控制程序梯形图（见图 5-49）

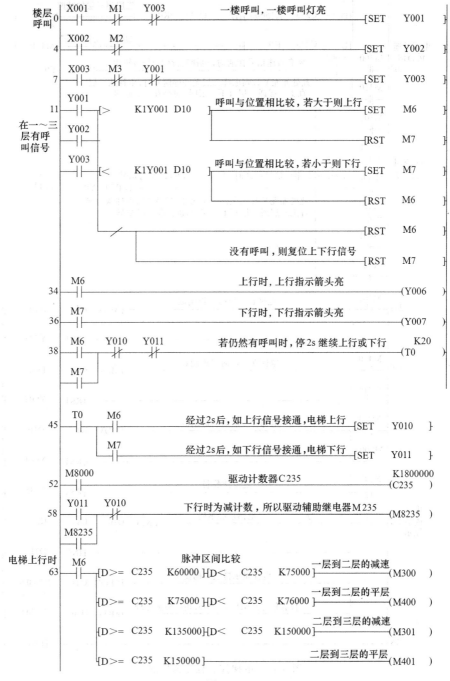

图 5-49

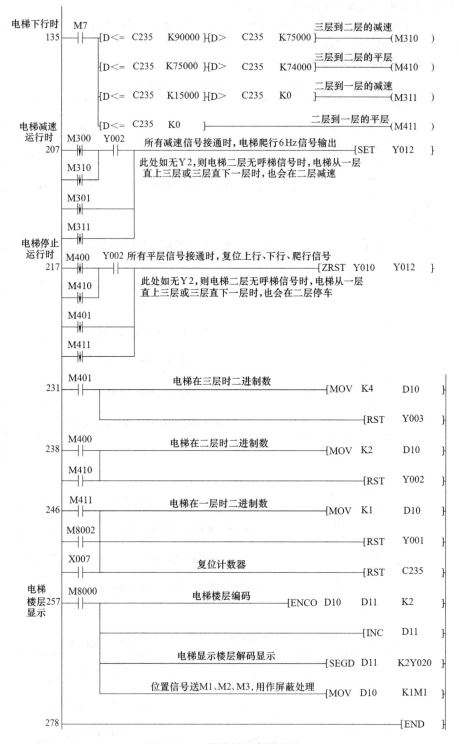

图 5-49　电梯控制程序梯形图

5.5　电梯群控系统

5.5.1　电梯群控发展过程

随着高层建筑的出现和建筑面积的扩大，特别是大型办公楼，只有单台电梯不能很好地解决全部客流，因此需要设置几台或多台电梯。但若多台电梯不能相互协助，而是各自独立操作，当乘客同时按下几台电梯的层站呼梯按钮时，就可能使几台轿厢去应答同一呼梯信号，而造成很多空载运行和不必要的停站，电梯不能有效工作，而且在频繁的需求下会造成轿厢聚群现象；在办公大楼这类大型建筑物中，上下班的单行客流十分集中，上班时的上行乘客，下班时的下行乘客，午饭时的上、下行乘客非常多，单靠增加电梯的荷载、速度、台数是不能适应这种客流量的剧烈变化规律的，也难以克服轿厢的频繁往返，更无法改善在某段时间内必然出现的长候梯现象。

电梯群控方式是指将多台电梯分组，根据楼内交通量的变化利用计算机控制，实行最优输送的一种运行方式。该方式可消除由于交通流量变化而引起的混乱，提高运输效率。它根据轿厢的人数、上下方向的停站数、层站及轿厢内呼梯以及轿厢所在的位置等因素，来实时分析客流的变化情况，自动选择最适宜于客流情况的输送方式。因此可以把安装在一起的多台电梯的控制系统相互连接，且装有自动监控系统。在这样的系统中，层站的召唤按钮对所有并联电梯来说是共有的，交通流量监控系统确定梯群中的哪一台电梯去应答层站召唤信号。

在 20 世纪 40 年代，美国的两大电梯制造公司 Otis 电梯公司和西屋电动机公司研究出了电梯群控方式，它能根据客流情况的变化，高效率地对所有各层进行充分的服务。据统计，在为办公楼提供的电梯中，群控电梯 1950 年占 12%，而 1953 年则上升至 80%，1975 年使用计算机以后，进入了现代电梯群控系统阶段。实践证明，对于办公楼等大型高层建筑，采用群控电梯，可使电梯交通系统质量大为改善，一般可使平均间隙时间缩短 15%～25%，即输送能力提高 15%～25%。由于实现自动高度和各层均等服务，使长候梯时间大为减少，一般可减少 40%～60%。据研究，乘客的候梯心理烦躁程度是与候梯时间的平方成正比的，当候梯时间超过 60s 即为长候梯时间，其心理烦躁程度会急剧上升，电梯群控将很大程度地改善这种状态。

5.5.2　电梯群控系统的类型

① 从服务功能上，电梯群控系统可分以下 3 种。

a. 全自动群控运行方式。该系统适用于上下班时，比较缓慢地出现暂时客流高峰的情况，如用于出租给几个公司的办公大楼或大中型宾馆中。该方式适用于平时客流量经常有变化，需要使用 3～5 台梯组的一种经济运行方式。

b. 全自动群控方式兼带高峰负荷服务。该系统适用于上下班时，出现暂时客流高峰的情况，如独家公司专用办公大楼或类似的专用办公大楼，这种高级运行操作方式，在平时能消除特定的、因暂时高峰负荷而出现的混乱，使 3～8 台梯组能进行周密的服务。

c. 全自动群控运行方式兼带信息的存储。该系统适用于独家公司专用大型办公楼或大型宾馆，具有电梯群控功能和多元通信处理功能，可适应营业时间内的各种交通客流变化情况，通过及时预约、缩短候梯时间等功能来提高服务效率。

② 从电梯服务方式上，电梯群控系统可分为以下 6 种：单程快行、单程区间快行、各层服务、往返区间快行、单程高层服务、单程低层服务。

③ 从运行状态上，电梯群控系统一般分为：客闲状态、平常状态、上行高峰状态、分区上行高峰状态、下行高峰状态、分区下行高峰状态、午饭交通状态、特殊动作状态、乘客服务状态。

④ 按元器件技术，电梯群控系统可分为三种：继电器式群控、集成电路式群控、计算机式群控。

5.5.3 电梯群控系统的组成

(1) 电梯群控系统一般结构

电梯群控系统的结构因不同生产厂家而有差异，但其基本结构大体相同，见图 5-50。它包括：轿厢、呼梯按钮、轿厢控制系统、通信系统、群控系统（如派梯模块、交通模式辨识模块、交通数据管理模块等）、其他辅助设备（如声音制导系统、显示系统、远程监控系统等）。

对于高层办公楼，假设一乘客从第三层到第十五层，则电梯群控的一般工作过程如下：乘客在第三层层站按下上行按钮，此信号经通信系统输入群控系统；群控系统

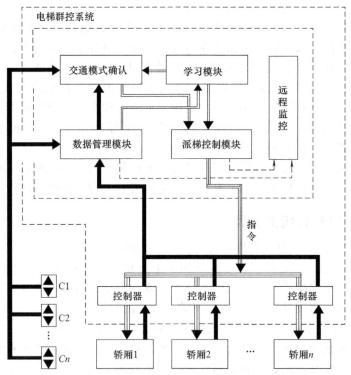

图 5-50　电梯群控系统基本结构

选择与此时的交通模式相应的派梯策略，根据客流、呼梯信号情况以及各轿厢的状态，选出一台最合适的轿厢；群控系统对所选轿厢发出控制命令，令其运行至三层，以接应此层上行乘客，同时发出声音、图像或数字等通知显示信息；所选轿厢驶向第三层，停车开门后，乘客进入轿厢，登记目的层为第十五层，轿厢将此目的层信号传输给群控系统；轿厢启动上行；轿厢到达十五层后开门，乘客走出轿厢。在这个过程中，轿厢控制器接收控制器组的指令，控制单梯轿厢的运行，并将轿厢的状态反馈给控制器组。控制器组对轿厢控制器发出控制指令，同时进行信息处理。学习模块对系统进行学习，并对系统进行实时调节。

电梯群控系统如此周而复始地进行轿厢的选择过程，称为派梯过程。派梯过程是电梯群控系统的核心。群控系统性能的高低主要决定于派梯方法的优劣。

(2) 群控系统组成

① 阿古塞尔电梯群控系统组成和功能。阿古塞尔 VF 群控电梯系列在 1982 年就由日本三菱电动机公司研制出来付之使用，以后又加进了许多新的功能，用于适应智能化大楼的要求。其新功能是：增加了大楼设备接口功能；提高了运行效率；便于乘客使用；提高了包括电梯在内的大楼的安全性。

阿古塞尔电梯群控系统由层站接口、轿厢接口、大楼设备接口和信息子系统等组成。它们的功能通过指示器、ITV 等特有装置、电梯控制及操作信号装置连接起来的系统实现。层站接口存在于层站和轿厢中，使层站与轿厢之间进行高密度的情报交换，并将两者的动作融合为一体。层站接口包括大厅信息子系统、候梯时间表示子系统、声音制导子系统、目的层预约子系统及大厅混乱度监督子系统等。轿厢接口包括轿厢信息子系统和声音制导子系统。轿厢接口包括轿厢信息子系统和声音制导子系统。大厅信息子系统和轿厢信息子系统用安装在层站与轿厢处的指示器表示电梯的通知消息、大楼通知消息及新闻消息等，使乘客获得有益情报。候梯时间表示子系统使乘客预知轿厢到达时间，使乘客安心等待。声音制导子系统通过设在层站和轿厢处的话筒，宣告电梯运行方向、到达楼层、与乘客有关的制导信息。目的层预约子系统使乘客通过在层站处安装的目的按钮而获得目的层情报，从而使乘客进行呼梯自动登记，提高群控管理性能。大厅混乱度监督子系统通过安装在层站处的摄像机摄制的影像计算出混乱度，并对被检测出有混乱状态的层站优先分配轿厢，以尽早消除混乱。

a. 目的层预约子系统。目的层预约子系统组成框图如图 5-51 所示，设置在正门楼层。分散楼层层站处设置目的按钮；其他楼层层站处设置升降按钮。在轿厢处设置

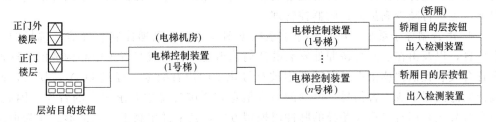

图 5-51　目的层预约子系统组成框图

称重装置与光电装置，以检测乘客出入情况。按下层站目的按钮时，群控管理装置就登记目的楼层，点亮目的按钮灯。这时的群控管理装置根据所考虑的目的层情报，进行心理候梯时间评价和最优群控管理，以便确定服务电梯。

b. 候梯时间表示子系统。对 OS-2100C 系统的情形要附加群控管理系统，它用电梯控制装置预测候梯时间，并用在层站处安装的全图线灯表示。全图线灯如图5-52所示，以沙漏形设计成 3 色发光的高辉度的 LED 装置。其上端部和下端部为分别显示上升和下降的整灯部分，中间部分为表示预测候梯时间的沙漏部分。层站按钮一按下，服务电梯的全图线灯开始点燃。此时，沙漏部分表示与预测候梯时间相对应的沙量，并且随着时间的推移而落下。轿厢一到达，全灯部分开始闪动。沙粒一漏完，轿厢就开门。这种系统将预测候梯时间的经过作为沙粒漏下而往往存在着变化表示。上升轿厢的预测候梯时间用绿色表示，下降轿厢的预测候梯时间用红色表示。

c. 大厅混乱度监督子系统。大厅混乱度监督子系统见图5-53，在层站天棚上安装的照相机对乘客进行摄影，照相处理由单片机进行，层站照相处理装置通过该照相信号检测出混乱度，并送入群控管理装置。混乱度检测处理流程见图5-54，首先设置电源和输入无人状态背景影像，设置为检测乘客的二值化的下限值；再输入应处理的层站影像；将图 5-54 的上部影像数据二值化；并从二值化影像中提取乘客数据，计算层站的混乱度。

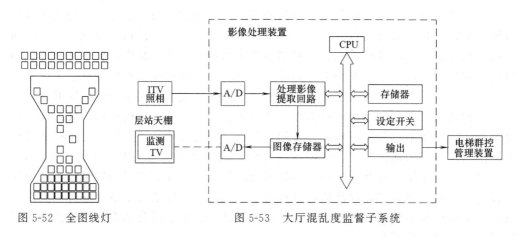

图 5-52　全图线灯　　　　　图 5-53　大厅混乱度监督子系统

与周围亮度变化相应的背景影像数据对应自动修正处理与杂声除去处理等，以提高检测精度。根据层站状况，也可以设置多台照相机以检测混乱度。根据这种乘客混乱度信号，电梯群控管理装置对混乱的楼层进行优先服务，在试图尽早消除混乱的情况下，也进行减少满员通过的群控管理。

d. 声音制导子系统。声音制导子系统见图5-55，由电梯控制装置信号选择的声音信息，以及由在层站与轿厢处安装的话筒输出的声音合成装置为中心构成的。这种声音合成装置依次读出声音存储器中被符号化了的声音数据，经过 D/A 转换后，通过低通滤波器生成声音信号。电梯的声音信息在周围环境中要求很高的音质。因此，声音符号化采用有自适应差异的脉冲码模型方式，其采样率高于一般情形。作为声音信息在运行方向与到达楼层的通知消息方面，乘客在使用和操纵的时候，预备了不迷失的制导信息。由于电梯控制装置生成由多数状态号选择信息的信号，所以制导信息配合电梯的动作，需要很好地同步输出。

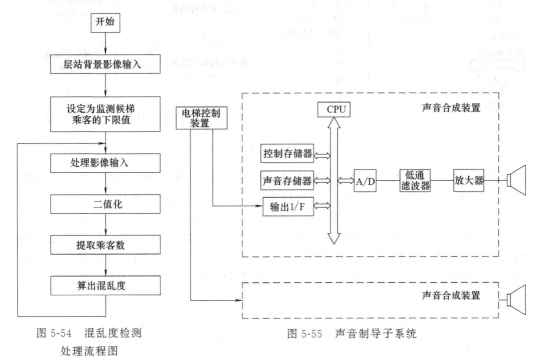

图 5-54　混乱度检测　　　　　　　　图 5-55　声音制导子系统
　　　处理流程图

　　e. 秘密通话子系统。该系统只限于对特定楼层的交通，有暗通话式和磁码式两种。由前者的目的按钮输入暗通话，成为进行轿厢呼叫登记的系统。特定楼层的目的按钮一按下，电梯控制装置就熄灭了该楼层的目的按钮灯，在目的按钮灯熄灭的时间（约 5s）里，利用目的按钮输入暗通话，则电梯控制装置登记该特定楼层的轿厢呼叫。这时，错误的暗码输入一重复，则鸣叫蜂鸣器发出报警。这样，由目的按钮将暗码输入进去的乘客，可以进行对特定楼层的轿厢呼叫登记，并可以乘坐电梯到该特定楼层去。特定楼层与暗码根据操作目的按钮来假定和设置，并由电梯控制装置的存储器进行记忆。并且，暗码也可让别人知道，管理楼层人员等的特定楼层也可以变更。此时，可以根据操作目的按钮来设定。

　　f. 电话遥控操作子系统。电话遥控操作子系统由设置在秘书室与管理办公室等处的压式电话机组成，可以输入遥控操作指令。电话遥控操作子系统构成见图 5-56。

　　例如，由压式电话机输入指令将电梯换成 VIP 运行的远距离操作指令，通过楼内电交换机由电梯机房的远距离操作控制装置传递。远距离操作控制装置进行远距离操作指令解释，向群控管理装置输出换成 VIP 运行的指令。群控管理装置将群控制运行中特定的一台电梯改换成 VIP 运行，对层站 VIP 服务的专用灯由电梯控制装置指令点亮。电梯控制装置不呼叫时，轿厢就在所在楼层处关门待命。此后，一旦按下专门按钮，就直接开门开始服务。

　　这种系统通过远距离操作控制装置将电梯群控管理装置与楼内电话交换机连接起来，因此不管哪里的电话机都可以输入远距离操作指令。作为远距离操作指令，也要

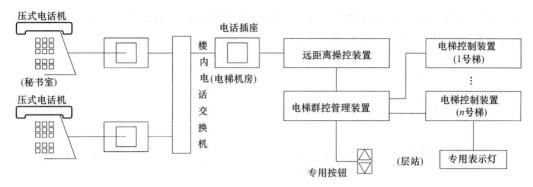

图 5-56　电话遥控操作子系统构成

区分服务楼层，并输入包括停止等动作的系统中。并且，进行远距离操作的人员在限定需要的情形下，可以设定暗码，也可以不输入和不接受远距离操作指令。

　　g. 信息子系统。信息子系统组成框图如图 5-57 所示。图 5-58 所示的是在层站显示器上靠近层站处使用乘客都能认得的高辉度发 3 色光的 LED 装置。图 5-59 是在轿厢显示器上使用了轿内乘客容易认识的、在操纵盘上可以安装的红磷发光荧光显示器。在这些显示器上表示了电梯通知消息、大楼通知消息及新闻消息等。

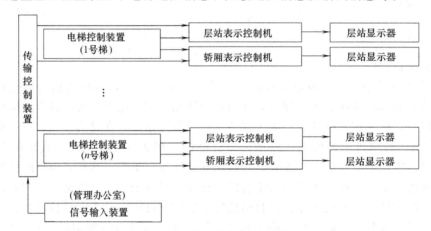

图 5-57　信息子系统组成框图

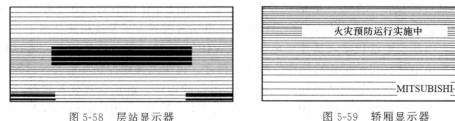

图 5-58　层站显示器　　　　　　　　图 5-59　轿厢显示器

　　电梯通知消息中，灾害时疏导运行消息等紧急消息表示要优先于其他消息。大楼通知消息与新闻消息等，由放在管理办公室处的信号输入装置来输入。从这种消息输入装置，除了输入文字消息外，还可输入模型表示与图线表示（月、日、星期、时刻）等消息。因此，集会通知消息与 VIP 欢迎消息等可预先输入。通知数据由电梯机房传递控制装置发出，由层站表示控制机与轿厢表示控制机分配和传递，并加记忆。各个表示控制机随着表示图像与表示模型的进行，在各个显示器上进行消息文字表示。此外，如果消息输入装置属于可扳动型，则可以由在层站与轿厢处安装的表示控制机直接连接输入。

② 子系统的组合。几个子系统互相组合，使功能相互补充。首先，电话遥控操作子系统和秘密通话子系统组合，使停机的电梯通过电话机进行 VIP 服务，可以不输入和不利用通过目的按钮的暗码。

在即时预报方式的群控管理 OS-2100C 系统中，在附加目的层预约子系统适用的情况下，与声音制导子系统组合，可发挥更大的效果。在预报轿厢到达以后，在其他轿厢到达的情况下，输出像乘坐预报轿厢那样的制导图表。据此，多数乘客可以乘坐作为呼叫目的楼层而自动登记的轿厢，在轿厢内不必操作目的按钮。此外，从某种程度说，群控管理装置可使预测轿厢的动作与实际轿厢的动作相一致，进一步提高群控管理性能。

大厅混乱度监督子系统与目的层预约子系统组合起来，则在检测层站处的乘客纷纷减少的情况下，如果多数目的楼层被登记，就可消除它们的目的楼层登记，据此可去掉电梯的空运行，提高运行效率。特别是，在这种组合中组合成声音制导子系统，在消除目的楼层登记的情形下，如果想再次操作目的按钮而输出制导情报时，就可事先消去新到达层站后的乘客的迷惑感。这种系列根据组合成的几个组合系统，是实现具有更大效果的系统。

5.5.4 电梯群控系统实现方式

电梯群控系统的发展，由早期使用继电器逻辑组成的电梯群控系统，经历了由当初的预选控制到后来的分区控制，之后使用了具有较为复杂功能的集成电路，最后达到今天利用计算机进行数据处理的高级系统。电梯群控系统的智能控制发展过程如图5-60 所示。

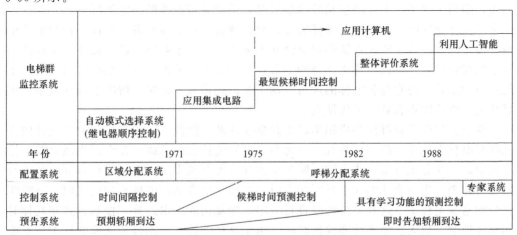

图 5-60　电梯群控系统的智能控制发展过程

(1) 第一阶段的自动模式选择系统

从 20 世纪 40 年代起，电梯群控系统使用继电接触控制，称为"自动方式选择系统"，它通过在上行下行高峰以及平峰、双向时选择运行命令来工作。这是群控的最简单形式，称为方向预测控制。早期，这种系统适用于两台或三台电梯组成的梯群，每台电梯靠方向预选控制来操作。这种系统需要单一的单层召唤系统，每个厅层设有一个上行和一个下行按钮。它把梯群的运行状态划分为四个或六个固定的模式，每一种模式都有与之相应的固定接线系统，呼梯信号的计数、计时等交通分析器件也都由有触点的形式构成。自动模式选择系统的控制方式采用时间间隔控制，叫做分区配置方式，即高峰期系统以适当的时间间隔从端站发出轿厢，工作时不依赖层站呼梯信号，轿厢按程序从端站分派。该方式可适当解决梯群中的各个轿厢沿井道高度均匀分布的问题，特别是在繁忙的交通需求期间。其缺点是：轿厢在顶端或底层需要用去一个较长的时间等待分配，停在顶部端站常常是无用的，而且轿厢在等待分配时闲置着。此外，轿厢也频繁地在端站楼层无目的地运行。这种群控系统由于存在线路复杂、功能简单、故障率高等缺点，目前已很少使用。

简单的两台电梯组成的梯群，粗略的分区是两台电梯分别服务于交替的楼层。可用静态和动态两种方法将厅层召唤进行分区。静态分区时，一定数目的厅层组合在一起构成一个区域。也可将相邻的上行厅层召唤安排到若干向上需求区域，相邻的下行厅层召唤安排到若干独立的向下需求区域，由此定义方向区域。动态分区时，区域的数目和每个区域的位置、范围，取决于各个轿厢运行的瞬间状态、位置和方向。动态区域是在正常的电梯运行期间定义的，按事先定义好的规则产生新的分区，并且是不断连续变化的。分区控制缩短了电梯的单台运行周期，运行效率有所提高。动态分区的算法比较复杂，因此主要以静态分区为主。近年来，动态分区法的研究受到了重视。

(2) 第二阶段的呼梯-分配系统

20 世纪 70 年代初起，第二代群控系统是由无触点逻辑元件实现。特别是随着集成电路在群控系统中的大量应用，使群控系统由固定程序选择方式发展为呼梯-分配方式，即当出现了一个新的层站呼梯信号时，系统就可以按照一定的原则，立即选定一个可供分配的电梯，并登记呼梯信号，允许梯群监控系统与各个电梯的控制柜简单地连接，同时改善了整个系统的可靠性和服务质量。由于数字集成电路可以完成比较复杂的逻辑运算，可以实现更加合理的群控调配方案。另外，群控系统可以制成电子线路板的形式，使它与各电梯的逻辑控制系统以插接方式连接，解决了硬件复杂、可靠性低、维修困难和效率低等缺点。

继电器程序控制群控和应用集成电路群控这两个阶段，主要是应用数理统计的方法研究电梯群控系统的统计特性，这也是梯群智能控制的基础。在应用集成电路群控阶段中，呼叫分配方式（或个别呼叫分配方式，即时预报式）和厅层呼叫分配系统开始发展起来。当一个新的厅层呼叫产生时，选择一部合适的电梯来响应呼叫，该呼叫就分配给该电梯了。这种系统可以进行一些更加复杂的逻辑运算，控制方式是候梯时间预测控制，但无法精确预测候梯时间。由于这种群控系统不具备完善的算术运算能力，所以不能实现具有人工智能的预报调度功能。

(3) 第三阶段的整体评价系统

从 20 世纪 70 年代中期，计算机开始用于电梯群控系统后，进入了第三阶段，即电梯交通动态特性研究阶段。

计算机电梯群控系统的出现，提高了预测电梯到达某一层的准确性，然而时间间隔固定不变的运行常常不能令人满意，因而尽量减少长候梯时间的问题仍需解决。电梯群控系统利用计算机控制的第一个方法，是将常规控制算法用软件程序实现。由于常规控制算法提供的性能，必然受它的固定逻辑程序所限制，因此不是最优的方法。另一种可能是一种新设计的控制系统，按照每个轿厢应答召唤信号的时间，把层站召唤信号分配给轿厢。在计算机电梯群控系统的第二阶段增加了学习交通状态的功能，提高了预测电梯运行状态的准确性，减少了长候梯时间。它还包括许多其他功能，如优先级的确定、对客流频繁的楼层的考虑以及对长时间候梯信号的优先服务等。由于预测的准确性，能够及时通告电梯的到达。

计算机控制能直接完成控制算法参数在线变化，通过新程序输入计算机，不需要重新布线，能很快实现控制算法的完全改变。计算机控制的另一个优点是其数据的记录功能。在计算机中能记录、分析交通状况和目的地数据、轿厢的运行和电梯的性能，以及开关门时间、故障部位检测记录数据的保存等。计算机控制可以实现这些数据的远距离查询，并随时监测每一故障的发生。根据这些数据可以改进控制算法参数，使其适应建筑物的需求。

计算机的应用也为人工智能等高新技术在电梯群控系统中的使用提供了基础。在此之前，主要应用数理统计方法进行电梯交通统计特性的研究。自从计算机应用到电梯群控系统之后，开始研究系统的动态特性，即用模糊逻辑、专家系统和人工神经网络等人工智能技术来描述电梯群控系统的非线性、不确定性、模糊性和扰动性，从而提高电梯群控系统的整体服务性能，完成电梯群控整体最优配置。

5.5.5　电梯群控的调度方法

多台电梯的效协调运行很大程度上取决于电梯群调度控制的调度原则。依据程序调度原则，能够为各种场所，特别是大型宾馆，综合楼内客流剧烈变化的典型客流状态，提供各种工作程序或随机程序（或称"无程序"）来实现电梯群的有序调度。电梯群控系统有四程序（即四个工作程序）、六程序（即六个工作程序）和"无程序"（即随机程序）三种工作状态。传统电梯群控采用"硬件逻辑"的继电器方式进行控制时，群控调度原则有四程序和六程序两种。现代电梯多利用微机控制，即采用"软件逻辑"方式进行控制。但无论用硬件逻辑的方式，还是用软件逻辑的方式，群控的调度原则是类似的。

(1) 六个工作程序

自动程序控制系统可根据客流量的实际情况加以判断，提供相应于下列六种客流状态的工作程序：上行客流顶峰状态（JST）、客流平衡状态（JPH）、上行客流量大的状态（JSD）、下行客流量大的状态（JXD）、下行客流顶峰状态（JXT）、空闲时间的客流状态（JKK）。这六种模式中，每一种都针对一个交通特征，并有各自的调度原则。

① 六个工作程序的工作状况。上行客流顶峰工作程序（JST）的交通特征是从基站向上去的乘客特别拥挤，需要电梯迅速地将大量乘客运送至大楼各层站；而这时层站之间的相互交通很少，下到底层的乘客也很少。在这个程序中，采用的调度原则是把各台电梯按到达底层（基站）的顺序选为"先行梯"，先行梯设于厅外及轿内"此梯先行"信号灯闪动，并发出音响信号，以吸引乘客迅速进入轿厢，直至电梯启动后声、光信号停止。在运行过程中，电梯的停站仅由轿内指令决定，厅外召唤信号不能拦截电梯。其他各程序及其调度方式也是根据某一种交通特征来设计的。

客流平衡工作程序（JPH）的交通特征是客流强度为中等或较繁忙程度。一定数量的乘客从基站到大楼内各层；另一部分乘客从大楼中各层站到底层基站外出；同时还有相当数量的乘客在楼层之间上、下往返，上、下客流几乎相等。均衡模式下，在3min 无外呼内选，电梯将均匀分布于各区域的首层待命，一旦有呼梯时能尽快响应。

上行客流量大工作程序（JSD）的交通特征是客流强度是中等或较繁忙程度，但其中大部分是向上客流。基本运转方式与客流平衡程序的情况完全相同，也是在客流非顶峰状态下，轿厢在顶层、底层基站之间往复行驶，并对轿厢指令及层站召唤信号按顺序方向予以停靠。因为向上交通比较繁忙，所以向上运行的时间较向下运行时间要长些。

下行客流量大工作程序（JSD）的交通特征与上行客流量大的工作程序相反，只是把前述的向上行驶换成向下行驶。

下行客流高峰工作程序（JXD）的交通特征是客流强度很大，由各层站之间到底层的乘客很多，而层站间相互往来以及向上的乘客很少。在该程序中，常出现向下的轿厢在高区楼层已经满载的情况，使低区楼层的乘客等待电梯的时间增加。为有效地消除这种现象，系统将梯群投入"分区运行"的状态，即把大楼分为高楼层区和低楼层区 2 个区域，同时将电梯分为 2 组。每组各 2 台电梯（例如 A、C 梯为高区梯；B、D 梯为低区梯）分别运行于所属的区域内。高区梯优先应答高区内各层的向下召唤信号，同时也接受轿内乘客的指令信号。高区电梯从基站向上行驶后，顺向应答所有的向上召唤信号。低区电梯主要应答低区内各层站的向下召唤信号，不应答所有的向上召唤信号。但也允许在轿厢指令的作用下上升至高区。低区梯从基站向上行驶后，如无高区的轿内指令存在，则在上升到低区的最高层后即反向向下行驶；如有高区的轿厢指令存在，则在高区最高轿厢指令返回的作用下，反向向下行驶。无论高区梯、低区梯，当轿厢到达基站时，立即向上行驶，当低区梯到达基站时，"此梯先行"信号灯熄灭。

空闲时间客流工作程序（JKK）的交通特征是客流量极少，而且是间歇性的（例如假日、深夜、黎明），轿厢在基站按"先到先行"的原则被选为"先行"。

② 工作程序的转换方法和转换条件。电梯群控系统中，工作程序的转换可以是自动的或人为的。群控系统中设有程序自动选择与特定程序选择转换开关，只要将群控系统的程序转换开关转向"自动选择"位置，则梯群就会按照实际的客流情况，自动地选择最适宜的工作程序，为乘客提供快速而有效的服务。如将程序转换开关转向六个程序中的某一个程序，则系统将按这个工作程序连续运行，直至该转换开关转向另一个工作程序为止。

　　上行客流顶峰工作程序的转换条件是当电梯轿厢从基站向上行驶时，连续 2 台梯满载（超过额定载重量 80%）时，上行客流顶峰状态被自动选择。如从基站向上行驶的轿厢负载连续降低至额定载重量的 60% 时，则在相应时间内，上行客流顶峰工作程序被解除。

　　客流平衡工作程序的转换条件是当上行客流顶峰或下行客流顶峰程序被解除后，如有召唤信号连续存在，则系统转入客流非顶峰状态。在客流非顶峰状态下，如电梯向上行驶的时间与向下行驶的时间几乎相同，而且轿厢负荷也相近，则客流平衡程度被自动选择。如若出现持续的不能满足向上行驶的时间与向下行驶的时间几乎相同的条件，则在相应的时间内客流平衡程序被解除。

　　上行客流量大工作程序的转换条件是在客流非顶峰状态下，如电梯向上行驶的时间较向下行驶的时间长，则在相应的时间内，上行客流量大的程序被自动选择。若上行轿厢内的载荷超过额定载重量的 60%，则该程序应在较短时间内被自动选择。如在该程序中出现持续的不能满足向上行驶时间较向下行驶时间为长的条件，则在相应的时间内，上行客流量大的程序被解除。

　　下行客流量大工作程序的转换条件恰好与上行客流量大工作程序相反，只要将向上行驶换成向下行驶即可。

　　下行客流高峰工作程序的转换条件是当出现轿厢连续 2 台满载（超过额定载重量 80%）下行到达基站时，或层站间出现规定数值以上的向下召唤信号时，则下行客流顶峰被自动选择。如下行轿厢的负载连续降低至小于额定载重量的 60% 时，则经过一定的时间，而且这时各层站的向下召唤信号数在规定数值下，则下行客流顶峰程序被解除。但在下行客流顶峰程序中，当满载轿厢下行时，低楼区内的向下召唤数达到规定数值以上时，则分区运行起作用，系统将梯群中的电梯分为 2 组，每组分别运行在高区和低区楼层内。分区运行时，如低楼层区内的向下召唤信号数降低到规定数以下时，则解除分区运行。

　　空闲时间客流工作程序的转换条件是当电梯群控系统工作在上行客流顶峰以外的各个程序中时，如 90～120s 内没有出现召唤信号，而且这时轿内的载重量小于额定载重量的 40% 时，则空闲时间客流工作程序被自动选择。在空闲时间客流程序中，如在 90s 的时间连续存在 1 个召唤信号，或在一个较短时间（约 45s）内存在 2 个召唤信号，或在更短的时间（约 30s）内存在 3 个召唤信号，则空闲时间客流程序被解除。如当出现上行客流顶峰状态时，空闲时间客流程序立即被解除。

　　当电梯处于故障、操作人员、检修、驻停、消防、专用状态时，电梯将被解除群控控制状态。

(2) 电梯群控的调度原则

　　当今电梯群控系统的调度原则可以分为“硬件逻辑和软件逻辑”两大类。固定模式的“硬件”系统，即前面所述的六种客流程序状况的在两端站按时间间隔发生的调度系统和分区的按需要发车调度系统。这种“硬件”模式的调度系统在近几年的电梯产品中已逐渐淘汰，几乎已绝迹，仅在 20 世纪 60～70 年代中期的电梯产品才应用这一调度系统。在 20 世纪 70 年代后期开始至今，在高级电梯产品中均已用各类微处理器构成“无程序”的按需发车的自动调度系统。例如美国奥的斯电梯公司的

ELEVONIC301、401 系统；瑞士迅达电梯公司的 MICONIC-V 系统，均属此类。尤以瑞士迅达电梯公司的 MICONIC-V 系统的"成本报价"（"人·s 综合成本"）的调度原则最为先进。它不仅考虑了时间因素，还考虑了电梯系统的能量消耗最低及运行效率最高等因素。因此该系统较其他系统可提高运行效率 20%，节能 15%～20%，缩短平均候梯时间 20%～30%。

① 最短距离调度方法。该方法将每个层站呼梯信号分配给应答这一呼梯信号最近的那台电梯。在计算距离时对呼梯信号同向和反向运行电梯分别赋予一个不同的位置偏差。

② 最小最大呼梯分配方法（MIN-MAX）。它的基本思想是把发出层站呼梯时所反映的乘客需求量的微小变化，看成是对整个电梯群需求量的变化加以控制。它根据层站呼梯、轿厢内选信号和电梯数量等状态量预测候梯时间，把所预测得的候梯时间的最大值作为评价函数，以该值最小的电梯来响应该层站呼梯。

该算法的步骤：预测已登记的层站呼梯的候梯时间，对各电梯选择其已登记层站呼梯的最大预测等候时间作为评价函数，找出具有最小评价函数的电梯，并派它响应该新层站呼梯信号。

③ 分区调度控制方法。分区调度及运行是电梯群控的一种常见控制方法，一般可按固定分区和动态分区两种方法实现。

a. 固定分区。它按电梯台数和建筑物层数分成相应的运行区域。当无召唤时，各台电梯停靠在自己所服务区域的首层。当某个区域中有呼梯信号，由该区域电梯响应。每台电梯的服务区域并非固定不变，据召唤信号的不同随时调整其服务的区域。因层站呼梯的随机性，可能造成电梯忙闲不均。

b. 动态分区。它是按一定的顺序把电梯的服务区域连接成环形。电梯运行后，每台电梯的服务区域随电梯的位置及运动方向作瞬时的调整但总保持连接成环形。可以解决电梯忙闲不均的现象，但由于各电梯位置不同，轿厢内人数不同，响应呼梯信号的速度不同，有时造成电梯调配不合理。

④ 心理待机时间和综合成本评价调度方法。采用心理性时间评价方式来协调梯群的运行是一种的新的群控方法，可显著地改善人机关系。心理待机时间就是将乘客等待时间折算出在此时间内乘客所承受的心理影响。统计表明，乘客待机焦虑感与待机时间成抛物线关系。如果在待机时间内群控系统出现预报失败等现象，则必然导致待机焦虑感的激增。而采用心理性待机评价方式，可以在层站召唤产生时，根据某些原则进行大量的统计计算，得出最合理的心理待机时间评价值，从而迅速准确地调配出最佳应召电梯，进行预报。以下对这种方式的几种调度原则作一介绍。

a. 最小等待时间调度原则。它根据所产生的层站召唤，预测各电梯应答的时间，从中选择应答时间为最短的电梯去响应召唤。

b. 防止预报失败原则。先进的群控系统一般都具有预报功能，即当乘客按下层站召唤按钮后，立即在层站上显示出将要响应该召唤的电梯。心理等待评价方式表明，如果预报不准确，将会使乘客的候梯焦虑感明显增加。为提高预报的准确率，增强乘客对预报的信赖感，应尽量避免预报失败，即对已经调配好的电梯尽量不更改群控系统已经向各层发出的预报显示信号。

　　c. 避免长时间等候调度原则。它通常根据电梯的速度、建筑物的高度及规模等因素规定一个时间 t_m，如果乘客候梯时间超过 t_m，则判断为"长时间候梯"，应立即采取措施，加以避免。在微机群控系统中，t_m 可由软件设定或改变。

　　d. 综合成本调度原则。综合成本就是电梯轿厢中乘客的数量乘以电梯从一层到另一层之间运行时间，简称：人·s。它综合反映电梯运行的"成本"，对电梯运行的时间、效率、能耗及乘客心理等多种因素给以兼顾，体现了一定的整体优化意义。

　　现举例说明，已知大楼层数为 10 层，共 4 台电梯（A、B、C、D），速度为 2.5m/s，群控系统为 MICONIC-V。若五层有乘客需向下，各台电梯的瞬间位置及其运行至五层所需的时间和各梯轿厢内的乘客数如图 5-61 所示。从图 5-61 可知，客梯运行到五层所需综合成本为 $Q_A=1$ 人×10s=10 人·s；$Q_B=10$ 人× 3 s=30 人·s；$Q_C=8$ 人× 5 s=40 人·s；$Q_D=12$ 人×1s=12 人·s。

　　从图 5-61 和上面的综合成本报价（对五层的召唤信号来说）可以看出，虽然 A 梯最远，运行至五层所需时间为 10s，但其轿内只有 1 人，到五层接客只需"成本"为 10 人·s。而其他 3 台电梯虽然离五层很近，但其轿厢内却有很多客人，所需"成本"很高。因此比较之下，A 梯的"成本"最低，这样就由 A 梯来应答五层的召唤信号，如按其他的群控调度系统，应是 D 梯来应答，因其离五层最近，这样为了五层的 1 个召唤信号，轿厢内的 12 个人也均要在五层停留一下，影响到 12 个人的时间。可见 MICONIC-V 的群控调度系统能做到"成本"最小是不容易的，但对 16 位微机来说，却是很方便的。

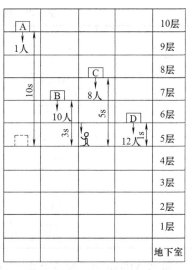

图 5-61　"人·s"综合成本调度原则示意图

（3）电梯群控系统控制算法

　　群控系统控制算法是指在特定的交通模式下电梯运行所遵循的控制策略。梯群运行性能和服务质量主要取决于电梯群控系统的控制算法。根据不同的控制方法和调度原则可以设计出不同的控制算法。

　　20 世纪 60 年代开始，国际电梯界的专家和学者曾致力于对电梯群控方案的研究，各大电梯公司也相继提出了与其群控系统相适应的控制算法，如日本日立（Hitachi）公司的时间最小/最大群控方法、瑞士讯达（Schindler）公司的综合服务成本群控方法、美国奥的斯（Otis）公司的相对时间因子群控方法、日本三菱（Mitsubishi）公司的综合分散度群控方法、美国西屋（Westinghouse）公司的自适应交通管理决策等多种群控算法。随着人工智能控制技术的发展和应用，出现了多种智能派梯控制方法。人工智能在电梯群控系统中的应用主要有如下几个方面：仿真与建模、数字监、专家系统、人工神经网络、模糊控制、模糊神经网络和遗传算法。部分电梯公司的群控产品及控制算法特点见表 5-3。

　　Otis 公司在电梯群控领域研究开发的成果较多，其中"基于模糊响应时间分配外呼的派梯方法"，采用模糊逻辑进行派梯，将电梯响应外呼的时间和分配外呼后对其他外呼信号响应时间的影响程度进行模糊化处理，然后根据这两个模糊变量的情况来完成派梯过程。"基于人工神经网络的电梯控制"，采用人工神经网络来计算剩余响应时间，提供了一种新的方法来预测电梯剩余响应时间，并应用到不同的建筑物中。

迅达公司推出的 AITP 采用人工神经网络技术，用以提高繁重交通时的电梯运输性能。AITP 模拟出一个全套的虚拟环境的电梯群，并不断地学习更新所有与大楼运输参数相关的数据。AITP 能够预测和确定虚拟环境中电梯轿厢应答的完整顺序，然后监控电梯群的实时运行状态，并与理想的虚拟模型进行对比，不断提高自身的预测精度。AITP 使用"感知候梯时间"规则来对呼梯进行排序，将每个乘客视为系统中的个体，除去所有长候梯情况。与传统的微机控制系统相比，该系统最大候梯时间缩短了 50%，平均候梯时间缩短了 35%。

表 5-3　部分群控产品型号及控制算法特点

公司名	群控产品名	特　　点
三菱	Sigma-AI2200	模糊逻辑及神经网络技术
迅达	AITP	模糊控制、神经网络技术
	Miconic10	目的层站控制、神经网络技术
富士达	Flex8820/8830	模糊推理、自适应技术
通力	TMS9000	模糊逻辑智能控制技术
东芝	EJ-1000	模糊逻辑、人工神经网络
奥的斯	Elevonic ® Class	采用奖惩算法
日立	FI-340G	遗传算法
	CIP/IC	即时预约等周期控制
	CIP-3800	缩短等待时间预测控制
	CIP-5200	自学习节能控制
	FI-320	楼层个性化专家系统
	FI-340G	楼层属性控制、遗传算法

迅达 Miconic10 群控电梯通过一种新的外呼登记方式和先进的调度方式来解决群控系统中的不确定性问题，改变了传统的在轿厢内登记目的楼层的方式，使乘客在轿厢外就预先登记自己将要前往的目的楼层，操作面板上的显示器将显示出分配给该乘客的电梯。轿厢内部只有控制开关门等特殊功能的按钮和楼层指示。这样，群控系统在乘客进入电梯之前就可以获得其目的楼层信息，成功地解决了电梯群控系统中的候梯人数和目的楼层等不确定性信息带来的问题。Miconic10 的群控系统能实现区域控制，使电梯上、下行调配电梯轿厢至运行区域的各个不同服务区。所有的服务区段都集中统一调配，并分配群控梯中的各台电梯。这种区域的位置与范围均由各台电梯通报的实际工作情况确定，并随时予以监视。Miconic10 的群控系统能自动适应最常见的交通条件，保证在各种交通情况下有最少的候梯时间，最大限度地利用现有的交通条件。该系统根据相同目的楼层的原则将乘客合理分组，从而把整个行程时间降为最低。在 Miconic10 的群控系统中，每个乘客在进入大楼或进入电梯门廊时，就把目的楼层编号输入到呼梯键盘内，群控系统随即计算出最佳运行方案，并告诉乘客该乘哪部电梯。Miconic10 的群控系统还要计算出从用键盘呼梯到到达指定电梯所需要的行走时间，以使电梯门廊处组织的更加有序，门廊和轿厢内避免了拥挤。Miconic10 群

控系统将乘客看作个体来处理，它能够适应一些需要特殊照顾和帮助的乘客的特殊要求。例如，在指定的电梯中，留有足够的未分配空间专门供给轮椅乘客使用；为盲人乘客提供语音服务。在遇到特殊乘客时，Miconi10 的群控系统还加长了开门时间，方便特殊乘客。当这些乘客到达目的楼层时，电梯关好门，再回到标准操作状态中。

日立（Hitachi）公司率先将计算机控制技术应用到电梯系统中，使电梯群控系统拥有自学习能力。1972 年，日立公司开发了 CIP/IC 系统，采用即时预约方式应答在电梯各楼层候梯乘客的呼梯信号。

① 基于专家系统的控制算法。专家系统始于 20 世纪 60 年代，它是一个或多个专家的知识和经验积累起来进行推理和判断的系统，解决了许多不能完全用数学作精确描述而要靠经验解决的问题。它由知识库、数据库、推理机、解释部分及知识获取部分组成，形成一定的控制规则，存入知识库中。这种规则一般描述为"IF…THEN"的条件语句形式。根据当前输入的数据或信息，利用知识库中的知识，按一定的推理策略控制派梯。这与严格的补偿函数方法相比，能获得更好的派梯效果。但也存在一些不足，它主要适用于一些相对比较简单的、楼层比较低的建筑物；专家设想的条件要与实际建筑物基本相同，才能获得预期的效果；对于复杂多变的电梯系统，专家的知识和经验存在局限性；控制规则数受限，规则数多则显得复杂，难以控制，少则不敷应用。

② 基于模糊逻辑的控制算法。它用模糊逼近的方法确定电梯群控系统的区域权值，进而得出评价函数值，实现系统多目标控制策略；利用模糊逻辑对交通模式进行分类，从而决定控制策略；由专家知识决定隶属函数及控制规则，并确定以后的电梯群控器的行为；运用专家知识、控制器可以很好地处理系统中的多样性、随机性和非线性的派梯任务；将有关群控管理专家（或专业人员）的知识和经验，以某种规则作为表现形态，变成知识数据加以记忆，再和交通状态数据共同推出控制指令对梯群进行控制和管理的功能。其主要不足表现为：模糊群控的性能取决于专家的技能；单纯的模糊控制缺乏学习功能，系统趋于僵化，缺乏对问题及环境的适应性；专家认定的模糊规则不能总是带来最好的结果，而调整模糊规则和隶属函数又很困难。

③ 基于神经网络的控制算法。人工神经网络是模仿人脑神经系统，以一种简单处理单元（神经原）为节点，采用某种网络拓扑结构构成的活动网络，具有并行处理、分布存储、自学习、自组织能力。神经网络学习的优势在于它可以通过调节网络连接权来得到近似最优的输入-输出映射，适用于难以建模的非线性动态系统。神经网络被引入电梯群控中，用来描述电梯交通的动态特性的优点是：能识别交通流。当交通流发生变化时，电梯交通配置能随之变动；具有自学习能力。带有神经网络的电梯群控系统能依靠自学习来改进控制算法对制定的规则加以修改；利用非线性和学习方法建立适合的模型，进行推理，对电梯交通进行预测。带有神经网络的群控系统克服了模糊群控的缺点，能灵活应对建筑物中变化的交通流，校正任何误差。例如日本东芝电梯公司开发出带有神经网络的电梯群控装置 EJ-1000FN，与模糊群控相比，减少了 10% 的平均候梯时间和 20% 的长候梯率，基本防止了聚群和长候梯。其主要不足表现为：单纯地使用神经网络会使其结构相当庞大；网络训练样本要求多，使网络的在线学习或离线学习的时间加长，使控制器的收敛性能下降；结构的合理性难以验

证；神经网络的分布式知识表达方式不能提供一个明确用于网络知识表达的框架，提炼和表达在网络中所包含的被学习的知识是非常困难的。

④ 基于遗传算法的控制算法。基本遗传算法的控制算法抽象于生物体的进化过程，是通过全面模拟自然选择和遗传机制，而提出的一种自适应概率性的搜索和优化算法。采用多点的方式并行搜索解空间，能获得最优全局解而不会陷入局部极小。对优化问题的限制很少，不需要确切的系统知识（如梯度信息等），只要给出一个能评价解的目标函数（不要求连续和可微），可实现在多目标要求下动态优化派梯方案。在有多个呼梯的情况下可搜索到最优派梯方案，实现多目标最优调度。搜索中依靠适应度函数值的大小来区分每个个体的优劣。遗传算法优于传统的最小候梯时间算法。其主要不足表现为：遗传算法本身所具有的随机性和概率性，使它的搜索进程效率不高；其优良的搜索结果是以尽可能长的搜索时间为代价的。

⑤ 基于模糊神经网络的控制算法。它一方面提供用于解释和推理的可理解的模型结构，另一方面具有知识获取和自学习能力。系统受不确定性因素的影响，存在很多可变因素，不可能对系统进行精确建模。而利用神经网络学习器，能把各层站的所有交通工况都放在存储器里，进行跟踪，优化控制变量，可得到由具体交通工况求出的最短候梯时间。系统由控制变量变换单元、电梯群控单元和梯群组成。在提高模糊控制器自适应性上，模糊神经网络是一种得到广泛认同的好方法。其主要不足表现为：梯度法的收敛性依赖于初始条件，专家知识为神经网络的学习提供一个较好的出发点和指导方向。但这一点如果不满足，则无法保证算法的良好运行。

⑥ 基于遗传算法和神经网路的混合算法。应用神经网络学习来调整网络连接权，得到近似最优的输入-输出映射，解决非线性问题；并采用含有遗传算法的动态优化呼梯分配方案，可搜索到最优派梯方案，实现多目标最优调度。用遗传算法学习神经网络的权重和神经网络的拓扑结构，利用遗传算法的寻优能力来获取最佳权值。使遗传算法和神经网络有机结合，为系统建立新的数学模型，并达到最优化。其主要不足表现为：基于遗传算法和神经网络的混合算法虽然已提出了方案，但还需具体实施。

第6章

电梯的选用与设置

对于一个建筑物，尤其是现代化的高层建筑，恰当地选用电梯数量、容量、控制方式及运行速度，不仅关系到电梯运行效率的发挥，而且影响到整个建筑物的合理利用。建筑物内的电梯一旦选定和安装使用就几乎成了永久的事实，以后想要增加或改造则非常困难，因此，在建筑设计开始时，就要求据建筑物的用途、服务对象、楼层高度及建筑标准来合理设置和选用电梯，才能充分显示电梯交通系统的优越性。

6.1 电梯的选用

(1) 电梯速度的选择

电梯的运行速度选择与电梯在大楼内的提升高度密切相关，针对写字楼使用的电梯，提供电梯速度参考数据如表 6-1 所示。

表 6-1 电梯速度选择参考数表据

序　　号	提升高度/m	电梯速度/(m/s)
1	≤75	≤1.75
2	≤90	≤2.5
3	≤110	≤3.0
4	≤130	≤4.0
5	≥130	≥4.0

(2) 电梯载重量的选择

对电梯载重量的选择，首先要确定电梯的安装场所，对不同的场合要求电梯的载重量不同，如表 6-2 所示。

表 6-2 电梯载重量的选择

序号	服务对象	电梯载重量/kg	序号	服务对象	电梯载重量/kg
1	商住楼	≥1000	4	公寓和小型医用建筑	≥900
2	多用户的写字楼	≥1350	5	住宅楼(一梯不超过四户)	≥750
3	大型百货商场	≥1600	6	工厂厂房	1000~5000

载客电梯所载乘客数按下列公式计算：乘客数量＝电梯额定载重量/75kg。计算结果向下圆整到最近的整数，乘客的体重按 75kg 计算。

(3) 电梯功能的选择

对电梯功能要求，应从实际需要出发。因为功能增多，会使电梯价格相对较高。

① 载货电梯。一般功能选择最少，要求不高，如选用交流双速控制，厅轿门用喷漆钢板，有专职操作人员操纵等。

② 住宅电梯。为降低电梯成本，减轻住户经济压力，在客梯的基础上去掉了许多附加的功能，如取消厅外显示装置。除轿厢外其他厅门全用喷漆钢板，控制简单，在保证安全的基础上尽量简单化。

③ 办公大楼用客梯。为方便群众，提高电梯档次，在门机控制、楼层显示、到站声响、多梯群控、运行噪声、轿厢装饰、舒适感觉、稳重检测方面考虑较多。对于有些特殊场合（如银行、保密机关、安全部门）的电梯，除以上客梯功能外，还要求具有识别外来人员功能（乘客持有效证件、特定密码甚至指纹识别后才能用梯）、特殊楼层服务切换功能（只服务规定的楼层）、设置用梯密码、自检故障报警功能等。另外，消防局要求每栋大厦必须设置一台消防电梯，它必须具有消防功能，便于救火时迫降和供消防员使用。

(4) 电梯数量的配置方法

一部电梯的运载能力到底有多大，一栋大楼实际需要几部电梯才能够满足运输要求，要经过长期的实际考察，总结出需要电梯数量。其计算方法如下。

① 电梯数且与面积的关系。1 部电梯运载能力一般对应 $4500m^2$ 的使用面积，因此，大楼需要电梯数量计算公式为：需要的电梯数量＝整栋大厦使用面积÷$4500m^2$（注：使用面积＝60％～75％的建筑面积）。

② 电梯数且与总人数的关系。1 部电梯运载能力一般对应 350 人的运送能力，因此，大楼需要的电梯数量计算公式为：需要电梯数量＝大厦内可能的人员流动总人数÷350 人。

(5) 电梯品牌的选择

国内外电梯品牌众多，在选择电梯时，可以参考以下建议。

① 高层星级酒店和高档办公大楼。可选用进口高档世界名牌电梯，功能要求齐全，装潢讲究，技术先进，监视、测试手段先进，将电梯作为酒店的装饰，衬托酒店档次。

② 高层住宅大楼。可选进口或国产电梯，要求性能稳定、可靠，性能价格比高。国产电梯优异的性能已能够满足广大用户的要求。

③ 多层住宅区。由于楼层低，客流量不大，尽量选用国产客梯，一方面维修保养配件齐全，另一方面技术成熟，维修价格很低。

④ 生产厂房及其他场合。国产货梯品种很多，档次不一。用户可根据实际需求、价格承受能力选用合适的载货电梯，或选用客/货两用电梯。

(6) 特殊电梯的选择

① 液压电梯。液压电梯适合于建筑物顶层无法建造电梯机房，提升高度在 10 层以下，机房位置可设在 1～3 层、距离不超过 10m 的任何地方。

② 观光电梯。观光电梯适合于安装在建筑物的外侧，使电梯轿厢一半外露，轿厢外表部分采用钢化玻璃制作。轿厢外形是艺术设计的结晶，为本建筑增添不少风采。由于井道是开放式的，因此要求电梯井道布置规整、不零乱。观光电梯在夜间，设置的各式内部彩灯好似一颗明珠上下流动，大放异彩，成为该建筑物中一道亮丽的

风景线。

③ 汽车库电梯。在现代都市中，停车难是个大问题。许多城市已经建造了平移式停车场和塔式停车场。塔式停车场外观像一栋大厦，实际上里面是小型车位。这就要选用停车库电梯。塔楼式停车场选择塔式汽车库，大型停车场选用平移式汽车库。

④ 无机房电梯。除电梯运行的井道外，没有独立机房的电梯。目前国内所说的无机房电梯，就是把曳引机、限速器等设备安装在井道内或轿厢上的曳引式电梯。与传统的曳引电梯、液压电梯相比，无机房电梯在一些场合有着无可比拟的优势，如一些机场、车站、文艺、体育、纪念和展览场馆，建筑高度和风格造型受限制或有一定要求特殊的建筑物等。

另外，对于高度在 20 层以下的民用建筑，一般在建筑物顶层之上除电梯机房外，没有其他附属设备和建筑房间，去掉机房对降低建筑总高度、保持整体造型、节省建筑成本也是有意义的。由此可见，无机房电梯在今后电梯市场中会大有作为的。

⑤ 小机房电梯。小机房电梯使用永磁同步无齿轮曳引机及小型控制柜，机房配置紧凑，使机房与井道的尺寸与传统机房配置相比节约 $58\% \sim 62\%$ 的机房土建面积，扩大了可用面积。小机房电梯与无机房电梯相比，曳引机、控制柜、限速器等部件都放在机房里，加上总体布置合理，维修空间完全符合国家标准。该电梯还采用双制动器机构、微机网络控制与通信技术、矢量控制的变压变频驱动技术，使得电梯系统运行可靠，具有良好的舒适感，同时达到了节约的目的。总之，小机房电梯以成熟的技术、精简的空间、广泛的适用性、智能化的管理系统以及节约环保、安全舒适等优质特性，越来越赢得市场的青睐，已越来越多地应用于办公楼、商务楼、宾馆等要求较高的场所及住宅楼等。

⑥ 杂物电梯。是一种载货运物用的小型电梯，它在商场、医院、饭店、实验室、图书馆等都有着广泛的应用。近年来，还走进家庭，成为一件实用的"家用电器"。目前，国内一些电梯制造公司已推出框架式新型杂物电梯。此种杂物电梯与早期的杂物电梯相比，具有较多的特点，它不需使用土建部分来固定导轨支架和电梯其他部件，而全部电梯结构零件（包括曳引机、控制柜）都安装在框架上，整体刚度极好，用户在进行土建时，只要预留一面或双面开口的砖墙井道，不需考虑其承载能力，不必预留孔，不需预留钢板，更不必提供机房（因为此种新型杂物电梯的机房就架设在钢结构框架上）。随着此种杂物电梯的技术不断成熟进步，必将有着极为独特的发展空间。

⑦ 自动扶梯、自动人行道。自动扶梯在选择时，应特别注意宽度和提升高度。自动人行道要注意运行长度和梯级的宽度，梯级宽度取决于地面的弯曲半径大小。

⑧ 特种电梯。在现实生活中，经常会用到非标电梯。如深圳世界之窗埃菲尔铁塔上的斜梯；深圳福田保税区仓库用的 5t 超大轿厢（宽、深、高都超出国家标准）电梯应用户特殊要求，厂商根据国家标准要求，研制出八根导轨（轿厢 6 根、对重 2 根）大型电梯。电梯生产、安装交付使用前每个阶段都需要另外制定验收标准或特别审批。

6.2　电梯的设置

根据建筑物尤其是高层建筑物的规模、性质、特点及防火要求等，合理地选择与设置高层建筑物内电梯的种类、形式、台数、速度及容量，对于电梯的正常运行及其性能发挥十分重要。

(1) 电梯设置的基本要求

设置和选用电梯要根据建筑物的用途、服务对象、楼层的高度及建筑标准来确定，需要考虑多种因素，其中主要是技术性能指标和经济指标两项。

电梯的技术性能指标是电梯应达到的先进性、合理性和稳定性。先进性表现在利用现代的电子技术和控制技术，使电梯速度高、平层准确度高、效率高、舒适性高。合理性表现在不同的场所、不同的服务对象，选用具有不同的技术指标的电梯，例如宾馆乘客电梯应有较高的平层准确度、较高的舒适性和多种控制功能等，而对住宅电梯相对来说就可以要求低一些；高层和超高层建筑选用高速和超高速电梯；不同的服务对象要求的服务质量不尽相同，应采用与其交通要求相应电梯。稳定性是指电梯系统性能稳定、可靠和耐用，一般要求有 20 年以上的稳定服务期。

电梯的经济指标是指初投资费和运行费初投资费包括电梯设备费、运输费、安装、调试、验收及其他工程费，井道、机房和装修费等。运行费包括电梯的维护费、电费、年审、电梯操作人员与管理人员的工资等。

电梯的技术性能指标与经济指标在许多情况下并不矛盾，从表面上看，技术性能指标高则要求付出高昂的费用，但是选取先进的技术性能指标，提高电梯的服务质量，在一定条件下可以减少电梯的台数，从而降低电梯的投资。因此，在选用电梯时应对两种指标进行综合的分析比较，合理选取，既要满足所要求的电梯服务质量，又要做到合理的经济投入。

(2) 电梯档次的区分原则

电梯工作质量的主要内容是电梯的安全可靠性和性能优良性。根据我国国情，可将当前市场上的电梯大致分为三个档次，其区分原则如表 6-3 所示。

表 6-3　电梯档次的区分原则

原则内容	第一档次	第二档次	第三档次
价值取向	追求安全可靠性和性能优良性	以追求安全可靠性为主，性能优良性为副	追求实用性
安全可靠性	应有很高的安全可靠性和稳定性、优良的技术性能，故障率远低于 5/6000	有良好的安全可靠性和较稳定的技术性能，故障率低于 5/6000	具有必备的安全功能，符合国家相关标准要求，故障率低于 5/6000
产品生产技术	应经大批量生产和大修周期的考验，产品技术成熟	应经批量生产考验，产品技术有较高的成熟度	经小批量生产考验，产品技术可靠
技术性能	启、制动性能，加减速性能，平层准确度均优于国家标准，而且性能稳定，一经调定能经久不变	各种技术性能总体优于国家标准，而且技术性能较稳定，不需经常调整	启、制动的加、减速度，运行振动加速度，平层准确度等主要技术性能都能符合国家标准
服务功能	有先进完善的各种服务功能，能提供优质服务	有较先进的服务功能，能迎合中等档次各类建筑物的需求	有基本满足要求的必备服务功能
性能价格比	大修周期较长，使用成本合理	大修周期较长，使用成本合理	要定期大修，适时调整功能指标，价格较为便宜

(3) 电梯档次的适用对象

① 第一档次电梯是技术先进的系统设计型产品，其技术成熟，有很好的内在技术素质，能确保电梯有很高的安全可靠性和性能优良性。这类电梯以其优良的技术性能和精良的制造，成为高档次建筑物的选用对象。如四星级以上的宾馆、高级会所追求配套设施与建筑物的匹配，一般都要求电梯的乘坐舒适感要好，可靠性要高，电梯也成为高消费的一个组成部分。这类电梯经严格的系统设计和试验，能适应高速和超高速运行，因此是超高建筑必选的梯种。

② 第二档次电梯是技术较先进的系统设计型产品。该产品各主要部件之间有较好的技术匹配性，产品技术性和功能配置也较先进。这类电梯当前主动要由合资工厂用全引进技术制造，制造质量已与原装梯相当，伴有良好的售后服务和可靠的配件来源，且价格低于原装进口梯，已基本在中、低速范围替代原装进口梯。对于速度要求不高的高、中档场所，如三星级宾馆、高中档写字楼、高中档住宅等，采用这种电梯具有合理的技术经济性。

③ 第三档次电梯的一些关键或主要部件多为市场采购，各主要部件之间的匹配能确保电梯应具有的基本安全可靠性和技术性能，是一种组合实用型电梯。这类电梯是普通住宅、一般写字楼、普通酒店等场所受欢迎的产品。

以上对电梯的分档主要是针对乘客电梯的。其他种类的电梯，包括自动扶梯和自动人行道可作类似参考。

(4) 选择适用电梯

① 住宅楼、办公楼和旅馆等客用电梯的主参数和尺寸，如表 6-4 所示。

表 6-4　住宅楼、办公楼和旅馆等客用电梯的主参数和尺寸

参数			住宅电梯				一般用途电梯			频繁使用电梯				
			额定载重量/kg											
			320	400/450	600/630	900/1000/1050	600/630	750/800	1000/1050/1150/1275	1350	1275	1350	1600	1800	2000
轿厢高度/mm			2200							2300	2400				
轿厢门和层门高度/mm			2000	2100											
坑底深度①/mm	额定速度/(m/s)	0.40②	1400								③				
		0.50	1400												
		0.63													
		0.75													
		1.00									③				
		1.50				1600									
		1.60	③			1600									
		1.75													
		2.00	③	1750			③	1750							
		2.50	③	2200			③	2200							
		3.00									3200				
		3.50									3400				
		4.00④	③								3800				
		5.00④									3800				
		6.00④									4000				

续表

参数		住宅电梯				一般用途电梯			频繁使用电梯					
		额定载重量/kg												
		320	400/500	600/630	900/1000/1050	600/630	750/800	1000/1050/1150/1275	1350	1275	1350	1600	1800	2000
顶层高度①/mm	额定速度/(m/s) 0.40②	3600				③								
	0.50	3600				3800		4200						
	0.63													
	0.75	3700							③					
	1.00													
	1.50	③	3800			4000		4200						
	1.60													
	1.75													
	2.00	③	4300			③	4000		5500					
	2.50	③	5000			③	5000	5200	5500					
	3.00								5700					
	3.50								5700					
	4.00①	③							5700					
	5.00①								5700					
	6.00①								6200					

① 顶层高度和底坑深度由于电梯结构的原因允许有所变动，并应符合相关的国家标准的规定。
② 常用于液压电梯。
③ 非标电梯，应咨询制造商。
④ 假设使用了减行程缓冲器。

② 医用电梯的主参数和尺寸，如表 6-5 所示。

表 6-5 医用电梯的主参数和尺寸

参数			额定载重量/kg			
			1275	1600	2000	2500
轿厢高/mm			2300			
轿门和层门高/mm			2100			
底坑深度①/mm	额定速度/(m/s)	0.63			1600	1800
		1.00			1700	1900
		1.60			1900	2100
		2.00			2100	2300
		2.50			2500	
顶层高度①/mm	额定速度/(m/s)	0.63			4400	4600
		1.00			4400	4600
		1.60			4400	4600
		2.00			4600	4800
		2.50			5400	5600
机房①（如果有）	面积/m²	额定速度/(m/s) 0.63~2.50	25		27	29
	宽度②/mm		3200			3500
	深度②/mm		5500			5800

① 顶层高度、轿门和层门高、底坑深度、机房宽度和机房深度由于电梯结构的原因允许有所变动，并应符合相关的国家标准的规定。
② 机房宽度和深度为最小值，实际尺寸应能够不小于机房的地面面积。

③ 商业大夏、火车站、飞机场选用的自动扶梯参数如表 6-6 所示。

表 6-6 商业大厦、火车站、飞机场选用的自动扶梯技术参数

建筑物的规格	提升高度/m	速度/(m/s)	梯级净宽 B /mm	承载/kg	
				上节点载荷 RA	下节点载荷 RB
4500	3~10	0.5	600	2000+0.22H	1500+0.22H
6750	3~10	0.5	800	2000+0.25H	1600+0.25H
9000	3~8.5	0.5	1000	3000+0.3H	2500+0.3H

注：1. 自动扶梯倾斜角不大于 30°时，速度可以达到 0.75m/s；倾斜角在 30°~35°之间，速度不应超过 0.5m/s。

2. H 为层高，mm。

④ 用于档次规模要求很高的国际机场、火车站以及闹市商业街的自动人行道参数如表 6-7 所示。

表 6-7 自动人行道技术参数

运行能力/(人/h)	速度/(m/min)	踏板或胶带宽度/mm	
		净宽 B	外宽 B1
5000	0.67	800	1350

注：自动人行道踏板或胶带宽度不超过 1.1m 时，其额定速度可允许达到 0.9m/s。

6.3 运用交通计算配置电梯

在现代化的高层建筑中，电梯的选用和配置是否得当，有着十分的重要性。只有合理地选用和配置适当的电梯，才能满足需要，减少建设投资，减少电梯井道占用建筑物的面积，降低电梯的能源消耗，降低电梯的运行费用，才能使现代化高层建筑发挥其巨大的优越性。选用和配置电梯时，首先要考虑电梯的服务环境，即建筑物的规模、用途、服务对象以及建筑物内人员流通及变化情况，还要考虑所选用电梯的技术性能、主要参数等，综合各方面的因素后，通过交通分析计算法来科学确定建筑物所需电梯的配置。

6.3.1 客流模式分析

不同用途的建筑，客流交通各有特点，对各类建筑的客流交通特点的分析和计算是进行电梯合理配置、研究控制方法和策略的基础。即使同一类建筑，由于具体使用情况的不同，当地生活习惯和作息制度的不同，以及季节的变化，其客流情况也有很大不同，但其统计结果表明，它的确又存在一定的规律，可将这些规律作为交通计算中的客流依据。建筑物按使用用途一般分为：办公楼、住宅楼、旅馆、医院和百货大楼。

办公楼电梯交通按运行方式可分为：上行高峰交通模式、下行高峰交通模式、两路交通模式、四路交通模式及层间交通模式共五种。办公楼客流交通图见图 6-1。

① 上行高峰交通模式。当主要的（或全部的）客流是上行方向，即全部或者大多数乘客在建筑物的门厅进入电梯且上行，然后分散到大楼的各个楼层，这种情况称为上行高峰交通模式。上行高峰交通模式一般发生在早晨上班时刻，此时乘客进入电梯上行到大楼的上部上班。其次，强度稍小的上行高峰发生在午间休息结束时刻。一个电梯系统如能有效地应对早晨上班时上行高峰期的交通需求，那么，该电梯系统也

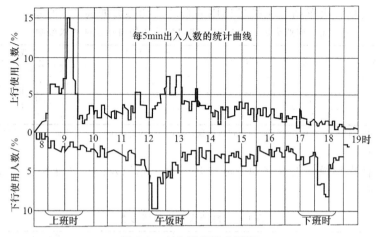

图 6-1　办公楼客流交通图

可以满足其他交通模式的交通需要，如下行高峰及随机的层间交通需求等。因此，在研究电梯的输送能力时一般都按这段时间考虑，这种客流交通称为"上班交通"。上行高峰的形成是由于要求所有的员工在某一固定的时刻之前到达办公地点并开始工作。早晨上行高峰乘客到达率曲线可以用图 6-2 表示。图中曲线下的封闭部分表示在 1h 期间的瞬时乘客到达率，以呼梯次数表示。曲线的形状在规定的上班时间之前渐渐上升，而在上班时间之后迅速降低。高峰时期的 5min 乘客集中率约为 15%（5min 乘客集中率指高峰时 5min 内的候梯人数与电梯总使用人数的百分比）。

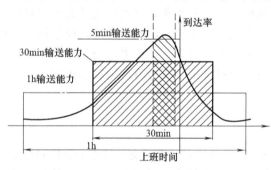

图 6-2　上行高峰乘客到达率曲线

图 6-2 表明，乘客对电梯系统所要求的瞬时客流输送能力，在规定上班时段之前或之后，相对比较低，而在上班时段即将到来之前，则相对较高。

在 1h 内的平均乘客到达率较低时，可由较少的几部电梯组成的梯群来满足需求。但当乘客到达率超过 1h 的输送能力时，候梯时间将延长，形成排队现象。只有当乘客的到达率再次低于 1h 的输送能力时，排队才能减短，需要等一会排队才能消失。然后乘客输送能力将再一次超过需要。电梯系统的输送能力只满足 1h 的乘客到达率时，还不能令人满意。更高的瞬时需求显然是满足不了的，除非采用梯数更多的昂贵的电梯系统。因而，在高峰需求期间，乘客还是应该接受一段合理的候梯时间。在实际的交通分析中，将乘客输送能力相应的时间定为小于 1h，其中有某一段合理的候梯时间。一般将输送能力定义在客流到达率最高峰的 5min 之内已经得到公认，称为 5min 乘客集中率（CE），其相应的候梯时间为 30s 左右。在上行高峰期，电梯系统的乘客输送能力用电梯系统的 5min 载客率（CE_a）表示，即 5min 内电梯系统的输送乘客人数与电梯总使用人数的百分比。因此，电梯系统在上行高峰期应能满足其 5min 载客率大于高峰期的 5min 乘客集中率，即 $CE > CE_a$，才能保证乘客的平均候梯时间合理。

在上行高峰期，还有两个参数能反映电梯系统服务水平，即平均间隙时间和平均行程时间。平均行程时间（AP）：电梯从关门启动运行至到达目的楼层所用时间的统计平均值，它表征了乘客的平均乘梯时间。平均间隙时间（AI）：每相邻两台电梯到达门厅的时间差的统计平均值，它大体上表征了乘客的平均候梯时间。上行乘客对电梯生理上的要求主要由单台电梯运行性能的提高来满足；而心理上的要求需要用梯群的有效协调控制来满足。各类建筑在上行高峰期对电梯系统的服务水平的评价见表 6-8。

表 6-8　电梯交通系统性能指标期望值

建筑物类型		5min 载客率/%	平均间隙时间 INT/s	平均行程时间 RTT/s
办公楼	公司专用	20～25	30 以下为良好 30～40 为较好 40 以上为不好	60 以下为良好 60～75 为较好 75～90 为较差 120 为极限，住宅、医院和百货大楼可稍长些
	准专用楼	16～20		
	机关办公楼	14～18		
	分区出租办公楼	12～14		
	分层出租办公楼	14～16		
住宅楼		3.5～5.0	60～90	
旅馆		10～15	30 以下为良好 30～40 为较好 40 以上为不良	
医院	大型 人的交通	20	<60	
	大型 车的交通	2		
	中小型 人的交通	20	<120	
	中小型 车的交通	2		
百货大楼		16～18	60～90	

高峰期，随着进入大楼人数的增多，会产生较少的层间交通，而且层间交通会随着楼内人数的增加而增加。电梯系统在保证上行服务的同时，要兼顾层间交通。这要求电梯系统要根据客流强度的变化，合理地调度各个轿厢从底层基站的发车时间间隔，在保证上行乘客的较短的候梯时间时，避免轿厢在基站排队等候发车间隔的到来，以利于对其他楼层的乘客需要进行服务。为提高系统的乘客输送能力，可将电梯分组。同时将大楼分为高层区和低层区，这样的划分与呼梯信号无关，而仅与乘客的目的层有关。一组电梯服务去低层区的乘客，一组服务去高层区的乘客，同时辅以对乘客的引导设施，可提高 20% 的乘客输送能力。这种方法可使去同一层的乘客乘同一轿厢的机会增加，减少停站数。同时可使服务高层区间的轿厢更多地全速运行，减少运行时间。这种方法在重载情况下尤为有效。

② 下行高峰交通模式。当主要的（或全部的）客流是下行方向以及全部或者大多数乘客是从大楼的各层站乘电梯下行到门厅并离开电梯，这种状况称为下行高峰交通模式。

在一定程度上说，发生在下班时刻的下行高峰是早晨上行高峰的反向。在午间休息开始时形成的下行高峰强度较弱，而傍晚时的下行高峰比早晨的上行高峰更强烈，此时下行高峰的强度比上行高峰要强 50%，持续的时间长达 10min 之久。下行高峰

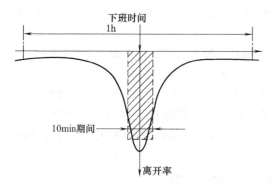

图 6-3 下行高峰乘客离开率曲线

状态乘客离开率曲线如图 6-3 所示。下行高峰期，乘客密度比较大，往往使轿厢停靠一两层后轿厢就满员，因此应合理地确定上行轿厢的目的层，然后向下运行，使电梯系统均匀地服务于各层的下行乘客。

③ 两路交通模式。当主要的客流是朝着某一层或从某一层而来，而该层不是门厅，这种状况称为两路交通模式。两路交通状况多是由于在大楼的某一层设有茶点部或会议室，在一天的某一时段该层吸引了相当多的到达和离开的呼梯信号。所以两路交通模式发生在上午和下午休息期间或会议期间。

出现两路交通模式时，电梯系统应加强对特定楼层的客流输送能力，应派剩余空间比较大的轿厢来服务，或派轿厢来服务。电梯系统应对这特定楼层交通进行记忆和学习，对此类楼层的呼梯给予更多的重视程度或优先权。对此类楼层服务的轿厢的可用空间给予较高的权值。

④ 四路交通模式。当主要的客流是朝着某两个楼层或从某两个特定的楼层而来，而其中的一个楼层可能是门厅，这种交通状况定义为四路交通模式。

由图 6-1 可以看出，当中午休息期间，会出现客流上行和下行两个方向的高峰状况。午饭时客流主要是下行，朝向门厅和餐厅。午休快结束时，主要是从门厅和餐厅上行。所以四路交通多发生在午间休息期间。

四路交通又可分为午饭前交通模式和午饭后交通模式。此两类交通模式与早晨、晚上发生的上行和下行高峰不同，虽然主要客流都为上行和下行模式，但此两类交通模式同时还有相当比例的层间交通和相反方向的交通。各交通量的比例还与午休时间的长短、餐厅的位置和大楼的使用情况有关。出现四路交通时，不但要考虑主要交通客流，还要考虑其他客流，与单纯的上、下高峰期不同。

⑤ 层间交通模式。由图 6-1 可以看出，在上午的上班时间后和午饭前之间和中午上班后至下午下班前之间，大楼的层间客流交通占主要部分。这种模式分配定义为层间交通模式。这种交通模式是一种基本的交通状况，存在于一天中的大部分时间。两路和四路交通（如果产生的话），可以被认为是不均匀的层间交通的严重情况。层间交通是由于人们在大楼中的正常工作而产生的，这种层间交通也称为平衡的两路交通。

层间交通要有合理的停靠策略。当轿厢没有呼梯信号分配给它时，应考虑轿厢停在哪一楼层。可以要求空轿厢均匀停在各个楼层，也可要求空轿厢停在客流比较大的楼层（这一功能需要电梯系统对大楼各楼层交通的学习）。如可以要求空轿厢停在门厅层以保障进入大楼的人尽快得到服务，防止门厅的拥挤。电梯系统应该根据客流的强度变化，对各个指标的强调程度而进行合适的调节。如交通密度大时，对平均候梯时间和长候梯时间要求大些，交通密度小时对电梯系统的节能指标要求大些。

以上是办公楼交通状况的特点分析，它不是固定不变的，它与具体的大楼使用情况以及大楼的使用方式、季节、作息时间等都有关。

不同的电梯系统对交通模式的分类会有些不同，但一般模式相同，包括：上行高峰交通模式、下行高峰交通模式、午饭前交通模式、午饭后交通模式、随机层间交通模式、客闲交通模式、会议交通模式等。客闲交通模式是指客流量很小时的情况，如在休息日、夜晚、清晨等。

6.3.2　电梯配置计算

下面以办公楼为例，介绍如何根据交通计算来合理配置电梯的。

(1) 用交通计算配置电梯的具体要求

① 计算建筑物的全部（或全区服务范围内一个分区）的客流总量，其代号为 $\sum r$，单位为人。

② 选用电梯系统每 5min 适宜的客流量满足率 λ（客流集中率）。

$$\lambda = \frac{\sum r_5}{\sum r} \times 100\%$$

即

$$\sum r_5 = \sum r \times \lambda \quad （人） \tag{6-1}$$

式中　$\sum r_5$——电梯系统 5min 载客人数（能力）。

当电梯系统中所配置的电梯的额定载重量 Q（kg）、额定速度 v_0（m/s）和服务方式完全相同时，则系统中每台电梯每 5min 载客人数 r_5 值也相同。

设电梯系统中装有这样的电梯台数为 N 台，则有

$$\sum r_5 = N r_5 \quad （人） \tag{6-2}$$

因电梯系统中所装电梯由于 Q 和 v 值不相同，所以每种电梯的 r_5 值也不同，则 $\sum r_5$ 的数值应用式（6-3）计算：

$$\sum r_5 = r_{15} + r_{25} + r_{35} + \cdots + r_{n5} \quad （人） \tag{6-3}$$

式中　r_1，r_2，$r_3 \cdots r_n$——n 台电梯中每台电梯的编号；

r_{15}，r_{25}，$r_{35} \cdots r_{n5}$——各台电梯的每 5min 载客人数。

电梯系统的客流量（每 5min）满足率 λ 为

$$\lambda = \frac{\sum r_5}{\sum r} \times 100\% \tag{6-4}$$

式中　$\sum r$——大楼需要乘坐电梯的总人数，也称为总客流量。

λ 值因建筑物类型不同而不同，根据测算 λ 值应满足表 6-9 的要求。

表 6-9　客流量满足率 λ 的推荐值

建筑物类型		上行高峰客流量满足率 λ/%
居住建筑	旅馆	10～15
	住宅	5～7
商业或办公建筑	多家租用时	10～15
	多家租用且声誉高	17
	单独租用时	15
	单独租用且声誉高	17～25
公用建筑	医院	8～12
	学校	15～25

根据Σr即可估算所需电梯台数N、电梯额定载重量Q(kg)、额定载客人数R(人)和额定速度v(m/s)。

③ 计算电梯的候梯向隔时间INT，单位为s，并使INT不超过规定数值。

④ 对电梯在建筑物中的位置进行合理分布与安排，对高层大楼可作高区、低区的分区（层）服务，对面积较大的建筑物还可按东西或南北分区或分层服务。

⑤ 选择好电梯的门厅。门厅应尽量靠近建筑物与主要街道门口的相近处。通常基站门厅用G表示，我国也有用一楼代表门厅层站的。分区服务时，可在高低区转换层处设高区门厅。

⑥ 尽量使电梯井道占用建筑楼宇的面积少些。

⑦ 尽量在满足λ和INT的前提下选用能耗较低的电梯配置方案。

(2) 用交通计算配置电梯的具体计算内容与方法

① 初选电梯的额定载重量Q（kg），与电梯轿厢的额定载客人数R。

a. 选用原则。客流量小的楼宇（例如$\Sigma r < 500$人）可选用$Q = 630 \sim 1000$kg的额定载重量；客流量大的楼宇可选用$Q \geqslant 1000 \sim 1600$kg的额定载重量，有时根据需要也可选用额定载重量$Q > 1600$kg的电梯。

b. R与Q的关系。根据欧洲国际电梯规范 EN81-1 和我国国标 GB 7588—2003《电梯制造与安装安全规范》的规定，每个乘客重量（实为质量）按75kg计算，由此可得

$$R = \frac{Q}{75} \quad (\text{kg}) \tag{6-5}$$

② 初选电梯额定速度v（m/s）。选择电梯v的依据：行程高度H（m），即楼宇的高度；电梯每个停站间的行程距离h（m），当然h高时，可选用适当高的v值的电梯。但如果电梯每个停层站站间的距离仅为$2.8 \sim 3$m，这时就不适宜选用$v > 2$m/s的电梯。因为该情况下，电梯一次加速启动运行和一次减速制动停层运行的距离会超过其停层站之间的距离，电梯启动后未达到其额定速度v值就转入减速制动，这种电梯根本没有匀速运行的时间。因此，在必须每层站停靠且其距离又较小时，不宜选用较高v值的电梯。

a. 常规按电梯总行程H选用v的推荐值如表 6-10 所示。

b. 对于通过计算所得到的每个停站间平均距离$h < 4$m的电梯，一般应选用$v = 0.63$m/s、1.00m/s 或 1.60m/s，不宜选用$v > 2.0$m/s的电梯。

表 6-10　额定速度v与电梯总行程高度关系推荐值

电梯运行总行程高度H/m	额定速度/(m/s)	电梯运行总行程高度H/m	额定速度/(m/s)
<20	<1.00	60	3.50
20	1.00	120	5.00
30	1.50	>180	>5.00
45	2.50		

c. 计算轿厢平均载客人数$\bar{r}$

$$\bar{r} = KR \quad (\text{人}) \tag{6-6}$$

式中　K——轿厢载客平均系数，对办公楼和公共建筑取$K = 0.8$；对住宅楼K按电

梯每运行一周运送的乘客从少到多的顺序，取升/降比例为 3/2、5/3、6/4（不论电梯轿厢的大小如何）。

③ 计算电梯启动或制动时间 t_a(s)。t_a 值决定于加速度值、速度与时间的关系曲线。

a. 对于低速电梯 $v \leqslant 1.0$m/s；其加速度值为 $a_{max} \leqslant 1.5$m/s²。

$a_p \geqslant 0.48$m/s² 通常都采用三角形加速度与减速度曲线状态，如图 6-4 所示（在未定具体电梯厂牌时，可先暂取为 $a_{max} \leqslant 1$m/s²）。

这种曲线状态下的 t_a 值可用式（6-7）求得：

$$t_a = \frac{2v}{a_{max}} \quad (s) \tag{6-7}$$

式中　v——电梯额定速度，m/s；

a_{max}——电梯最大加速度或减速度，m/s²。

b. 对于快速电梯（1m/s$<v\leqslant$2m/s）和高速电梯（2m/s$<v\leqslant$2.5m/s），GB/T 10058—1997 规定 $a_{max} \leqslant 1.5$ m/s²。但前者 $a_p \geqslant 0.48$m/s²，后者 $a_p \geqslant 0.65$m/s²，通常在未定电梯厂牌时，也可设 $a_p = 1.0$m/s² 或 1.1m/s²。

这时所采用的加减速曲线图大多是如图 6-5 所示梯形曲线图。这时 t_a 为

$$t_a = t_0 + \frac{v}{a_{max}} \tag{6-8}$$

式中　t_0——加速度 a 由 0 增加到 a_{max} 所需的时间，一般取值为 $t_0 = 0.5 \sim 0.7$s（v_0 高 a_{max} 大时取大值，v 低 a_{max} 小时取小值）；

v——电梯额定速度，m/s；

a_{max}——电梯最大加速度，m/s²。

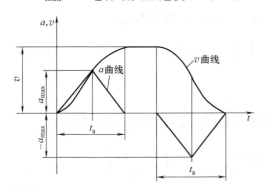

图 6-4　加速度与减速度的三角形曲线图

v—电梯额定速度；

a_{max}—最大加速度；t_a—加速度时间

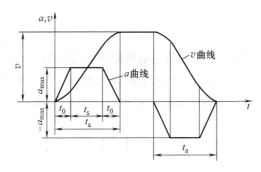

图 6-5　加减速度的梯形曲线图

④ 计算启动加速或制动减速的距离 S_a（m）

$$S_a = \frac{v t_a}{2} \tag{6-9}$$

⑤ 电梯的服务层数 n 的确定。n 是指大楼内（或者是大楼一个电梯服务分区内）电梯停靠服务层站的次数。

对于办公楼或公共建筑物，一般按早上上班时高峰周期内电梯服务层站为计算依据，并按以下原则确定。

a. 上班高峰时，上行电梯将停靠门厅站以上的指定层站，这种运行称为上行短区间运行。如大楼（或一个分区范围）共有建筑层站为 Z 层。

• 当上行短区间层层都停靠服务时

$$n = Z - 1 \quad （层） \tag{6-10}$$

• 当上行短区间有某 n 个特定层站不作停靠服务（包括某些电梯分奇偶数停靠，低区若干层不停靠，高区层层停靠等）时，只计算出这些不作停靠服务的层数 x，则其 n 值为

$$n = Z - x \quad （层） \tag{6-11}$$

b. 对于旅馆、高层大厦、住宅等楼宇，其 n 值应根据使用要求参照上述原则确定。

⑥ 电梯高峰周期往返一周时间 RTT（层）的计算。对于办公大楼，电梯高峰周期往返一周时间 RTT（层）的定义为："每台电梯，在门厅站运载平均数量的乘客后发车，向上经过平均数量的层楼让乘客离开，直到顶层站让乘客全部离去后，再直驶回到门厅层必所需时间之总和"，即

$$RTT = t_a + t_D + t_p + t_N \quad （s） \tag{6-12}$$

式中　t_a——电梯加速启动、匀速运行和减速制动停车运行时间，s；

　　　　t_D——电梯每个 RTT 开关门总时间，s；

　　　　t_p——电梯每个 RTT 中乘客出入总时间，s；

　　　　t_N——电梯行驶过程中乘客为按动指令按钮等损失的时间，s。

a. 计算电梯的停站概率次数 f

对于办公大楼，向上短区间停站概率次数 f_{LU}，计算用近似公式

$$f_{LU} = n\left[1 - \left(\frac{n-1}{n}\right)^{\bar{r}}\right] \quad （次） \tag{6-13}$$

式中　n——前述电梯停靠服务层数；

　　　　$\bar{r}$——轿厢平均载客人数，人，见式（6-6）。

当建筑物每个服务层的乘客人数能较准确计算时，也可用精确公式计算。

$$f_{LU} = \left[\left(\frac{\sum r - r_2}{\sum r}\right)^{\bar{r}} + \left(\frac{\sum r - r_3}{\sum r}\right)^{\bar{r}} + \cdots + \left(\frac{\sum r - r_{n-1}}{\sum r}\right)^{\bar{r}} + \left(\frac{\sum r - r_n}{\sum r}\right)^{\bar{r}}\right] \quad （次）$$

$$\tag{6-14}$$

式中　　　　　　　　　$\sum r$——大楼（或一个分区内）乘客客流总人数，人；

　　　$r_2，r_3，r_4\cdots r_{n-1}，r_n$——$r_2 \sim r_n$（因一楼使用者不需要电梯服务，故定为 $r_1 = 0$）各层需要乘坐电梯的乘客数，例如某八层大楼，各层需乘电梯人数见表 6-11。

表 6-11　需要乘坐电梯的乘客数

层数	r_2	r_3	r_4	r_5	r_6	r_7	r_8	$\sum r$	并已知 $\bar{r} = 10$ 人 $n = 7$
需乘电梯人数	36	93	160	85	120	105	63	662	

$$f_{LU} = n - \left[\left(\frac{662-36}{662}\right)^{10} + \left(\frac{662-93}{662}\right)^{10} + \left(\frac{662-160}{662}\right)^{10} + \left(\frac{662-85}{662}\right)^{10} + \left(\frac{662-120}{662}\right)^{10} \right.$$

$$\left. + \left(\frac{662-105}{662}\right)^{10} + \left(\frac{662-63}{662}\right)^{10} \right]$$

$$= 7 - (0.572 + 0.22 + 0.0628 + 0.253 + 0.1353 + 0.1778 + 0.3678)$$

$$= 7 - 1.7888 \approx 5.21 \text{（次）}$$

如用近似公式计算则为

$$f_{LU} = n \left[1 - \left(\frac{n-1}{n}\right)^{10} \right] = 7 \left[1 - \left(\frac{7-1}{7}\right)^{10} \right] = 5.5 \text{（次）}$$

误差并不很大。

对于办公大楼，在电梯高峰局期中，由顶层站直驶下达门厅站，故取其下行快区间站数 $f_{ED} = 1$。

办公大楼上班时高峰周期 RTT 中总停站概率次数

$$f = f_{LU} + f_{ED} \tag{6-15}$$

b. 电梯短区间平均停站距离 S_{LU}（m）

$$S_{LU} = \frac{H}{f_{LU}} \tag{6-16}$$

式中　H——电梯总行程高度（或分区电梯总行程高度），m。

c. 计算短区间电梯运行总时间 t_{RLu}（s）

$$t_{RLu} = t_{vLu} + t_{aLu}$$

式中　t_{vLu}——短区间电梯匀速运行时间，s，

$$t_{vLu} = \left(\frac{S_{LU} - 2S_a}{v}\right) f_{LU}$$

t_{aLu}——短区间电梯加速与减速运行时间，s，

$$t_{aLu} = 2t_a f_{LU}$$

由此可得

$$t_{RLu} = \frac{S_{LU}}{v} f_{LU} - \frac{2S_a}{v} f_{LU} + 2t_a f_{LU}$$

由于 $t_a = \frac{2S_a}{v}$，代入上式即得

$$t_{RLu} = \frac{S_{LU}}{v} f_{LU} - t_a f_{LU} + 2t_a f_{LU} = \left(\frac{S_{LU}}{v} + t_a\right) f_{LU} \tag{6-17}$$

d. 计算快行区间运行时间 t_{RED}（s）

$$t_{RED} = t_{vED} + t_{aED}$$

$$= \frac{H - 2S_a}{v} f_{ED} + 2t_a f_{ED}$$

$$= \frac{H}{v} f_{ED} - t_a f_{ED} + 2t_a f_{ED}$$

即

$$t_{RED} = \left(\frac{H}{v} + t_a\right) f_{ED} \tag{6-18}$$

e. 电梯一次往返 RTT 中总行程时间 t_R（s）

$$t_R = t_{RLu} + t_{RED} \tag{6-19}$$

f. 计算一个 RTT 中开关门总时间 t_D(s)

$$t_D = f t_d \tag{6-20}$$

式中　t_d——电梯每次停站开关门时间，可由表 6-12 选用。

表 6-12　t_d 的推荐值表（根据 GB/T 10058—2009）　　　　　　　　　s

开门形式	开门距 B/mm			
	$B \leqslant 800$	$800 < B \leqslant 1000$	$1000 < B \leqslant 1100$	$1100 < B \leqslant 1300$
中分门	<3.2(2.5)	<4.0(3.4)	<4.3(<3.6)	<4.9(<3.8)
旁开门	<3.7(3.5)	<4.3(<4.0)	<4.9(<5)	<5.9(<5.5)

注：括号内数字为欧洲标准推荐 t_d 值。

g. 电梯往返一次 RTT 中乘客出入时间 t_p（s）的计算

$$t_p = 2r t_{p\theta} \tag{6-21}$$

式中　$t_{p\theta}$——每个乘客出或入桥厢一次所需时间，取值为 $t_{p\theta} = 1 \sim 1.3$s，对大轿厢大开门距取大值，小轿厢小开门距取小值。

h. 往返一周 RTT 中选择操纵按钮等损失时间 t_L(s)

$$t_L = 0.1(t_D + t_p) \tag{6-22}$$

i. 电梯候梯间隔时间 INT(s) 的计算

$$INT = \frac{RTT}{N} \tag{6-23}$$

式中　N——大楼中电梯台数。

INT 计算值应不超过大楼使用类别所规定的推荐值，如表 6-13 所示。

表 6-13　INT 推荐值　　　　　　　　　s

建筑物类型	INT
住宅建筑	40~100
商业或办公建筑	30~50

j. 每台电梯每 5min 载客人数 r_5

$$r_5 = \frac{5 \times 60}{RTT} \times \bar{r} \quad （人） \tag{6-24}$$

k. 整个大楼（或某一分区）电梯每 5min 载客总人数 $\sum r_5$。

• 当大楼（或某一分区）装用的是 Q、v、r 完全相同的电梯时，其台数为 N 时

$$\sum r_5 = N r_5 \quad （人） \tag{6-25}$$

• 当大楼（或某一分区）装用不同 Q、v、r 的电梯时，则用式（6-26）计算

$$\sum r_5 = r_{1_5} + r_{2_5} + r_{3_5} + \cdots + r_{(N-1)_5} + r_{N_5} \quad （人） \tag{6-26}$$

l. 大楼（或某分区）需要电梯服务的总人数 $\sum r$。$\sum r$ 也称为总客流量，可用以下各式分别计算。

• 对办公楼：

$$\sum r = \frac{A \eta n}{a} \quad （人） \tag{6-27}$$

式中　A——办公楼每层建筑面积，m^2；

　　　η——有效使用系数，通常取 $\eta=0.70\sim0.75$；

　　　n——需要电梯服务的层数，层；

　　　a——办公楼每个人占用的面积，$m^2/$人：合用办公楼 $a=10\sim12m^2/$人；独用办公楼 $a=8\sim10m^2/$人；学校 $a=0.8\sim1.2m^2/$人。

　• 对住宅楼：

$$\sum r=xa \qquad （人） \tag{6-28}$$

式中　x——住宅楼内需要电梯服务的卧室间数，间；

　　　a——每间卧室居住人数 $a=1.5\sim1.9$ 人/间；高档住宅取 $a=1.5$ 人/间，一般住宅取 $a=1.9$ 人/间。

　• 对医院用电梯：

$$\sum r=ya \qquad （人） \tag{6-29}$$

式中　y——医院中病床数，床；

　　　a——每个床位需要电梯服务的人数，取 $a=3$ 人/床。

　• 旅馆用电梯：

$$\sum r=ya \qquad （人）$$

式中　y——旅馆中所有床位数（双层床按两个床位计算）；

　　　a——每个床位所需乘坐电梯的折算人数，$a\approx0.8\sim1.2$ 人。

m. 大楼（或某分区）每 5min 客流量满足率 λ

$$\lambda=\frac{\sum r_5}{\sum r}\times100\%$$

式中，λ 应满足表 6-9 的要求。

n. 设每台电梯装机功率为 P（kW），其数据可在各工厂电梯样本中查取，也可用静功率计算公式，算出每台电梯的 P 值。装机功率

$$\sum P=NP \qquad （kW） \tag{6-30}$$

式中　N——装机量。

应选择 $\sum P$ 尽可能小的配置方案，当然其前提是 λ 值和 INT 值必须满足要求。

(3) 用交通计算配置建筑物电梯的实例

设某独用办公大楼，共 13 层，每层建筑层高为 3.4m。门厅站设在地面层（一楼），二楼为不停靠层。在早上乘客高峰半小时内，电梯在门厅站载客后，向上运行，停靠 3～13 层，到达最高层放客后直驶门厅站。该大楼每层建筑面积 $A=732m^2$，按每人占用 $9m^2$ 计算总客流量 $\sum P$。

① 初步选用电梯的规格与台数

a. $Q=1150$kg，$R=\dfrac{1150}{75}=15$ 人，$v=2.5$m/s，$a_{max}=1$m/s^2，$t_0=0.7$s，中分式门开门距 $B=1000$mm，每次开关门时间 $t_d=3.2$s，$N=3$ 台。

b. $Q=1000$kg，$R=\dfrac{1000}{75}=13$ 人，$v=1.6$m/s，$a_{max}=1$m/s^2，$t_0=0.6$s，中分

式门开门距 $B=1000mm$，$t_d=3.2s$，$N=3$ 台。

c. 规格同 b，但 $N=4$ 台。

② 其他参数

a. 停站方式，上行 3～13 层短区间站口停靠，服务层数 $n=11$。下行快区间由 13 层→1 层直驶。

b. $t_p=1～1.3s$（每个乘客出或入轿厢一次所需时间），取 $t_p=1.3s$。

c. 电梯总行程 $H=(Z-1)\times h=(13-1)\times 3.4=40.8$（m）

d. 电梯每层间距离 $h=3.4m$。

③ 电梯交通分析计算总表（见表 6-14）。

表 6-14 电梯交通分析计算表

序号	项 目	计算公式	计算结果	
			$Q=1150kg, v=2.5m/s$	$Q=1000kg, v=1.6m/s$
1	轿厢平均载客人数 $\bar{r}/$人	$\bar{r}=KR$	$0.8\times 15=12$	$0.8\times 13=10.4$
2	额定速度 $v/(m/s)$	选定值	2.5	1.6
3	启动或制动时间 t_a/s	$t_a=t_0+\dfrac{v}{a_{max}}$	$0.7+\dfrac{2.5}{1}=3.2$	$0.6+\dfrac{1.6}{1}=2.2$
4	启动或制动距离 S_a/m	$S_a=\dfrac{vt_a}{2}$	$\dfrac{2.5\times 3.2}{2}=4$	$\dfrac{1.6\times 2.2}{2}=1.76$
5	上行短区间服务层数 $n/$层	设计确定	$3～13=11$	$3～13=11$
6	上行短区间停站数 $f_{LU}/$次	$f_{LU}=n\left[1-\left(\dfrac{n-1}{n}\right)^{\bar{r}}\right]$	$10\times\left[1-\left(\dfrac{11-1}{11}\right)^{12}\right]$ $=6.81$	$10\times\left[1-\left(\dfrac{11-1}{11}\right)^{10.4}\right]$ $=6.29$
7	下行短区间停站数 $f_{ED}/$次	$f_{ED}=1$（预定值）	1	1
8	总停站数 $f/$次	$f=f_{LU}+f_{ED}$	$6.81+1=7.81$	$6.29+1=7.29$
9	短区间平均运行距离 S_{LU}/m	$S_{LU}=\dfrac{H}{f_{LU}}$	$\dfrac{40.8}{6.81}=5.99$	$\dfrac{40.8}{6.29}=6.49$
10	短区间运行时间 t_{RLu}/s	$t_{RLu}=\left(\dfrac{S_{LU}}{v}+t_a\right)f_{LU}$	$\left(\dfrac{5.99}{2.5}+3.2\right)\times 6.81=38.11$	$\left(\dfrac{6.49}{1.6}+2.2\right)\times 6.29$ $=39.35$
11	快区间运行时间 t_{RED}/s	$t_{RED}=\left(\dfrac{H}{v}+t_a\right)f_{ED}$	$\left(\dfrac{40.8}{2.5}+3.2\right)\times 1=19.52$	$\left(\dfrac{40.8}{1.6}+2.2\right)\times 1=27.7$
12	电梯运行总时间 t_R/s	$t_R=t_{RLu}+t_{RED}$	$38.11+19.52=57.63$	$39.35+27.7=67.05$
13	开关门时间 t_D/s	$t_D=ft_d$	$7.81\times 3.2=24.99$	$7.29\times 3.2=23.33$
14	乘客出入时间 t_p/s	$t_p=2\bar{r}t_{p\theta}$	$2\times 12\times 1.3=31.2$	$2\times 10.4\times 1.3=27.04$
15	损失时间 t_L/s	$t_L=0.1(t_D+t_p)$	$0.1\times(24.99+31.2)=5.62$	$0.1\times(23.33+27.04)$ $=5.04$
16	一周往返时间 RTT/s	$RTT=t_R+t_D+t_p+t_L$	$57.63+24.99+31.2$ $+5.62=119.44$	$67.05+23.33+27.04$ $+5.04=120.46$
17	每台电梯 5min 载客人数 $r_5/$人	$r_5=\dfrac{5\times 60\times\bar{r}}{RTT}$	$\dfrac{5\times 60\times 12}{119.44}=30.14$	$\dfrac{5\times 60\times 10.4}{120.46}=25.90$
18	乘梯总人数 $\sum r/$人	$\sum r=\dfrac{An\eta}{a}$	$\dfrac{732\times 11\times 0.75}{9}=671$	671

续表

序号	项　目	计算公式	计算结果		
			$Q=1150kg, v=2.5m/s$	$Q=1000kg, v=1.6m/s$	
19	选定电梯数 N/台	选定值	3	3	4
20	候梯间隔时间 INT/s	$INT=\dfrac{RTT}{N}$	$\dfrac{119.44}{3}=39.81$	$\dfrac{120.46}{3}$ $=40.15$	$\dfrac{120.46}{4}$ $=30.12$
21	客流量满足率 λ/%	$\lambda=\dfrac{\sum r_5}{\sum r}\times100\%$ $(\sum r_5=Nr_5)$	$\dfrac{3\times30.14}{671}\times$ $100\%=13.48$	$\dfrac{3\times25.90}{671}\times$ $100\%=11.58$	$\dfrac{4\times25.90}{671}\times$ $100\%=15.44$
22	装机总功率 $\sum P$/kW	$\sum P=NP$	$3\times22=66$	$3\times13=39$	$4\times13=52$

④ 计算结果分析与评价

方案 a：当选用 $Q=1150kg$，$v=2.5m/s$，电梯为 3 台时：

• $\lambda=13.48\%$，小于最低值 15%，不能满足要求。

• $INT=39.81s>25\sim30s$；候梯时间较长，服务质量欠佳。

• 井道所占用的建筑面积较适当。

• 装机功率每台电梯 22kW，三台共 66kW，能耗较高。

• 每台电梯的价格较高。

评价：由于格、INT、λ 不满足要求，$\sum N$ 也较高，故不宜采用。

方案 b：当选用 $Q=1000kg$，$v_0=1.6m/s$，电梯为 3 台时：

• $\lambda=11.58\%$，不能满足要求。

• $INT=40.15s$ 虽与上述方案 a 接近，但候梯时间也长，服务质量欠佳。

• 井道占用建筑物面积与方案 a 相当。

• 装机功率 $\sum P$ 为每台 13kW，三台为 39kW，能耗较省。

• 每台电梯的价格较方案 a 为低。

评价：由于 INT、λ 都不合乎要求，虽然 $\sum P$ 低些，电梯价格也不高，仍不宜采用。

方案 c：选用与方案 b 相同规格的电梯，台数增加为 4 台。

• $\lambda=15.44\%$，满足大于 15% 的要求。

• $INT=30.12s$，基本满足 $25\sim30s$ 的要求。

• 井道占用建筑面积比方案 a、方案 b 增加 25% 左右。

• 装机总功率 $\sum P=PN=13\times4=52kW$，比方案 a 小些，但比方案 b 大些。

• 每台电梯价格与方案 b 相同，但因台数增加，其价格将比方案 b 增大 25%，但不一定超过方案 a 的总价。

评价：比较上述三种方案，可见方案 c 应是最佳选择方案。

⑤ 评价后的建议

a. 应再另选 $Q=1150kg$，$v=1.6m/s$ 电梯 3 台和 4 台以及电梯 $Q=1150kg$，$v=2.0m/s$ 电梯 3 台。做三种方案的交通分析计算，结合以上三种方案，共六种方案中，筛选最佳方案。

b. 关于电梯在建筑物中的位置，因为此大楼规模不是很大，层高也不很高，所以可以不作分区服务。

关于用交通计算来配置电梯需要进行一系列的计算分析，这项工作通常应由工程技术人员进行操作，提供分析数据，进行比较，提出建议，供选择确认。表 6-15 为不同建筑类型所需电梯配置台数期望值。

表 6-15 电梯配置台数期望值

类 型		Q/kg	H/m	$v/(\text{m/s})$	N
办公楼	小型	1000	0～36	1.75～2.00	200～300 人/台
		1150	36～70	2.50～3.00	
	中型	1350	70～85	3.50	
			85～115	4.00	
	小型	1600	＞115	≥5.00	
旅馆	中小型	750	0～36	1.75～2.00	100 间客房 1 台
		900	36～70	2.50～3.00	
		1000			
		1150	70～85	3.50	
	大型 400 客房以上	1350	85～115	4.0	
		1600	＞115	≥5.00	
住宅楼		600	0～20	0.75	60～90 户 1 台，高层住宅第 12 层以上，设置 2 台
		750	20～40	1.00	
		900	40～60	1.25～1.50	
		1000			
		1150	＞60	1.75～2.00	

第7章

电梯电气安装与调试

7.1 电梯的布置排列

电梯土建布置图包括电梯位置平面图、井道平面图、井道纵剖面图、机房平面图、井道和机房的混凝土预留孔等，图中应标明电梯的基本参数、电源要求及注意事项。电梯（包括电梯电气）购置要考虑的电梯配置排列问题如下。

① 电梯要设置在进入大楼的人容易看到，且离出入口近的地方。一般可以将电梯对着正门，或在大厅出入口处并列设置；也可设置在正门，或设置在大厅通路旁侧或两侧。对有群控功能的电梯，为了防止靠近正门或大厅入口的电梯利用率高，而较远的电梯利用率低的不合理现象，可将电梯群控设置，或分层设置。

② 百货商场的电梯最好集中布置在售货大厅，或一端容易看到的地方。有自动扶梯时，则要综合考虑电梯和自动扶梯的设置位置。工作人员用梯和货用电梯应设置在顾客不易见到的地方。

③ 对群控电梯，应在大楼内集中布置，不要分散布置（消防电梯除外）。对于电梯较多的大型综合楼，可以根据不同楼层的用途、出入口数量和客货流的流动路线，将电梯分组配置。同组内的电梯，服务楼层要一致。一组内的电梯相互距离不要太大，否则增加了候梯厅内乘客的步行距离，乘客还未进入，而轿厢就启动离开了。

④ 直线并列的电梯不应超过 4 台；5~8 台的电梯可排成 2 排，在厅门处面对面设置；8 台以上的电梯一般排成"凹"形，分组配置。呼梯按钮不要远离轿厢。候梯厅深度应参照 GB/T 7025.1—1997 第 8 章的要求。

⑤ 为了乘客方便，大楼主要通道应有指引候梯厅位置的指示牌；候梯厅内、电梯与电梯之间不要有柱子等凸出物；应避免轿厢出入口缩进；不同服务层的 2 组电梯布置在一起，应在候梯厅入口和候梯厅内标明各自服务楼层，以防乘错造成干扰；群控梯组除首层可设轿厢位置显示器外，其余各候梯厅不要设置，否则易引起乘客误解。

⑥ 若大楼出入口设在上下相邻的两层（如地下有停车场、地铁口、商店等），则电梯基站一般设在上层，不设在地下层。两层间可使用自动扶梯，以保证达到输送效率。地下入口如果交通量很少时，可设单梯通往地下，或在候梯厅处加设地下专用按钮。

⑦ 对于超高层建筑，电梯一般集中布置在大楼中央，采用分区或分层的方法。

候梯厅要避开大楼主通路，设在凹进处，以免影响主通路的人员流动。

⑧ 医院乘客电梯和病床电梯应分开布置，以有助于保持医疗通道畅通，提高输送效率。

⑨ 对旅馆和住宅楼，应使电梯的井道和机房远离住室（井道旁是楼梯或非住室），以避免噪声干扰住室，必要时可考虑采用隔声材料。

⑩ 电梯布置应与大楼的结构布置互相协调。

⑪ 候梯厅的结构布置应便于层门防火。

7.2 电梯电气安装

7.2.1 电梯施工流程

电梯安装流程如图 7-1 所示。其中，在对电梯施工方案进行编制时，应该注意如下几点。

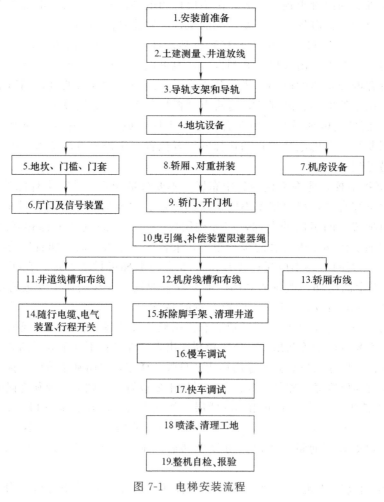

图 7-1 电梯安装流程

① 明确电梯安装项目的相关信息（工地、电梯设备、相关方等）。

② 确定安装队长、责任人员、质检员和安全员的责任分工，如图 7-2 所示。

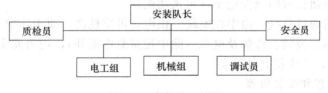

图 7-2　责任分工框图

③ 电梯安装的一般流程是：开工告知→派工（持证人员）→安装前培训做准备工作→开箱→安装调试→整机自检→报验→注册登记→交付使用。

④ 电梯安装的特殊和关键过程列为质量控制点，未经质检员检验或检验不合格的不得转序和交付。

7.2.2　总线制可视、对讲、应急照明电梯报警系统

(1) 系统结构

总线制可视、对讲、应急照明电梯报警系统为电梯（群）提供了一套较完善的应急、安全监控问题的解决方案。利用总线制原理及目前先进的电子技术为电梯（群）提供图像监视、语音对讲、应急照明、故障监控等方面的综合服务及保障。其结构如图 7-3 所示。

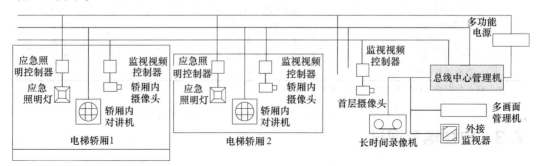

图 7-3　总线制可视、对讲、应急照明电梯报警系统结构

其功能特点如下。

① 利用独有技术，将可视监视、语音对讲、应急照明、电梯故障监视、语音报警等电梯专用安全功能，完全互动地集成于同一专业系统。

② 为了电梯设计，符合电梯设备特殊的技术和安全要求，适用于电梯的特殊环境。

③ 全系统采用总线制，线路简洁，管理及维护方便。

④ 使用电梯专用控制及视频电缆，可增强可靠性，提高使用寿命。

⑤ 报警、呼叫时画面自动锁定并语音提示。

⑥ 监控电梯门系统（或其他部位）故障，画面可自动锁定并用语音提示。

⑦ 可在断电情况下应急工作。

⑧ 图像可多画面分割或扫描显示。

⑨ 有电梯楼层、方向、时间等显示功能（可选功能）。

⑩ 信息、画面长时间录像记录（可选功能）。

⑪ 应急照明通过总线，由中控室统一供电，可靠性高，便于维护。

⑫ 所有控制、视频、音频及电源（除中控室总电源外），均为安全电压，确保使用者的人身安全，不干扰其他设备。

（2）设备配置和安装位置

设备配置和安装位置见表 7-1。

表 7-1　设备配置和安装位置

序号	设备名称	功能用途	安装位置
1	轿厢内摄像机	摄取轿内图像	轿箱内
2	总线视频控制器	电梯视频信号接入总线，采集、发送故障信号	轿箱内
3	电梯对讲机	轿内与中控室通话（多种外形可选）	轿箱内
4	应急照明灯	电梯应急照明	轿箱内
5	应急照明控制器	每台电梯应急照明接入总线	轿箱顶
6	首层摄像机	首层电梯厅监视及客流分析	首层电梯厅
7	总线视频控制器	首层视频信号接入总线	首层电梯厅
8	匹配器	多台对讲机信号匹配	电梯机房
9	视频放大器	远距离视频信号放大	电梯机房
10	视频叠加器	将电梯楼层信号采集叠加	电梯机房
11	中心管理机	人机界面、控制管理整个系统	中心控制室
12	综合电源	全系统供电、应急供电	中心控制室
13	外接显示器	长时间、大屏幕显示	中心控制室
14	长时间录像机	长时间记录图像	中心控制室
15	时间发生器	叠加时间、日期、字符信号	中心控制室
16	多画面管理机	多画面显示	中心控制室

注：设备的配置及选择依客户要求和现场情况而定。

7.3　电梯电气调试

以沈阳蓝光自动化技术有限公司的 SJT-WVFY、SJT-UNVFⅡ等变频调速电梯控制系统为例，介绍电梯运行的电气调试方法，使读者对电梯电气安装调试有初步的认识。

SJT-WVFY 变频调速电梯控制系统适用于梯速 0.5～2.5m/s。该系统可与不同厂家、品牌的变频器相配套，如安川变频器、科比变频器、富士系列变频器等，也可以根据控制需要匹配同步或异步两种类型的曳引机。专门设计的曲线卡使电梯运行速度轨迹更加稳定平滑，使电梯具有良好的舒适感与精确的平层。通信部分采用了结构简单、技术成熟的 RS-485 通信总线，强大的通信功能方便系统的并联和群控：控制柜主机留有并联/群控接口，将两台电梯的接口用电缆连接后即可实现并联运行；电梯需要群控时，上位机可利用该接口进行呼梯信号的采集与运行调度，可实现 8 台以下电梯的群控功能。本系统还留有远程监控通信接口，使系统可方便地与监控计算机相连，不需额外增加信号采集装置。采用多 CPU 离散化控制，电梯运行管理及参数设置由 Philips 公司最新性能的 XA 系列 16 位单片机完成，微机控制单元的 I/O 接口板采用 Siemens 公司生产的专用微机板，通信接口芯片采用美国 MAXIM 公司最新生产的接口芯片（具有防雷击保护电路），线路板的生产均采用波峰焊与部分 SMT 工艺等，这些硬件的配置使系统具有极强的抗干扰能力与高度的可靠性。全中文信息的液晶显示屏人机界面，用户可通过菜单实时观察到系统的各种信息：如状态信息、参数信息和故障记忆信息等；可以根据具体需要利用功能按键对系统参数进行设置与修改。电梯发生故障时可以实时自诊断并显示故障信息，还可将最近 10 次故障发生的时间、原因及故障发生时系统的重要状态信息：如门联锁、急停、换速等信号全部记忆保持，维修人员可通过液晶显示屏观察上述信息。串行通信技术极大地减少了井道布线与随行电缆的数量。井道、随行电缆与控制柜、各层呼梯控制单元、轿顶分线盒及操纵盘的连接全部采用进口的插接式连接器，这样使电梯现场安装接线达到最简化，同时也避免了由于接线错误造成的故障和系统损坏。

　　SJT-UNVFⅡ变频调速电梯控制系统是可以实现对永磁曳引机从低速到高速的变频伺服控制，适用于 1～2.5m/s 的不同梯速，不同额定载重量的各种梯型。同时本系统完全兼容 SJT-UNVF 系统，也可以实现对异步电动机的变频矢量控制。采用英国 CT 公司高性能 UNIDRIVE 变频调速器和 32 位独立 CPU 内置型智能模块，实现电梯速度和位置的精确控制；实现电梯运行管理控制和呼梯、操纵盘信息的串行通信，极大地减少了井道布线和随梯电缆的数量。采用单元化分立式结构设计，电缆预制技术，接插件安装，为用户的安装和维护带来了极大的方便。采用 WINBOND 高速芯片设计的控制柜电脑板，能对系统进行实时监控，并能在断电后保持故障信息和保证系统时间的正确。智能化专用软件不仅使系统的控制功能更加完备，可实现单梯全集选控制、双梯并联控制和多梯群控功能，而且使系统的调试更加简便易行。

7.3.1　系统的结构框图

　　SJT-WVF 电梯控制系统的结构框图如图 7-4 所示。

7.3.2　系统的调试与运行

(1) 通电前的检查

电气安装完毕后，必须对电气部分进行检查。检查时应注意以下几点。

① 应对照使用说明书和电气原理图，检查各部分的连接是否正确。

② 检查强电部分和弱电部分是否有关联。用指针式万用表欧姆挡检查 41 号线与 31 号线，41 号线与 N，41 号线与地，31 号线与 N，31 号线与地电阻均应是∞。

③ 检查操纵盘，呼梯盒内控制板上的拔码开关设置是否正确。

④ 请认真检查控制柜电源进线与电动机连线是否正确，避免上电后烧毁变频器！

⑤ 检查旋转编码器与变频器的连接是否正确，布线是否合理，旋转编码器与曳引机轴连接的同心度。

⑥ 检查控制柜壳体、电动机壳体、轿厢接地线、厅门接地线是否可靠安全接地，确保人身安全。接地效果的好坏，将直接影响整个系统的工作，接地线应满足以下要

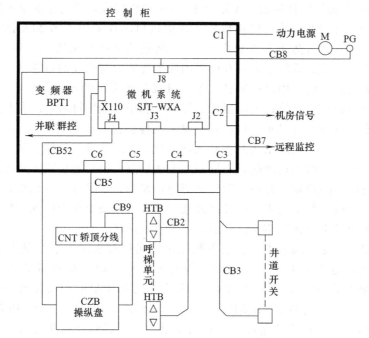

图 7-4　SJT-WVF 电梯控制系统的结构框图

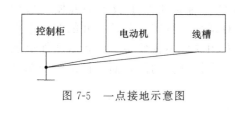

图 7-5　一点接地示意图

求：接地电阻应小于 10Ω，接地线截面积应大于 2mm^2；采用图 7-5 所示的一点接地，接地线应尽量短；不允许控制柜、电动机等接地点串联；不要使电焊机或大电流设备与本系统共地；当现场无地线时，可将零线作为地线连接，但抗干扰效果将减弱。

⑦ 将电梯停放在中间平层位置，将电梯门打开。

⑧ 将驻停电锁开关打到"ON"位置。

(2) 通电

检查确认无误后，将机房检修开关置于检修位置后通电。通电后首先观察机房与轿厢是否正常，如有异常，应立即断电检查，排除问题后，再重新通电。如果未安装呼梯盒，应将系统置为"呼梯屏蔽"状态。通电后应对外电路及信号进行下列检查。

① 急停回路工作是否正常。

② 门联锁回路工作是否正常。

③ 门区信号。

④ 驻停开关（厅外电锁）是否正常：将设置参数中的自动开关梯时间均置为零后，将驻停开关置成"ON"，系统的显示应是"J"（检修符号）；打成"OFF"应显示"｜"（驻停符号），否则应检查驻停开关与其连线。呼梯屏蔽时可不检查。

⑤ 开关门系统工作是否正常。如不正常请断电作相应检查。

(3) 系统参数及其设定

以 SJT-UNVFⅡ电梯控制系统为例介绍系统参数及其设定。电梯运行前，一定要进行变频器参数的设定。由于本系统是电梯专用系统，其变频器内部原有的菜单参数定义已进行重新定义，系统参数定义见表 7-2。表中未列或者说明书中未提到的其他参数不能改写，否则有可能会造成系统工作不正常或设备损坏。

表 7-2　系统参数定义表

参数号	说　　明	单　　位	范　　围	出厂设定值
♯0.03	加速时间	s/(1000r/min)	0～32000	10(2.1①)
♯0.11	长换速距离	mm	0～30000	3400
♯0.12	内选停车自动关门时间	5ms	0～30000	1000
♯0.13	外呼停车自动关门时间	5ms	0～30000	600
♯0.14	多层运行速度	r/min	0～额定转速	150(按电动机额定值①)
♯0.15	单层运行速度	r/min	0～额定转速	100(860①)
♯0.16	检修速度	r/min	0～额定转速	10(200①)
♯0.17	两层运行速度	r/min	0～额定转速	150
♯0.18	换速距离	mm	0～30000	2400
♯0.19	提前开闸时间	s	0～30000	40
♯0.20	零速设定	r/min	0～200	0(5①)
♯0.21	启动段比例增益		0～32000	3000(300①)
♯0.22	启动段积分增益		0～32000	350(40①)
♯0.23	制动段比例增益		0～32000	3500(400①)
♯0.24	制动段积分增益		0～32000	450(80①)
♯0.25	S 曲线变化率	s/(1000r/min)	0～30	15(2.7①)
♯0.26	制动曲线斜率		0.1～2	1.0
♯0.27	机房救援运行设置位		0～1	0
♯0.28	机房运行快车设置位		0～1	0
♯0.29	自学习状态设置位		0～1	0
♯0.30	呼梯屏蔽设置位		0～1	0
♯0.42	电动机极数		2～24	按电动机参数
♯0.43	电动机 cosφ		0～1	1.0(按电动机参数①)
♯0.44	电动机额定电压	V	0～480	0(按电动机参数①)
♯0.45	电动机额定转速	r/min	0～30000	0(按电动机参数①)
♯0.46	电动机额定电流	A		按电动机参数
♯0.47	电动机额定频率	Hz	0～1000	0(按电动机参数①)

　① 设定值为闭环磁通矢量控制方式用，适用于本系统驱动交流异步电动机时。

　　① 电动机参数的设定（♯0.42、♯0.43、♯0.44、♯0.45、♯0.46、♯0.47）。本系统工作在闭环伺服控制方式下，要求电动机参数设定要严格遵照电动机铭牌值及调试说明书相关要求，参数 ♯0.42 电动机极数输入的是电动机极数，而不是极对数；电动机功率因数为"1.0"；电动机额定电压、电动机额定转速和电动机额定频率应设置为"0"。系统的参数出厂设定值是非常重要的，均是按用户合同提供的电动机参数指标结合调试人员丰富经验设定，现场参数的调整范围应在出厂设定值附近。具体变频器键盘使用及输入方法请参见说明书。

　　② 提前开闸时间设定（♯0.19）。该参数设定了电梯启动时提前开闸时间。如需要时可灵活设置该值，其单位当量为 5ms，例如：♯0.04＝40，则提前开闸时间为 $5 \times 40 = 200$ms。

　　③ 运行速度给定（♯0.14～♯0.17）。本系统控制下的电梯运行速度给定过程如下。

a. 从零速启动，根据电梯的单、多层运行按所设定的加速曲线使速度达到设定的运行速度（由♯0.14或♯0.15设定）。

b. 到达换速点后，UD-70通过旋转编码器的脉冲信号获得电梯实际位置的反馈信息，经过位置到速度的变换，产生按位置原则制动的速度指令曲线，使电梯在速度

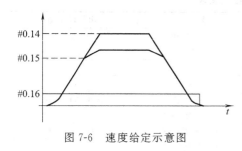

图7-6　速度给定示意图

均匀减至零时，正好到达平层位置，实现直接停靠。参见图7-6，上述参数单位为转/分（r/min），例如♯0.14＝1400，即表示多层运行速度为1400r/min。♯0.16所设检修速度为电梯检修运行时的速度。其中UD-70是由CT公司提供的一个安装在变频器内部的标准智能控制单元，它包括一个独立的32位CPU和相应的程序存储器和接口电路，UD-70是整个电梯控制系统的控制核心。电梯控制系统的全部控制功能是由UD-70中的CPU运行上述软件实现的。一方面UD-70通过高性能变频驱动器UNIDRIVE的内部总线接口直接控制变频器的各种工作状态和响应，包括速度指令曲线的形成，调节参数的设定和改变等；另一方面通过标准的RS-485串行通信接口与电梯的操纵盘控制单元和呼梯控制单元进行信息交换，这种由标准的RS-485总线组成的主-从式串行通信网络是电梯控制系统信号传递的主通道。

④ 换速距离（♯0.18）。换速距离为电梯换速点至平层区的距离，电梯运行时，UD-70根据各楼层间距离值（由自学习获得）和换速距离参数的设定值计算出换速点，控制电梯制动停车。参数♯0.18定义的换速距离，其单位为mm。例如：♯0.18＝2600即表示换速距离为2600mm。

⑤ 自动关门时间（♯0.12、♯0.13）调整。该项参数设定了电梯在无操作人员状态下运行时的标准自动关门时间，单位当量为5ms。例如：♯0.12＝1500，表示自动关门时间为1500×5＝7500ms。其中♯0.12为内选停车时的自动关门时间，♯0.13为外呼停车时的自动关门时间。若所停层站既有内选又有外呼，则自动关门时间为二者之和。

⑥ 机房救援运行（♯0.27）。将♯0.27设为1，则系统进入机房救援运行状态。参见"功能说明"。

⑦ 起、制动比例、积分增益（♯0.21～♯0.24）。本系统工作在闭环伺服控制方式，其内部控制单元采用PID控制方式，因此需对其比例、积分增益进行设置。为获得最佳的乘坐舒适感，本系统通过UD-70实现了变参数的PID控制。因此，可根据现场情况对启、制动段的比例、积分增益分别设置。通常加大比例增益，会提高系统的暂态响应能力，但比例增益过高，会使电梯抖动，电动机噪声增大；加大积分增益，会提高系统的抗扰动能力和跟踪能力，平层准确性较好，但过大的积分增益会使系统振荡，电梯舒适感变坏。而比例、积分参数过小又可能使速度失控，造成超速保护。通常上述参数应在出厂设置±50%范围内调整。

⑧ 加速度斜率及S曲线变化率（♯0.03、♯0.25）。为获得良好的乘坐舒适感，电梯的启动速度曲线是由两段抛物线及一段直线构成的，见图7-7（d），而这一曲线

形状的构成及改变，则是由加速度斜率及 S 曲线变化率决定的。

加速斜率是以速度给定从 0 加速到 1000r/min 所需要的时间来定义的。在无 S 曲线变化率作用的情况下对应于图 7-7（a）的速度阶跃变化，其速度给定曲线在加速斜率的作用下得到如图 7-7（b）的形状，其加速度如图 7-7（c）所示为一恒值。

S 曲线变化率则定义为加速度的变化率，其意义为加速度由 0 加速到 1000m/s² 所需的时间。在其作用下，对应于

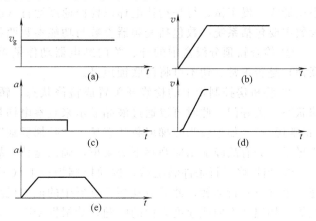

图 7-7　加速度及其变化率对曲线形状的影响

图 7-7（a）的速度阶跃变化，其实际速度给定曲线形状，将由图 7-7（b）变为图 7-7（d），其加速度如图 7-7（e）所示。与图 7-7（b）加速过程相比较，S 曲线方式使整个加速过程延长了 t_1

$$t_1 = \sharp 0.25 / \sharp 0.03 \quad （加速）$$

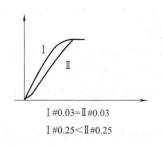

I #0.03=II #0.03
I #0.25<II #0.25

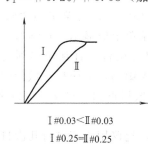

I #0.03<II #0.03
I #0.25=II #0.25

图 7-8　参数变化对曲线形状的影响

由此可见，给定曲线的直线段由参数 ♯0.03 加速斜率决定，该值越大，则曲线越缓，而两端的抛物线则在加速斜率一定的前提下由 ♯0.25S 曲线变化率决定，该参数值越大，S 曲线的变化越缓，参见图 7-8。

所以，只需改变 ♯0.03 及 ♯0.25 参数的设定值，即可改变启动曲线的形状以满足现场的实际需要。

⑨ 制动曲线斜率（♯0.26）。该参数的设定范围为：0.1～2，不同的数值对应不同的制动曲线斜率，0.1 时曲线最急，2.0 时曲线最缓。

⑩ 机房运行快车设置位（♯0.28）。该参数主要用于调试快车时使用，将该参数置为"1"则可通过机房控制柜的慢上、慢下按钮控制电梯快车运行，参见"功能说明"。调试完毕后，必须将该参数置为"0"。

⑪ 自学习状态设置位（♯0.29）。该参数置为"1"电梯即进入自学习状态，可自动测算楼层间距。自学习完毕后，必须将该参数置为"0"。

⑫ 呼梯单元屏蔽位（♯0.30）。该参数置为"1"电梯即进入呼梯单元屏蔽状态，此时呼梯不起作用，但通过操纵盘仍可控制电梯运行。

(4) 慢车试运行

系统中共有三个检修开关，其中轿顶检修状态是最高级，当该开关置成检修状态

时，其他两处的检修操作不起作用，操作盘的检修状态为次高级，控制柜上的检修状态最低级。慢车试运行是指让电梯以检修速度运行（前提是系统参数设置完毕，系统参数主要包括系统参数包括变频器参数与功能参数两部分），具体方法如下。

① 检查轿顶分线盒中的开、关门继电器动作是否正常；开、关门系统（包括门联锁）是否正常。切不可将门联锁短接。

② 将机房控制柜上的检修开关置成检修状态，轿顶及操纵盘检修开关置成非检修状态，关好门。此时可以通过液晶显示来观察电梯是否满足检修运行条件：应显示"正常运行"（如果设为呼梯屏蔽状态显示"呼梯屏蔽"）、"检修"，门锁有效，没有故障显示。如有故障显示应观察下级菜单，确认是什么故障并查找原因。

③ 当检修运行条件满足后，按动控制柜慢上（下）按钮，电梯应以设定的检修速度上（下）行运转，此时应观察变频器中的电动机反馈转速与检修速度设定值是否相等。如出现方向或速度方面的问题，请根据变频器参数设置中的有关内容调整。

(5) 自学习运行

自学习是指电梯以慢车方式运行，测量楼层之间的距离。由于楼层间距是电梯正常启、制动运行的基础及楼层显示的依据，因此，电梯运行之前，必须首先进行楼层间距的自学习运行（前提慢车试运行正常），步骤如下。

① 检查井道有无异常、门区开关工作是否正常，在确认无误后方可继续。

② 使电梯处于检修状态，并将电梯运行至最低层平层位置（门区信号有效位置）。

③ 通过液晶显示屏，进入电梯参数设置菜单的"调试状态"项，将系统置成自学习方式，确认返回后运行状态菜单上应显示"自学习"字样。

④ 按慢上按钮，电梯慢车向上运行，直到轿厢到达最高楼层平层位置时停止。在此过程中，中途停车对自学习无影响，但应尽量做到中途不停车或少停车。

⑤ 进入菜单，退出自学习方式后返回。自学习的结果可通过菜单中"楼层间距"项查看。

为了保证测量结果的准确性，建议用户多进行几次自学习运行，取其中重复性较好的一组数据为最终数据。通常每组楼间距值之间应很接近，如相差较大，应检查旋转编码器。

(6) 快车试运行

确认自学习楼间距准确无误后，可利用机房快车功能快车试运行。方法如下。

① 在菜单中选择"机房快车"项，确认返回后液晶应显示"机房快车"字样。

② 将电梯置于正常状态，按下控制柜慢上（下）按钮，此时电梯快车向上（下）运行。

③ 松开慢上（下）按钮，电梯最近层换速停车，但不开门。注意不要向两端开快车。

④ 电梯运行后观察变频器速度给定，在最近层换速后，电梯应均匀减速至零速后停车。

(7) 电梯舒适感及平层精度调整

以 SJT-UNVFⅡ电梯控制系统为例，介绍电梯舒适感及平层精度调整。在出厂时已按国家标准的有关规定和实际现场的调试经验，预先设置了较为理想的运行舒适感和较高平层精度的相关参数（出厂值）。使用时，只需按现场实际电动机的铭牌数据，将变频器所需的电动机参数准确地输入变频器，即可获得较为理想的运行舒适感和较高的平层精度。对于具有调试经验的用户亦可根据现场实际情况，对运行舒适感和平层精度做进一步的调整。

① 快车运行舒适感的调整。电梯快速运行前，应处于平层位置（门区信号有效）。由于变频器是按给定的启动、制动速度曲线来控制电动机运行的。因此，曲线跟踪的好坏和启动、制动速度曲线的形状直接影响电梯运行的舒适感。另外一个影响电梯启动舒适感的就是提前开闸时间问题。图 7-9 所示为电梯一次运行的时序关系。

a. 提前开闸时间的调整。提前开闸时间是指从发出开闸命令到启动曲线发出之间的延迟时间，该参数是为改善电梯启动舒适感而设置的。如果设置该参数（♯0.19）为零或者太小，可能造成电梯带闸启动；如果太大，则可能造成电梯启动时溜车。具体合适的设定值，应根据现场实际情况结合调试经验而定。

b. 曲线跟踪的调整。变频器按用户输入的电动机铭牌数据来建立电动机数学模型，并按此模型控制电动机按给定的启动、制动速度曲线运行。输入电动机参数的准确与否直接影响曲线的跟踪程度。因此，首先要求用户输入尽可能准确的电动机参数，这是保证曲线跟踪良好的前提。此外，速度环比例增益 P 和积分增益 I 这两个参数也将影响曲线的跟踪程度。

通常，增大启动比例增益（♯0.21）将改善启动时系统的动态响应，但该值太大可能引起系统的启动段抖动。增加启动段积分增益（♯0.22）将改善启动段曲线的跟踪，但该值太大可能造成系统的不稳定。制动段比例增益（♯0.23）和积分增益（♯0.24）对系统的影响同上，它们只影响制动段舒适感。可分别调整启动、制动段的比例和积分增益，寻找出最佳的乘坐舒适感。参数调整的范围应限定在典型值附近。如果曲线跟踪程序已调整好，但舒适感仍不合适，可进一步调整启、制动曲线的形状。

c. 启动曲线的调整。启动加速时间是指从发出速度给定到电梯实际速度达到稳定给定值的一段时间。通过改变启动加速时间（♯0.03）可获得不同的启动曲线斜率。增大加速时间值（♯0.03）启动曲线变缓，反之，启动曲线变急，增加 S 曲线变化率（♯0.25）启动曲线弯曲部分变缓，反之，启动曲线弯曲部分变急。通常须将加速时间（♯0.03）和 S 曲线变化率（♯0.25）配合调整，以获得较为理想的启动曲线。

d. 制动曲线的调整。制动减速时间是指从系统给出换速指令到电梯实际速度达到零的一段时间。通过改变制动减速时间（♯0.26）可获得不同的制动曲线。该值较大时，制动曲线较缓；反之，制动曲线较急。推荐用户将该值设为"1"。当所选择的制动曲线过缓时，应相应增大换速距离。

通过曲线跟踪和曲线形状的调整可获得较为理想的运行舒适感。值得注意的是系统的机械情况：如导靴的间隙、钢丝绳的松紧度是否均匀、绳头夹板位置是否合适等都会影响运行舒适感。系统调试前应首先解决这些问题。

② 电梯平层的调整。电梯的舒适感调整好后，再进行平层调整，二者顺序不可颠倒。要确保准确平层，首先要求在电梯安装时，每层门区桥板长度必须准确一致，支架必须牢固，桥板的安装位置必须十分准确。当轿厢处在平层位置时，桥板的中心线应与平层位置对齐，上、下门区开关应正好处在桥板上、下的对称位置，否则将出现该层站平层点偏移，即上、下均高于平层点或低于平层点。如果采用磁感应开关，安装时应确保桥板插入深度足够，否则将影响感应开关的动作时间，造成该层站平层

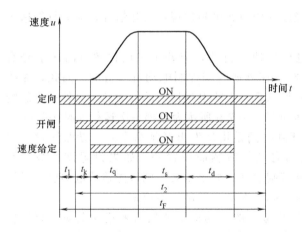

图 7-9 电梯一次运行中的时序关系

t_1—运行方向建立时间；t_q—启动加速时间；
t_2—运行方向保持时间；t_d—制动减速时间；
t_k—提前开闸时间；t_F—单次运行周期；
t_s—稳速运行时间

出现上高下低现象。在实际调整时，首先应对某一中间层进行，一直到调平为止。然后，以此参数为基础，再调其他层。

本系统中使用两个门区开关，要求门区开关垂直安装，门区长度 100mm，门区隔磁板长度为 200mm。门区信号有两个作用，一是表示电梯是否在平层区内；二是用它产生第二换速点。第二换速点是指电梯减速后进入门区时刻的位置。从第二换速点到平层的距离称为第二换速距离，它的计算公式为：第二换速距离 ＝ （门区隔磁板长度－门区长度）/ 2。由于曳引机的曳引比，编码器每圈的脉冲数等原因，脉冲当量不是一个常数，对于第二换速距离，所需的脉冲数也不同，因此，在速度曲线卡上定义了两位拔码开关 SW1-1、SW1-2 来调整这个偏差。

当电梯不平层时，可通过调整第二换速距离的数据来达到平层的目的。具体调整如下。

a. 平层调整 1——上行高、下行高或上行低、下行低。当遇到这种情况时，说明门区隔磁板位置偏高或偏低。如果是上行高、下行高应将门区隔板往下移。相反，则需把门区隔磁板往上移。移动的距离多少，应按平层偏差而定。

b. 平层调整 2——上行高、下行低。如果出现电梯停车后上行高和下行低，说明第二换速距离的数据过大，可通过选择速度曲线板上的拔码开关减少第二换速距离的数据达到平层。

c. 平层调整 3——上行低、下行高。如果出现电梯停车后上行低和下行高，说明第二换速距离的数据过小，可通过选择速度曲线板上的拔码开关增加第二换速距离的数据达到平层。

d. 平层调整 4——改变两门区间距。对于通过速度曲线卡上拔码开关改变第二换速距离数据仍不能调平层的时候，可适当改变两门区间距来解决这一问题。两门区间距增大，第二换速距离随之减小，反之增大。

(8) 端站开关安装位置的调整

上、下端站信号为电梯的强迫换速及楼层校正信号，当电梯运行中控制系统收到端站信号，而此时电梯并未换速或楼层数不正确，则系统控制电梯换速停车，并将楼层数校正为最高层（上端站）或最低层（下端站）。

由此可见，为了保证电梯正常安全地运行，端站的安装位置必须以换速距离为依据，并略滞后于换速点，即层站显示的换号点。本系统要求端站位置滞后于换速点不得大于 200mm。

下面以上端站为例说明端站位置的调整过程。

① 若上端站位置安装过低，则电梯先于正常换速点而靠端站信号提前换速。电梯换速停车后不能到达平层位置，此时应立即将电梯置于检修状态（否则电梯将向下慢车爬行找门区），打开轿门，此时电梯距平层位置的差距即是应将端站上移的距离。

② 若上端站位置安装过高，滞后换速点超过 200mm，则停车后 25s 时间内电梯处于故障保护状态，控制系统显示故障代码及相关信息，此时应将端站位置以 200mm 为单位向下移动，直至换速后电梯不再保护为止。

下端站的调整过程与此相同。上（下）防冲顶开关安装位置应比上（下）端站开关高（低）0.2m。

例 7-1　某台额定速度为 1m/s、额定载重量为 630kg 的永磁同步无齿轮电梯，曳引比为 2∶1，制造单位没有给出平衡系数设计值，驱动电动机额定工作频率为 19Hz。检验人员使用钳形电流表、质量为 25kg/块的砝码等进行平衡系数测试。

问：（1）检测电动机工作电流的普通钳形电流表测量点选择变频器输入端或变频器输出端，对测量结果会有哪些影响？

答：钳形电流表测量点选择变频器输入端，电动机在发电状态下的工作电流经制动电阻释放，在变频器输入端检测不到；钳形电流表测量点选择变频器输出端，此处的电源频率 19Hz，普通的工频钳形电流表频率特性不符合要求，测量误差大，应选用频率特性符合要求的宽频钳形电流表测量。

问：（2）请根据表 7-3，在图中上绘制电流-载荷曲线，确定该电梯的平衡系数 K 值。评定该电梯的平衡系数 K 值是否符合 TSG T 7001—2009《电梯监督检验和定期检验规则——曳引与强制驱动电梯》要求。

表 7-3　电流-载荷测试记录表

砝码数量		8	10	11	13	15
载重量	kg	200	250	275	325	375
	%	31.7	40	43.7	51.6	60
上行电流/A		0.6	1.4	1.8	2.6	3.0
下行电流/A		3.1	2.3	1.9	1.1	0.3

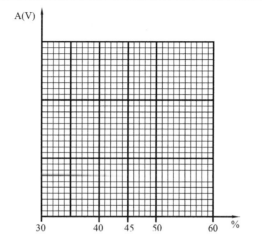

答：$K \approx 0.442$；符合要求。

问：(3) 如果采用增加或者减少对重块的方法来使该电梯平衡系数 $K \approx 0.5$。你认为应当增加还是减少对重块？增加或减少对重块的质量应为多少？

答：根据平衡系数公式：

$$K = (W - P) / Q$$

式中，K 为平衡系数；W 为对重质量；P 为轿厢自身质量；Q 为额定载重量。

应当增加对重块。

$$增加值 \approx (0.5 - 0.442)Q \approx 0.08 \times 630 \approx 50 \text{ (kg)}$$

第8章

其他类型的电梯

8.1 液压电梯

　　液压电梯的发展可以追溯到 19 世纪 60 年代。1845 年，威廉·汤姆逊制造了世界上第一台水力液压电梯，其传动介质是水，利用公用管极高的水压推动缸体内的柱塞顶升轿厢，下降靠泄流。但由于水压波动及管路生锈问题难以解决，以后就用油为媒介驱动柱塞做直线运动。伴随着电气技术的发展，电动机驱动的强制和曳引电梯的出现，使得液压电梯的发展趋于沉寂。进入 20 世纪下半叶，于第二次世界大战时期得以完善的液压技术，极大地推动了液压电梯的发展。此后随着控制元件的不断创新，液压电梯得到了完善。

　　20 世纪 70～80 年代，欧美等发达国家液压电梯生产安装量居首位。液压电梯对于大的载重量特别是 5t 以上的可以提供较高的机械效率而能耗较低，因此对于短行程、重载荷的场合，使用优点尤为明显。另外液压电梯不必在楼顶设置机房，因此减小了井道竖向尺寸，有效地利用了建筑物空间，所以液压电梯在特定的场所应用有其优越性和不可替代性。目前液压电梯广泛用于停车场、工厂及低层地建筑中。对于负载大，速度慢及行程短等场合，选用液压电梯比曳引电梯更经济实用。现代液压电梯发展迅速，在市场上成熟并得到应用的电梯液压技术有以下形式：电磁开关集成流量控制阀控制系统、电液比例集成流量阀控制系统、VVVVF 变频变压控制系统。阀控和液压技术欧洲领先，在变频变压方面日本领先，近年来欧洲变频电梯也取得了快速发展。目前国内液压电梯基本采用欧洲几家专业液压电梯制造厂的液压系统，例如瑞士的贝林格（BERINGER）和布赫（BUCHER）、意大利的捷安（GMV）和德国的力杰仕（LESTRITZ）。

8.1.1 液压电梯的工作原理

　　液压传动和气压传动并称为流体传动，是根据 17 世纪帕斯卡提出的液体静压力传动原理而发展起来的一门新兴技术。一般工业用的压力机械、机床等；行走机械中的工程机械、建筑机械、农业机械、汽车等；钢铁工业用的冶金机械、提升装置、轧辊调整装置等；土木水利工程用防洪闸门及堤坝装置、河床升降装置、桥梁操纵机构；发电厂涡轮机调速装置等；特殊技术用的控制装置、测量浮标、升降旋转舞台等；军事工业用的火炮操纵装置、飞行器仿真、飞机起落架收放装置和方向舵控制装置等。船舶更是大量使用了液压传动，如船甲板起重机械、船头门、舱壁阀、船尾推进器、船舶减摇装置、舵机、锚缆机操控系统、舱盖控制系统等。

液压传动方式的主要优点：①体积小、重量轻，因此惯性力较小，当突然超载或停车时，不会发生大的冲击；②能在给定范围内平稳的自动调节牵引速度，可实现无级调速；③换向容易，在不改变电动机旋转方向的情况下，可以较方便地实现工作机构旋转和直线往复运动的转换；④液压泵和液压马达之间用油管连接，在空间布置上彼此不受严格限制；⑤由于采用油液为工作介质，组件相对运动表面间能自行润滑，磨损小，使用寿命长；⑥操纵控制简便，自动化程度高；⑦容易实现超载保护；⑧由于液压组件日趋标准化、系列化，所以质量稳定，成本下降。液压传动也有其自身的缺点：①液压传动对维护的要求高，工作油要始终保持清洁；②对液压组件制造精度要求高，工艺复杂，成本较高；③液压组件维修较复杂，且需有较高的技术水准；④用油做工作介质，在工作面存在火灾隐患；⑤传动效率低。

液压传动的工作特性：①压力取决于负载，即没有负载就没有压力；②速度取决于流量。液压传动的主要参数：①压力，也就是单位面积上液体的作用力，一般用符号 P 表示，单位为 Pa（帕）；②流量，也就是单位时间通过某截面的液体体积，一般用 Q 或 q 表示，单位为 m^3/s。

液压电梯的主要构造如图 8-1 所示，其结构主要组成部分有：液压泵站、液压缸、柱塞、滑轮组及钢丝绳、轿厢、导轨、各类阀组及控制系统等组成。液压电梯在结构上保持了曳引式电梯的门机系统、轿厢结构及其导向系统，但它是通过泵站系统、液压系统，把液压油压入液压缸内使柱塞做直线运动，并通过柱塞，直接或通过钢丝绳间接地推动电梯轿厢的上下运行。液压电梯与曳引式电梯相比较，在结构上的最大特征就是拥有泵站系统与液压系统。

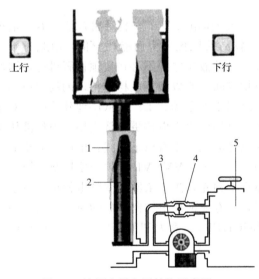

图 8-1　液压电梯主要结构示意图
1,3—液压缸；2—柱塞；3—液压泵；4—阀组；5—液压油箱

液压电梯利用液压传动的原理和特征，改变液压泵向液压缸输出的油量来控制电梯的运行速度。当电梯上行时，由液压泵站提供电梯上行所需的动力压差，由液压泵站上的阀组控制液压油的流量，液压油推动液压缸中柱塞来提升轿厢，从而实现电梯的上行运动；电梯下行时，打开阀组，利用轿厢自重［客（货）的重量］造成的压差，使液压油回流液压油箱中，实现电梯的下行运动，电梯下行的速度由控制系统通过阀组调节液压油的流量进行控制。因为在动力源上的巨大差异，液压电梯较之曳引式电梯，在结构原理上

发生了较大的变化，并产生了许多新的特点，也导致液压电梯在安全保护系统上发生了一些相应的变化。

8.1.2 液压电梯的特点及结构

(1) 液压电梯的特点

由于液压电梯在结构原理上的改变，使其较之于曳引式电梯具有以下特点。

① 在建筑结构上的优势液。压电梯不再需要设置造价和要求较高的专用机房（无机房化），能够适应有各类艺术造型的屋顶；机房在地面上设置也很灵活，面积只需 $5m^2$，在井道 20m 范围内均可；无对重，对井道结构和强度的要求都很低。

② 在技术性能上的特点：液压电梯的失速、冲顶、蹲底及困人等现象少；载重量大，液压电梯可以利用帕斯卡原理，很容易地取得较大的升力，其功率质量比大，同样的功率可运载较大的质量；速度低，提升高度小。这也是其致命的缺陷。

③ 节约能耗。液压电梯下行是靠轿厢的重量驱动，而液压系统仅起阻尼和调控作用，这些特点在大载重量的货梯中优势显得尤为明显。因此，液压电梯特别适合在低层建筑、上部不能设机房的场合和大载重量的场合使用。

④ 故障率低、费用少。据国外统计，在 40m 以下建筑中使用液压电梯的总费用（包括建筑费用、安装费、造价、维护费用），比曳引式电梯低 $10\% \sim 20\%$，而且提升高度越低，效益会更加明显。

正是由于液压电梯具有上述特点，因而它特别适合于建筑楼层低、起运质量大的场合，以及不宜设置机房的场合。液压电梯在以下 4 种场合得到了广泛应用：①低层的住宅、别墅、宾馆、图书馆、实验室、医院。发挥了它的乘坐舒适、噪声小、可靠性强的特点。②车库、立体停车场和仓库。发挥了它的顶升力大、运行平稳、结构简单的特点。③古典和艺术建筑以及油房改造。发挥了它的无机房且结构简单的优势，可以不破坏原建筑的外貌风格及其结构。④商场、餐厅的观光电梯。发挥了它的无机房且结构简单的优势。

驱动功率大和能量消耗大是液压电梯最显著的缺点，在全社会日益关注节能降耗的今天，节能技术的研究和推广成为液压电梯主要的发展方向。其中，变频调速液压电梯采用变频调速技术的液压容积调速系统，极大地促进了液压电梯节能技术的进步。此外，还有带机械配重的液压电梯、带蓄能器的液压电梯、采用液压配重技术的电梯、水压和气压电梯。

(2) 液压电梯的基本结构

液压电梯的电气控制，不仅要处理各种召唤指令、位置信号、安全信号，还应对液压系统进行控制，要根据电梯理想的运行曲线对系统的流量进行控制。液压电梯是一个集机、电、电子、液压于一体的产品，由以下相对独立但又相互联系配合的系统组成。

① 泵站系统。泵站系统由电动机、液压泵、油箱及其附属组件组成，其功能是为液压系统提供稳定的动力源。泵站系统中的油箱，除了具有储油作用外，还具有过滤液压油，冷却电动机和液压泵，以及隔声、消声之功能。

② 液压系统。由集成阀组、止回阀、限速切断阀和液压缸组成。其中，集成阀组由流量控制阀、单向阀、安全阀、溢流阀等组成，既能够控制系统的输出流量，还

能够起到超压保护、锁定、显示等功能；止回阀为球阀，是油路的总阀，用于停机后锁定系统；限速切断阀安装在液压缸上，在液压系统的油管破裂时，能够切断油路，防止柱塞及载荷的下落，因而在直接顶升轿厢的液压电梯上，可以取代限速器-安全钳装置，故也称"破裂阀"。

③ 导向系统。与曳引电梯的作用一样，限制轿厢活动的自由度，承受偏载和安全钳动作的载荷。间接顶升的液压电梯，带滑轮的柱塞顶部也应有导轨导向。

④ 轿厢。结构和作用与曳引电梯相同，但侧面顶升的液压电梯的轿厢架结构由于受力情况不同而有所不同。

⑤ 门系统。与曳引电梯相同。

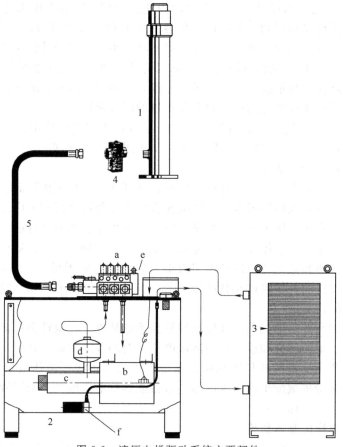

图 8-2　液压电梯驱动系统主要部件

1—液压缸；2—液压动力箱；3—散热器；4—防止管路爆裂的安全阀；5—高压软管；
a—升降复合阀；b—浸油式马达；c—螺旋泵浦；d—吸收脉动消音器；e—手动泵浦；f—加热器

(3) 液压电梯驱动系统

液压电梯的驱动系统主要由动力组件、执行组件、控制组件、辅助组件和传动介质五部分组成的，如图 8-2 所示。

① 动力组件。液压电梯泵站是液压电梯的动力组件，它将电动机的机械能转换成液体的压力能，推动电梯上下运行。液压电梯泵站由潜油电动机、控制阀组、螺杆

泵、消声器、油箱等组成。

a. 潜油电动机。液压电梯泵站通常用三相笼型浸油电动机，电动机直接与螺杆泵连接，浸没在液压油液里，其结构简单，体积小，重量轻，性能可靠，绝缘等级为 F。

b. 控制阀组。控制阀组由截止阀、单向阀、方向阀（上行方向阀和下行方向阀）、溢流阀、手动泵、手动操作应急下降阀、压力表、最大压力限制开关、最小压力限制开关等组成。通过电子回馈的方式实行对各阀的调控，即通过油温、油压、电子传感器及控制回路控制调节油阀的工作状态，使电梯运行的平层距离和总运行时间在油温和压力发生变化时得到有效控制。手动操作应急下降阀即使在失电的情况下，允许使用该阀使轿厢向下运行至平层位置，疏散乘客。手动泵是在紧急情况下，用人力驱动方式使轿厢能够向上移动。

c. 螺杆泵。螺杆泵是目前国内液压电梯常用的液压泵，它依靠旋转的螺杆输送液体，是一种轴向流动的容积组件。液压系统常用的螺杆泵为三螺杆泵，在壳体中有三根轴线平行的螺杆，在凸螺杆两边各有一根凹螺杆与之啮合，啮合线把螺旋槽分成若干密封容腔。当主动螺杆（凸螺杆）带动从动螺杆（凹螺杆）转动时，被密封的容积带动液体沿轴向移动。

d. 消声器。消声器是起吸收压力脉动及减小压力冲击的作用，它是螺杆泵与控制阀的连接件。

e. 油箱。油箱用以储存油液，以保证供给液压系统充分的工作油液，同时还具有散热、使渗入油液中的空气逸出以及使油液中的污物沉淀等作用。

② 执行组件。液压缸是将液压能转换为机械能、做直线往复运动（或摆动运动）的液压执行组件。它结构简单，工作可靠。液压电梯最常用的是柱塞缸，其次是伸缩套筒缸或活塞缸。在柱塞缸中，活塞和活塞杆构成为单一执行组件。其工作原理是：在缸筒固定时，由液压泵连续输入压力油，当油压足以克服柱塞上部的负载时，柱塞就开始运动。由于柱塞缸结构限制，柱塞缸返回则靠柱塞自重和负载的重力将油压出使柱塞回落。因此，柱塞缸通常只能竖直安装。运行速度的计算公式为：

$$v = Q/A = Q/(\pi d^2/4)$$

式中　v——运行速度；

　　　Q——流量；

　　　A——柱塞面积，$A = \pi d^2/4$；

　　　d——柱塞直径。

液压电梯最常用的是柱塞缸，其次是伸缩套筒缸或活塞缸。液压缸和柱塞一般用厚壁钢管制造。液压缸对电梯的顶升方式可分为直接顶升和间接顶升。

直接作用式液压电梯是指柱塞或缸筒直接作用在轿厢或轿厢架上的液压电梯。也称"直接顶升液压电梯"或"直顶式液压电梯"。直接顶升是柱塞与轿厢直接相连，柱塞的运动速度与轿厢运行速度相同，其传动比为 1∶1。而柱塞与轿厢的连接可以在轿厢底部中间，也可以在侧面。中置直顶式驱动（1∶1）采用单级或多级同步柱塞缸直接驱动，其安装简单，可以到 30m，但需要将缸筒置于底坑下井中。侧置直顶式驱动（1∶1）直顶背包式，采用单级或多级同步柱塞缸直接驱动，其安装简单，可以到 10m，不需要将缸筒置于底坑下井中。双侧双缸直顶式驱动（1∶1），液压缸多固定在两侧对角相等位置，通常在大载重量电梯（15t 以上）使用，其行程不大，适用单级柱塞缸，要注意两侧的同步和轿厢结构坚固。

间接作用式液压电梯是指借助于悬挂装置（绳、链）将柱塞连接到轿厢或轿厢架上的电梯。也称"间接顶升液压电梯"。间接顶升是柱塞通过滑轮和钢丝绳拖动轿厢，这样可以利用液压顶升力大的优势，柱塞的运动速度是轿厢运行速度一半，其传动比 1：2，即柱塞上升 1m，轿厢将上升 2m，提高了电梯运行速度，也减小了液压缸的长度。提升钢丝绳应不少于两根，一端固定在液压缸或其他结构上，一端绕过柱塞顶部滑轮，固定的轿架底部。柱塞顶部滑轮由导轨导向，也可以利用轿厢导轨进行导向。侧置间接驱动（1：2 或 2：4）采用单级或多级同步柱塞缸，可以到 30m 行程，不需要将缸筒置于底坑下井中。双侧间接驱动（2：4）采用单级柱塞缸。液压缸多固定在两侧对角相等位置。

带平衡重的倒拉液压电梯，提高系统效率，减少能量损失，但失去了液压电梯空间小和安装简单的优势。

③ 控制组件。在液压系统中用液压控制阀（简称液压阀）对液流的方向、压力的高低以及流量的大小进行控制，它是直接控制工作过程和工作特性的重要器件。液压阀的控制是靠改变阀内通道的关系或改变阀口过流面积来实现控制的。液压阀按功能分可分为：压力控制阀、流量控制阀和方向控制阀。压力控制阀包括：溢流阀、减压阀、顺序阀；流量控制阀包括：节流阀、调速阀、分流阀；方向控制阀包括：单向阀、换向阀、截止阀等；按控制方式可分为：开关控制阀、比例控制阀、伺服控制阀等。

a. 溢流阀。溢流阀是液压电梯中使用较多的压力控制阀，是根据阀芯受力平衡的原理，利用液流和弹簧对阀芯作用力的平衡条件，来调节开口量，改变液阻的大小，达到控制液流压力的目的。溢流阀一般安装在泵站和单向阀之间，具有保持液压系统压力恒定的功能，当压力超过一定值时，使油回流到油槽内。溢流阀也可作安全阀使用，在系统压力意外升到较高的超载压力时，阀口开启将压力油排入油箱，起到安全保护作用。液压电梯在连接液压泵到单向阀之间的管路上应设置溢流阀，溢流阀的调定工作压力不应超过满负荷压力值的 140%。考虑到液压系统过高的内部损耗，可以将溢流阀的压力数值整定得高一些，但不得高于满负荷压力的 170%，在此情况下应提供相应的液压管路（包括液压缸）的计算说明。

b. 调速阀。调速阀是一种进行了压力补偿的节流阀，见图 8-3。它把节流口前的压力 p_1，引到定差减压阀芯的下端，把节流口后的压力 p_3，引到阀芯的上端，以此维持节流口前后压差的恒定，使流速稳定，不随负载而变化。调节节流口的面积，就可以获得不同的稳定速度。调速阀的符号如图 8-4 所示。

c. 管道破裂阀。管道破裂阀也称为限速切断阀，是液压系统中重要的安全装置，在油管破裂或其他情况使负载由于自重而超速下落时自动切断油路，使液压缸的油不外泄，从而制止负载的下落。其结构原理如图 8-5 所示。其中，A 接液压缸，B 接油泵管路，在发生意外时，A 的压力比 B 的压力大得多，于是阀芯克服弹簧压力右移，将阀体中部的阀口堵住，将油路切断。在液压电梯系统中，为了防止轿厢坠落和下行超速，需设置破裂阀。当管路中流量增加而引起的阀进出口的压差超过设定值时，能自动关闭油路，停止轿厢运行并保持静止状态。

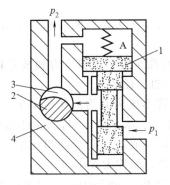

图 8-3 调速阀工作原理图

1—定差减压阀芯；2—节流
阀；3—节流口；4—阀体

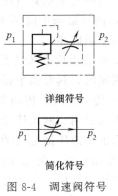

详细符号

简化符号

图 8-4 调速阀符号

　　d. 比例调速阀。比例调速阀是在调节流量时，节流口的开度与流量成比例的阀。图 8-6 是一个电液比例调速阀（用直流比例电磁铁代替普通调速阀的手动装置）。在输入连续按比例变化的电信号时，电液比例调速阀就可控制流量按输入电信号的变化规律发生变化。它是液压电梯电控和液控的重要连接组件。

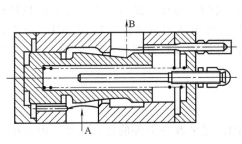

图 8-5 限速切断阀结构原理图

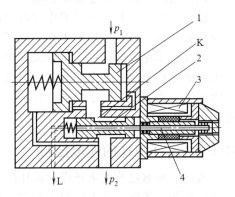

图 8-6 电液比例调速阀

1—减压阀；2—节流阀；3—比例电磁铁；4—推杆

　　④ 辅助组件。液压电梯的辅助组件包括：油箱、滤油器、油管及管接头、密封圈、快换接头、高压球阀、胶管总成、测压接头、压力表、油位油温计等。用来存放、提供和回收液压介质，实现液压组件之间的连接以及载能液压介质，滤清液压工作介质中的杂质，保持系统工作过程中所需的介质清洁度，系统加热或散热，储存和释放液压能或吸收液压脉动和冲击，显示系统压力和油温等。管路是液压系统中液压组件之间传送的各种油管的总称，管接头用于油管与油管之间的连接以及油管与组件的连接。为保证液压系统工作可靠，管路及接头应有足够的强度、良好的密封，其压力损失要小，拆装要方便。油管及管接头、油箱、滤油器虽然是辅助组件，但在系统中往往是必不可少的。

　　a. 在选用液压缸与单向阀或者下行方向阀之间的软管时，其相对于满载压力和破裂压力的安全系数应该至少为 8。

b. 液压缸与单向阀或者下行方向阀之间的软管以及接头应该能够承受 5 倍满载压力而不被破坏。

c. 软管上应永久性标注制造厂名或商标、允许弯曲半径、试验压力和试验日期。软管固定时,其弯曲半径不应该小于制造厂标明的弯曲半径。

⑤ 传动介质。传动介质即液体,显然,缺了它就不成为其为液压传动了,其重要性不言自明。液压传动所采用的油液有石油型液压油、水基液压和合成液压液三大类。石油型液压油是石油经炼制并增加适当的添加剂而成,其润滑性和化学稳定性(不易变质)好,是迄今液压传动中最广泛采用的介质,简称为液压油。

液压油性质:①密度:一般认为变化量较小可忽略,900kg/m³。②可压缩性:体积弹性模量 $K=(1.2\sim2)\times10^3 MPa$,对于一般液压系统,认为不可压缩。③黏性:液体在外力作用下流动时,液体分子间内聚力会阻碍分子相对运动,即分子间产生一种内摩擦力,这一特性称为液体的黏性。黏性是选择液压油的重要依据。温度对黏度影响很大,当油液温度上升时,黏度显著下降。通常在温度高,使用频繁的时使用黏度高的液压油;运动速度高,采用黏度低的液压油;系统压力高的宜采用黏度高的液压油。

(4) 液压电梯的安全保护系统

液压电梯除了具有曳引式电梯的大部分安全保护装置外,还具有其他一些专用的安全保护装置。通常,液压电梯应设置以下安全保护装置:主电路的相序保护装置;轿厢的缓冲器保护装置;上下极限保护装置;层门锁与轿门的电气保护装置;悬挂机构失效的保护装置(安全钳或限速器-安全钳);停电或电气系统发生故障时,可在轿厢内手工操作而使轿厢下降的装置;液压油温升保护或报警装置;超载保护装置;超速保护装置。

8.1.3 液压电梯的速度控制

液压电梯通过改变液压泵向液压缸输出的油量来改变电梯的运行速度。由液压传动知识可知,液压系统的流量控制有三种方法:容积调整控制、节流调整控制、复合控制。

容积调速,利用变量泵对进入液压缸的流量进行控制,达到对电梯运行速度进行无级调速的系统。常见容积调速:采用变数泵容积调速液压电梯,采用变频变压调速的容积调速电梯。容积调速具有功率损耗小、效率高、系统发热少等优点,也存在早期调速精度低、系统响应慢、调速系统相对复杂的缺点。

节流调节,节流阀串联在液压泵与执行组件之间,此时必须在液压泵与节流阀之间并联一溢流阀。调节节流阀,可使进入液压缸的流量改变,由定量泵供油,多余的油液必须从溢流阀溢出。节流调速是利用节流的方法来调节主油路(接液压缸)和旁油路(接油箱)两条并联油路的相对液阻,使部分压力油从旁油路返回油箱,从而改变进入液压缸的油量实现调速。节流调速是液压电梯中广泛应用、技术最成熟的流量控制系统,一般有进油路、回油路和旁油路三种节流调速方案。早期,曾采用进油路节流调速方式进行液压电梯的上行速度控制,该方式节流和溢流损失所引起的能耗很大、发热严重。目前，几乎所有液压电梯在其上升油路中均采用旁路节流调整方式，下行油路中一般采用回油路节流调速方式。

液压电梯上、下行液压回路的流量控制，采用阀控制液压柱塞缸的输入或排出流量，由于压力油通过节流口的节流损失，导致系统能耗大并使液压系统温度升高。旁路节流回路如图 8-7 所示。

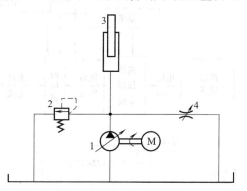

图 8-7　旁路节流回路

1—液压泵；2—溢流阀；3—液压缸；4—节流阀

现代乘客乘液压电梯一般利用电液比例流量控制阀对电梯运行速度进行无级节流调速。电梯的速度运行曲线产生于专用电路或微机程序，结合速度或流量回馈信号，借助于现代控制策略，获得一定规则的电控信号，将此信号不断传输给比例电磁铁，实时调节变化着的流量，使电梯按预定曲线运行。

8.1.4　液压电梯拖动控制系统

(1) 液压电梯拖动控制系统的组成

从控制角度，液压电梯拖动控制系统由液压控制系统和电气控制系统组成。液压电梯控制系统主要由集成阀块、止回阀、液压系统控制电路组成，主要用于接收输入信号并操纵电梯的启动、运行、停止，控制液压电梯的运行速度等。集成阀块可应用在阀控系统和泵控系统中。对于阀控系统，在泵站输入恒定流量的情况下，集成阀块用来控制输出流量的变化，并具有超压保护、锁定、压力显示等功能。对于泵控系统，集成阀块常具有流量检测功能，还具有超压保护、锁定、压力显示等功能。止回阀用于停机后对系统锁定。液压控制电路完成对系统液压流量控制，通常有开环和闭环控制系统之分。闭环控制电路一般比较复杂，能够自动生成理想速度变化曲线，可利用 PID、模糊控制等技术来控制系统流量变化；开环控制电路比较简单，只能利用多个输入信号来控制液压系统电磁阀的启闭。

电气控制系统控制电梯的运行、协调各部件的工作，并显示电梯运行情况。主要由控制柜、操作装置、位置显示等装置组成。控制柜用来控制并调节电梯各部件的工作；操纵装置包括轿厢内的按钮操纵箱和厅门的召唤按钮箱，主要用于外部指令的输入；位置显示装置显示电梯所在位置及运动方向。

液压电梯的液压回路可分为容积调速、节流调速和复合控制调速三大类。针对各自的特点，目前液压电梯中广泛采用的是节流调速系统。图 8-8 所示为侧置直顶式液压电梯的控制信号流程图。

(2) 液压电梯拖动控制系统的电气设计

液压电梯拖动控制系统电气设计主要包括主回路、安全回路、控制回路、开门回路等设计。

① 主回路的电路设计。主回路主要由下列元器件组成：交流电动机 M、上行接

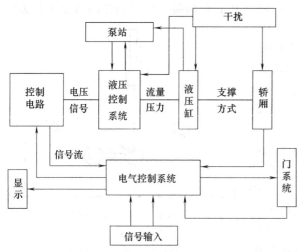

图 8-8　液压电梯控制信号流程图

触器 KMU、星形启动接触器 KMS、三角形启动接触器 KMT、相序保护继电器 KO、主回路自动空气断路器 Q1，见图 8-9。

a. 电梯上行。电梯是经常需要频繁运行的，假如采用直接启动电动机的方法启动电动机，可能会对电动机造成损害，所以在主回路中采用星-三角的启动方式来启动电动机。在主回路自动空气断路器 Q1 闭合，相序正常的状态下，控制器输出指令，星形启动接触器 KMS 闭合，电动机以星形接法启动，持续到一定时间后（3～5s）断开，三角形启动接触器 KMT 闭合（在控制回路中采用电路互锁的方法，以保证星形启动接触器 KMS 和三角形启动接触器 KMT 不能够同时闭合）。同时，上行接触器 KMU 闭合，电梯在控制器的控制下完成上行动作。

b. 电梯下行。由于液压电梯的下行是依靠轿厢的重力驱动的，不必再对电动机进行控制，电梯会在控制器的控制下完成下行动作。

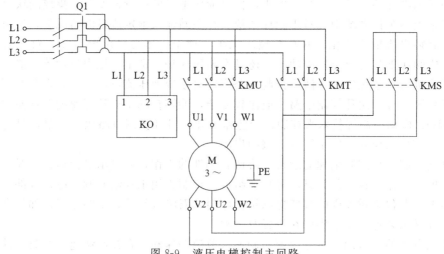

图 8-9　液压电梯控制主回路

② 安全回路的设计。由于电梯使用场合的特殊性，所以其安全性尤为重要。在安全回路中设置了很多的安全保护开关，如上、下极限开关，安全钳开关，限速器开关，急停开关和门联锁开关等。考虑到液压电梯的特点，除了一般电梯所具有的安全开关外，还增加了过高压保护开关和温度监控开关，一旦检测到油压过高或者油温过高，立刻禁止电梯继续运行。为了方便调试和维修，采用电路分块的设计方案，即底

坑安全回路、紧急停止回路和门联锁回路，并在控制柜设置了一个转换开关，在调试或者维修时，通过转换开关可以短接底坑安全回路。考虑到实际的可操作性，还对安全回路中的主要安全开关进行检测，通过控制柜就可以了解到各部分的安全回路是否接通。

③ 控制回路的设计。控制电路主要由以下元器件组成：快车继电器 K22、快速上升继电器 K25、快速下降继电器 K26、慢速上升继电器 K27、慢速下降继电器 K28、下行接触器 KMD1、下行接触器 KMD2、上升阀 FU、下降阀 FD、电源模块 NTA-1（见图 8-10）。

液压电梯的速度控制实际上就是液压系统的流量控制，所以通过阀来控制油的流量就可以控制液压电梯的运行速度。在轿厢上行时，压力油从液压泵压出，一部分油经单向阀和反馈装置，通过球阀和限速切断阀进入液压缸。另一部分油经电液比例阀旁通回流油箱。电液比例阀的开口是由调速器根据反馈装置的反馈信号和运行曲线的要求来决定，需要加速时开小一点，需要减速时开大一点。在轿厢下降时，负载的压力将液压缸的油压出，经电液比例阀回流油箱。同时电液比例阀也是由调速器控制的，根据反馈和运行曲线来决定开口的大小，使下降符合运行曲线的要求。

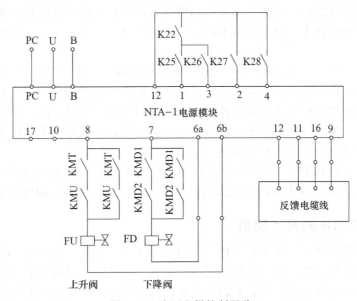

图 8-10　液压电梯控制回路

④ 提前开门回路的设计。液压电梯的特殊结构和使用的场合，一般其运行的速度不大，电梯减速到停站开门时，要以很慢的速度爬行一小段距离才停车开门，使电梯爬行至停站开门的等待时间过长。提前开门功能可解决该问题。仅当电梯速度小于 0.3m/s、电梯正在减速和电梯在门区三个条件同时具备时，才能够实现提前开门功能。由于增加了提前开门功能，轿厢运行至离半层大约 50mm 时，如果同时满足以上三个条件，控制器就会发出开门指令，电梯开门的同时也以很慢的速度继续运行，当运行至平层停车时，门也开到位了，这样就减少了等待开门的时间，同时也提高了电梯的运行效率。

8.2 防爆电梯

防爆电梯除了在机械、电气部分采取了相应的防爆措施，能够满足可燃气体的防爆要求外，在其他方面几乎完全等同于曳引式电梯，因此可以从以下两个方面认识防爆电梯。

8.2.1 可燃气体的爆炸机理

爆炸是指物质从一种状态，经物理或化学变化突然变成另一种状态，并急剧释放出巨大的能量，产生出光、热或机械功使周围物体受到猛烈的冲击和破坏。电梯应用于存在可燃气体（蒸气）的场合，可能会因为其产生的电气火花、电器表面的高温以及机械摩擦和撞击所产生的热量与火花，而引起周围的可燃气体（蒸气）与空气组成爆炸性混合物导致爆炸。

可燃气体混合物的爆炸是可燃气体与空气混合后迅速燃烧，引起压力急剧升高的过程。可燃气体混合物的爆炸要具备两个必要条件：一是环境中要有可燃气体或蒸气存在，而且在空气中的混合浓度还要达到爆炸的极限值（爆炸极限是个浓度范围，当可燃气体混合浓度高于或低于该范围时，则不会发生爆炸）；二是要具有足够能量的引燃源。

GB 50058—2014《爆炸危险环境电力装置设计规范》根据爆炸性气体混合物出现的频繁程度、持续时间和危险程度，将爆炸性危险场所划分为3个类型的区域：一是0区，连续出现或长期出现爆炸性气体混合物的区域；二是1区，在正常运行时可能出现爆炸性气体混合物的区域；三是2区，在正常运行时不可能出现爆炸性气体混合物，即使出现也是短时存在的区域。

标准规定，在防爆电气设备外壳的明显处，必须要有清晰的永久性凸纹标志"Ex"，并在左下方依次表明防爆电器的防爆形式、类别、级别、温度组别等内容。

8.2.2 电梯防爆的设计规则

从爆炸条件可知，防止可燃气体爆炸的基本方法就是要避免同时出现引起可燃气体爆炸的两个爆炸条件。防爆电梯就是要从电气、机械两个方面着手，消除电梯可能产生的引燃源（电气火花、电器表面的高温以及机械摩擦和撞击产生的热量与火花），使电梯具有防爆的能力。

(1) 电梯防爆设计的原则

① 能安装在非危险区域的设备，应尽可能安装在非危险区域或低危险区内。如控制柜有大量的开关接线，若能安装在非危险区域内，再使用电缆与危险区内的设备连接，则在经济上、安全上都是十分有利的。

② 电梯的运行速度一般为0.5m/s，不应超过1m/s。电梯的控制和拖动要尽可能简单，一般可采取按钮控制和交流双速拖动。这种电梯一般在工业场所使用，使用频率不高，完全能够满足使用要求。

③ 尽量减少电动设备。能用手动代替电动的尽可能使用手动，而且结构要简单，

活动零部件应尽可能少，如可采用手动门代替电动自动门。

④ 电气设备和线路的防爆等级不能低于所防护爆炸物质的类别、级别和组别，其防爆形式应与危险区域的要求相适应。

⑤ 布线方法与引入装置应与危险区域相适宜。对于本置安全电路，必须防止外部干扰可能造成的危险。

⑥ 要充分考虑机构运行时的故障以及结构破坏时可能产生的撞击与摩擦。应有可靠的措施保证其不发生，或者在发生时不产生能点燃爆炸性物质的火花与高温。

(2) 电梯在机械结构上的防爆措施

总体而言，在机械结构上的防爆措施就是避免发生撞击和摩擦或减轻撞击力和摩擦力，防止产生火花和高温。

① 曳引机：应保持轴承、减速箱具有良好的润滑。轴承、制动轮和减速箱的表面温度应低于爆炸物引燃温度的下限，必要时可加通风散热装置。制动器在结构上应有防止在释放时制动片衬件与制动轮相摩擦的措施。制动瓦块的上下段均应与制动臂连接，并且能够调节。为防止钢丝绳脱槽，应设置由不产生火花材料制作的挡绳装置。

② 限速器：应选用动作时限速器张力较大的类型，如有夹绳钳的限速器，其夹绳钳块应使用不产生火花的金属制成。限速器工作时，内部零件不应有较大的撞击和摩擦。限速器张紧装置应有防止钢丝绳脱槽的措施，并在断绳时张紧装置不会与地面发生撞击。

③ 安全钳与提拉装置：应使用瞬时式安全钳，安全钳的钳块应由不产生火花的金属制造。提拉装置的转轴应装有铜衬套，撞击开关的打板应由不产生火花的金属制成。

④ 绳头组合：弹簧不得有裂损，上、下垫片应使用不产生火花的金属制造，绳头棒通过绳夹板处，应有铜衬套。

⑤ 导靴：滑动导靴衬的上下挡板应由青铜制造，并有较大的厚度。

⑥ 门锁：可能产生相对撞击的两个零件中，至少有一个是由不产生火花的金属制成的。

⑦ 门：门的挂轮、挡轮、门导靴（门脚）均由不产生火花的金属或塑料制造。门扇之间或与门框之间相碰撞的边缘应有橡胶的防撞垫，防止发生金属之间的撞击。

⑧ 缓冲器：宜选用聚氨酯缓冲器，与轿底或对重相撞击的面应有橡胶或塑料衬垫。

⑨ 所有连接件、紧固件必须具有可靠的防松和防脱落措施。

⑩ 机房、底坑地面和轿内地板应由金属撞击不产生火花并能导除静电的材料构筑或铺垫。一方面要避免金属零件、工具等发生掉落产生撞击火花，另一方面要能导除由乘员和维护人员身上积累的静电，防止在人员接触金属结构时产生的静电放电火花。

8.3 自动扶梯

自动扶梯具有结构紧凑、安全可靠、安装维修简单方便等特点，在客流量大而集中的场所，如车站、码头、商场等处得以广泛应用。现代自动扶梯的雏形是一台普通倾斜的链式运输机，是一种梯级和扶手都能自运动的楼梯。1900 年，奥的斯公司在法国巴黎举行的国际展览会上展出了结构完善的自动扶梯，该自动扶梯具有阶梯式的梯路，同时梯级是水平的；并在扶梯进出口处的基坑上加了梳板。以后，经过不断改进和提高，自动扶梯进入实用阶段。

随着科技的进步和经济的发展，自动扶梯和自动人行道不断地更新换代，更新颖、更先进、更美观的产品向人们走来。自动人行道与自动扶梯基本相同，其区别是：自动扶梯主要是往垂直方向运送乘客，其输送带有台阶，常用的倾角为 30°或 35°（见图 8-11）；自动人行道主要是在平面方向运送乘客，输送带为平面，其倾角一般小于 12°。自动扶梯与自动人行道比起间歇工作式的电梯具有如下优点：输送能力大；人流均匀，能连续运送人员；停车时，可作普通楼梯使用。

图 8-11　自动扶梯

8.3.1　自动扶梯基本参数

自动扶梯及自动人行道的基本参数有：提升高度 H、输送能力 Q、运行速度 v、梯级（踏板或胶带）宽度 B 及倾斜角 α 等。

① 提升高度 H。提升高度是建筑物上、下层楼之间或地下铁地道面与地下站厅间的高度。我国目前生产的自动扶梯系列为：商用型 $H \leqslant 7.5\mathrm{m}$；公共交通型 $H \leqslant 50\mathrm{m}$。

② 输送能力 Q。输送能力是指每小时运载人员的数目。当自动扶梯或自动人行道各梯级（踏板或胶带）被人员站满时，理论上的最大小时输送能力按下式计算：

$$Q = 3600nv/t$$

式中　　t——一个梯级的平均深度或与此深度相等的踏板（胶带）的可见长度，m；

n——每一梯级或每段可见长度为 t 级的踏板（胶带）上站立的人员数目；

v——运行速度，m/s。

这样计算出的便是理论输送能力，但实际值应该考虑到乘客登上自动扶梯或自动人行道的速度，也就是梯级运行速度对自动扶梯或自动人行道满载的影响。因此，应该用一系数来考虑满载情况，这一系数称为满载系数 ϕ。

③ 运行速度 v。自动扶梯或自动人行道运行速度的大小，直接影响到乘客在自动扶梯或自动人行道上的时间。如果速度太快，影响乘客顺利登梯，满载系数反而降低。反之，速度太慢时，不必要地增加了乘客在梯路上的停留时间。国际规定：自动扶梯倾斜角 α 不大于 30°，其运行速度不应超过 0.75m/s；自动扶梯倾斜角 α 大于 30°，但不大于 35°时，其运行速度不应超过 0.50m/s。自动人行道的运行速度不应超过 0.75m/s，但如果踏板或胶带的宽度不超过 1.1m 时，自动人行道的运行速度最大允许达到 0.90m/s。

④ 梯级（踏板或胶带）宽度 B。目前我国所采用的梯级宽度 B：小提升高度时，单人的为 0.6m；双人的为 1.0m；中、大提升高度时，双人的为 1.0m。另外还有 0.8m 的规格。踏板（或胶带）的宽度一般有 0.8m 和 1.0m 两种规格。

⑤ 倾斜角 α。倾斜角 α 是指梯级、踏板或胶带运行方向与水平面构成的最大角度。自动扶梯的倾斜角一般采用 30°，采用此角度主要是考虑到自动扶梯的安全性，便于结构尺寸的处理和加工。有时为了适应建筑物的特殊需要，减少扶梯所占的空间，也可采用 35°。

建筑物内普通扶梯的梯级尺寸比例为 16∶31，为了在这种扶梯旁边同时并列地安装自动扶梯，自动扶梯也可采用 27.3°的倾角。

8.3.2 自动扶梯的主要零部件

自动扶梯是以电力驱动，在一定方向上能够大量、连续运送乘客的开放式运输机械。从结构上看，自动扶梯可视为是由一台特种结构形式的链式输送机，再加上两台特种结构形式的胶带输送机组合而成。如图 8-12 所示，链式输送机的链条，绕过上牵引轮下张紧装置，并通过上、下分支的若干直线段、曲线段构成闭路。工作时，上牵引轮从减速箱、电动机处获得动力，驱动两根牵引链条及与之相连接的一系列供乘客站立的梯级，沿着按一定线路布置的导轨循环运行。扶梯两旁的扶手装置，从上述电动机获得动力，与梯路同步运行，供乘客扶手之用。

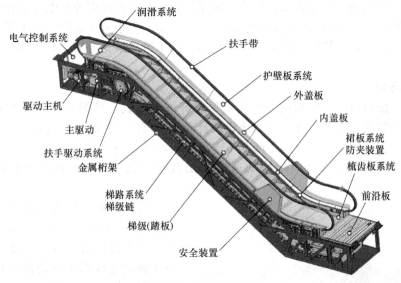

图 8-12　扶梯驱动原理

自动扶梯的结构组成可概括为：二路、八板、一基础，安全、控制、传动组。

"二路"是指梯路和带路。梯路是指梯级之路，包括梯级、梯级链、梯级导轨、上下转向壁等零部件。带路就是扶手带之路，它包括扶手带、扶手带导轨、扶手带支架、扶手带换向链、扶手带托辊、扶手带滑轮群、扶手带张紧轮群、扶手带照明等零部件，都是扶手带所经之路的相关部件。扶手带和梯级是扶梯中的两个最重要的部分，而且是"相辅相成"的关键部件。只要 1 节梯级卡住，整台扶梯就得停车。扶手带也是同样，只要是一处被卡，整条扶手带会全部受影响，轻则不动，重则损坏，影响整台扶梯的运行。同时它们还是自动扶梯中与乘客关系最密切的部件。有了扶手带、梯级，才使乘客有"扶手之处"和"立足之地"，而且始终同步陪伴乘客。扶手带与梯级周而复始地一同出来、一同进去，沿着各自的轨道走各自的路。

"八板"是指前沿板、梳齿板、斜角盖板、平盖板、围裙板、装饰板、进出踏板和护壁板。

"一基础"是指桁架。因为自动扶梯的所有部件都装在桁架上，都以它为基准，依附于它的平直、刚强和正确的几何形状。它承受负载和振动，所以说桁架是扶梯的基础构架。

"安全"是指自动扶梯的安全部件。自动扶梯一般都装在公共场所，服务对象面广、量大，人员、环境相对复杂，安全部件尤其显得重要。安全附件包括整条安全回路上所有串联着的安全触点和装置，如急停按钮、手指保护、围裙板微动触点、前沿板定中心装置、梯级断链保护、驱动断链保护、扶手带断带保护、梯级断裂下陷保护等装置。

除此之外还有醒目警示，用特殊的光、色、物、图来提醒乘客注意安全，如梯级间隙照明、梯级黄边警示。有的特制梯级还有两边凸出筋、围裙板照明、围裙板刷帚，此外还包括扶梯进出口上下各3张乘梯须知简图等，都属于安全部件范畴。

"控制"是指装在扶梯进出口部位的上、下用钥匙控制的开关箱，装于上机房的控制屏箱，包括用于控制启动、加速、减速停止、制动和照明等的电气部分零部件。

"传动组"是指减速箱（包括电动机）、上驱动、大小驱动链轮、扶手带主副传动链条、驱动链条，当然也包括扶手带传动轴、扶手带摩擦轮等一系列机械传动部分的零部件。

(1) 桁架

桁架一般用角钢、型钢或方形与矩形管等焊制而成，见图8-13。一般有整体焊接桁架与分体焊接桁架两种。自动扶梯或自动人行道的金属结构架具有安装和支撑各个部件、承受各种载荷以及连接两个不同层楼地面的作用。金属结构架一般有桁架式和板梁式两种，桁架式金属结构架通常采用普通型钢（角钢、槽钢及扁钢）焊接而成。

图 8-13 自动扶梯的桁架

分体桁架一般由3部分组成，即上平台、中部桁架和下平台。其中，上、下平台相对而言是标准的，只是由于额定速度的不同而涉及梯级水平段不同，影响到上平台与下平台的直线段长度。中间桁架长度将根据提升高度而变化。为保证扶梯处于良好工作状态，桁架必须具有足够刚度，其允许挠度一般为扶梯上、下支撑点间距离的1%。必要时，扶梯桁架应设中间支撑，它不仅起支撑作用，而且可随桁架的胀和缩自行调节。

(2) 驱动机

驱动机（以链条式为例）主要由电动机、蜗杆减速器、链轮、制动器（抱闸）等组成。根据电动机的安装位置可分为立式与卧式，目前采用立式驱动机的扶梯居多。其优点为：结构紧凑，占地少，重量轻，便于维修，噪声低，振动小。尤其是整体式驱动机，如图8-14所示，其电动机转子轴与蜗杆共轴，因而平衡性很好，且可消除振动及降低噪声。承载能力大，小提升高度的扶梯可由一台驱动机驱动，中提升高度的扶梯可由两台驱动机驱动。

(3) 驱动装置

驱动装置的作用是将动力传递给梯路系统及扶手系统。一般由电动机、减速箱、制动器、传动链条及驱动主轴等组成。驱动装置通常位于自动扶梯或自动人行道的端部（即端部驱动装置），也有位于自动扶梯或自动人行道中部的。端部驱动装置较为常用，可配用蜗杆减速箱，也可配用斜齿轮减速箱以提高传动效率，端部驱动装置以牵引链条为牵引构件。中间驱动装置可节省端部驱动装置所占用的机房空间并简化端部的结构，中间驱动装置必须以牵引齿条为牵引构件，当提升高度很大时，为了降低牵引齿条的张力并减少能耗，可在扶梯内部配设多组中间驱动机组以实现多级驱动。驱动装置装配在上平台（上部桁架）中，如图 8-15 所示。

图 8-14　整体驱动机

图 8-15　驱动装置

(4) 张紧装置

张紧装置的主要作用为：使牵引链条获得必要的初张力，以保证自动扶梯或自动人行道正常运行；补偿牵引链条在运转过程中的伸长；牵引链条及梯级（或踏板）由一个分支过渡到另一分支的改向功能；梯路导向所必需的部件（如转向壁等）均装在张紧装置上。

张紧装置分为重锤式张紧装置和弹簧式张紧装置等。目前弹簧式张紧装置较为常见。张紧装置链轮轴的两端各装在滑块内，滑块可在固定的滑槽中水平滑动，并且张紧链轮同滑块一起移动，以调节牵引链条的张力。安全开关用来监控张紧装置的状态。张紧装置由梯链轮、轴、张紧小车及张紧梯级链的弹簧等组成。张紧弹簧可由螺母调节张力，使梯级链在扶梯运行时处于良好工作状态。当梯级链断裂或伸长时，张紧小车上的滚子精确导向产生位移，使其安全装置（梯级链断裂保护装置）起作用，扶梯立即停止运行。

(5) 导轨

目前，相当一部分扶梯采用冷拔角钢作为扶梯梯级运行和返回导轨。采用国外引进技术生产的扶梯梯级运行和返回导轨均为冷弯型材，具有重量轻、相对刚度大、制造精度高等特点，便于装配和调整。由于采用了新型冷弯导轨及导轨架，降低了梯级的颤振运行、曲线运行和摇动运行，延长了梯级及滚轮的使用寿命。同时，减小了上平台（上部桁架）与下平台（下部桁架）导轨平滑的转折半径，又减少了梯级轮、梯级链轮对导轨的压力，降低了垂直加速度，也延长了导轨系统的寿命。

(6) 梯级链

梯级链由具有永久润滑的支撑轮支撑，梯级链上的梯级轮就可在导轨系统、驱动装置及张紧装置的链轮上平稳运行；还使负荷分布均匀，防止导轨系统的过早磨损，特别是反向区两根梯级链由梯级轴链接，保证了梯级链整体运行的稳定性。梯级链的选择应与扶梯提升高度相对应。链销的承载压力是梯级链延长使用寿命的重要因素，必须合理选择链销直径，才能保证扶梯安全可靠运行。

(7) 梯级

梯级在自动扶梯中是一个关键部件，它是直接承载输送乘客的特殊结构的四轮小车，梯级的踏板面在工作段必须保持水平。各梯级的主轮轮轴与牵引链条绞接在一起，而它的辅轮轮轴则不与牵引链条连接，即梯级的两个主轮和两个辅轮沿着两个分离的轨道转动，两个主轮由牵引链条拉动，两个辅助轮只是沿着轨道滑动，跟在两个主轮后面。这样可以保证梯级在扶梯的上分支保持水平，而在下分支可以进行翻转。两条轨道彼此隔开，这样可使每个梯级保持水平。在自动扶梯的顶部和底部，轨道呈水平位置，从而使台阶展平。

在一台自动扶梯中，梯级是数量最多的部件又是运动的部件。因此，一台扶梯的性能与梯级的结构、质量有很大关系。梯级应能满足结构轻巧、工艺性能良好、装拆维修方便的要求。梯级有整体压铸梯级与装配式梯级两类。目前，有些厂家生产的梯级为整体压铸的铝合金铸造件，踏板面和踢板面铸有精细的肋纹，这样确保了两个相邻梯级的前后边缘啮合并具有防滑和前后梯级导向的作用。梯级上常配装塑料制成的侧面导向块，梯级靠主轮与辅轮沿导轨及围裙板移动，并通过侧面导向块进行导向，侧面导向块还保证了梯级与围裙板之间维持最小的间隙。

图8-16　整体压铸梯级

① 整体压铸梯级。整体式梯级则集踏板、踢板、支承架、副轮轴等部件于一体，用铝合金一次性压铸而成。整体压铸梯级系铝合金压铸，脚踏板和起步板铸有筋条，起防滑作用和相邻梯级导向作用，如图8-16所示。压铸铝合金整体式梯级则由于具有生产加工速度快、尺寸精度高、噪声小、质量小、无连接紧固件、刚性强、不易变形、外观漂亮等优点，现已被广泛使用。

铝合金整体梯级的主要尺寸包括：① 梯级宽度，常用的有1000mm、800mm、600mm三种规格；② 梯级深度（指踏板的深度），常用的有397mm、404mm、409mm；③ 主轮与副轮之间的基距，一般在310～350mm范围内。在梯级中对其结构影响较大的尺寸是主轮和副轮之间的基距，一般分为短基距、长基距及中基距三种。短基距梯级具有制造方便、牵引链轮直径小、自动扶梯结构紧凑等优点，但同时也有梯级运行不稳定、存在轻微跳动、容易引起梯级围绕副轮轮轴转动等缺点。长基距梯级虽然可以避免以上缺点，在载荷下运行平稳，但是长基距梯级尺寸大、质量大，加重了曳引机的负荷，且长基距梯级必须加大牵引链轮的直径，从而使整个自动扶梯结构增大。只有中基距梯级兼有上述两种梯级的优点，所以，除非客户的特殊要求，一般采用中基距梯级。

② 装配式梯级，也称为分体式梯级，如图 8-17 所示。装配式梯级是由踏板、踢板、支架（以上为压铸件）和轴、主轮等组成。装配式梯级的踏板、踢板有整块与多块拼装组合之分，材料则有铝合金件或其他有色合金件。分体拼装梯级的缺点：连接件多、紧固螺栓多、拼装工艺复杂，难以保证尺寸精度；梯级刚性较差、容易出现扭曲变形；噪声大；比较重；梯级在长期运转过程中，连接部件的螺栓容易脱落，不符合安全规范；除踏板、踢板为铝合金件或其他有色合金件外，支承架及连接板均用较薄的碳钢板冲压成形、拼装而成。梯级如装在室外、远洋轮船、地铁、人行天桥等场所，或装在含有酸

图 8-17　装配式梯级

碱盐腐蚀性气体较多的场地，则比较容易锈蚀，极有可能会造成梯级变形或腐蚀。因此，现在自动扶梯的梯级配置，分体式梯级的使用已越来越少。

上述两类梯级既可提供不带有安全标志线的梯级，也可提供带有安全标志线的有特殊要求的梯级。黄色安全标志线可用黄漆喷涂在梯级脚踏板周围，也可用黄色工程塑料（ABS）制成镶块镶嵌在梯级脚踏板周围。

（8）扶手驱动装置

扶手装置是装在自动扶梯或自动人行道两侧的特种结构形式的带式输送机。扶手装置主要供站立在梯路中的乘客扶手之用，在乘客出入自动扶梯或自动人行道的瞬间，扶手的作用显得更为重要。扶手装置由扶手驱动系统、扶手带、栏板等组成。扶手驱动装置由驱动装置通过扶手驱动链直接驱动，无须中间轴，扶手带驱动轮缘有耐油橡胶摩擦层，以其高摩擦力保证扶手带与梯级同步运行。为使扶手带获得足够摩擦力，在扶手带驱动轮下，另设有带轮组。带的张紧度由带轮中一个带弹簧与螺杆进行调整，以确保扶手带正常工作。

（9）扶手带

扶手带由多种材料组成，主要为天然（或合成）橡胶、棉织物（帘子布）与钢丝或钢带等，如图 8-18 所示。扶手带的标准颜色为黑色，可根据客户要求，按照扶手带色卡提供多种颜色的扶手带（多为合成橡胶）。扶手带的质量，诸如物理性能、外观质量、包装运输等，必须严格遵循有关技术要求和规范。

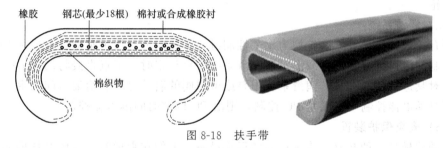

橡胶　　钢芯(最少18根)　棉衬或合成橡胶衬

棉织物

图 8-18　扶手带

(10) 梳齿、梳齿板、楼层板

① 梳齿。在扶梯出入口处应装设梳齿与梳齿板，以确保乘客安全过渡。梳齿上的齿槽应与梯级上的齿槽啮合，即使乘客的鞋或物品在梯级上相对静止，也会平滑地过渡到楼层板上。一旦有物品阻碍了梯级的运行，梳齿被抬起或位移，可使扶梯停止运行。梳齿可采用铝合金压铸件，也可采用工程塑料注塑件。

② 梳齿板。梳齿板用以固定梳齿。它可用铝合金型材制作，也可用较厚碳钢板制作，如图 8-19 所示。

1081#17齿ABS梳齿板(中)　　1082#16齿ABS梳齿板(中)　1083#14齿铝梳齿板　1084#15齿ABS梳齿板
155×92×孔107(现代)　　　　145.5×86.5×孔距92(现代)　127×143×孔62(张家港)　126×100×孔86

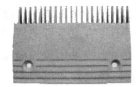

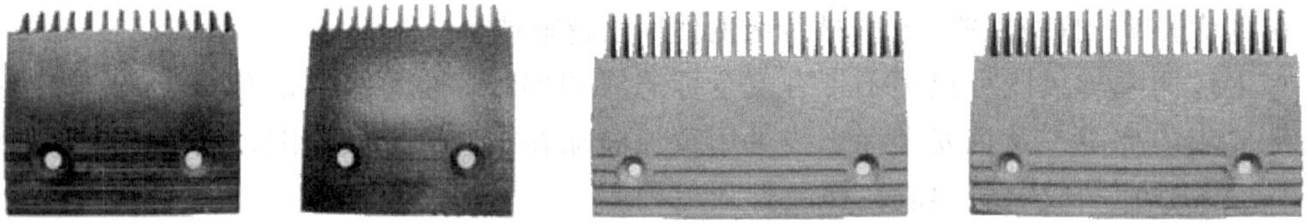

1085#14齿ABS梳齿板　1086#12齿ABS梳齿板　　1087#22齿ABS梳齿板　　　1088#22齿ABS梳齿板(左)
127×115×孔77　　　　115×118×孔65　　　　　199×130×孔144(东芝)　　　205.5×130×孔144

图 8-19　梳齿板

③ 楼层板（着陆板）。楼层板既是扶梯乘客的出入口，也是上平台、下平台维修间（机房）的盖板，一般为薄钢板制作，背面焊有加强筋。楼层板表面应铺设耐磨、防滑材料，如铝合金型材、花纹不锈钢板或橡胶地板。

(11) 扶栏

扶栏设在梯级两侧，起保护和装饰作用。它有多种形式，结构和材料也不尽相同，一般分为垂直扶栏和倾斜扶栏。这两类扶栏又可分为全透明无支撑、全透明有支撑、半透明及不透明 4 种。垂直扶栏为全透明无支撑扶栏，倾斜扶栏为不透明或半透明扶栏。当扶栏结构不同，扶手带驱动方式也随之不同。垂直扶栏采用自撑式安全玻璃衬板。倾斜扶栏采用不锈钢衬板，该衬板与梯级呈倾斜布置，一般用于较大提升高度的扶梯，原因是扶栏重量较大，不能以玻璃作为支撑物，另在扶手带转折处还要增加转向轮。

(12) 润滑系统

所有梯级链与梯级的滚轮均为永久性润滑。主驱动链、扶手驱动链及梯级链则由自动控制润滑系统分别进行润滑。该润滑系统为自动定时、定点直接将润滑油喷到链销上，对其进行良好润滑。润滑系统中泵或电磁阀的启动时间、给油时间均由控制柜中的延时继电器控制（如果是 PC 控制，则由 PC 内部时间继电器控制）。

(13) 安全保护装置

自动扶梯是一种开放、连续运行的运输设备。人们在乘梯时，人体对扶梯部件的接触、碰撞以及扶梯突然的速度变化等，都存在对人体的安全隐患。因此，国家强制规定，自动扶梯在设计和制造上要有大量的直接和间接安全保护装置。安全装置的主要作用是保护乘客，使其免于受到潜在的各种危险的危害（包括乘客疏忽大意造成的危险和由于机械电气故障而造成危险等）；其次，安全装置对自动扶梯及自动人行道设备本身具有保护作用，能把事故对设备的破坏降到最低；另外，安全装置也使事故对建筑物的破坏程度降到最小。以下是一些常见的安全装置。图 8-20 为自动扶梯的安全保护装置示意图。

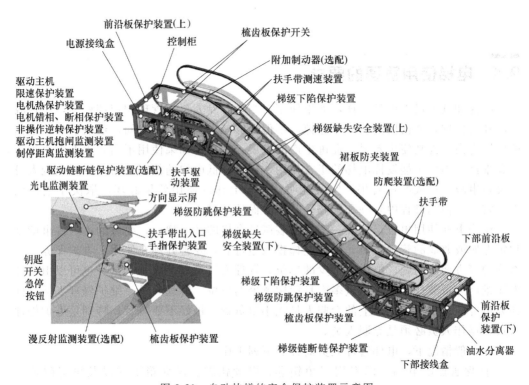

前沿板保护装置(上)
梳齿板保护开关
电源接线盒
控制柜
附加制动器(选配)
扶手带测速装置
梯级下陷保护装置
驱动主机
限速保护装置
电机热保护装置
电机错相、断相保护装置
非操作逆转保护装置
驱动主机抱闸监测装置
制停距离监测装置
梯级缺失安全装置(上)
裙板防夹装置
防爬装置(选配)
扶手带
驱动链断链保护装置(选配)
扶手驱动装置
光电监测装置
方向显示屏
梯级防跳保护装置
梯级缺失安全装置(下)
下部前沿板
扶手带出入口手指保护装置
钥匙开关
急停按钮
梯级下陷保护装置
梯级防跳保护装置
梳齿板保护装置
前沿板保护装置(下)
漫反射监测装置(选配)
梳齿板保护装置
梯级链断链保护装置
下部接线盒
油水分离器

图 8-20　自动扶梯的安全保护装置示意图

自动扶梯安全保护装置一般可分为必备的安全保护装置、辅助安全保护装置和电气安全保护装置。必备的安全保护装置主要包括超速保护装置、制动器、防逆转保护装置、驱动链断链安全保护装置、梯级塌陷保护装置、扶手带断带保护装置、扶手带入口保护装置、梯级链保护装置、梳齿保护装置、围裙板保护装置、紧急停车按钮。辅助安全保护装置主要包括机械锁紧安全保护装置、梯级上的黄色边框、裙板上的安全刷、梯级间的照明装置、扶手胶带同步监控装置、转动部件防护装置。自动扶梯电气安全保护装置较曳引式电梯电气安全保护装置简单很多。当自动扶梯出现故障，如无电压或低电压，导线中断，绝缘损坏，组件短路或断路，继电器和接触器不释放或不吸合，触头不断开或不闭合，断相、错相等时，电气安全装置应能防止扶梯出现危险状态。

第**9**章
电梯的使用和安全管理

9.1 电梯使用管理的要求

电梯和其他机电设备一样，如果使用得当，有专人负责管理和定期保养，出现故障能及时修理，并彻底把故障排除掉，不但能够减少停机待修时间，还能够延长电梯的使用寿命，提高使用效果，促进生产的发展。相反，如果使用不当，无专人负责管理和维修，不但不能发挥电梯的正常作用，还会降低电梯的使用寿命，甚至出现人身和设备事故，造成严重后果。实践证明，一部电梯的使用效果好坏，取决于电梯制造、安装、使用过程中管理和维修等几个方面的质量。

作为电梯使用单位，接收一部经安装调试合格的新电梯后，要做的第一件事就是指定专职或兼职的管理人员，以便电梯投入运行后，妥善处理在使用、维护保养、检查修理等方面的问题。电梯数量少的单位，管理人员可以是兼管人员，也可以由电梯专职维修人员兼任。电梯数量多而且使用频繁的单位，管理人员、维护修理人员、操作人员等应分别由一个以上的专职人员或小组负责，最好不要兼管，特别是维护修理人员和操作人员必须是专职人员。

在一般情况下，电梯管理人员需开展下列工作。

① 保管控制电梯厅门专用三角钥匙、电锁钥匙、操纵箱钥匙以及机房门锁的钥匙。

② 根据本单位的具体情况，确定电梯操作人员和维修人员的人选并送到有合格条件的单位培训，保证每位操作人员和维修人员都要持证上岗。

③ 收集和整理电梯的有关技术资料，具体包括井道及机房的土建资料，安装平面布置图，产品合格证书，电气控制说明书，电路原理图和安装接线图，易损件图册，安装说明书，使用维护说明书，电梯安装及验收规范，装箱单和备品备件明细表，安装验收试验和漏试记录，以及安装验收时移交的资料和材料，国家有关电梯设计、制造、安装等方面的技术条件、规范和标准等。资料应登记建册，妥为保管。只有一份资料时应复制备份存档。

④ 收集并妥善保管电梯备品、备件、附件和工具。根据随机技术文件中的备品、备件、附件和工具明细表，清理校对随机发来的备品、备件、附件和专用工具，收集电梯安装后剩余的各安装材料，并登记，合理保管。除此之外，还应根据随机技术文

件提供的技术资料编制备品、备件采购计划。

⑤ 根据本单位的具体情况和条件，建立电梯管理、使用、维护保养和修理制度。

⑥ 熟悉收集到的电梯技术资料，向有关人员了解电梯的在安装、调试、验收时的情况并认真检查电梯的完好程度。

⑦ 制订电梯相关人员岗位责任制、安全操作规程、大中修计划，督促例行和定期维修保养计划的完成，并安排联系年检。

⑧ 负责电梯的整改，在整改通知单上签字并反馈有关部门和存档。

⑨ 参与、组织电梯应急救援或"困人"演习预案的实施。

9.2　电梯使用安全管理制度

现代电梯虽然设计比较完善，具有稳当、快速、可靠的性能，但必须安全使用与严格管理。电梯使用单位要深入了解国家对电梯设备的基本法规、标准和要求，包括国务院颁发的《特种设备安全监察条例》、GB/T 18775—2002《电梯维修规范》、建设部发布的《电梯应急指南》等，使电梯使用者认识到电梯是高层楼房的代步工具，涉及每个使用者的切身利益，应爱惜使用。同时，为保证电梯安全、可靠运行，电梯使用单位应建立健全电梯各项必要的使用安全管理制度，严加管理，这是电梯安全、有效运行的首要条件，也有利于延长电梯使用寿命。

(1) 电梯安全使用管理部门责任制

电梯使用单位应根据本单位实际，明确一个职能部门负责电梯的安全使用和管理工作，其主要职责如下。

① 全面负责电梯安全使用、管理方面的工作。

② 建立健全电梯使用操作程序、作业规程以及管理电梯的各项规章制度，并督促检查实施情况。

③ 组织制订电梯中大修计划和单项大修计划，并督促实施。

④ 搞好电梯的安全防护装置，设施要保持完好、可靠，确保电梯正常安全运行。

⑤ 负责对电梯特种作业人员的安全技术培训。

⑥ 组织对电梯的技术状态作出鉴定，及时进行修改，消除隐患。

⑦ 搞好电梯安全评价，制定整改措施，并监督实施情况。

⑧ 对由于电梯管理方面的缺陷造成重大伤亡事故负全责。

(2) 电梯安全使用管理制度

① 电梯管理员每日应对电梯做例行检查，如发现有运行不正常或损坏时，应立即停梯检查，并通知维修保养单位。

② 电梯管理员应加强对电梯钥匙（包括机房钥匙、电锁钥匙、轿内操纵箱钥匙、厅门、开锁三角钥匙等）的管理，禁止无关人员取得并使用。

③ 运行中电梯突然出现故障，电梯管理员应以最快的速度救援乘客，及时通知维修保养单位。

④ 出现电梯设备浸水或底坑进水时，应立即停止使用。设法将电梯移至安全的地方，并处理。

⑤ 发生火警时，切勿乘搭电梯。

⑥ 防止超载，超载铃响时，后进者应主动退出。

⑦ 七岁以下儿童、精神病患者及其他病残不能独立使用电梯者，应由有行为能力的人扶助。

⑧ 住户搬家或其他大宗物品需占用电梯时间较长时，应与电梯设备管理人员取得联系，选择在人流量较少的时候进行。

⑨ 电梯轿厢内的求救警铃、风扇、应急照明等必须保证其工作状态正常可靠，以免紧急情况时发生意外。

⑩ 因维修保养而影响电梯正常使用时，应至少在层站（必要时每层）明显位置悬挂告示牌及设防护栏。

⑪ 电梯《安全检验合格证》有效期满前 30 天，应及时提供相关资料，会同电梯维修保养单位申报年度检验。

⑫ 未经许可，不得擅自使用客梯运载货物，超长、超宽、超重、易燃易爆物品禁止进入电梯。

⑬ 禁止在电梯内吸烟、乱涂、乱画等损坏电梯的行为，并做好电梯的日常清洁工作。

（3）电梯三角钥匙管理制度

① 三角钥匙必须由经过培训并取得特种设备操作证的人员使用，其他人员不得使用。

② 使用的三角钥匙上必须附有安全警示牌或在三角锁孔的周边贴有警示牌："注意！禁止非专业人员使用三角钥匙，门开启时先确定轿厢位置！"

③ 用户或业主必须指定一名或多名具有一定机电知识的人员作为电梯管理员，负责电梯的日常管理；对电梯数量较多的单位，电梯管理员应取得特种设备操作证。

④ 电梯管理员应负责收集并管理电梯钥匙（包括操纵箱、机房门钥匙、电锁钥匙、厅门开锁三角钥匙）；如果电梯管理员出现变动则应做好三角钥匙的交接工作。

⑤ 严禁任何人擅自把三角钥匙交给无关人员使用；否则，造成事故，后果自负。

⑥ 三角钥匙的正确使用方法

a. 打开厅门口的照明，清除各种杂物，并注意周围不得有其他无关人员。

b. 把三角钥匙插入开锁孔，确认开锁的方向。

c. 操作人员应站好，保持重心，然后按开锁方向，缓慢开锁。

d. 打开厅门时，应先确认轿厢位置，防止轿厢不在本层，造成踏空坠落事故。

e. 门锁打开后，先把厅门推开一条约 100mm 宽的缝，取下三角钥匙，观察井道内情况，特别是注意此时厅门不能一下开得太大。

f. 操作人员在完成工作后，要离开楼层时，应确认厅门已可靠锁闭。

（4）机房管理制度

机房的管理以满足电梯的工作条件和安全为原则，主要内容如下。

① 非岗位人员未经管理者同意不得进入机房。

② 机房内配置的消防灭火器材要定期检查，经常保持完好状态，并应放在明显易取部位（一般在机房人口处）。

③ 保证机房照明、通信电话的完好、畅通。

④ 经常保持机房地面、墙面和顶部的清洁及门窗的完好，门锁钥匙应由专人保管。机房内不准存放与电梯无关的物品，更不允许堆放易燃、易爆危险品和腐蚀挥发性物品。

⑤ 保持室内温度在 5～40℃范围内，有条件时，可适当安装空调设备，但通风设备必须满足机房通风要求。

⑥ 注意防水、防鼠的检查，严防机房顶、墙体渗水、漏水和鼠害。

⑦ 注意电梯电源配电盘的日常检查，保证完好、可靠。保持通往机房的通道、楼梯间的畅通。

(5) 操作人员交接班制度

对于多班运行的电梯岗位，应建立交接班制度，以明确交接双方的责任、交接内容方式和应履行的手续。否则，一旦遇到问题，易出现推诿、扯皮现象，影响工作。在制订此项制度时，应明确以下内容。

① 交接班时，双方应在现场共同查看电梯的运行状态，清点工具、备件和机房内配置的消防器材，当面交接清楚，并认真填写当班运行日志，而不能以见面打招呼的方式进行交接。

② 明确交接前后的责任。通常，在双方履行交接签字手续后再出现问题，由接班人员负责处理。若正在交接时电梯出现故障，应由交班人员负责处理，但接班人员应积极配合。若接班人员未能按时接班，在未征得领导同意前，交班人员不得擅自离开岗位。

③ 因电梯岗位一般配置人员较少，遇较大运行故障，当班人力不足时，已下班人员应在接到通知后尽快赶到现场共同处理。

④ 当日最后一班，应将轿厢停在基站，把运行钥匙开关或主令开关拧到停用位置，并将电风扇、照明灯关掉，关好轿门和厅门，方可离去。

(6) 电梯定期检查和中大修申报制度

电梯在《安全检验合格证》有效期到期前 30 天时，必须开始办理电梯年度定期检验申报手续。期间，电梯使用单位应主动要求电梯维修单位维保人员和质检人员给予配合，对电梯的机械各部件和电气设备以及各辅助设施进行一次全面的检查和维修，并按安全技术规范的定期检验要求，对电梯安全性进行测试。在检验合格后，电梯使用单位应向特种设备安全检验部门提交申报资料。电梯在经过特种设备安全检验部门检验合格后，方可继续投入使用。

为保证电梯安全运行，防止事故发生，充分发挥设备效率，延长使用寿命。电梯使用单位必须根据电梯日常运行状态、零部件磨损程度、运行年限、频率、特殊故障等，在日常维修保养已无法解决时，采取对电梯进行中、大修或单项大修。一般情况下，电梯运行 3 年后应中修，运行 5 年后应大修。

(7) 电梯安全技术档案管理制度

为了保证电梯的正常使用，出现故障能及时处理，电梯使用管理单位必须建立电梯安全技术档案，选配专职或兼职电梯设备安全技术档案员，其主要职责是负责收集、整理、立卷、保管和使用电梯设备安全技术档案。

《特种设备安全监察条例》中第二十六条已规定电梯安全技术档案应当包括的内容，具体如下。

① 收集和管理好该建筑物内所有的电梯制造、安装等技术资料，包括：电梯制造厂名称、售梯单位；电梯型号；产品合格证明书（包括安全装置、出厂试验合格证明书）；出厂日期；电气原理图、安装接线图；机械、电气安装图，竣工图及修改审批证明；安全操作使用及维修说明书；机房、井道的土建结构施工图及建筑物内电梯布置图、工艺要求等；安装电梯方案（施工组织措施）；隐蔽工程验收记录；调试及试运行记录；电梯购买合同、安装合同、质量保证和提供免费维修证明或零配件等。

② 在收集资料的基础上，建立健全电梯安全技术档案。档案包括下列内容：设备编号和电梯类别；建筑名称及地址；制造厂或代理商及产品出厂日期、编号；安装单位、日期；验收单位、日期；使用单位启用日期；各类证书及图样资料文件，包括产品生产许可证、承接安装许可证、单位使用许可证、验收报告、各类图样说明等；电梯的用途（客、货、宅、医等）；额定载重量；额定速度；控制方式（并联、集选、群控）；操作方式（有操作人员、无操作人员、有/无操作人员联合操作运行）；楼层停层数；停层数编号；井道总高度（m）；总行程高度（m）；曳引机型号及有/无齿轮箱；曳引电动机型号、电压、容量（功率）等；控制柜型号、铭牌数据等；轿厢规格：宽×深×高（mm×mm×mm）、颜色/饰面、天花板、通风、照明等；轿厢门规格及形式（中分、旁分）；厅门规格形式、颜色及厅门锁型号；厅门门套（不锈钢、大门套、小门套、豪华型等）；轿内位置指示形式、指示灯及电压；厅门指示形式、指示灯及电压；呼梯信号方式；轿内操纵盘、板面、控制元件的组成及位置；曳引钢丝绳形式尺寸：根数、直径、总长度、曳引比等；补偿链尺寸及规格；限速器位置、型号、规格尺寸等；选层方式及方法；缓冲器类型（弹簧、油压）；底坑深度（m）、井道高度（m）；顶层高度（m）；供电方式；易损零部件及使用润滑油型号；机房状态（有/无插座、灭火器，非电梯用的杂物，通风设施及门窗是否齐全，地面是否平整等）；设备大、中修记录；设备事故原因及修复办法；年检记录；生产厂家售后服务地址、电话等；其他事项。

③ 电梯安全技术档案，既是电梯设备安全管理的记录，也是一部电梯的技术文件和资料，必须妥善保管。

9.3 电梯故障与排除

9.3.1 电梯故障率

电梯事故的种类按发生事故的系统位置，可分为门系统事故、冲顶或蹲底事故、其他事故。据统计，各类事故发生的数量占电梯事故总数量的百分比分别为：门系统事故 80% 左右，冲顶或蹲底事故 15% 左右，其他事故 5% 左右。门系统事故占的比重最大，发生也最为频繁。门系统事故之所以发生率最高，是由电梯系统的结构特点造成的。因为电梯的每一运行过程都要经过开门动作过程 2 次，关门动作过程 2 次，使门锁工作频繁，老化较快，造成门锁机械或电气保护装置动作不可靠。若维修更换不及时，电梯带隐患运行，则很容易发生事故。冲顶或蹲底事故一般是由于电梯的制动器发生故障所致，制动器是电梯十分重要的部件，如果制动器失效或带有隐患，那么电梯将处于失控状态，无安全保障，后果将不堪设想。要有效地防范冲顶事故的发生，除加强标准的完善外，必须加强制动器的检查、保养和维修。

GB/T 10058—2009《电梯技术条件》中第 4.1 条规定："整机可靠性检验为启制动运行 60000 次中失败（故障）次数不应超过 5 次"。这是对电梯产品整机性能的最低要求。如果按照这个标准计算，每天启制动 2000 次的电梯，年故障允许不超过 60 次，月故障 5 次。随着科学技术的进步，电梯整机可靠性已大为提高，现在对新装电梯故障率的要求已小于这个标准中的规定数字。防止发生机械故障的最好办法是主动保养设备，对应固定的部位应及时紧固，消除造成设备松动或位移的根源。对转动部位应保持良好的润滑状态，保持清洁无油污。对于易损机件应及时调整或更换，保持电梯良好的运行状态。

9.3.2　故障分析一般规律

电梯故障一般分为机械故障和电气故障，机械故障比较直观，易于早期发现，保养工作做得好，可防止机械故障的发生。电气故障相对复杂，排除故障时，应首先判断出是机械故障还是电气故障，然后再确定是哪个部位或电路，直至找出故障点。

(1) 机械系统的故障

电梯频繁使用后某些零部件发生磨损、老化、保养不到位，未能及时检查发现、更换或修复已磨损的零部件，造成损坏进一步扩大，甚至停机。机械系统故障主要是因为润滑不良、自然磨损或者机械疲劳等造成的故障。机械系统的故障具体表现在以下几个方面。

① 连接件松脱引起的故障。电梯在长期不间断运行过程中，由于振动等原因而造成紧固件松动或松脱，使机械发生位移、脱落或失去原有精度，从而造成磨损，碰坏电梯机件而造成故障。

② 自然磨损引起的故障。机械部件在运转过程中，必然会产生磨损，磨损到一定程度必须更换新的部件，所以电梯必须在运行一定时期后进行大检修，提前更换一些易损件，不能出了故障再更新，那样就会造成事故或不必要的经济损失。日常维修中要及时调整、保养，电梯才能正常运行。如果不能及时发现滑动、滚动运转部件的磨损情况并加以调整就会加速机械的磨损，从而造成机械磨损报废，造成事故或故障。如钢丝绳磨损到一定程度必须及时更换，否则会造成大的事故，各种运转轴承等都是易磨损件，必须定期更换。

③ 润滑系统引起的故障。润滑的作用是减小摩擦力、减少磨损，延长机械寿命，同时还起到冷却、防锈、减振、缓冲等作用。若润滑油太少，质量差，品种不对或润滑不当，会造成机械部分的过热、烧伤、抱轴或损坏。

④ 机械疲劳造成的故障。某些机械部件经常不断地长时间受到弯曲、剪切等应力，会产生机械疲劳现象。某些零部件受力超过强度极限，产生断裂，造成机械事故或故障。如钢丝绳长时间受到拉应力，又受到弯曲应力，又有磨损产生，更严重时受力不均，某股绳可能受力过大首先断绳，增加了其余股绳的受力，造成联锁反应，最

后全部断绳，可能发生重大事故。

从上面分析可知，只要日常做好维护保养工作，定期润滑有关部件及检查有关紧固件情况，调整机件的工作间隙，就可以大大减少机械系统的故障。

(2) 电气控制系统的故障

电气故障可分为短路和断路故障。电气元件绝缘造成的故障：作为整个电梯电气系统的重要组成部分，电梯的电气元件在频繁工作过程中会出现受潮、老化等问题。这些问题会进一步引发电梯电气元件绝缘击穿或运行失效，甚至会导致整个电梯电气系统的短路或断路，进而导致严重的电梯电气系统安全事故。接触器、继电器、开关等电气元件触点断路或短路造成的故障：电梯电气系统的主要控制电路一般由接触器、继电器、开关等线路元器件组成，而这些元器件的触点在电梯长久频繁工作中很容易出现短路或断路的问题。一方面，电梯电气系统中的电弧或者大电流容易烧蚀这些元件的触点而使其出现粘连现象，从而使得电气系统出现短路；另一方面，电气组件引入引出线松动、回路中焊接点虚焊或接触不良，继电器或接触器的接点被电弧烧毁或氧化毁坏，空气中的尘埃堆积或弹簧片的弹性减弱，继电器或接触器由于抖动使触点接触不良等导致出现断路现象，会导致整个电气系统控制环节不能正常运行。当发生电气系统故障时，要迅速根据电路原理图弄清楚电梯从定向、启动、加速、满速运行、到站预报、换速、平层、开关门等全过程各环节的工作原理。

① 保险丝故障。如果电梯出现以下电气故障现象，则应更换同型号的保险丝，同时辅以其他措施。

a. 电气回路存在短路，井道中有进水。应该及时查找和排除电气线路短路点，同时尽快切断电梯系统的进水源以及对电梯电气系统指示灯回路进行更换。

b. 地坑急停、断绳开关、缓冲器出现短路问题。应该及时查找和排除电气线路短路点，尽快去除地坑积水以及更换电梯控制系统的安全回路。

c. 电梯电气系统控制系统的元器件发生断路问题或者其控制线圈出现烧蚀问题。应查找和排除电气系统回路的断路点，更换控制系统元器件和同型号的控制线圈。

d. 电气回路断路，轿厅外部有积水。应及时查找和排除电气系统线路的断路点，对电梯电气系统的控制回路进行更换以及尽快去除电梯轿厅内的积水。

② 电气安全回路故障。对于电梯而言，其安全回路就是在电梯中各个安全部件上装上一个电气安全开关，把所有的开关串联起来，用一只安全继电器控制。当所用的安全开关全部接通时，才会吸合安全继电器，才能够确保电梯得电运行。当电梯停止运行时，就不能够探测到所有信号，无论是快车还是慢车都不能运行，就要怀疑故障是不是发生在安全回路，此时要到机房的控制屏中查看安全继电器的运行状态。一旦继电器置于释放状态，该故障应该就发生在安全回路。一旦安全回路中电气安全开关出现断开或损坏都会造成电梯停运，应该对每段安全回路逐步排查，一直查找到安全回路断开点。同时安全回路也关系到维修电梯人员的安全，如维修员要上轿维修作业，就必须按下轿顶的急停开关，进而确保维修人员自身安全。

③ 门系统联锁回路故障。要确保电梯中所有的门都关闭之后才能够运行，就在每一扇厅门以及轿门之上都安装上电气联锁开关。也只有将所有开关都全部接通时，控制屏门锁的继电器才能够吸合，此时电梯才能运行。如果出现轿门、厅门锁开关

的故障，则电梯轿门能闭合，但不会走车，其主要原因是电气线路断路、联锁开关损坏或接触不良，应及时更换开关，查找和排除电气回路断电位置，定期清理元器件接触点。假如属于轿门的故障就必须重新对轿门调整关闭，假如是厅门的故障，保障检修的状态下就要对厅门锁回路进行短接，还要逐层对每层厅门系统进行检查，检查是不是关闭良好，还必须检查门系统的电气联锁开关是不是接触良好。要修复这种回路故障，首先要将门锁短接线取掉，才能够让电梯恢复快车状态。

④ 控制柜中的接触器及继电器等各种组件引发的故障。因为接触器或者继电器线圈被大电流冲击或电弧烧坏，极易烧坏线圈，必然影响到接触器或继电器所控制的电气回路失去控制，而不能够动作，只要线圈并没有被烧坏，仅仅烧掉某个触点，就可能造成触点连接到一起，而引发回路短路，也可能因尘埃阻断或者触点弹簧片没有弹性，就可能出现断路，一旦烧坏了电器触点，就可能导致该触点控制电气回路发生故障，长期出现断开或者接通状态，事实上这种状态非常危险，极易导致电梯出现误动作，也就是本应该断开却接通，在现实故障中许多电梯事故都是这种情况。

⑤ 电磁干扰造成的故障。电磁干扰就是电磁所造成设备、系统性能或者传输信道降低，这种干扰比较常见的危险性具体体现：频繁故障、故障率比较高且无规律。电梯电气系统电磁干扰的类型主要有输入线噪声、电源噪声、静电噪声等。输入线噪声干扰是由于输入线和电气系统具有公共地线，使得输入线噪声会侵入电气系统，从而导致电梯电气系统出现误操作或运行错误。电源噪声干扰主要凭借电源线侵入整个电梯电气系统，并且在电梯电气系统和其他大型交变负载共用一个电源时表现得更为明显。另外，电源电压在较长的电源引线里传输时会出现压降，而出现的电磁感应现象会对电气系统产生较大的噪声干扰，导致微机数据的丢失以及电气控制系统的误操作或运行差错。静电噪声干扰一般是由电梯电气系统摩擦产生的静电引起的。这些静电电流虽然十分微小，甚至可以忽略不计，但是这些静电的电压很高，甚至可能达到数万伏，所以一旦操作人员或乘坐人员接触微机面板，人体的高电位电荷就会迅速地转移到带有低电位电荷的电梯电气系统，导致放电现象的发生，进而引发极大的放电电流噪声干扰。这会极大降低整个电气系统的运行效率，甚至会导致电梯电气系统元器件出现失效、损坏等问题。

电梯控制系统中常见的电磁干扰主要有以下几个。

a. 故障频繁，故障率高且无规律。较严重的情况下，电梯控制柜微机电子板、轿厢等通信电子板受电磁干扰会造成微机瞬间死机导致电梯急停。对付这种电磁干扰主要是控制柜内部的电源和通信线的走线距离要尽可能短，而且不能与高压高频回路动力线一起敷设。柜中通信线都要使用屏蔽线或者双绞线，而微机板进线处应该适当增加出磁力线套，进而对高频杂波进线吸收。

b. 旋转编码器的信号线受到干扰，使平层精度不稳定，出现垂直振动，严重时会出现滑梯。针对这种情况，仅凭旋转编码器的信号线屏蔽网不够，还应该将信号线敷设在金属软线管里，并且保证这些金属管很好地接地，才能保证抗电磁干扰的有效性。

⑥ 继电器造成的电梯冲顶或蹾底故障。继电器引发的电梯冲顶或蹾底故障频繁发生的原因：如果电梯电气系统的慢车回路出现损坏或失效等问题，那么电梯电气系

统的慢车接触器不能够吸合，使得电梯电动机无法在快车释放和制动器松开阶段对电梯进行有效制动，从而导致电梯直接冲过平层区，引发电梯蹾底或冲顶等安全事故；电梯电气系统接触器铁芯表面如果存在磨损或油污，那么接触器会存在延时释放的问题，当电梯处于快车释放阶段，这一问题会导致更为严重的电梯蹾底或冲顶事故；如果电梯电气系统接触器在慢车减速阶段出现短路或断路的问题，那么电梯系统慢车减速接触器会存在不能够吸合的问题，这会导致在减速运行阶段电梯的制动力矩不够，进而引发严重的电梯冲顶或蹾底事故。

⑦ 上、下限位及极限开关故障。上、下限位及极限开关如果出现故障，就会导致电梯不能正常进行走车操作。其主要原因是电气电路断路或开关接触不良等，所以应及时更换电路开关、定期清洁元器件触点以及查找和排除断电问题。

⑧ 张紧轮断绳开关故障。张紧轮断绳开关故障发生的原因一般是电梯电气系统的开关元件损坏、开关接触不好或者安全钳钢丝过长，应该定期更换电气系统的开关元件，及时检测元器件接触点以及尽量缩短安全钳的钢丝长度。

⑨ 安全钳开关、安全窗开关、轿顶急停故障。这一故障的主要原因是开关损坏或接触不良，应及时更换开关，定期清理线路元件接触点。

⑩ 缓冲器开关、地坑急停开关故障。这一故障的主要原因是主钢丝绳太长、缓冲器复位不到位、接触不好等，应及时更换开关、定期清理接触点、缩短主钢丝绳长度。

(3) 电梯电气系统故障排查的原则

① 根据"先主电路，后辅助控制回路"的排查原则。当电梯出现故障停止运行时，首先检查三相电源主电路入控制柜，最后入电动机是否正常，如果主电路没有异常，再检查各个辅助控制回路。每个辅助控制回路环节出现故障都影响到电梯的正常运行，故排查时要根据故障情况详细排查。

② 根据"先排查电气安全回路环节，再排查其他控制回路环节"的原则。因为电气安全回路接通是行车的基本条件，也是确保安全的基本准则。

③ 检修时坚持"先行慢车，再行快车"的原则。电梯是一种特种设备，为了确保安全，电梯检修时，如要试运行，必须先试行慢车。如慢车正常，在确认安全的情况下，才可以运行快车。这是电梯维修时确保安全的基本原则。

9.3.3 电梯常见故障及排除方法

(1) 电梯门主要故障及其排除方法

故障的主要表现是：电梯门无法正常关闭，连带电梯轿厢无法正常运动。或虽电梯门未正常关闭，但电梯仍可以正常执行动作。故障的主要原因在于：电梯轿厢门或者是厅门所对应的电气联锁部分发生损害。与此同时，电梯门导轨受阻也可能导致开关门不到位。或受到外部撞击作用力的影响，导致开关门机发生损坏。发生此类故障后，可在电梯运行的过程当中听到明显的异常响动或感觉到异常的抖动，提示轿门所对应的传动机件部分发生磨损，传动功能失效。故障排除的主要措施：对电梯轿厢门所对应的联锁开关位置进行调整，对电气开关进行直接更换处理；对轿厢导轨进行清洁，确保导轨运动动作的灵活性；对出现磨损的零部件进行。

（2）**曳引机传动故障及其排除方法**

故障的主要表现是：曳引机与曳引绳间存在比较明显的滑移现象，且随着电梯运行时间的增大，滑移现象的表现会更加复杂与严重。故障的主要原因在于：①电梯长期处于高负载，甚至是超载的运行状态下；②电梯传动系统选择了不合理的润滑钢丝绳；③电梯曳引机平衡系数较差，导靴严重磨损，产生较大的运行阻力。或因导轨发生变形问题而影响其位置的平行性，最终均表现为曳引机的传动故障。故障排除的主要措施：①电动机的连接一定要保持坚固，轴承的温度一定要控制在 80℃ 内，检查轴承的磨损状况并及时更换轴承。滚动轴承要保证润滑度。检查电动机的蜗杆轴与电动机的轴度允差是否在规定范围之内。②严格参照对重比例，对电梯运行的平衡系数进行调整与整定。③对电梯传动系统中所选择的不合理的润滑钢丝绳予以撤除并替换为其他类型的钢丝绳。④对曳引机与曳引绳的包角角度进行适当提高。⑤以上措施均无法排除故障的情况下，采取直接更换钢丝绳的方法，同时对导靴压簧的压力取值进行合理调整。⑥对电梯导轨的平行位置进行校正。

（3）**制动器故障及其排除方法**

故障的主要表现是：制动轮等关键部件表面明显发热，闸瓦有异常味道（多为焦糊味）。与此同时，部分实际案例中发现制动器故障后制动器无法继续支撑重物，出现程度不同的滑移现象；在故障电梯的运行过程当中，蜗杆减速器频繁发出膨胀声响，声音明显。故障主要原因在于：①电梯制动器的弹簧紧力设置过小，导致在电梯正常运行的过程当中，制动力存在比较大的问题。②制动轮在电梯长期高负荷的运转背景之下发生严重磨损，导致制动轮直径减小。③制动器闸瓦部件出现磨损或其他相关工作机构发生损坏问题。④制动器线圈维持电压方面无法满足实际需求，制动器无法及时响应电梯运行状态执行松闸动作。故障排除的主要措施：①对制动器间隙进行合理调整；②对电梯制动作用力进行重新调整；③在对电压取值进行适当提升的同时，根据电梯运行的实际要求，对制动器内制动弹簧部件的制动压紧力取值进行合理的调整；④对制动器弹簧部件进行更换，若闸瓦出现磨损，则需要同时更换闸瓦，并适当提高包角；⑤对制动器整个系统机构进行全面清洁，对损坏的零部件进行修复与更换。

（4）**电梯监控视频干扰及其排除方法**

闭路监控系统工程中，电梯监控视频干扰问题一直是最常见、最难解决也是最受关注的问题之一。电梯井内通常布置了动力、照明、风扇、控制、通信等线缆，各种电缆都会产生电磁辐射。老式的电梯用普通电动机，干扰频率很低，抗干扰问题尚好解决。现在大多都用变频动力电动机，干扰的高次谐波十分丰富，频谱很宽，高频干扰十分严重。特别是现代的众多高层高层建筑中，电梯的视频电缆虽然已采取从"中间"进电梯井的措施，穿金属管、走金属线槽、电梯专用电缆甚至"高级进口电梯电缆"也已采用，但是随行部分的电缆仍然很长，干扰一直令人头痛，例如有的有残余干扰，特别是残余的高频干扰，使图像不能令人满意；有的产生"亮度开花"失真、楼层显示字符变形、影响同步等。解决电梯视频干扰应从以下几点入手。

① 选择衰减系数小、屏蔽性能好、抗拉强度高的视频电缆，这样可以提高自身的抗干扰能力，减小视频衰减。

② 合理的布线。合理的布线可有效地避免干扰信号通过电缆"耦合"起来，尽量减少与其他电缆的平行捆扎距离，使视频电缆远离干扰。

③ 电源干扰也是视频信号的重要干扰源。所以要使用纹波小的供电电源，防止电源干扰或采用机房集中供电，避免电源干扰。若不能判断干扰信号从什么地方引入系统，首先判断是否是电源干扰，找一块蓄电池，直接给摄像机供电，若干扰排除则证明是电源干扰，不能排除则证明是传输电缆中的入侵干扰。

监控在电梯中应用必须考虑其不断上下运动的特殊性，要求布线上有别于固定点监控的穿管（槽）的方式，必须用机械强度较高抗拉拽的传输电缆，一般工程商在布线上都重视了使用高强度电缆的环节，对传输电缆的电气特性却没有引起足够重视，致使电梯干扰现象普遍存在。由于电梯间是一个近乎封闭的狭小空间，而且电梯间存在控制、照明、风扇等很多电缆，所以给视频电缆的布线增加难度，根据实际分析在电梯监控中电缆的选择上应遵循以下原则。

① 满足抗拉强度。电梯电缆中有一半是用来延伸用的，高层电梯最多可达 100 多米，这些电缆的自重就是近百公斤，所以电缆必须要有足够的抗拉强度。现在市场上已有自承式扁平复合电梯监控专用电缆，这种电缆将视频同轴电缆、电源线、数据线和钢绞线复合到一起，做成一根扁平的带状电缆，这样整条电缆的拉力由钢绞线来承受，抗拉强度非常好，不会在电梯运行中由于重力原因拉断信号电缆。

② 良好的电气参数。电缆在随着电梯上下运动的过程中，中间会有一段受重力作用发生弯曲变形，造成电缆的阻抗和分布电容等电气参数发生变化。质量不好的电缆在受力变形时，参数变化大，就会引起阻抗不匹配、视频衰减增大并产生信号反射，这就会导致视频信号信噪比下降，产生视频干扰，所以应尽量选用屏蔽好的、线径粗的视频电缆，以阻止干扰信号"入侵"。实践证明，SYWV 的同轴电缆优于 SYV，多层屏蔽的优于单层屏蔽。

抗干扰同轴电缆是一种"双绝缘双屏蔽的同轴电缆"，其里面的芯线、绝缘层、屏蔽层仍然是标准的 75Ω 电缆，没有区别。不同的是，在原来屏蔽层外，又增加了第二绝缘层和第二屏蔽层，外面再加上护套。干扰在传统同轴电缆外层上产生的感应电压，串联在视频信号传输回路"长长的地线"中，从而形成干扰的。但采用抗干扰同轴电缆后，情况有了质的变化：干扰感应电压只能形成在"第二屏蔽层"上，并由里面的"第二绝缘层"把它与视频信号传输回路"长长的地线"绝缘隔离开，把干扰排除在视频信号传输回路之外，达到抗干扰的目的。这种抗干扰电缆的特性，对于电梯环境下的超强低频动力电源干扰、电动机电火花干扰、变频电动机干扰、控制信号干扰等几十千赫以下的干扰，抗干扰性能十分突出。在视频监控传输线路较长的工程设计中，采用"双绝缘双屏蔽的同轴电缆"后，传统工程上的一些抗干扰措施也可以大大简化，并能有效降低工程总造价。

电梯常用同轴电缆选用注意事项如下。

① 考虑传输衰减。当楼层很高，距离监控中心又较远时，应慎重考虑传输衰减问题。选择电缆时，都知道粗缆细缆，但还应了解 SYWV 物理发泡电缆优于实心 SYV 电缆，高编电缆优于低编电缆，铜芯缆优于"铜包钢"缆，铜编网优于铝镁合金编网。

② 关注高频衰减。低频成分的亮度/对比度衰减，容易发现和解决，电缆最重要的传输特性就是频率越高衰减越大，高频衰减影响清晰度和分辨率，要特别注意总结图像质量的观察方法。这方面电缆特点和规律是：粗缆优秀于细缆，发泡优于实心，但同型号的"高编和低编高频衰减一样"。

③ 考虑电缆寿命。软性电缆寿命优于普通电缆，细缆优于粗缆。还有一个最易被忽视的问题：电缆各层间的黏合力，即当电缆各层之间纵向相反方向受力时，是否会发生相对滑动。高层电梯缆长达 100m 垂直布线，电缆外护套固定在随行电缆上，这是一种"软固定"，固定时不允许电缆变形（破坏同轴性），这样一来，在电梯反复运动考虑电缆寿命中电缆内部层在力作用下会逐渐下滑，慢慢拉断编织或芯线。表现为信号逐步减弱，干扰越来越大。目前还没有这项电缆技术标准，简单检查方法是取 1m 电缆，在一头剥开各层，一人用手握住电缆两端，另一人用钳子拉电缆的内层，依次拉芯线、绝缘层、编织网，体验黏合力的大小，做出合理估计，黏合力差、易滑动的尽量不选用。很多电缆并不具备这项性能，应慎重选择。

电梯监控布线中，大多采用与其他电缆捆扎的办法，如图 9-1 所示，但由于其他电缆中的交流信号会通过传输电缆向外泄漏，视频线与其长距离平行捆扎时它们就等于是一副"天线"，这样干扰信号会耦合进视频信号中，出现视频干扰现象。所以在布线中尽量缩短视频电缆与其他电缆的平行捆扎长度，有条件的话，可以将视频电缆从电梯竖井中间点固定，从其他通道（电缆竖井）引回主控室，这样可以避免交流声辐射耦合干扰。有条件的工程，可将电梯所用的控制线及照明电缆采用屏蔽线，减少对外辐射，避免视频干扰。此外，在电梯监控中，摄像机电源最好是从主控室直接采用直流供电，无法直接供电的可选择从电梯轿箱中照明电源中取电，但目前多数电梯厂家的电梯内照明都是荧光灯照明，这一类灯具又都使用了电子镇流器，电子镇流器工作时，也会产生很强的交流寄生干扰输出，也可能干扰视频信号。

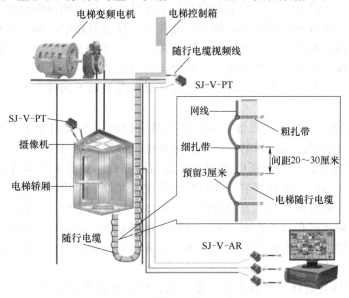

图 9-1　电梯监控布线示意图

(5) 电梯关门时有缝隙

电梯在平层，关门时有缝隙，首先要对门地坎和导轨进行检查，看是不是有异物挡住了电梯的运行轨道。若没有异物，再检查轿门的门联动机构，通常会发现是传动钢丝绳过紧。钢丝绳调节方法如下：调节钢丝绳右下方的螺母，使用扳手让螺母逆时针旋转，这样就会使钢丝绳长度增加，在调节时，要随时观察其关闭的程度，直到电梯轿门可以完全关闭。

(6) 电梯不平层

当电梯出现所停位置不是平层的故障时。首先要对磁感应开关和遮磁板进行检查，因为它们是电梯平层的主要元器件。在检查时，首先确定电梯平层时是在每一层层站都不平，还是只有其中的一层不平，如果只有一层不平层，就要对这一平层的遮磁板进行调节，主要是调节它上下的位置。通过上下移动遮磁板，来调整电梯是否能够达到平层。如果每一层层站都不是平层，就要调节磁感应开关。通过移动它来确定电梯的平层，方法与调节遮磁板相同。

(7) 电梯不走车

引起电梯突然停车的故障有很多，可能原因有：电梯在供电系统出现故障时，会有突然停车的现象。当上、下限位及极限开关出现故障时，电梯就不能走车，一般是由于开关接触不好或断路等原因所致，可采取清洁接触点或更换、排除断点等办法排除故障。当轿门、厅门联锁开关有故障时，也可能出现电梯只关门不走车，一般是由于联锁开关接触不好或开关损坏、线路断路等原因所致，只要清洁接触点，更换开关排除线路断点就可使电梯正常运行了。当电梯的任何一处有检修开关或急停没恢复的情况，电梯也会不走车，只要把它们恢复就可以使电梯正常运行了。

寻找故障时，不要急于动手，先了解故障的现象，如果电梯设备（如机房设备）无异常也无异味，可实际试梯寻找故障点。将电梯处于检修状态，在关好层门、轿门状态下，操作轿厢慢速运行。如果检修状态下电梯能运行，则说明电梯主拖动控制系统、安全回路、机械系统无故障，故障可能在电气控制回路中。如果无检修运行，再将安全回路短接，此时若能移动轿厢，则故障点在安全回路中；如果仍无检修运行，则故障点在主拖动系统或机械系统。在检修运行时还应观察电磁制动器是否正常。制动器的故障比较直观。事实上，必须要针对实际情况采取不同排查方法，以达到预期效果。

① 运用经验法查找。电梯维护和检修人员可以通过不断积累实践经验来达到快速排查电梯电气系统故障的目的，以提高处理电气故障的能力。

② 故障码排查法。为加强电梯的安全性与可靠性，提高运行效率，便于维修保养和故障处理。目前，电梯都有故障自检测与记录功能。自检测与记录功能由软件程控，微机将读入的电梯运行状态进行故障检测。当发生故障时，进行故障处理并将故障状态编成故障代码存入寄存器，并由数码显示器显示。只需在微机面板的键盘中按下操作键就能够查找出电梯故障代码，通过故障代码就能够查找出发生故障的控制环节，提高工作效率。

③ 运行程序排查法。这种方法主要使用在单片机或者 PLC 程控电梯上，经过微机和电梯上微机接口相连接，进而运行微机上的程序。因电梯运行就是一个循环过

程，每一步都为一个工作环节，必须要有相对应的控制程序。程序检查就是要确认出故障在哪个环节上，便于排除故障。

④ 运用静态电阻测量法查找。作为一种相对而言比较安全的电梯电气系统故障排查方法，静态电阻测量法指的是先将整个电梯电气系统断电，再通过万用表的电阻挡来测量并判断电梯电气系统的控制电路阻值是否存在异常情况。由于所有的电气元件都由 PN 结组成，而 PN 结正接和反接时其阻值是不同的，所以通过测量电子元件的电阻值可以评价电气系统有无故障。

⑤ 短路法查找。电梯电气控制电路主要由继电器、接触器以及开关等几个部分组成，当出现系统故障时，分析可能出现故障的原因，将重点放在接触器、继电器的某些触点上，采用导线进行触点短接工作，如果在通电状态下电梯电气故障消失就表示触点的电气元件已经损坏了，就需要进行电气元件的更换。例如，门锁短接就是指直接在电梯主板的门锁进线处用一个短接线将其短接，这样不管有几个门锁被打开，电梯都能正常运行。或者如果查出哪个门锁不通，电梯不能运行，在该门锁处也可将该单一门锁短接，电梯同样可以运行。但必须特别注意，正常情况下切勿短接门锁，这样容易出安全事故。

在使用短路法查找时需要充分注意到，针对故障点完成试验后要立即拆除短接线，不能将短接线作为触点使用。

⑥ 电位测量法。电位测量法指的是先将整个电梯电气系统通电，再检测电气系统线路元器件两端的电位，从而判断出电梯电气系统电气故障的位置。通常情况下，电梯电气系统处于通电状态时，电路元器件两端的电位是不同的，而是存在一定的电位梯度，而电梯电气系统的电流一般由高电位的一端流向低电位的一端。因此，可以通过万用表来检测电梯电气系统线路各点对应的电位，从而快速确定电梯电气系统故障出现的准确位置。此外，还可以进一步确定电气电路中电流值变化的原因，如元器件损坏、电源连接错误或电气电路存在断路等。

⑦ 断路法。断路法一般用来快速检测电梯电气系统控制电路中某些元器件触点容易发生的短接问题，例如，电梯在没有接收到外部呼叫或内部选择信号时发生异常停层。可能某一触点出现了问题，应将这一触点断开，如电梯电气故障消失，则说明此前的猜测正确，说明这一触点存在短接问题。

⑧ 替代法。对于电梯电气控制系统电路板或者是某一点运行过程中出现某些故障，作为检修人员就可以把存在故障的电路板或者是元器件进行替换，通过替换掉旧的元器件或者是电路板，电梯电气故障消失就表示判断正确。采取这种方法能够提高故障查找的速度，而且通过在电梯中提供一些备用件，能够保证发生故障后能及时更换。

电气控制系统故障比较复杂，加上现在电梯都是微机控制，软、硬件交叉在一起，遇到故障首先不要紧张，要坚持：先易后难、先外后内；综合考虑、有所联想。电梯运行中比较多的故障是开关触点接触不良引起的故障，所以判断故障时应根据故障及柜内指示灯显示的情况，先对外部线路、电源部分进行检查，即门触点、安全回路、交直流电源等，只要熟悉电路，顺藤摸瓜很快即可解决。有些故障不像继电器线路那么简单直观，PC 电梯的许多保护环节都是隐含在它的软硬件系统中，其故障和原因是严格对应的，找故障时有秩序地对它们之间的关系进行联想和猜测，逐一排除疑点直至排除故障。

某品牌电梯部分主板故障代码及排除方法见表 9-1。

表 9-1　某品牌电梯部分主板故障代码及排除方法

故障代码显示	内　　容	原　　因	排 除 方 法
02	运行中厅门锁脱开（急停）	1. 运行中门门刀擦门球 2. 门锁线头松动	1. 调节门刀与门球的间隙 2. 压紧线头
03	错位（超过 45cm），撞到上限位时修正（急停）	1. 上限位开关误动作 2. 限位开关移动后未进行井道教入 3. 编码器损坏	1. 查限位开关 2. 重新进行井道教入 3. 更换编码器
04	错位（超过 45cm），撞到下限位时修正（急停）	1. 下限位开关误动作 2. 限位开关移动后未进行井道教入 3. 编码器损坏	1. 限位开关 2. 重新进行井道教入 3. 换编码器
05	电梯到站无法开门	1. 门锁短接 2. 门电动机打滑 3. 门机不工作	1. 停止短接 2. 检查带 3. 检查门机控制器
06	关门受阻时间超过 120 秒	1. 关门时门锁无法合上 2. 安全触板动作 3. 外呼按钮卡死 4. 门电动机打滑 5. 门机不工作	
08	SM-02-B 和 SM-03A 轿厢控制器通信中断（不接收指令）	1. 通信受到干扰 2. 通信中断 3. 终端电阻未短接	1. 检查通信线是否远离强电 2. 连接通信线 3. 短接终端电阻
09	调速器出错	变频器故障	对应变频器故障代码表处理
10	错位（超过 45cm），撞到上行多层减速开关时修正	1. 上行多层减速开关误动作 2. 多层减速开关移动后未进行井道教入 3. 编码器损坏	1. 检查多层减速开关 2. 重新井道教入 3. 更换编码器
11	错位（超过 45cm），撞到下行多层减速开关时修正	1. 下行多层减速开关误动作 2. 多层减速开关移动后未进行井道教入 3. 编码器损坏	1. 检查多层减速开关 2. 重新井道教入 3. 更换编码器
12	错位（超过 45cm），撞到上行单层减速开关时修正	1. 上行单层减速开关误动作 2. 单层减速开关移动后未进行井道教入 3. 编码器损坏	1. 检查单层减速开关 2. 重新井道教入 3. 更换编码器
13	错位（超过 45cm），撞到下行单层减速开关强慢时修正	1. 下行单层减速开关误动作 2. 单层减速开关移动后未进行井道教入 3. 编码器损坏	1. 检查单层减速开关 2. 重新井道教入 3. 更换编码器
14	平层干簧错误		
15	SM-01-A 多次重开门后门锁仍旧无法关门 SM-01-B 方向指令给出后超过 2s，变频器无运行信号回馈		

续表

故障代码显示	内　容	原　因	排除方法
16	SM-01-B 在制动器信号给出的状态下发现变频器无运行信号回馈		
17	SM-01 主板上电时进行参数校验发现参数错误	主控制器的设置参数超出本身的默认值	修改到允许范围以内
18	井道自学习楼层与预设置楼层(指所有安装平层插板的楼层总数)不符合	1. 设定参数与实际层楼不符 2. 平层插板偏离 3. 平层感应器受到干扰	1. 设定成一致 2. 调整平层插板 3. 换无干扰电缆线
19	SM-01-A 板发现抱闸接触器 KM3 或者辅助接触器 KM2 触点不能安全释放(不启动)		
20	SM-01-A 板发现上平层干簧损坏或轿厢卡死		
21	SM-01-A 板发现下平层干簧损坏或轿厢卡死		
22	电梯倒溜	1. 变频器未工作 2. 严重超载 3. 编码器损坏	1. 检查变频器 2. 调整超载开关 3. 更换编码器
23	电梯超速	1. 编码器打滑或损坏 2. 严重超载	1. 检查编码器的连接 2. 调整超载开关
24	电梯失速	1. 机械上有卡死现象,如安全钳动作,蜗轮蜗杆咬死,电动机轴承咬死 2. 抱闸未可靠张开 3. 编码器损坏	1. 检查安全钳、蜗轮、蜗杆、齿轮箱、电动机轴承 2. 检查抱闸张紧力 3. 检查编码器联机或更换
31	电梯静止时有一定数量脉冲产生	1. 抱闸弹簧过松 2. 严重超载 3. 钢丝绳打滑 4. 编码器损坏	1. 检查抱闸状况,紧抱闸弹簧 2. 减轻轿厢重量,调整超载开关 3. 更换绳轮或钢丝绳 4. 更换编码器
32	安全回路动作	1. 相序继电器不正常 2. 安全回路动作	1. 检查相序 2. 检查安全回路
35	抱闸接触器检测出错	1. 接触器损坏,不能正常吸合 2. 接触器卡死 3. X4 输入信号断开	1. 更换接触器 2. 检查连接线
36	KM2 接触器检测出错	1. 接触器损坏,不能正常吸合 2. 接触器卡死 3. X15 输入信号断开	1. 更换接触器 2. 检查连接线
37	门锁检测出错	1. 接触器损坏,不能正常吸合 2. 接触器卡死 3. 输入信号 X9 与 X3 不一致	1. 更换接触器 2. 检查连接线
38	抱闸开关触点检测		1. 检查电动机抱闸的触点 2. 检查连接线

续表

故障代码显示	内　容	原　因	排除方法
39	安全回路继电器保护,停止运行	1. 接触器损坏,不能正常吸合 2. 接触器卡死 3. 输入信号断开	1. 更换接触器 2. 检查连接线
44	门区开关检测错误		
45	再平层继电器触点检测故障		
46	开门到位信号故障	门机开门到位信号动作而门锁回路闭合	1. 开门到位信号输出开关 2. 门机开门到位开关的联机 3. SM-02 板上的门机开门到位输入点 4. 门机及 SM-01 板上的开门到位信号的常开/闭设置
47	关门到位信号故障	门锁回路闭合后,门机关门到位信号仍无动作	1. 门机关门到位信号输出开关 2. 门机关门到位开关的联机 3. SM-02 板上的门机关门到位输入点 4. 门机及 SM-01 板上的关门到位信号的常开/闭设置

第10章

绿色电梯技术

10.1 曳引机节能技术

曳引机作为电梯的核心部件,直接影响电梯的节能效率。普通电动机的额定转速较高,输出转矩较小,不能直接驱动曳引轮,必须经减速机构将转速降低,转矩升高。在电梯中较早使用的传动机构是蜗轮蜗杆,它的技术成熟,一直沿用至今,这种老式曳引机体积大、质量大、耗能高、传动效率低,一般只能达到0.6。为了提高效率,人们一直在研究替代蜗轮蜗杆的传动机构,并且取得了很大的成果。

另一方面,从电动机的设计、制造环节入手,是提高电梯节能技术的主要途径。永磁同步电动机的运作机制与传统电动机大同小异,只是永磁同步电动机转子的表面多加了一块磁场较强的永磁铁,这样一来就可以在电源频率不变的情况下保证恒定的转速。图10-1所示为永磁同步电动机简图。这种曳引机结构紧凑,重量小,所占体积也相对较小,以这种曳引机为基础的电动机还有效率高、稳定性强、运行噪声小等优势。由于电动机轴与曳引轮同轴,摒弃了体积庞大且笨重的减速箱,传动效率可以达到85%以上,比传统曳引机效率提高了将近50%,同时降低了电能消耗,减少了油耗,又因其为密封免维护结构,真正可称为绿色节能环保产品。表10-1为几种曳引机的对比表。

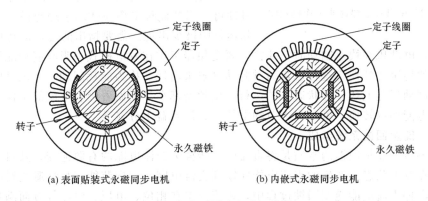

(a) 表面贴装式永磁同步电机　　　　(b) 内嵌式永磁同步电机

图10-1　永磁同步电动机简图

表 10-1　几种曳引机的对比

性能特点	异步电动机蜗杆减速箱	永磁同步电动机行星斜齿轮	永磁同步电动机无齿轮
效率	60%～70%	≥96%	80%～90%
体积	体积大、质量大，安装费力	结构紧凑、体积小，安装方便	体积较小、重量轻，安装方便
制动	制动于电动机端，通过减速箱的增力作用，制动力矩得到有效放大，可靠性好	制动于电动机端，通过减速箱的增力作用，制动力矩得到有效放大，可靠性好	制动于绳轮端，无增力机构，制动器必须设计很大以保证冗余制动力，可靠性略差
其他	结构简单、噪声小，齿面易于磨损，生产成本低	运行平稳、寿命长、噪声偏大，生产成本较高	结构简单，维护性好，一般需 2∶1 安装

10.2　能量回馈节能技术

(1) 电梯耗能工作模式

曳引式电梯耗能工作模式图如图 10-2 所示。

当轿厢满载上行时，因轿厢侧重量大于对重侧，变频器必须施加和轿厢方向一致的转矩才能拖动负载；当轿厢空载下行时，因轿厢侧重量小于对重侧，变频器必须施加和轿厢方向相反的转矩才能拖动负载。此种情况，曳引机电动机均处于电动运行状态。

当轿厢满载下行时，因轿厢侧重量大于对重侧重量，轿厢侧势能转化为机械能；当轿厢空载上行时，因轿厢侧重量小于对重侧重量，对重侧势能转化为机械能。此种情况，曳引机电动机不但不需耗电，还要将部分势能转化为电能，电动机处于发电机状态，此时变频器直流侧端电压迅速升高，变频器工作在吸收电能的状态。

当轿厢侧与对重平衡时，无论轿厢上行还是下行，变频器只需提供克服运行中的摩擦所耗能量即可，当然此种平衡模式属于理想模式，在实际运行中极少出现。需要指出的是，运行中的轿厢制停，电动机在快速制动时，往往需要变频器工作在发电模式来吸收制动能量，未经改造的传统变频器将这种电量通过制动电阻来消耗，称为能耗制动。无论是电梯的启动、制动还是上述三种状态下的运行，变频器都在不断做着吸收电能的工作，如果吸收的电能加以转换，可以大大节约电能，经济效益十分显著。

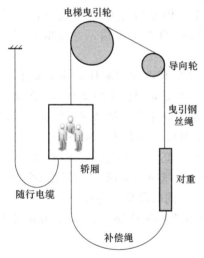

图 10-2　曳引式电梯耗能工作模式图

(2) 能量回馈系统组成

电梯节能能量回馈的本质是将直流电能转换为交流电能的有源逆变，其目的是将电动机在发电状态下产生的直流电能回馈到交流电网，实现节能并尽量避免对电网的污染。电梯直流电能逆变回馈过程中，系统要求在相位、电压、电流等方面满足如下控制条件：逆变过程必须与电网相位保持同步关系；当直流母线电压超过设定值时，才启动逆变装置进行能量回馈；逆变电流必须满足回馈功率的要求，但不大于逆变电路所允许的最大电流；应尽量减少逆变过程对电网的污染。

根据以上要求，电梯节能能量逆变回馈系统（图 10-3）主要由中央处理单元（AVR 单片机）、直流母线电流检测单元、直流母线电压检测单元、同步信号检测单元、逻辑保护控制单元及功率逆变单元（IPM 模块）组成。

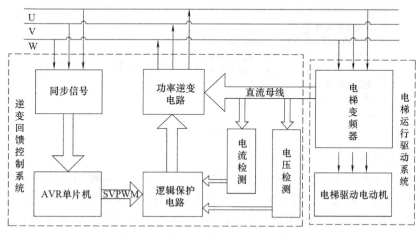

图 10-3　电梯节能能量逆变回馈系统

（3）工作原理

当电梯上升负载较轻或快速制动时，电梯由于系统配重使电梯的驱动电动机工作于发电状态，此时能量的传输反向，由电动机将机械能反传给变频器。这部分能量将累积在滤波电容上，产生泵升电压，滤波电容两端电压即直流母线电压升高到超过电网线电压峰值后，整流桥反向阻断。当直流母线电压继续升高，超过启动有源逆变电路的工作电压时，逆变电路开始工作，将直流母线上的能量逆变回馈电网。同时连接在能量回馈系统与三相交流电网之间的高频磁芯轭流电抗器将吸收直流母线电压和电网线电压的差值，以减小对电网电压的影响。随着这部分能量的释放，当直流母线电压回落到设定值后，逆变电路停止工作。系统中的功率电路采用新型功率器件 IPM（智能功率模块）。IPM 内部集成了高速、低耗的 IGBT（绝缘门双极晶体管）和优化的门极驱动及过流、短路、欠压和过热保护电路，它提高了逆变电路的性能和工作可靠性，降低了系统成本，缩短了产品开发周期。为保证系统安全工作，逆变回馈控制系统中还设置了过流、过压等多种保护功能。只要任何一种保护起作用，都将封锁逆变控制信号的输出，及时对 IPM 驱动电路进行封锁，保护 IPM 模块及其他电路不致损坏，提高能量回馈系统的安全性。

有源能量回馈器的工作原理是把变频器直流端的电能，变换成一个和电网电源同步同相位的交流正弦波，把电能反馈回电网，再生利用。有源能量回馈器的主电路由智能模块 IPM- IGBT、隔离二极管、滤波电感、电容等元件组成。IPM 模块是主电路中的核心元件，它将直流电能逆变为与交流电网同步的三相电流回送电网。其过压、过流、欠压、过热等的完善保护功能，有效地使有源能量回馈器的安全可靠运行得到了保证。由于电感、电容等电力器件构成了高次谐波滤波器，对 IPM 模块高频开关所产生的高次谐波电流干扰电网有很好的阻止效果，从而在很大程度上提高了对有源能量回馈器的电磁兼容（EMC）性能。回馈器原理框图如图 10-4 所示。软件采用冗余度较高的设计，保证控制电路可以对三相交流电网的相序、相位、电压、电流瞬时值进行自动识别，从而有序地控制 IPM 工作在 PWM 状态，保证直流电能及时地回馈再生利用。

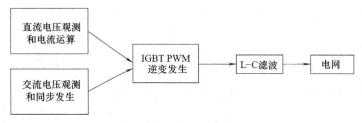

图 10-4　回馈器原理框图

(4) 控制算法

电能回馈变频器电流控制算法原理图如图 10-5 所示。这种控制算法将实测的直流母线电压与给定值进行比较相减，它们的差通过 PI 电压调节器，得到电流的给定值 I_d^*；电流给定值 I_d^* 再与电源电压相位检测后得到的三相正弦基准值相乘，得到三相正弦输出电流的给定值，然后与电流检测信号进行相减，得到 ΔI_{abc}，之后经 PI 电流调节器处理后得到三相输出电压的给定值 V_{abc}^* 与三角载波进行比较的调制波作为开关管的触发信号。电流 ΔI_{abc} 的值直接控制了 SPWM 调制的占空比，使实际输入电流接近参考电流的大小。

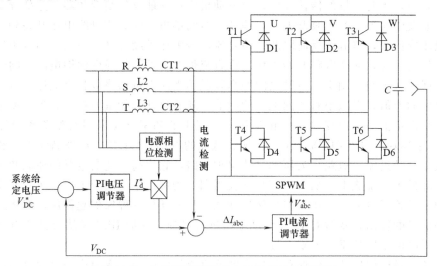

图 10-5　电能回馈变频器电流控制算法原理图

这种变频器电能回馈控制算法具有开关频率固定、噪声小、损耗小等优点。此控制算法略去了坐标变换的计算，因此与采用矢量控制方式相比具有算法简单、对控制器的计算能力要求低的优点。

(5) 回馈电能质量

在电能节电率方面取得了理想效果的情况下，对于回馈电能的质量也不能忽视。输入市电网络的电能主要存在以下问题需要解决：

① 避免高次谐波含量超标，可采用加装额外滤波环节加以改善；

② 市电网络电压波动范围要符合要求，由于电量回馈装置是直接将电能反馈给电网，因此该装置对电网电能质量的影响也比较大，要求市电网络电能质量良好，电压波动范围能限定在规定的范围之内。表 10-2 为电能质量主要指标。

表 10-2　电能质量主要指标

主要指标	标准名称	参照标准	允许限值
电压波动率	电能质量供电电压允许偏差	GB 2325—1990	10kV 及以下三相供电，±7%
谐波含量（主要是奇次谐波）	电能质量共用电网谐波	GB/T 4549—1993	电网谐波电压限值：THD＝5%，奇次谐波含量＝4%，偶次谐波含量＝2%
三项电压对称性	电能质量三项电压允许不平衡度	GB/T 5543—1995	正常允许 2%，短时不超过 4%
回馈频率偏差	电能质量电力系统频率允许偏差	GB/T 5945—1995	正常允许 ±0.2Hz

10.3　四象限节能技术

四象限变频器整流侧采用三相 BOOST 架构，这样当能量回馈的时候，三相逆变桥将能量泵升到电解电容，电网侧的三相 BOOST 电路充当逆变桥的作用，将电解电容上的能量逆变至电网，实现能量的回收，供给挂在同一电网上的其他负载使用。四象限变频器的架构如图 10-6 所示。

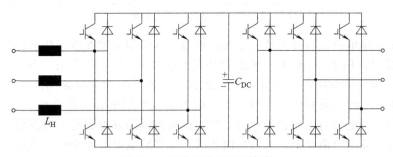

图 10-6　四象限变频器的架构

四象限变频器的优点如下。

① 绿色电源，低谐波失真。无论是电动运行还是发电回馈运行，功率因数都接近 1，对电网的干扰减至最小。这是因为电动及发电时刻，与电网连接的电抗器配合 PWM 控制，起到储能、滤波的效果。

② 节能环保，传统变频器将制动能量通过电阻变为热量散掉，而能量再生变频器是把能量返回电网。当发电时，电动机侧的 IGBT 作为 BOOST 电路将电动机输出

电压升高至 BUS 电压，然后网侧的 IGBT 作为逆变桥，将 BUS 直流电转化为与电网同步的三相电将能量灌回电网。这样，和电梯相同电网的设备和用户就可以使用这些能量了。

③ 不需要传统的制动电阻，因此散热设计更为简单，同时系统的占用空间体积可以缩小。

④ 不需要像传统变频器那样大容量的 DC-LINK 电容。因为无论电动模式还是发电回馈模式，BUS 都将成为 CPU 的控制对象，使得 BUS 电压稳定在控制精度内，而不像是传统变频器那样 BUS 电压是不可控的。这样可以使用相比于同功率的传统变频器小得多的电容，从而使得空间设计更加紧凑。在大范围的电网电压波动下均可以工作。以 OTIS 的 regen 系列变频器为例，其产品在 30% 的额定电网电压以下仍然可以工作。

四象限变频器的框架大体分为以下几部分，如图图 10-7 所示。

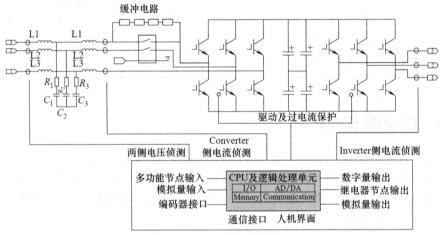

图 10-7　四象限变频器框架

网侧采用单电感滤波及母线电压缓冲电路。变频器工作在电动状态即能量从电网流向曳引机时，LCL 起到升压储能和高频整流电流滤波的作用。当能量回馈时，LCL 作为三阶滤波电路负责将高频电流滤成正弦波。缓冲电路是为防止在上电初始电网通过 IGBT 的反向并联二极管产生大电流灌入母线电容而设置的。在上电初始，控制单元还未得电进行初始化及信号处理，此时网侧的继电器处于开路状态，电网通过与继电器并联的电阻及 IGBT 的反向并联二极管给电解电容充电，经过一段时间后工作电源正常工作，DSP 进入初始化然后经过 600ms，发出继电器控制信号，此时缓冲电阻被继电器短路，变频器处于待机状态。主电路为 AC-DC-AC 的转换部分，此电压转换电路为左右对称的三相桥式架构，电动状态时三相整流电路将网侧电压通过 LCL 电路泵升到 750V（相对于 380V 三相电而言），稳压是调控目标。经过电解电容滤波后（因为 BOOST 电路为高频且可控，此时的电解电容的容量要比传统变频器使用的滤波电容小，同 BOOST 电路的开关频率、控制方式、母线电压纹波要求及 DSP 控制的响应时间有关），通过三相逆变桥给曳引机提供能量，逆变桥调控转矩电流，目标是使曳引机转速与给定的一致。在发电状态时逆变部分将回馈能量通过曳引机的自身漏感泵升至母线的电解电容，此时逆变部分工作在整流状态，控制目标仍然是曳引机的转速。整流部分为了保持母线电压的稳定，需要将电解电容能量逆变到电网，因为 LCL 的前端电压被电网电压钳位，通过采样网侧电压即可跟随电网输出 PWM，使得能量传递到网侧。

近年来有机集成电梯逻辑控制与驱动控制的一体化控制系统已成为电梯控制的主流配置。四象限一体化控制系统驱动主回路为电压型交-直-交变频，其基本结构包括网侧变流器、负载侧变流器、中间直流环节、控制电路等，系统框图如图 10-8 所示。

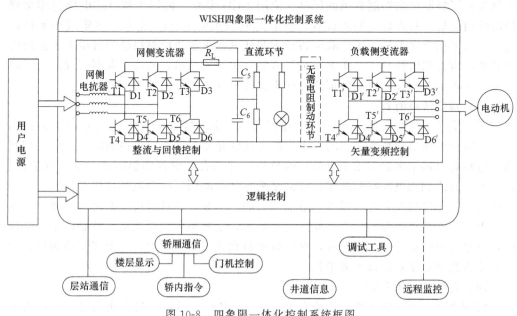

图 10-8　四象限一体化控制系统框图

电梯一体化控制系统变频驱动回路要实现四象限运行，必须满足以下条件。

① 网侧端需要采用可控变流器。当电动机工作于能量回馈状态时，为了实现电能回馈电网，网侧变流器必须工作于逆变状态，不可控变流器不能实现逆变。

② 直流母线电压要高于回馈阀值。变频器要向电网回馈能量，直流母线电压值一定要高于回馈阀值，只有这样才能够向电网输出电流。电网电压和变频器耐压性能决定回馈阀值大小。

③ 回馈电压频率与相位必须和电网电压相同。回馈过程中必须严格控制其输出电压频率和电网电压频率相同，避免浪涌冲击。

10.4　其他节能方式

(1) 采用绿色能源节能

随着油价、能源价格的上涨，人们现在对绿色建筑的需求越来越大。电梯的能源消耗基本占整个大楼整体电能的 8%。可以说中国的电梯业正处于一个"绿色科技革命"之中，如果能够运用好的技术，例如太阳能技术节能，有很大的机会降低这个方面的能源消耗。

(2) 设计、监督管理方面

加强电梯的结构设计，减少空气阻力，充分利用风速也可以达到节能目的。电梯轿厢上下运行时，会遇到空气阻力，电梯需要将一部分能量消耗在这上，速度越高消耗的能量也越大。因此，在满足电梯安全技术要求的前提下，制造单位可研究如何适当改进轿顶、轿底的设计，减少风阻，以达到节能的目的。同时，如果能够充分利用电梯上下运行所带来的风速，合理改进，可以满足一般情况下电梯轿厢通风的需要，也就节省了轿厢风扇强制通风的耗电。使用 LED 发光二极管代替目前电梯轿厢常规使用的白炽灯、日光灯等照明灯具，可节约照明用电量 90% 左右。在建筑物条件许可时，多采用观光电梯，也可减少轿厢照明耗电。国家质检总局已明确将大力推进电梯的节能审查和监管政策，实施安全与节能并举的新举措，并将采取制订规范、明确指标、逐步更新、逐年推动的策略，逐步提升电梯节能技术的应用范围。

(3) 减少待机时长

瑞士能源委员会在报告中已经明确指出，在电梯能耗中待机能耗所占比率高达58%。因此电梯节能技术未来的一个发展方向就是要尽可能减少待机时长。调度控制算法是指对电梯乘客的需求做出最快的反应，并综合考虑各楼层乘客要求，以最快、最有效的方式到达电梯呼叫楼层，在满足乘客要求的同时减少电梯待机时长、电梯运行时长、电梯停机次数等，以达到节能的目的。例如，设计者可以通过调研计算出该建筑中客流的特点，包括什么时候客流量最大，主要集中在哪几层。然后根据所掌握的信息建立电梯运行的智能模式，在高峰期自动选择单轿厢运行或者多轿厢运行，以尽可能提高满载率，降低能源消耗。

(4) 合适的平衡系数

按照规定，电梯的平衡系数应在 0.4～0.5 之间，因此在电梯使用过程中，可根据电梯运行工况，选取合适的平衡系数，降低电梯能耗。如长期轻载运行的电梯，可以选取较小的平衡系数，经常重载使用的电梯，则选取较大的平衡系数。

10.5 电梯节能技术展望

(1) 可变速电梯技术

就传统电梯而言，电梯空载和满载时，电动机按照额定的转速输出额定的功率；而在电梯接近半载时，电动机依旧按照额定的转速输出额定的功率，这就导致部分功率被闲置。而可变速电梯正是在额定输出功率不变的前提下，利用传统电梯部分闲置的功率，将电梯空载和满载时的速度提高。该项技术根据乘坐电梯的人数、载重量，通过负载检测装置检测出轿内的载重量，根据轿内的载重量选择对应的运行速度，可超过额定速度运行。可变速技术根据轿厢载重量决定速度的方法，在确保电梯安全性的基础上，为电梯赋予了更多的附加价值。其具体的领先性和意义在于，通过可变速技术，根据乘梯人数的情况，可以实现最大为额定速度 1.5 倍的运行速度，相对以额定速度运行的电梯，减少最大至 15% 的平均等候时间和乘梯时间，大大提高了电梯的运行效率，从而大大缩减电梯计划配置的数量，因此可在一定程度上减少采购成本。

(2) 电梯群控技术

电梯全速运行时所消耗的电能远远低于减速和加速时消耗的电能。电梯空运行不仅会造成电能的白白浪费，而且会增加电梯的开关门次数以及电梯启动、加速、减速的次数，延长了电梯运行时间，从而使电梯的运行效率降低，电梯的磨损也大大增加。在大部分楼层电梯间两面都有电梯，有些乘客为了节省时间就将两面的电梯呼叫按钮都按下，由于两面的电梯组之间没有群控功能，导致经常出现两部电梯同时到达却有一部必须空载的情况。通过智能派梯系统的最佳（高效）派梯，有效减少电梯系统的停靠次数，提高输送效率，可达到节能的目的。现在的群控算法已不是单一地以"乘客等候时间最短"为目标，而是采用模糊理论、神经网络、专家系统的方法，将要综合考虑的因素（即专家知识）吸收到群控系统中去。目前不同品牌的电梯，因其采用的电梯控制系统不尽相同，通信协议相互独立，要实现群控调度非常困难。客户可有选择、有针对性地选择相同型号的电梯控制系统。

(3) 超级电容技术

近年来各种储能技术发展迅速，传统的电容储能技术也得到高速的发展，出现了容量大、寿命长、效率高的超级电容器储能装置。将电梯曳引电动机工作在回馈制动运行状态时放出的能量存储起来，当电动机工作在电动状态时，存储的能量又释放出来，显然也是电梯节能的有效手段。由于超级电容的容量很大，变频器直流系统电压不容易升高，没有必要采用能量消耗的措施。超级电容技术示意图如图 10-9 所示。

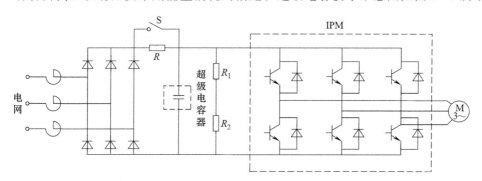

图 10-9 超级电容技术示意图

对比有源逆变回馈电网线路的电能损耗，超级电容储能方案的损耗更小，节能效率更高。对比有源逆变方案，超级电容储能方案的优点在于它不会对电网造成污染，效率高；缺点在于该方案价格较高，技术相对不成熟。

(4) 共直流母线技术

采用独立的能量回馈单元将电梯制动时的能量反馈回电网，需要在同一供电区间内有其他用电器及时消耗掉反馈回的能量。在具有多台电梯的群控组中，极端的情况是所有的电梯均处于制动状态，则反馈回电网的能量会产生过剩。这对电梯的节能提供了一种新思路——共直流母线的节能方式，即将梯群的各驱动变频器中直流部分并联。共直流母线技术示意图如图 10-10 所示，它主要包括变频器、直流接触器、直流熔断器、能量回馈装置等。

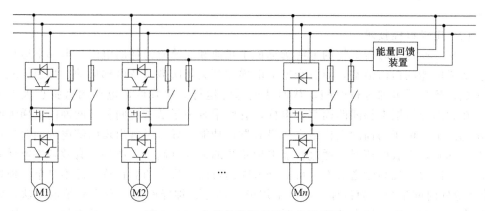

图 10-10   电梯共直流母线技术示意图

共直流母线系统比较鲜明的特点是电动机的电动状态和发电状态可以能量互享，即连接在直流母线上的任何一台电梯重载下降和轻载上升时产生的能量，都通过各自的逆变器反馈到直流母线上，连接在直流母线上的其他电梯就可以充分利用这部分能量，减少了从电力系统中消耗的能量，达到节约能源的目的。另外直流母线中各电容组并联后使整个系统中间直流环节的储能容量成倍加大，构成强大的直流电压源以钳制中间环节瞬时脉动，提高了整个系统的稳定性与可靠性。